D1677895

Gerhard Schnell (Hrsg.)

**Sensoren in der
Automatisierungstechnik**

Praxis der Automatisierungstechnik

Sensoren in der Automatisierungstechnik,
von G. Schnell (Hrsg.)

Explosionsschutz durch Eigensicherheit
von W.-D. Dose, hrsg. von G. Schnell

Manuskripte oder Buchentwürfe werden gerne im Verlag beraten
und erbeten unter folgender Adresse:
Vieweg Verlag, Faulbrunnenstr. 13, D-65183 Wiesbaden.

Gerhard Schnell (Hrsg.)

Sensoren in der Automatisierungstechnik

2., überarbeitete und erweiterte Auflage

Mit Abbildungen

Verzeichnis der Autoren

Dr. Ing. P. Adolphs,	Pepperl + Fuchs GmbH, Mannheim
Dipl. Ing. H.-G. Conrady,	Hottinger Baldwin Meßtechnik GmbH, Darmstadt
Dipl. Phys. F. Dietrich,	Novotechnik GmbH, Filterstadt
Dr. Ing. G. Frömel,	Fachhochschule Frankfurt
Dipl. Ing. J. Göddertz,	Klöckner Moeller GmbH, Bonn
Dipl. Ing. W. Helm,	Pepperl + Fuchs GmbH, Mannheim
Dipl. Ing. V. Horn,	Balluff GmbH u. Co., Neuhausen
Dr. Ing. G. Kegel,	Pepperl + Fuchs GmbH, Mannheim
Dipl. Ing. M. Kessler,	Pepperl + Fuchs GmbH, Mannheim
Dipl. Phys. Th. Knittel,	Pepperl + Fuchs GmbH, Mannheim
Dipl. Ing. W. Köhler,	Pepperl + Fuchs GmbH, Mannheim
Dr. F. J. Lohmeier,	WIKA, Alexander Wiegand GmbH, Klingenberg
Dipl. Ing. Th. Olbrecht,	Pepperl + Fuchs GmbH, Mannheim
Dipl. Ing. S. Probst,	Endress und Hauser GmbH & Co., Maulburg
Dr. rer. nat. W. Schaefer,	Hartmann und Braun AG, Frankfurt
Dipl. Ing. A. Schmitz,	Pepperl + Fuchs GmbH, Mannheim
Dr. Ing. G. Schnell,	Fachhochschule Frankfurt
Dr. G. Scholz,	Physikalisch-Technische Bundesanstalt, Berlin
Dipl. Ing. H. Thomer,	Pepperl + Fuchs GmbH, Mannheim

1. Auflage 1991
2., überarbeitete und erweiterte Auflage 1993

Alle Rechte vorbehalten
© Friedr. Vieweg & Sohn Verlagsgesellschaft mbH, Braunschweig/Wiesbaden, 1993

Der Verlag Vieweg ist ein Unternehmen der Verlagsgruppe Bertelsmann International.

Das Werk einschließlich aller seiner Teile ist urheberrechtlich geschützt. Jede Verwertung außerhalb der engen Grenzen des Urheberrechtsgesetzes ist ohne Zustimmung des Verlags unzulässig und strafbar. Das gilt insbesondere für Vervielfältigungen, Übersetzungen, Mikroverfilmungen und die Einspeicherung und Verarbeitung in elektronischen Systemen.

Satz: Vieweg, Braunschweig
Druck und buchbinderische Verarbeitung: Lengericher Handelsdruckerei, Lengerich
Gedruckt auf säurefreiem Papier
Printed in Germany

ISBN 3-528-13370-8

Vorwort

Dieses Buch entstand aus der Seminarreihe „Sensoren in der Automatisierungstechnik", die an verschiedenen technischen Akademien veranstaltet wurde und noch wird.
Es wendet sich an die Anwender, die an den Einsatzmöglichkeiten von Sensoren interessiert sind, wie auch an Studierende, die sich über die Grundlagen informieren wollen.
Die Vielzahl der Autoren, die alle Experten auf ihrem Gebiet sind, garantiert einerseits die Darstellung des aktuellen Standes der Technik, andererseits ein farbiges Spektrum der Darstellungsweise, was der Lesbarkeit des Buches zugute kommt. Der Herausgeber hat sich bemüht, trotz z.T. starker Eingriffe in die Originalmanuskripte, den „Originalton" weitestgehend zu belassen. Er bedankt sich hiermit bei seinen Co-Autoren für Mitarbeit und Verständnis.
Dieses Buch wäre in seiner jetzigen Form nicht zustande gekommen ohne die großzügige Unterstützung von Dipl. Ing. Dieter Bihl von der Geschäftsleitung der Firma Pepperl + Fuchs GmbH. Auch ihm sei hiermit gedankt.
Der gesamte Text wurde von Frau Mandel einfühlsam bearbeitet, wofür ihr ebenso Dank gebührt wie Frau Danilov für die Sorgfalt und Geduld bei der Erstellung der Zeichnungen.
Abschließend möchte der Herausgeber, da für das Gelingen dieses Buches wichtig, die langjährige, effektive und stets angenehme Zusammenarbeit mit dem Vieweg-Verlag nicht unerwähnt lassen.

Frankfurt, im Frühjahr 1991 *G. Schnell*

Vorwort zur zweiten Auflage

In erfreulich kurzer Zeit wurde diese zweite Auflage notwendig. Wir haben die Gelegenheit genutzt und
- Druckfehler berichtigt,
- die Abschnitte Identifikationssensoren, Sensor/Aktor- und Feldbusse und Drucksensoren neu gefaßt,
- die Abschnitte Temperatursensoren, Weg- und Winkelsensoren und Durchflußmessung ergänzt und
- die Kapitel über Füllstandsmessung und Gasfeuchtesensoren neu aufgenommen.

Als neue Autoren sind hinzugekommen:

Dr.-Ing. P. Adolphs,	Pepperl + Fuchs GmbH, Mannheim,
Dipl. Ing. V. Horn,	Balluff GmbH u. Co, Neuhausen,
Dr. Ing. G. Kegel,	Pepperl + Fuchs GmbH, Mannheim,
Dipl. Ing. W. Köhler,	P + F Kolleg GmbH, Mannheim,
Dr. F. J. Lohmeier,	WIKA, Alexander Wiegand GmbH, Klingenberg,
Dipl. Ing. A. Schmitz,	Pepperl + Fuchs GmbH, Mannheim,
Dr. G. Scholz,	Physikalisch-Technische Bundesanstalt, Berlin.

Schließlich sei noch den vielen Kollegen gedankt, die in ihren Zuschriften die Konzeption des Buches gelobt und mit ihren Vorschlägen dazu beigetragen haben, es noch umfassender und praxisgerechter zu gestalten. Auch Herrn E. Klementz vom Verlag gebührt Dank für seine Geduld und Umsicht bei der Herstellung dieses Buches.

Frankfurt, im Frühjahr 1993 *G. Schnell*

Inhaltsverzeichnis

1 **Übersicht** (*G. Schnell*) 1

2 **Induktive Sensoren** (*W. Helm*) 5
    2.1 Grundlagen 5
        2.1.1 Grundsätzlicher Aufbau 5
        2.1.2 Reduktionsfaktor 7
        2.1.3 Spulengröße und Schaltabstand 8
        2.1.4 Einbauproblematik 9
            2.1.4.1 Gehäuse 9
            2.1.4.2 Bündiger Einbau 10
        2.1.5 Elektronische Schaltung 10
    2.2 Ausführungsformen 15
        2.2.1 Zylindrische und quaderförmige Näherungsschalter 15
            2.2.1.1 Definitionen 16
        2.2.2 Schlitzinitiatoren 17
        2.2.3 Ringinitiatoren 18
        2.2.4 Bistabile Schalter 18
        2.2.5 Magnetfeldresistente Näherungsschalter 19
        2.2.6 Induktive Analoggeber 20
    2.3 Schnittstellen induktiver Näherungsschalter 21
        2.3.1 Elektrische Ausführungen und Wirkungsrichtungen 21
            2.3.1.1 Gleichspannungsschalter 21
            2.3.1.2 Wechsel- und Allspannungsschalter 23
            2.3.1.3 Sensoren nach DIN 19234 (Namur) 23
        2.3.2 Schutz- und Sicherheitsschaltungen 23
            2.3.2.1 Verpolungs- und Überspannungsschutz 23
            2.3.2.2 Überlastschutz 24
            2.3.2.3 Sicherheitsschaltungen 25
        2.3.3 Lasten 25
        2.3.4 Bus-Ankopplung 26
    2.4 Fertigungstechnologien 27

3 **Kapazitive Sensoren** (*W. Helm*) 28
    3.1 Grundlagen 28
        3.1.1 Sensoraufbau 28
        3.1.2 Empfindlichkeit 30
        3.1.3 Reduktionsfaktor 30
    3.2 Praktische Ausführung 31
        3.2.1 RC-Oszillator 31
        3.2.2 Störungsunterdrückung 32

		3.2.2.1 Störeinflüsse	32
		3.2.2.2 Verschmutzungskompensation	32
		3.2.2.3 Störimpulsausblendung	33
	3.2.3	Ausführungsformen	33

4 Ultraschall-Sensoren (*Th. Knittel*) 35

- 4.1 Physikalische Grundlagen 35
  - 4.1.1 Ultraschallwellenarten in Festkörpern, Flüssigkeiten und Luft . 35
  - 4.1.2 Transmission und Reflexion an Grenzflächen 36
  - 4.1.3 Ausbreitungsgeschwindigkeit von Schallwellen in Luft 38
  - 4.1.4 Abschwächung von Schallwellen in Luft 39
  - 4.1.5 Einige Kennwerte verschiedener Materialien 40
  - 4.1.6 Huygenssches Prinzip und Beugung von Ultraschallwellen 41
  - 4.1.7 Erzeugung von Ultraschall in Luft 42
  - 4.1.8 Einige Standard-Ultraschallwandler und deren Abstrahlcharakteristik 45
- 4.2 Ultraschallwandler mittlerer Reichweite als Sensoren 47
  - 4.2.1 Abstandsmessende Ultraschallsensoren 47
  - 4.2.2 Ultraschallsensoren im Schrankenbetrieb 52
  - 4.2.3 Fehlermöglichkeiten bei Ultraschallabstandsmessungen 55
  - 4.2.4 Anwendungen busfähiger Ultraschallsensoren 57
- 4.3 Zukünftige Entwicklungen 57

5 Optische Sensoren (*Th. Olbrecht*) 60

- 5.1 Physikalische Grundlagen 60
  - 5.1.1 Einführung 60
  - 5.1.2 Sendeelemente 60
    - 5.1.2.1 Lumineszenzdioden 60
    - 5.1.2.2 Halbleiter-Laserdioden 65
  - 5.1.3 Empfangselemente 69
    - 5.1.3.1 Fotodioden 69
    - 5.1.3.2 Fototransistoren 72
    - 5.1.3.3 Lateraleffektdioden 73
- 5.2 Technik optischer Sensoren 76
  - 5.2.1 Grundprinzipien 76
    - 5.2.1.1 Der Reflexlichttaster 76
    - 5.2.1.2 Die Reflexlichtschranke 76
    - 5.2.1.3 Die Durchlichtschranke 77
  - 5.2.2 Erweiterte Ausführungen 78
    - 5.2.2.1 Reflexlichttaster mit Lichtleitern 78
    - 5.2.2.2 Reflexlichttaster mit Hintergrundausblendung 78
    - 5.2.2.3 Reflexlichtschranken mit Polarisationsfiltern 79
  - 5.2.3 Signalverarbeitung in optischen Schaltern 80
    - 5.2.3.1 Abschätzung der optischen Empfangsleistung 80
    - 5.2.3.2 Störeinflüsse bei optischen Schaltern 82
    - 5.2.3.3 Störunterdrückung durch optische Modulation 90

		5.2.3.4	Störunterdrückung durch Bandpaß.................	91
		5.2.3.5	Störunterdrückung durch Austastung...............	92
		5.2.3.6	Störunterdrückung durch digitale Filterung	93
		5.2.3.7	Funktionsreserve	95
		5.2.3.8	Schutz vor gegenseitiger Störung...................	96
	5.2.4	Ausführungsformen		96

6 Magnetfeldsensoren (*W. Helm*) 99

	6.1	Hallsensoren	102
		6.1.1	Grundlagen und verwendete Materialien...................	102
		6.1.2	Anwendung als Abstandssensor	105
	6.2	Magnetoresistive Sensoren	107
		6.2.1	Verschiedene Materialien.................................	107
		6.2.2	Elektrische Schaltung....................................	109
		6.2.3	Anwendung als Abstandssensor	111
	6.3	Sättigungskernsonden	112
		6.3.1	Aufbau und Wirkungsweise	112
		6.3.2	Sensoren für die Automatisierungstechnik	114
		6.3.3	Anwendungen...	116

7 Identifikationssensoren (*M. Kessler*) 118

	7.1	Einführung..	118
	7.2	Barcode	119
		7.2.1	EAN-Code..	119
		7.2.2	2-aus-5-Code	121
		7.2.3	Lesegeräte	121
		7.2.4	Anwendung...	122
	7.3	Induktive Identifikationssysteme	122
		7.3.1	Systemstruktur	123
		7.3.2	Induktive Kopplung.....................................	123
		7.3.3	Datenübertragung im Read-Only-System	125
		7.3.4	Datenübertragung im Read/Write-System.................	126
		7.3.5	Datensicherung auf der induktiven Übertragungsstrecke......	128
		7.3.6	Lesekopf und Auswerteeinheit	128
		7.3.7	Anwendungen...	130
	7.4	Mechanische Codierung..	132

8 Temperatursensoren (*G. Schnell*) 134

	8.1	Thermoresistive Sensoren	134
		8.1.1	Metalle	134
			8.1.1.1	Die Theorie	134
			8.1.1.2	Der Einfluß des Meßstromes auf die Genauigkeit	135
			8.1.1.3	Elektrische Beschaltungen der Temperatursensoren...	135
		8.1.2	Keramikwerkstoffe.......................................	137
			8.1.2.1	PTC-Widerstände.............................	137

		8.1.2.2 NTC-Widerstände	139
		8.1.2.3 Elektrische Beschaltung	140
8.2	Thermoelektrische Sensoren		142
	8.2.1	Grundlagen	142
	8.2.2	Technische Ausführung	143
	8.2.3	Elektrische Kompensation	145
	8.2.4	Vergleich	146
8.3	Berührungslose Temperaturmessung		146
	8.3.1	Prinzip	146
	8.3.2	Gesetze der Temperaturstrahlung	148
	8.3.3	Ausführungsformen	149
		8.3.3.1 Gesamtstrahlungspyrometer	149
		8.3.3.2 Teilstrahlungspyrometer	149
		8.3.3.3 Farbpyrometer	150
	8.3.4	Thermosensoren	152

9 Verformungssensoren (DMS) (*H. G. Conrady*) 153

9.1	Einleitung		153
9.2	Mechanische Grundlagen		153
	9.2.1	Absolutlängenänderung	153
	9.2.2	Relative Längenänderung (Dehnung)	154
	9.2.3	Mechanische Spannung	154
	9.2.4	Elastizitätsmodul	155
9.3	Aufbau und Wirkungsweise des Dehnungsmeßstreifens (DMS)		156
	9.3.1	Physikalisches Grundprinzip	156
	9.3.2	Metallische DMS	157
	9.3.3	Aufgedampfte DMS (Dünnfilm-DMS)	158
	9.3.4	Halbleiter-DMS	158
9.4	Die elektrische Beschaltung des DMS		159
9.5	Beispiel		161

10 Weg- und Winkelsensoren (*F. Dietrich, H. Thomer*) 163

10.1	Übersicht		163
10.2	Analoge Sensoren		163
	10.2.1	Tauchanker	163
		10.2.1.1 Drossel	163
		10.2.1.2 Differentialtransformator	164
	10.2.2	Potentiometer	165
		10.2.2.1 Allgemeines	165
		10.2.2.2 Linearität	165
		10.2.2.3 Anwendungsbeispiele	167
	10.2.3	Induktiver Wegsensor	167
		10.2.3.1 Wirkungsweise	167
		10.2.3.2 Linearität und Meßfehler	168
		10.2.3.3 Anwendungsmöglichkeiten	168

10.3	Digitale Sensoren		169
	10.3.1	Inkrementale Sensoren	170
	10.3.2	Absolutsensoren	172
10.4	Optische Distanzmessung mittels Triangulation (*G. Kegel*)		174
	10.4.1	Einleitung	174
	10.4.2	Optoelektronische Triangulation	175
		10.4.2.1 Optoelektronische Triangulation mit diffusen Zielen	175
		10.4.2.2 Erzeugung des Meßstrahls	176
		10.4.2.3 Empfangsgeometrie	176
	10.4.3	Anwendung der optoelektronischen Triangulation	177
		10.4.3.1 Hintergrundausblendung	177
		10.4.3.2 Allgemeine lineare Distanzmessung	178
	10.4.4	Geometrie einer linearen Distanzmessung	178
	10.4.5	Dynamik des Systems	179
	10.4.6	Zusammenfassung	180
10.5	Optoelektronische Distanzmessung mittels Phasenbestimmung (*G. Kegel*)		180
	10.5.1	Einleitung	180
	10.5.2	Laufzeitmessung elektromagnetischer Wellen	181
		10.5.2.1 Laufzeitmessung mit Licht	181
		10.5.3.1 Große Meßdistanzen	181
		10.5.3.2 Schnelle Zählbausteine	181
		10.5.3.3 Mehrfache der modulierten Phasenlängen	182
		10.5.3.4 FMCW-Verfahren	182
		10.5.3.5 Holographie	183
		10.5.3.6 Impulsverlängerung	183
		10.5.3.7 Laufzeitverfahren mit zwei Phasenlagen	183
	10.5.4	Phasenmessung	184
		10.5.4.1 Phase als Funktion des Abstandes	184
		10.5.4.2 Einführung der Zwischenfrequenz	184
		10.5.4.3 Meßschaltung	184
10.6	Magnetostriktiver Wegsensor (*V. Horn*)		188
	10.6.1	Das magnetostriktive Prinzip	188
		10.6.1.1 Längsmagnetostriktion	188
		10.6.1.2 Quer- und Volumenmagnetostriktion	188
	10.6.2	Der Wegaufnehmer	188
		10.6.2.1 Das Meßprinzip	188
		10.6.2.2 Mechanischer Aufbau	191
	10.6.3	Einsatz und Anwendung	191
		10.6.3.1 Einsatz in Hydraulikzylindern	191
		10.6.3.2 Einsatz in Spritzgußmaschinen	192

11 Durchflußmessung (*S. Probst, G. Schnell*) 193

11.1	Magnetisch-induktive Durchflußmessung		193
	11.1.1	Allgemeines	193
	11.1.2	Meßprinzip	193

Inhaltsverzeichnis XI

   11.1.3 Sensor und Meßumformer 195
   11.1.4 Technische Daten 195
   11.1.5 Anwendungsmöglichkeiten 196
 11.2 Thermische Durchflußsensoren 197
   11.2.1 Allgemeines 197
   11.2.2 Meßprinzip 197
   11.2.3 Sensor und Meßumformer 198
 11.3 Mechanische Durchflußmessung 200
   11.3.1 Allgemeines 200
   11.3.2 Differenzdruckverfahren 200
   11.3.3 Verdrängungsverfahren 201
   11.3.4 Schwebekörper 202
   11.3.5 Turbinendurchflußmesser 202
   11.3.6 Coriolis-Prinzip 204
   11.3.7 Wirbelfrequenz-Durchflußmesser 206
 11.4 Durchflußmessung mit Ultraschall 207

12 Drucksensoren (*F. J. Lohmeier*) 209

 12.1 Einführung 209
 12.2 Sensoren mit Verformungskörper 209
   12.2.1 Dehnungssensoren 210
     12.2.1.1 Grundlagen 210
     12.2.1.2 Sensoren mit Dünnfilm-DMS 211
        12.2.1.2.1 Aufbau 212
        12.2.1.2.2 Meßeigenschaften 213
     12.2.1.3 Piezoresistive Sensoren 215
        12.2.1.3.1 Grundlagen 215
        12.2.1.3.2 Aufbau des Sensorelementes 216
        12.2.1.3.3 Meßeigenschaften 216
   12.2.2 Sensoren mit Wegmessung 217
     12.2.2.1 Kapazitive Sensoren 217
        12.2.2.1.1 Meßprinzip 217
        12.2.2.1.2 Differenzdruck-Sensor 218
     12.2.2.2 Weitere Wegmeßprinzipien 219
 12.3 Drucksensoren mit intrinsischem Meßprinzip 219
   12.3.1 Piezoelektrische Sensoren 219
     12.3.1.1 Der piezoelektrische Effekt 219
     12.3.1.2 Beschaltung von piezoelektrischen Kristallen ... 220
     12.3.1.3 Materialien und Anwendungen 220
 12.4 Sensoren für spezielle Anwendungen 221

13 Füllstandsmeßsensoren (*W. Köhler*) 222

 13.1 Einführung und Übersicht 222
 13.2 Sicht-/optische Füllhöhenbestimmung 224
   13.2.1 Schauglas 224

      13.2.2 Lichtleiter/Prisma 224
13.3 Füllhöhe über Schwimmer... 225
      13.3.1 Schwimmkörper 225
      13.3.2 Schwimmschalter 226
      13.3.3 Verdränger... 227
13.4 Elektromechanische Füllhöhenbestimmung 228
      13.4.1 Lotsystem.. 228
      13.4.2 Waage.. 228
      13.4.3 Schwinggabel/Schwingrohr 229
13.5 Füllhöhe über Druck 230
      13.5.1 Pneumatischer Staudruckschalter 230
      13.5.2 Hydrostatische Füllstandssonde.......................... 230
      13.5.3 Einperlrohr 231
13.6 Konduktive Füllhöhenerfassung 231
13.7 Kapazitive Füllhöhenbestimmung 232
      13.7.1 Schaltsonde 232
      13.7.2 Kontinuierlich messende Sonde.......................... 233
13.8 Füllhöhe über Absorption 234
      13.8.1 Mikrowellen-Signalschranke 234
      13.8.2 Gammastrahlen... 234
13.9 Füllhöhe über Reflexion 235
      13.9.1 Infrarotimpulslaser...................................... 235
      13.9.2 Ultraschallimpulse 235
      13.9.3 Mikrowellensensor (*P. Adolphs*) 236

14 Chemische Sensoren (*W. Schaefer*) 240

14.1 Übersicht 240
14.2 Wirkungsweise chemischer Sensoren 241
14.3 Physikalisch wirkende Sensoren................................... 242
      14.3.1 Massesensoren 242
      14.3.2 Wärmeleitfähigkeit...................................... 243
      14.3.3 Paramagnetische Sauerstoffmessung..................... 245
      14.3.4 Elektrolytische Leitfähigkeit (Konduktometrie) 247
14.4 Physikalisch-chemisch wirkende Sensoren 249
      14.4.1 Halbleitersensoren 249
      14.4.2 Elektrochemische Sensoren 250
      14.4.3 Ionisationsverfahren 256
      14.4.4 Chemilumineszenz-Detektoren 257
      14.4.5 Katalytische Sensoren (Pellistoren) 257
14.5 Optisch wirkende Sensoren.. 258
      14.5.1 Nicht-dispersive Verfahren 258
      14.5.2 Dispersive Verfahren 261
      14.5.3 Laser, Faseroptik 263
14.6 Analyseverfahren 265
      14.6.1 Chromatographie 265

	14.6.2	Fließinjektionsanalyse (FIA)	267
	14.6.3	Biosensoren	268
	14.6.4	Multisensorsystem	269

15 CCD-Sensoren (G. Frömel) ... 271

- 15.1 Grundlagen ... 271
- 15.2 Funktion und Aufbau ... 272
    - 15.2.1 Eingangsstufe ... 272
    - 15.2.2 Das CCD-Schieberegister ... 273
    - 15.2.3 Ausgangsstufe ... 277
- 15.3 Kennwerte ... 278
    - 15.3.1 Ansprechempfindlichkeit (Responsivity R) ... 278
    - 15.3.2 Ungleichförmigkeit (Photo Response Non-Uniformity PRNU) ... 279
    - 15.3.3 Dunkelspannung (Dark Signal U_{DS}) ... 280
    - 15.3.4 Sättigungsspannung und Überbelichtung ... 280
    - 15.3.5 Spektrale Empfindlichkeit (Spectral Response) ... 281
    - 15.3.6 Transporteffizienz (Charge Transfer Efficiency CTE) ... 281
    - 15.3.7 Rauschen ... 282
    - 15.3.8 Dynamik ... 282
    - 15.3.9 Ortsauflösung (OTF, MÜF, MTF, CTF) ... 282
- 15.4 Aufbauvarianten ... 284
    - 15.4.1 Zeilensensoren ... 284
    - 15.4.2 Flächensensoren ... 285
- 15.5 CCD-Kameras ... 288
    - 15.5.1 Entwicklungshilfsmittel ... 288
    - 15.5.2 Zeilenkameras ... 288
    - 15.5.3 Flächenkameras ... 289
- 15.6 Signalverarbeitung ... 290
- 15.7 Anwendungen ... 291
    - 15.7.1 Aufgaben in der Automatisierungstechnik ... 291
    - 15.7.2 Geräteauswahl ... 292
    - 15.7.3 Beispiel 1: Messung einer Modulationsübertragungsfunktion ... 293
    - 15.7.4 Beispiel 2: Ein System zur Erkennung, Lokalisation und Bearbeitung von Werkstücken ... 294

16 Gasfeuchtesensoren (G. Scholz) ... 297

- 16.1 Einleitung ... 297
- 16.2 Beschreibungsformen der Gasfeuchte ... 298
- 16.3 Verfahren der Gasfeuchtemessungen ... 298
    - 16.3.1 Al_2O_3-Sensoren ... 298
    - 16.3.2 Tauspiegelhygrometer ... 299
    - 16.3.3 Psychrometer ... 300
    - 16.3.4 Kapazitive Hygrometer ... 302
    - 16.3.5 Elektrolytische Sensoren ... 303
    - 16.3.6 LiCl-Sensoren ... 303

	16.3.7 Faserhygrometer	304
	16.3.8 Sonstige Verfahren	305
16.4	Marktkategorien	305

17 Serielle Sensor/Aktor-Schnittstellen (*M. Kessler, J. Göddertz, A. Schmitz*) .. 307

- 17.1 Punkt-zu-Punkt-Verbindungen ... 307
  - 17.1.1 RS232 ... 307
  - 17.1.2 RS422 ... 307
  - 17.1.3 Stromschleife ... 308
- 17.2 Kommunikation in der Automatisierungstechnik ... 308
- 17.3 Das ISO-Schichtenmodell für verteilte Systeme ... 309
  - 17.3.1 Physikalische Ebene ... 309
    - 17.3.1.1 Übertragung von Hilfsenergie ... 309
    - 17.3.1.2 Bitübertragung ... 310
    - 17.3.1.3 Bustopologie ... 312
  - 17.3.2 Verbindungsebene ... 314
    - 17.3.2.1 Datensicherung ... 314
    - 17.3.2.2 Buszugriffsverfahren ... 316
      - 17.3.2.2.1 Master-Slave-Verfahren ... 316
      - 17.3.2.2.2 Multimaster-Systeme ... 316
  - 17.3.3 Anwendungsebene ... 317
- 17.4 Anforderungen an Sensor/Aktor-Bussysteme ... 318
- 17.5 Aktor-Sensor-Interface (ASI) ... 319
  - 17.5.1 Systemstruktur ... 319
  - 17.5.2 Übertragungstechnik ... 320
    - 17.5.2.1 Hilfsenergie ... 321
    - 17.5.2.2 Bitcodierung ... 321
  - 17.5.3 ASI-Nachrichten ... 321
  - 17.5.4 ASI-Master ... 323
- 17.6 Ein einfacher Sensor/Aktorbus (VariNet-2) ... 324
  - 17.6.1 Übertragungstechnik ... 324
  - 17.6.2 VariNet-2-Sensor/Aktorbus-Protokoll ... 325
    - 17.6.2.1 Adressierung ... 325
    - 17.6.2.2 Übertragungsdienste ... 326
    - 17.6.2.3 Telegramme ... 326
  - 17.6.3 Anwendungsschnittstelle ... 327
    - 17.6.3.1 Master ... 327
    - 17.6.3.2 Bus-Projektierung ... 328
- 17.7 PROFIBUS ... 329
  - 17.7.1 Das PROFIBUS-Konzept ... 329
  - 17.7.2 Schicht 1 – Übertragungstechnik ... 330
  - 17.7.3 Schicht 2 – Datenübertragungsschicht ... 331
    - 17.7.3.1 Telegrammaufbau ... 333
  - 17.7.4 Schicht 7 – Die Anwendungsschicht ... 335
    - 17.7.4.1 Kommunikationsobjekte ... 335
      - 17.7.4.1.1 Objektbeschreibung ... 335

		17.7.4.1.2 Objektverzeichnis	337
	17.7.4.2 Kommunikationsbeziehungen		337
		17.7.4.2.1 Verbindungstypen	338
	17.7.4.3 Dienste		339
		17.7.4.3.1 Produktivdienste	339
		17.7.4.3.2 Managementdienste	339
17.7.5	Profile		339
17.7.6	Projektierung		340
17.7.7	Die PROFIBUS-Nutzerorganisation		340

Sachwortverzeichnis ... 341

1 Übersicht

Die Automatisierung hat schon lange Einzug gehalten in die Produktionstechnik und in die Verfahrenstechnik. Das weiß heute jedermann. Es ist auch jedermann bekannt, daß diese Automatisierung auf dem Siegeszug des Computers beruht. Ohne Prozessrechner und speicherprogrammierbare Steuerungen wäre moderne Automatisierungstechnik nicht möglich. Man übersieht dabei allerdings häufig, daß Computer hilflos wären ohne die Meßfühler, heutzutage meist Sensoren genannt. Die Sensoren geben dem Computer Informationen über den Zustand der Umwelt, z. B. Temperatur, Druck, Abstand usw. (Bild 1.1).

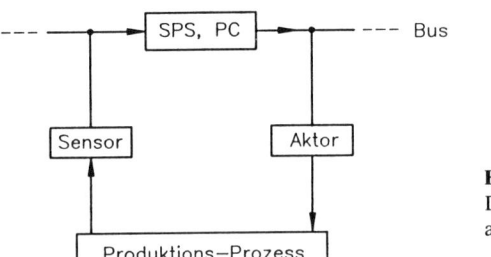

Bild 1.1:
Der Ort des Sensors in der automatisierten Anlage

In diesem einleitenden Kapitel wollen wir drei Fragen nachgehen:

1. Wie sind Sensoren zu definieren?
2. Wie sind Sensoren physikalisch/technisch zu klassifizieren?
3. Wie sind Sensoren marktanteilmäßig zu klassifizieren?

Als Definition des Begriffes Sensor schlagen wir folgende vor:
Ein Sensor ist ein Meßfühler, welcher mechanische, chemische, thermische, magnetische oder optische Werte aufnimmt und in elektrische Signale umformt (vgl. Bild 1.2). Die Umformung kann dabei entweder analog erfolgen (z. B. entspricht jedem Abstand ein ganz bestimmter Spannungswert) oder auch binär (z. B. wird beim Überschreiten eines bestimmten Abstandes ein Signal ausgelöst).
Die Übertragung eines analogen Sensor-Signales erfolgt bis heute überwiegend mit einer 20 mA-Stromschleife. D. h., der Meßwert wird in einen ihm proportionalen Strom umgewandelt. In der modernen Automatisierung geht allerdings der Trend zum Bus, d. h. das analoge Sensorsignal wird noch im Sensor analog/digital umgesetzt und dann seriell über einen Bus zum Rechner weitergeleitet.

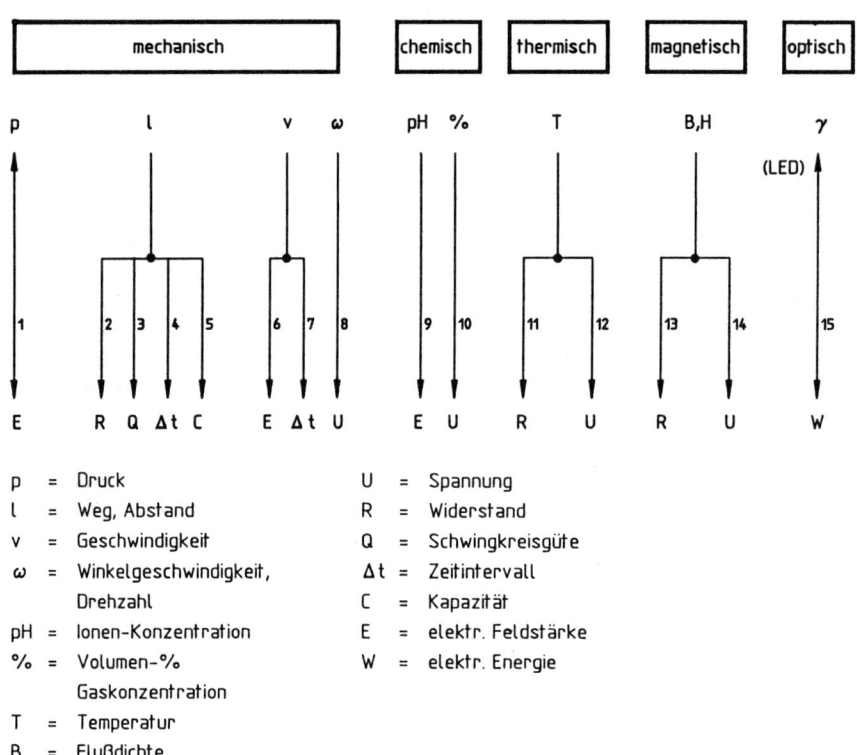

Bild 1.2: Der Sensor bildet den Übergang zwischen der nichtelektronischen Welt und der Elektronik

Für die physikalisch/technische Klassifizierung der Sensoren nehmen wir das schon erwähnte Bild 1.2 zusammen mit der Tabelle in Bild 1.3 zur Hilfe.
Lesehilfe: Die zu erfassende Umwelt stellt sich dar mit ihrem mechanischen, chemischen, thermischen, magnetischen oder optischen Eigenschaften. Diese werden durch die Formelzeichen p, l, v usw. symbolisiert. Die zugehörigen Werte werden über einen physikalisch/technischen Effekt in entsprechende elektrisch auswertbare Größen umgesetzt, z. B. Feldstärke E, Widerstand R, Spulengüte Q usw.
Auf welchem Weg die Umsetzung in elektrische Größen erfolgt, ist in Bild 1.2 durch die Zahlen 1 bis 15 angedeutet. Diese Zahlen 1 bis 15 findet man als Zeilennummerierung in der Tabelle des Bildes 1.3 wieder. Dort findet man in der ersten Spalte die Formel, welche die nichtelektrische Größe mit der elektrischen verknüpft. Diese Tabelle erhebt keinen Anspruch auf Vollständigkeit, sie zeigt aber, auf welch vielfältige Weise physikalische und elektrotechnische Effekte für die Sensoren zur Anwendung kommen. In den einzelnen Kapiteln werden wir auf diese Grundlagen noch ausführlicher eingehen.

Übersicht

Nr.	Formel	Konstante	Erläuterung
1.	$\Delta Q = K \cdot p$	$K = 2{,}3 \cdot 10^{-12}$ As/N (Quarz)	piezoelektrischer Effekt
2.	$\dfrac{\Delta l}{l} = \dfrac{k \cdot \Delta R}{R}$	$k = 2$ (typ.) (Konstantan)	DMS
3.	$R_v \sim \dfrac{1}{l},\ Q \sim \dfrac{1}{R_v}$		R_p durch Wirbelströme
4.	$\Delta l = \Delta t \cdot v$		Weg/Zeit–Messung
5.	$C = \dfrac{\varepsilon \cdot A}{l},\ \varepsilon = \varepsilon_0 \cdot \varepsilon_r$	$\varepsilon_0 = 8{,}86 \cdot 10^{-12}$ As/Vm	Kapazitätsmessung
6.	$\vec{E} = \vec{v} \times \vec{B}$	B – mag. Flussdichte	Lorentz–Feldstärke
7.	$v = \dfrac{\Delta l}{\Delta t}$		Weg/Zeit–Messung
8.	$\omega = \dfrac{U}{A \cdot B}$	A – Leiterschleifenfläche	Induktionsgesetz
9.	$U = K \cdot (pH_v - pH_m)$	$K = 58{,}2$ mV (20°C) m – Mess-Stelle v – Vergleichsstelle	modifizierte Nernstsche Gleichung
10.	$U = \dfrac{R \cdot T}{n \cdot F} \cdot \ln \dfrac{P_1}{P_2}$	$P \triangleq$ Volumen % $R = 8{,}32$ Ws/Grad $F = 9{,}65 \cdot 10^4$ As/Grammatom	Nernstsche Gleichung
11.	$R(T) = R_0 \cdot (1 + \alpha \cdot \Delta T)$	$\alpha = 3{,}9 \cdot 10^{-3}$/K (typ.) (Platin)	Metalle
	$R(T) \approx R_0 \cdot \exp\left[B \cdot \left(\dfrac{1}{T} - \dfrac{1}{T_0}\right)\right]$	$B = 4200$ K (typ.) (Mischoxid–Keramik)	Heissleiter, NTC
	$R(T) \approx R_0 \cdot \exp[\alpha \cdot (T - T_0)]$	$\alpha = 16\%$/K (typ.) (dotierte Bariumtitan–Keramik)	Kaltleiter, PTC
12.	$U = a \cdot (T_m - T_v)$	$a = 53\ \mu$V/Grad (Fe/Konstantan)	Thermoelement
13.	$\dfrac{R}{R_0} \approx k \cdot B$	$k = 10/T$ (typ.)	magnetoresistiver Effekt
14.	$U = \dfrac{R_h \cdot I \cdot B}{d}$	$R_h \cong 2 \cdot 10^{-4}$ m³/As (typ.) (Halbleiter)	Halleffekt
15.	$f = \dfrac{W}{h}$	$h = 6{,}625 \cdot 10^{-34}$ Ws² $W = 1{,}92$ eV (GaAsP)	lichtelektrischer Effekt, Einstein–Gleichung

Bild 1.3: Tabelle der Verknüpfungsgleichungen

Betrachtet man die Sensoren vom Blickpunkt des Marktes aus, so kann man zwei Behauptungen ohne große Gefahr des Irrtums aufstellen:
1. Der Markt für Sensoren wird sich in den nächsten Jahren stark ausweiten. Begründung: neben der bereits erwähnten Ausweitung der Automatisierung in der Verfahrenstechnik und Fertigung wird man zunehmend Sensoren benötigen im Bereich z. B. des Umweltschutzes. Auch die Mikrotechnik erschließt neue Bereiche.
2. Bei der mengenmäßigen Aufteilung der Sensoren in verschiedene Bereiche wird man, trotz einiger Unsicherheit, doch in etwa eine Voraussage treffen können, wie sie zum Beispiel Bild 1.4 zeigt. Dort ist vom Absatz in den Jahren 87/88 extrapoliert auf die nähere Zukunft. Der in diesem Schaubild getroffenen Einteilung durch die Prognos AG in die verschiedenen Sensortypen sind wir in diesem Buch mehr oder weniger gefolgt, obwohl andere Einteilungen durchaus möglich und auch sinnvoll gewesen wären.

Marktübersicht

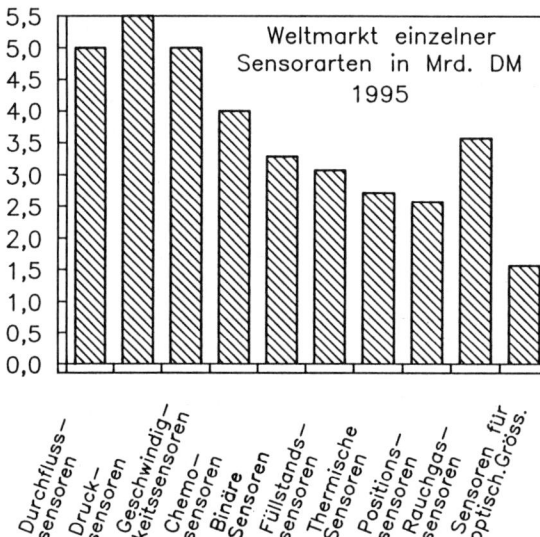

Bild 1.4:
Vorraussage des Sensormarktes 1995 (nach einer Prognos-Prognose, 1989)

2 Induktive Sensoren

2.1 Grundlagen

Induktive Sensoren haben, insbesondere in Form der induktiven Näherungsschalter, auch Initiatoren genannt, eine weite Verbreitung in der Automatisierungs- und Verfahrenstechnik gefunden. Sie arbeiten berührungslos und rückwirkungsfrei, sind durch ihre geschlossene Bauform resistent gegen Umwelteinflüsse und zeichnen sich durch eine hohe Zuverlässigkeit aus. Induktive Näherungsschalter sind kontaktlos und ermöglichen daher hohe Schaltfrequenzen bei großer Lebensdauer.

2.1.1 Grundsätzlicher Aufbau

Aktives Element eines induktiven Sensors ist ein System aus Spule und Ferritkern (Bild 2.1). Eine von Wechselstrom durchflossene Spule erzeugt ein Magnetfeld, das durch einen Schalenkern geführt und so gerichtet wird, daß es nur an einer Seite aus dem Kern austritt. Dies ist die aktive Fläche des Näherungsschalters. Befindet sich in der Nähe dieser aktiven Fläche ein Gegenstand aus elektrisch oder magnetisch leitendem Material, so deformiert er das Magnetfeld. Genaue Feldlinienbilder erhält man durch Rechnersimulation (Bild 2.2). Man erkennt die Beeinflussung des Magnetfeldes durch einen leitenden Gegenstand, hier eine Bedämpfungsfahne aus Stahl. Die Veränderung des Magnetfeldes durch die Fahne wirkt zurück auf die Spule, so daß sich deren elektrische Impedanz ändert. Diese Impedanzänderung wird durch die im Sensor integrierte Elektronik ausgewertet und in ein Schaltsignal umgesetzt. In einem elektrisch leitenden Gegenstand im magnetischen Wechselfeld werden Wirbelströme induziert. Vereinfacht

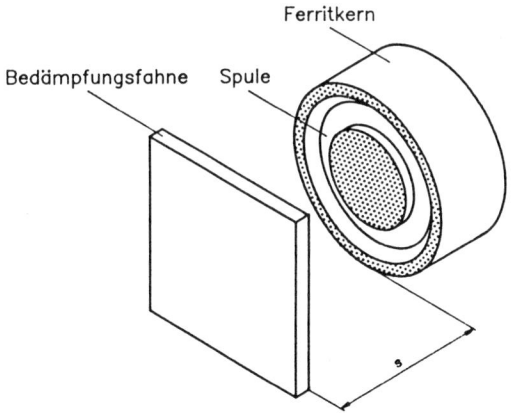

Bild 2.1:
Prinzip des induktiven Sensors

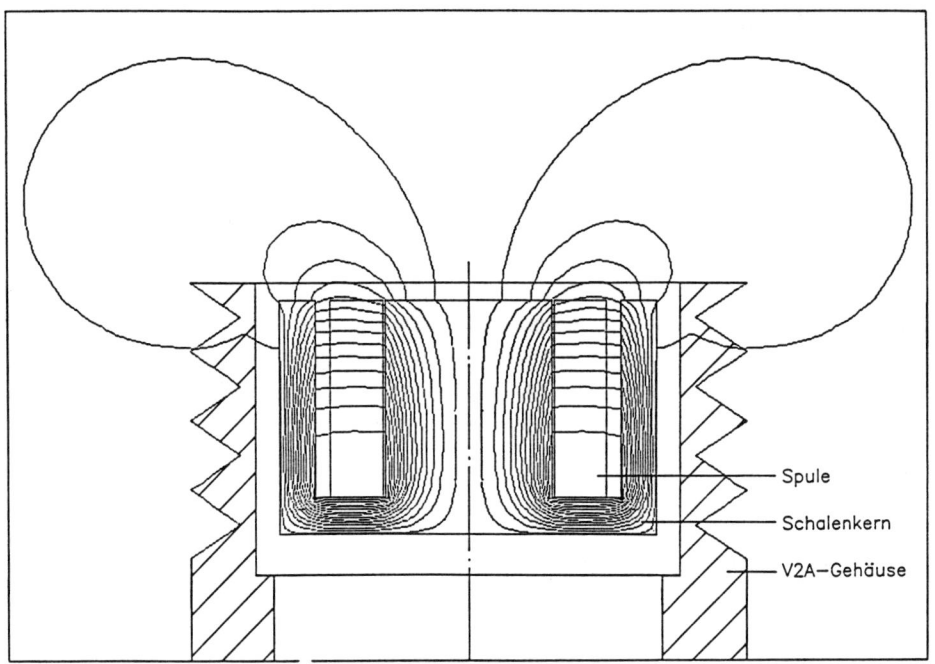

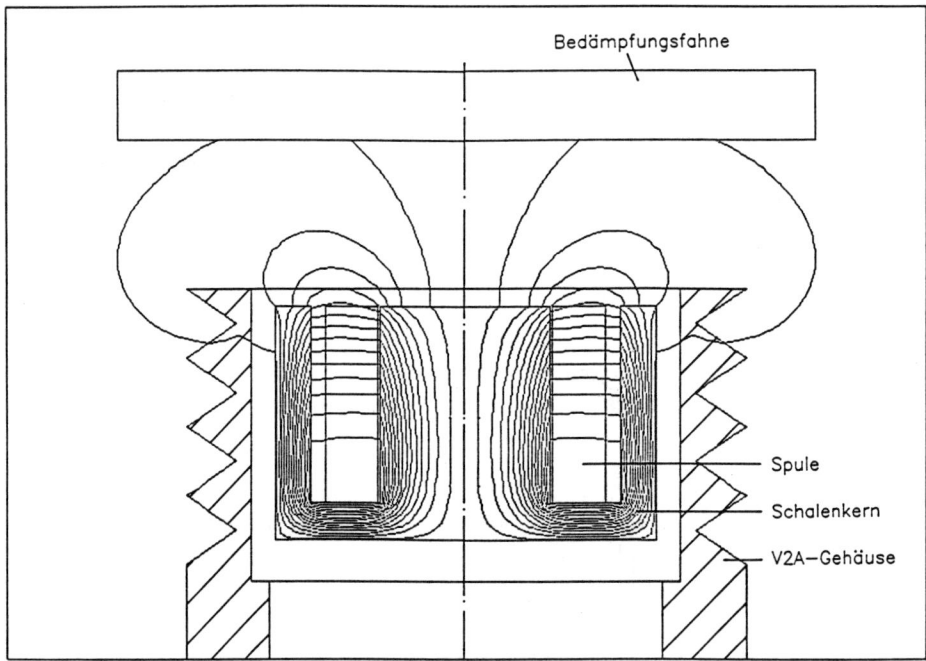

Bild 2.2: Feldlinienbilder eines induktiven Sensors ohne und mit Bedämpfungsfahne aus St37

2.1 Grundlagen

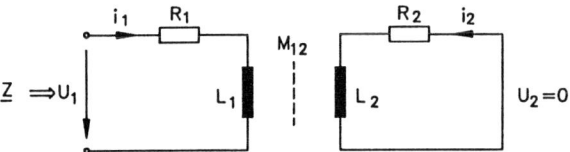

Bild 2.3:
Transformator-Ersatzschaltbild eines induktiven Sensors mit Bedämpfungsfahne

kann man die Bedämpfungsfahne daher als kurzgeschlossenen Ring betrachten. Man kann dann die Anordnung aus Sensorspule und Bedämpfungselement als Transformator darstellen. Dabei bildet die Sensorspule den Primärkreis und die Metallfahne den kurzgeschlossenen Sekundärkreis (Bild 2.3). Durch die induktive Kopplung, dargestellt durch die Gegeninduktivität M_{12}, wirkt der im Sekundärkreis fließende Strom i_2 zurück auf den Primärkreis. Dies äußert sich in einer Änderung der Impedanz Z der Spule. Diese läßt sich einfach herleiten aus den Gleichungen des idealen Transformators:

Primärseite: $\quad \underline{u}_1 = (R_1 + j \cdot \omega \cdot L_1) \cdot \underline{i}_1 + j \cdot \omega \cdot M_{12} \cdot \underline{i}_2$

Sekundärseite: $0 = \underline{u}_2 = (R_2 + j \cdot \omega \cdot L_2) \cdot \underline{i}_2 + j \cdot \omega \cdot M_{12} \cdot \underline{i}_1$.

Daraus erhält man:

$$\underline{Z} = \frac{\underline{u}_1}{\underline{i}_1} = R_1 + j \cdot \omega \cdot L_1 + (R_2 - j \cdot \omega \cdot L_2) \cdot \frac{\omega^2 \cdot M_{12}^2}{R_2^2 + (\omega \cdot L_2)^2}$$

$$\text{Re}(\underline{Z}) = R_1 + R_2 \cdot \frac{\omega^2 \cdot M_{12}^2}{R_2^2 + (\omega \cdot L_2)^2}$$

$$\text{Im}(\underline{Z}) = \omega \cdot L_1 - \omega \cdot L_2 \cdot \frac{\omega^2 \cdot M_{12}^2}{R_2^2 + (\omega \cdot L_2)^2}.$$

Man sieht, daß sich bei Anwesenheit eines leitfähigen Materiales der Realteil von $\underline{Z}$ in Abhängigkeit von R_2, L_2, M_{12} und ω gegenüber dem Verlustwiderstand R_1 der Spule erhöht. Da sich der Imaginärteil von $\underline{Z}$ erfahrungsgemäß erst bei sehr kleinen Abständen zwischen Spule und Fahne merklich ändert, zieht man nur die Realteiländerung heran, um die Anwesenheit eines leitfähigen Gegenstandes zu detektieren.

2.1.2 Reduktionsfaktor

Die Erhöhung des Realteiles von $\underline{Z}$ durch die Bedämpfungsfahne ist im wesentlichen abhängig vom Abstand zwischen Fahne und Spulensystem und vom Material, aus dem die Fahne gefertigt ist, insbesondere von dessen elektrischer Leitfähigkeit und Permeabilität. Die größte Änderung ergibt sich mit einer Bedämpfungsfahne aus Baustahl (St37). Man normiert daher die Schaltabstände s mit verschiedenen Materialien auf den Schaltabstand s_n, der bei Verwendung von St37 erreicht wird und definiert einen Reduktionsfaktor, allgemein auch Korrekturfaktor genannt: Reduktionsfaktor = s/s_n. Er beschreibt, auf welchen Wert der Schaltabstand bei unterschiedlichen Materialien absinkt, bezogen auf den Schaltabstand mit einer Norm-Meßfahne aus St37. In Bild 2.4 ist der Reduktionsfaktor in Abhängigkeit des Quotienten aus elektrischer Leitfähigkeit und relativer Permeabilität der Fahne exemplarisch für einen Näherungsschalter mit

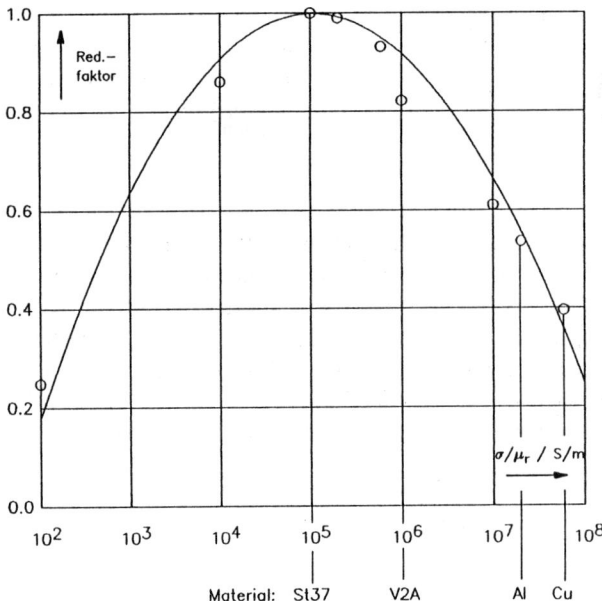

Bild 2.4: Reduktionsfaktor eines induktiven Näherungsschalters als Funktion des Quotienten aus elektrischer Leitfähigkeit und relativer Permeabilität der Bedämpfungsfahne

5 mm Schaltabstand dargestellt (ohne Berücksichtigung von Hystereseverlusten in der Fahne). Je nach Ausführung des Schalters variiert diese Kurve, zeigt jedoch immer die gleiche Tendenz.

2.1.3 Spulengröße und Schaltabstand

Bild 2.2 zeigt, daß das Magnetfeld nur eine begrenzte räumliche Ausdehnung besitzt, die letztlich den maximal möglichen Schaltabstand eines induktiven Näherungsschalters bestimmt. Es ist einleuchtend, daß diese Ausdehnung und damit der Schaltabstand s_n

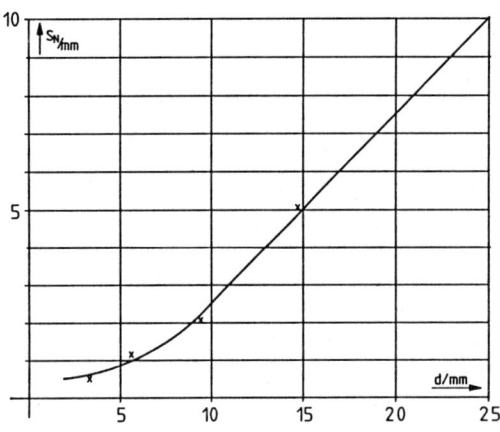

Bild 2.5:
Nennschaltabstand s_n induktiver Näherungsschalter mit Normschaltabstand als Funktion des Kerndurchmessers d

2.1 Grundlagen

mit steigendem Kerndurchmesser d zunehmen. Es besteht eine leicht progressive Abhängigkeit des Nennschaltabstandes vom Kerndurchmesser für Näherungsschalter mit Normschaltabstand (Bild 2.5).

2.1.4 Einbauproblematik

Die Umgebung der Spulensysteme von induktiven Näherungsschaltern mit leitenden Materialien außerhalb der aktiven Fläche stellt ein Problem dar, da diese auch einen Einfluß auf den Feldverlauf und damit auf die Impedanz der Spule haben.

2.1.4.1 Gehäuse

Benutzt man für einen induktiven Näherungsschalter ein Edelstahlgehäuse, so bewirken die dort induzierten Wirbelströme bereits eine Vorbedämpfung des Spulensystems und des Oszillators und senken dadurch den maximal möglichen Schaltabstand. Reduzieren läßt sich dieser Effekt durch den Einbau eines Kupferringes ins Stahlgehäuse. Das Magnetfeld kann dann nicht mehr so stark ins Gehäuse eindringen (Bild 2.6). Die Wirbelströme, die nun im Kupferring anstatt im Gehäuse fließen, verursachen dort einen wesentlichen geringeren Verlust, da die elektrische Leitfähigkeit von Kupfer etwa um den Faktor 40 höher ist als die vom üblicherweise verwendeten Gehäusematerial V2A (siehe auch Bild 2.4). Die Vorbedämpfung wird so gesenkt und der mögliche Schaltabstand erhöht.

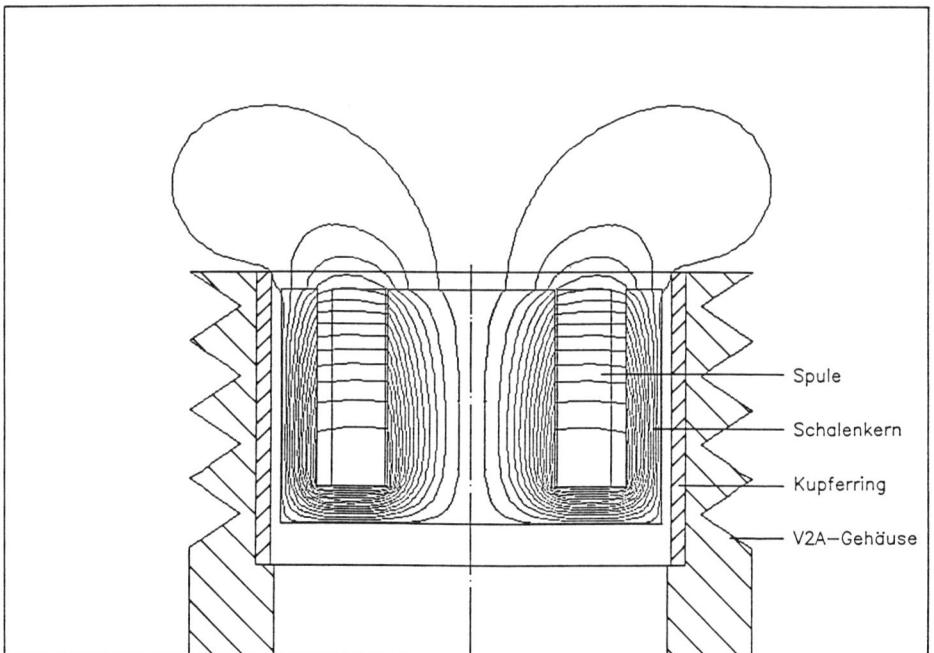

Bild 2.6: Feldlinienbild eines induktiven Sensors mit integriertem Kupfer-Abschirmring

2.1.4.2 Bündiger Einbau

Weitere unerwünschte Verluste entstehen beim bündigen Einbau des Schalters in ein elektrisch leitendes Material, z. B. ein Maschinenteil aus Stahl. Dies bewirkt eine Erhöhung des realen Schaltabstandes durch die zusätzliche Vorbedämpfung. Im ungünstigsten Fall schaltet der Initiator beim Einbau. Hier wirkt sich die Abschirmung durch einen Kupferring ebenfalls positiv aus, da er auch die Wirbelströme im Einbaumaterial reduziert.

Schalter mit erhöhten Schaltabständen und für bündigen Einbau sind deshalb in der Regel mit einem Kupfer-Abschirmring versehen. Die Abschirmwirkung nimmt allerdings mit steigendem Durchmesser der Näherungsschalter ab, so daß bei großen Initiatoren noch Probleme bezüglich der Einbaubarkeit bestehen. Eine mögliche Lösung für die Zukunft könnte hier die Erfassung der seitlichen Umgebung durch den Näherungsschalter sein, was jedoch einen hohen konstruktiven und schaltungstechnischen Aufwand erfordern wird.

2.1.5 Elektronische Schaltung

Das Spulensystem des Näherungsschalters bildet zusammen mit einem Kondensator einen Parallel-Schwingkreis. Im vereinfachtem Ersatzschaltbild (Bild 2.7) stellt L die Spuleninduktivität und $R_v = R_e(\underline{Z})$ den sich in Abhängigkeit der Anwesenheit einer Bedämpfungsfahne einstellenden Verlustwiderstand der Spule dar. C ist der verlustlos angenommene Parallelkondensator. Der Verlustwiderstand R_v bestimmt die Güte des Schwingkreises.

Das Blockschaltbild eines induktiven Näherungsschalters ist in Bild 2.8 dargestellt. Der Schwingkreis ist Bestandteil eines Oszillators und die Schwingkreisgüte $Q = \omega L / R_v$ bestimmt so die Amplitude der entstehenden HF-Schwingung. Mit sich nähernder Fahne sinkt die Schwingkreisgüte durch den steigenden Verlustwiderstand R_v und dadurch ver-

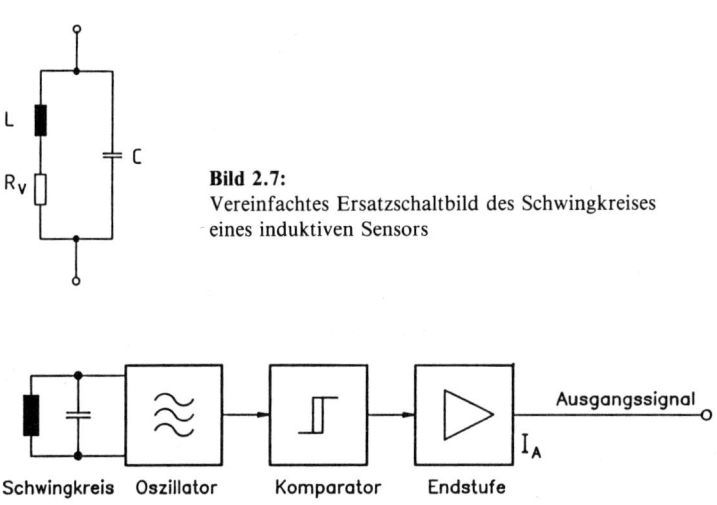

Bild 2.7:
Vereinfachtes Ersatzschaltbild des Schwingkreises eines induktiven Sensors

Bild 2.8: Blockschaltbild eines induktiven Näherungsschalters

2.1 Grundlagen

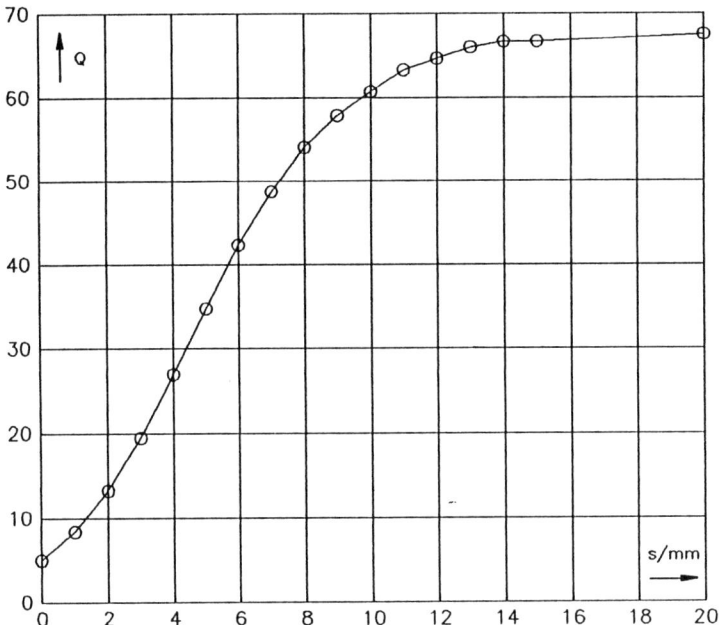

Bild 2.9: Güte Q des Spulensystems eines induktiven Näherungsschalters mit 10 mm Schaltabstand als Funktion des Abstandes s der Bedämpfungsfahne

ringert sich die Schwingungsamplitude. Unterschreitet diese einen bestimmten Wert, spricht ein Komparator an und löst über die Endstufe ein Ausgangssignal aus – der Initiator schaltet. In Bild 2.9 ist exemplarisch für das Spulensystem eines bündig einbaubaren Näherungsschalters mit 10 mm Nennschaltabstand der Verlauf der Güte Q als Funktion des Fahnenabstandes s dargestellt. Bild 2.10 zeigt die relative Güteänderung $\Delta Q/Q$ der gleichen Anordnung, bezogen auf die unbedämpfte Spule. Die Güteänderung, die als Schaltsignal ausgewertet wird, liegt für Schalter mit Norm-Schaltabstand bei etwa 10% bis 50% (hier im Beispiel 10%). Bei Initiatoren mit doppeltem Schaltabstand steht nur noch eine Güteänderung von 1% bis 6% zur Verfügung, was erhöhte Anforderungen an die Auswerteelektronik stellt, insbesondere im Hinblick auf das Temperaturverhalten. Eine einfache Oszillatorschaltung ist in Bild 2.11 gezeigt. Der Schwingkreis wird gebildet aus L_1 und C. Der Transistor T wird in Kollektorschaltung betrieben und stellt so einen nichtinvertierenden Verstärker mit einer Spannungsverstärkung kleiner als 1 dar. Deshalb ist eine transformatorische Rückkopplung erforderlich, die für die nötige Spannungsanhebung sorgt. Realisiert wird der Transformator durch eine Anzapfung der Spule. R_B und D legen den Arbeitspunkt des Transistors gleichspannungsmäßig fest. Das Einhalten der Schwingbedingung des Oszillators wird mit R_E sichergestellt, mit dem auch der Schaltabstand abgeglichen wird. In der Praxis zeigt diese Schaltung einige Nachteile, insbesondere bezüglich der Temperaturstabilität. Eingesetzt wird daher eine leicht modifizierte Version nach Bild 2.12. Dabei wird die Diode D durch die Basis-Emitter-Strecke eines weiteren Transistors gebildet. Befinden sich

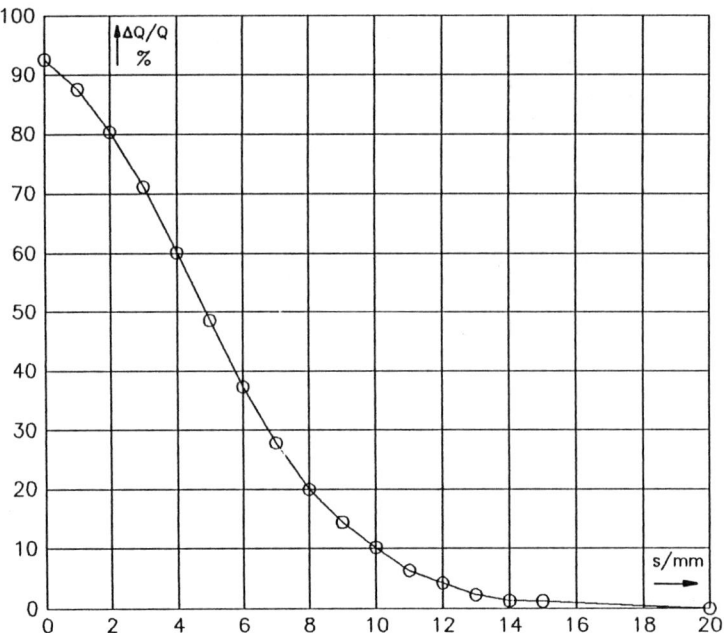

Bild 2.10: Relative Güteänderung $\Delta Q/Q$ des Spulensystems eines induktiven Näherungsschalters mit 10 mm Schaltabstand als Funktion des Abstandes s der Bedämpfungsfahne, bezogen auf das unbedämpfte System ($s \rightarrow \infty$)

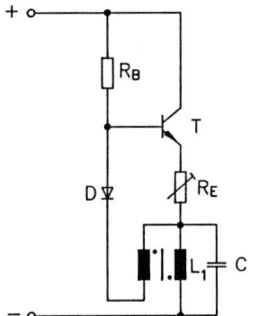

Bild 2.11: Prinzip der Oszillatorschaltung eines induktiven Näherungsschalters

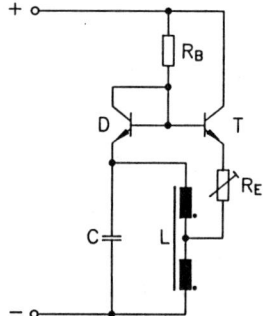

Bild 2.12: Oszillatorschaltung eines induktiven Näherungsschalters

2.1 Grundlagen

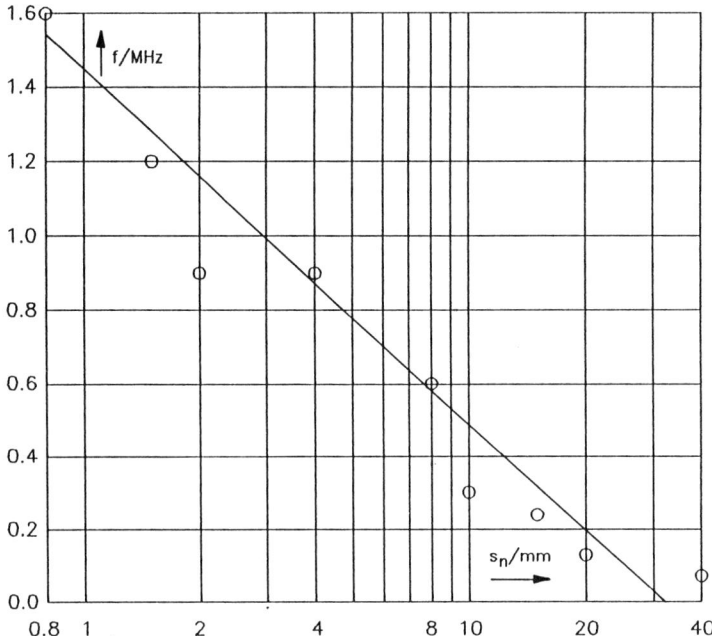

Bild 2.13: Schwingfrequenz f induktiver Näherungsschalter als Funktion des Nennschaltabstandes s_n

beide Transistoren auf gleicher Temperatur, was am sichersten durch einen Doppeltransistor gewährleistet wird, so kompensieren sich ihre Temperaturdriften gegenseitig. Der Schwingkreiskondensator C wird außerdem so angeschlossen, daß die Induktivität beider Spulenwicklungen genutzt wird. Dadurch verringert sich seine Kapazität bei gleicher Schwingfrequenz f. Diese ergibt sich zu

$$f = \frac{1}{2 \cdot \pi \cdot (LC)^{1/2}}.$$

Sie beträgt je nach Schaltertyp einige kHz bis einige MHz und ist im wesentlichen abhängig von der Größe des Spulenkernes und damit vom Schaltabstand s_n (Bild 2.13). Das Ausgangssignal dieses Oszillators ist seine Stromaufnahme, die im unbedämpften Zustand hoch und im bedämpften niedrig ist. Bild 2.14 zeigt beispielhaft die typische Stromaufnahme eines mit dieser Schaltung arbeitenden Initiators mit 10 mm Schaltabstand als Funktion des Abstandes der Bedämpfungsfahne. Den Schaltpunkt legt man sinnvollerweise in den Bereich des steilen Anstieges des Stromes, da dort die größte Empfindlichkeit gegeben ist.

Vielfältige Temperatureinflüsse bewirken auch eine unerwünschte Temperaturdrift der Spulengüte. So steigt der ohmsche Widerstand der Spule, die aus Kupferdraht gewickelt ist, mit der Temperatur. Die Hystereseverluste im Kern, die mit der Frequenz ansteigen, zeigen ebenfalls einen Temperaturgang, dessen Koeffizient, je nach Ferrit, positiv oder

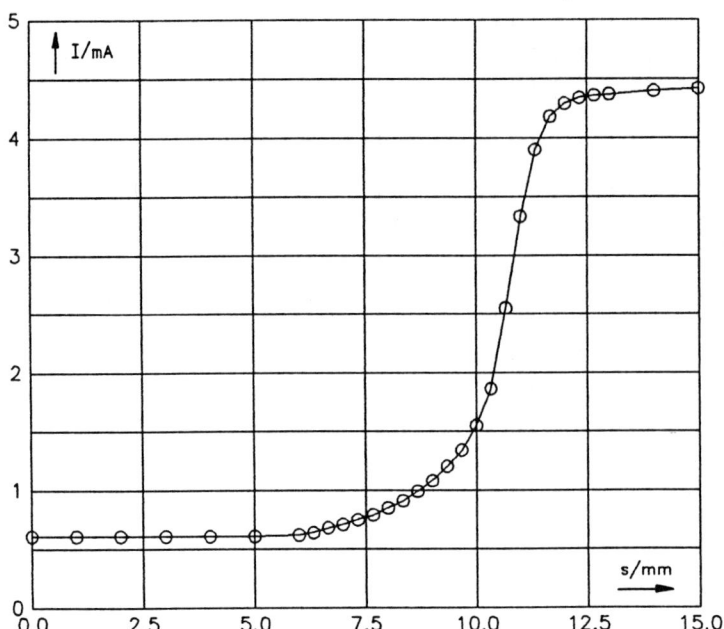

Bild 2.14: Stromaufnahme I eines induktiven Näherungsschalters nach Bild 2.12 mit 10 mm Schaltabstand als Funktion des Abstandes s der Bedämpfungsfahne

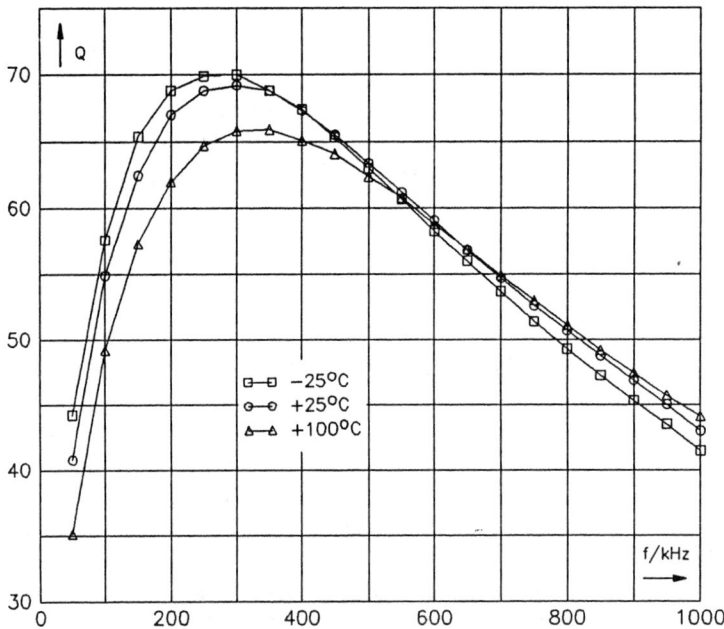

Bild 2.15: Güte Q des unbedämpften Spulensystems eines induktiven Näherungsschalters mit 10 mm Schaltabstand als Funktion der Frequenz f bei verschiedenen Temperaturen

negativ sein kann. Diese Einflüsse bestimmen, zusammen mit weiteren Effekten, wie z. B. Stromverdrängung in der Spule, das Frequenz- und Temperaturverhalten des Spulensystems. Auf experimentellem Weg versucht man eine Betriebsfrequenz festzulegen, bei der sich gegenläufige Temperatureinflüsse aufheben und so eine konstante Spulengüte gewährleisten. Bild 2.15 zeigt den Güteverlauf des unbedämpften Spulensystems eines Initiators mit 10 mm Schaltabstand als Funktion der Frequenz bei drei verschiedenen Temperaturen. Bei einer Frequenz von etwa 550 kHz liegen die Kurven am dichtesten zusammen, so daß dort der Betriebspunkt mit der geringsten Temperaturdrift ist.

2.2 Ausführungsformen

2.2.1 Zylindrische und quaderförmige Näherungsschalter

Die Grundform des Näherungsschalters stellt der zylindrische Initiator dar. Die eine Stirnfläche des Zylinders ist dabei die aktive Fläche. Die gleichen Schaltungen und Spulensysteme werden aber auch in quadratische Gehäuse eingebaut (Bild 2.16).
Zylindrische Näherungsschalter haben ein Gehäuse aus Kunststoff oder Stahl. An der vorderen aktiven Stirnfläche befindet sich das Spulensystem mit dem Ferritkern, geschützt durch eine Kunststoffkappe. Dahinter ist die elektronische Schaltung auf einer

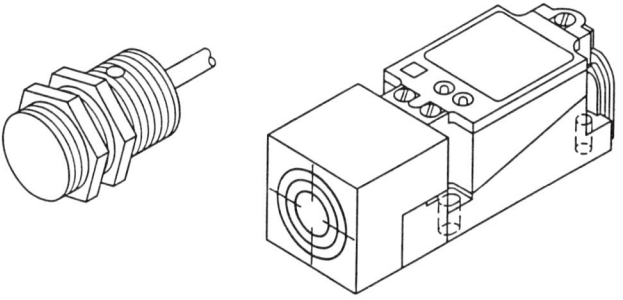

Bild 2.16:
Beispiel eines zylindrischen und eines quaderförmigen induktiven Näherungsschalters

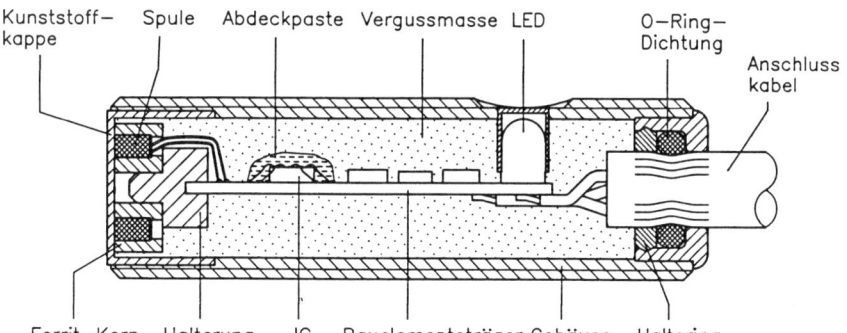

Bild 2.17: Prinzipieller Aufbau eines zylindrischen induktiven Näherungsschalters (Pepperl + Fuchs GmbH, Mannheim)

Platine oder einer Dickschichtschaltung angeordnet. Eine LED dient als Anzeige für den Schaltzustand. Abgeschlossen wird das Gehäuse durch einen Deckel, der das Anschlußkabel enthält. Der gesamte Innenraum des Schalters ist mit einer Kunststoffmasse ausgegossen (Bild 2.17).

2.2.1.1 Definitionen

Begriffe zur Klassifikation und Spezifikation von induktiven Näherungsschaltern sowie Meßmethoden zur Bestimmung der wichtigsten Parameter sind in DIN EN 50010 und 50032 bzw. in Zukunft in DIN VDE 0660, Teil 208 festgelegt. Als Meßfahne ist eine quadratische Platte aus 1 mm starkem St37-Blech vorgeschrieben. Ihre Kantenlänge ist abhängig vom Nennschaltabstand s_n des Initiators. Der Nennschaltabstand s_n ist eine reine Kenngröße, die einen Näherungsschalter klassifiziert, ohne auf Toleranzen Rücksicht zu nehmen (Bild 2.18). Der Realschaltabstand s_r wird bei Nennspannung und einer Umgebungstemperatur von 20 °C meßtechnisch bestimmt. Er darf maximal um ±10% von s_n abweichen

$$0{,}9 \cdot s_n < s_r < 1{,}1 \cdot s_n.$$

Der Nutzschaltabstand s_u ist der nutzbare Schaltabstand der sich innerhalb der spezifizierten Spannungs- und Temperaturbereiche einstellt. Er darf maximal um ±10% von s_r abweichen:

$$0{,}9 \cdot s_r < s_u < 1{,}1 \cdot s_r.$$

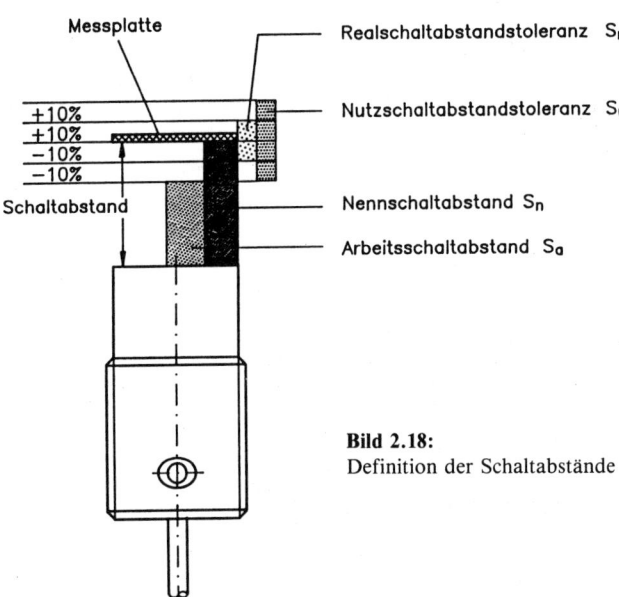

Bild 2.18:
Definition der Schaltabstände

2.2 Ausführungsformen

Der Arbeitsschaltabstand s_a ist der Schaltabstand, bei dem ein induktiver Näherungsschalter innerhalb der spezifizierten Betriebsbedingungen arbeitet. Er liegt zwischen 0 und dem kleinsten Wert des Nutzschaltabstandes:

$$0 < s_a < 0{,}81 \cdot s_n.$$

Ebenso definiert sind Reproduzierbarkeit des Schaltabstandes und Schalthysterese.

2.2.2 Schlitzinitiatoren

Schlitzinitiatoren bestehen aus zwei gegenüberliegenden Spulensystemen, die einen Transformator mit großem Luftspalt und loser Kopplung bilden (Bild 2.19). Die beiden Spulen stellen je eine Wicklung des Transformators in der Oszillator-Schaltung nach Bild 2.12 dar. Im unbedämpften Fall reicht die Kopplung der beiden Spulen aus, um den Oszillator schwingen zu lassen. Bringt man eine Metallfahne in den Schlitz zwischen beiden Spulen, verringert sich deren induktive Kopplung. Ab einer bestimmten Eintauchtiefe unterschreitet so die Rückkopplung des Oszillators ihren kritischen Wert und die Schwingung reißt ab, d. h. der Initiator schaltet.

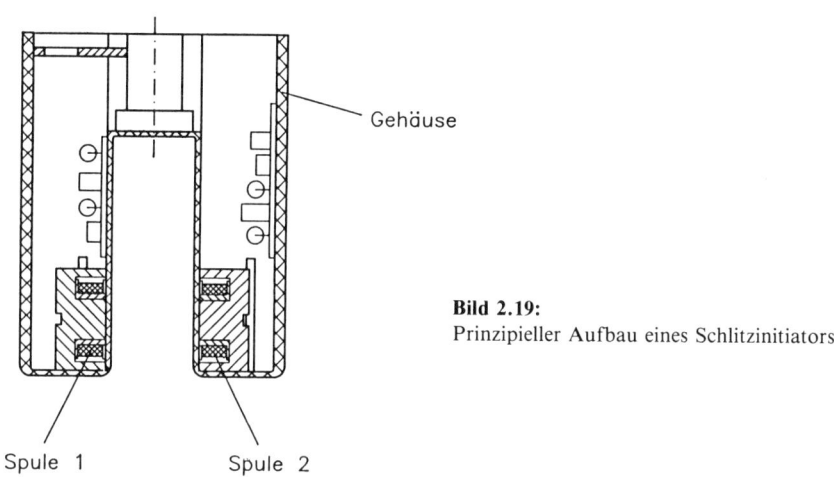

Bild 2.19:
Prinzipieller Aufbau eines Schlitzinitiators

Aufgrund seiner Bauart ist der Schlitzinitiator weitgehend unempfindlich gegenüber Positionsänderungen der Fahne in Richtung der Kernachse, so daß hier größere Ungenauigkeiten zulässig sind. Die empfindliche Richtung ist die senkrecht zur Kernachse. Bei diesem Schaltertyp wird im wesentlichen die Änderung der Kopplung zwischen zwei Spulen ausgewertet. Die Verlustwiderstandserhöhung spielt dagegen eine untergeordnete Rolle. Dadurch ergibt sich ein sehr viel geringerer Einfluß der Materialparameter der Bedämpfungsfahne auf den Schaltpunkt als bei zylindrischen Initiatoren.

2.2.3 Ringinitiatoren

Ringinitiatoren sind anstatt mit einem Schalenkern mit einem Ferritring ausgestattet, der die Spule zylindrisch umschließt (Bild 2.20). Er bewirkt eine Abschirmung des Magnetfeldes nach außen, so daß der aktive Raum im Innern der Spule liegt. Es läßt sich hier ebenfalls die Oszillator-Schaltung nach Bild 2.12 verwenden. Der Schalter wird bedämpft, sobald sich ein metallischer Gegenstand im Innern des Ringes befindet. Ein Anwendungsfall stellt die Erkennung und Zählung von metallischen Kleinteilen dar, die durch den Initiator transportiert werden. Dabei werden sowohl FE- als auch NE-Metalle erkannt, wobei, entsprechend dem Reduktionsfaktor bei zylindrischen Näherungsschaltern, Körper aus NE-Werkstoffen größere Mindestmaße aufweisen müssen, um einen Schaltvorgang auszulösen.

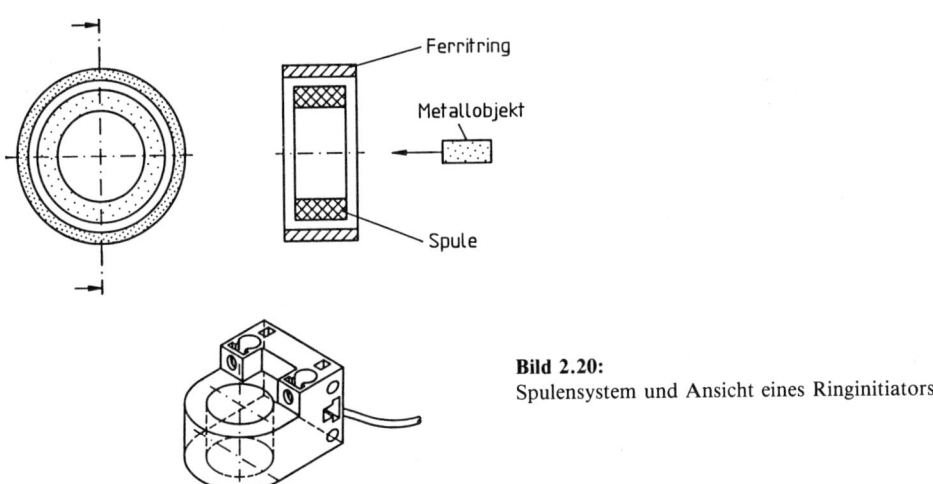

Bild 2.20:
Spulensystem und Ansicht eines Ringinitiators

2.2.4 Bistabile Schalter

Bistabile Schalter besitzen zwei stabile Schaltzustände, in denen sie verharren können, selbst wenn der auslösende Gegenstand wieder entfernt wurde. Verdeutlicht werden soll das Prinzip an einem bistabilen Ringinitiator, dessen Spulensystem und Blockschaltbild schematisch in Bild 2.21 dargestellt sind. Innerhalb des Ferritringes befinden sich zwei getrennte Spulen, die je einem eigenen Oszillator zugeordnet sind. Diese beiden Oszillatoren sind gegeneinander so verriegelt, daß immer nur einer schwingen kann. Dabei ist schaltungstechnisch sichergestellt, daß beim Einschalten der Versorgungsspannung immer Oszillator 1 schwingt. Bewegt sich nun ein Metallgegenstand von rechts kommend in den Initiator hinein, so wird zunächst Spule 1 bedämpft, die Schwingung reißt ab und Oszillator 2 beginnt zu schwingen. Tritt der Gegenstand in Spule 2 ein, wird diese ebenfalls bedämpft und die Oszillation bricht zusammen. Sobald durch die Weiterbewegung Spule 1 entdämpft wird, setzt dort die Schwingung wieder ein. Nachdem sich ein leitfähiger Gegenstand also von rechts nach links durch den bistabilen Initiator bewegt

2.2 Ausführungsformen

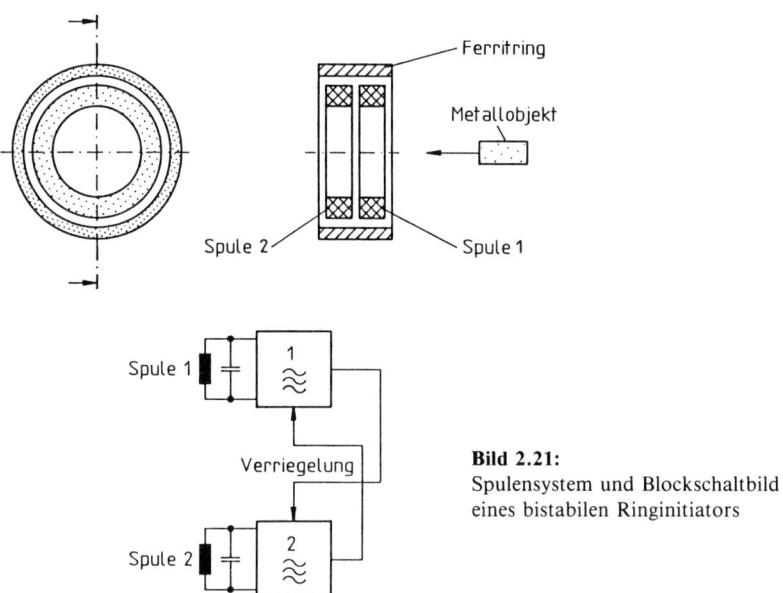

Bild 2.21:
Spulensystem und Blockschaltbild eines bistabilen Ringinitiators

hat, schwingt Oszillator 1 entsprechend dem ersten stabilen Schaltzustand. Bei einem Durchgang von links nach rechts kehren sich die Verhältnisse um. Nach dem Durchtritt schwingt Oszillator 2, der zweite stabile Zustand. Bistabile Initiatoren können also zur Richtungserkennung eingesetzt werden. Da die Oszillatoren so dimensioniert sind, daß sie unterschiedliche Betriebsströme benötigen, läßt sich aus der Stromaufnahme des Initiators sein jeweiliger Schaltzustand erkennen.

2.2.5 Magnetfeldresistente Näherungsschalter

Werden induktive Näherungsschalter in der Nähe von Elektro-Schweißanlagen oder Galvanikanlagen eingesetzt, treten zwei negative Effekte auf: Die durch die hohen Ströme erzeugten starken Magnetfelder durchsetzen den Schalenkern des Näherungsschalters und können das Material bis in die Sättigung aussteuern oder zumindest den Arbeitspunkt so verschieben, daß die reversible Permeabilität merklich absinkt. Dadurch verringert sich die Spulengüte. Das Spulensystem wird also durch die Magnetfelder bedämpft, was zum Schalten des Initiators führen kann. Abhilfe schaffen hier besondere Kerne aus Carbonyl-Eisen, die eine etwa zwei- bis dreimal höhere Sättigungsflußdichte aufweisen als herkömmliche Ferrite.

Der zweite negative Effekt besteht darin, daß die magnetischen Wechselfelder, die von einer Schweißanlage ausgehen, elektrische Spannungen in der Sensorspule induzieren. Diese Spannungen beeinflussen den Oszillator und können zu unkontrolliertem Schaltverhalten führen, was durch geeignete schaltungstechnische Maßnahmen verhindert werden muß.

Magnetfeldresistente Näherungsschalter zeichnen sich auch durch eine größere mechanische Robustheit, entsprechend den rauhen Umgebungsbedingungen aus.

2.2.6 Induktive Analoggeber

Eine Sonderstellung bei den induktiven Sensoren nehmen die Analoggeber ein, da sie kein Schaltsignal an einem Punkt, sondern ein dem Abstand der Bedämpfungsfahne annähernd proportionales Ausgangssignal liefern. Innerhalb eines bestimmten Bereiches ist der Ausgangsstrom des Analoggebers nahezu linear abhängig vom Abstand s der Fahne (Bild 2.22). Der mechanische Aufbau und das Spulensystem entsprechen denen eines zylindrischen Näherunsschalters. Das Funktionsprinzip erläutert Bild 2.23. Die Oszillatorschaltung speist den Schwingkreis mit einem Wechselstrom konstanter Amplitude i. Für die Spannung u am Schwingkreis gilt dann

$$u \sim (1+Q^2)^{1/2}.$$

Für Spulengüten Q größer als 10 ist damit u annähernd proportional zur Güte und innerhalb gewisser Grenzen linear zum Abstand der Bedämpfungsfahne. Bei einigen Typen von Analoggebern erweitert eine zusätzliche Linearisierungsschaltung den nutzbaren Bereich nach oben, bei anderen ist dies nicht erforderlich. Eine Endstufe wandelt das Meßsignal schließlich in einen dem Weg proportionalen Strom. Wie bei den Standard-Näherungsschaltern werden auch beim Analoggeber die Daten auf eine Norm-Meßfahne aus St 37 bezogen. Bei Verwendung von NE-Fahnen verschiebt und reduziert sich der Arbeitsbereich entsprechend. Induktive Analoggeber lassen sich somit sowohl für die berührungslose Wegmessung als auch für die Identifikation verschiedener Materialien einsetzen.

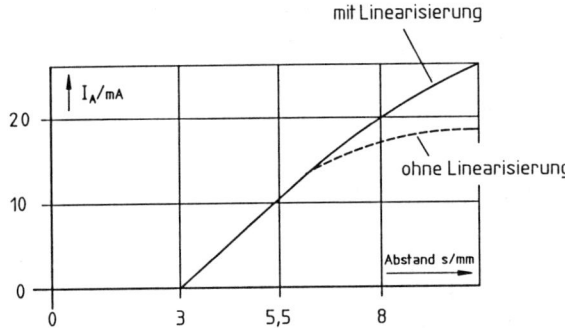

Bild 2.22: Ausgangsstrom I_A eines induktiven Analoggebers als Funktion des Abstandes s der Bedämpfungsfahne

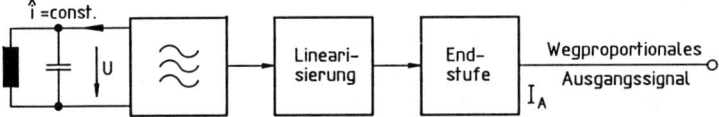

Bild 2.23: Blockschaltbild eines induktiven Analoggebers

2.3 Schnittstellen induktiver Näherungsschalter

Grundsätzlich unterscheidet man induktive Näherungsschalter für Gleich- und Wechselspannung. Es gibt dabei Sensoren für Zwei-, Drei- und Vierdrahtanschluß. Sie können Öffner-, Schließer- oder antivalente Funktion haben. Auf der Initiatorseite wird die Schnittstelle durch die Endstufe realisiert. Diese ist somit Bindeglied zwischen Sensor und Kundenschnittstelle (Bild 2.24) und erfüllt zahlreiche Aufgaben:
- Energieversorgung des Sensors
- Auswerten der Sensorsignale
- Pegelumsetzung und Verstärkung
- Störunterdrückung (Filter)
- optische Anzeige (LED)
- Schutz gegen falsches Anschließen
- Verhindern von Fehlsignalen (Einschaltimpuls etc.)
- Treiben unterschiedlicher Lasten an unterschiedlichen Leitungen.

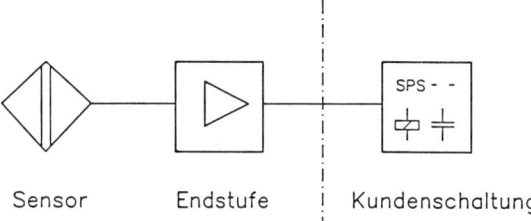

Bild 2.24:
Funktion der Endstufe eines induktiven Näherungsschalters als Bindeglied zwischen Sensor und Kundenschnittstelle

2.3.1 Elektrische Ausführungen und Wirkungsrichtungen

Gleichspannungsschalter sind standardmäßig für die Spannungsbereiche 10 V bis 30 V und 10 V bis 60 V erhältlich. Wechselspannungsschalter arbeiten im Bereich 20 V bis 250 V. Hinzu kommen Allspannungsschalter, die mit Gleichspannung im Bereich 20 V bis 300 V oder Wechselspannung im Bereich 20 V bis 250 V betrieben werden können. Eine Sonderstellung nehmen Initiatoren mit einer Schnittstelle nach DIN 19234 (Namur) ein.

2.3.1.1 Gleichspannungsschalter

Gleichspannungsschalter sind in Zwei-, Drei- und Vierdraht-Technik verfügbar (Bild 2.25). Zweidrahtschalter werden in Reihe mit der Last betrieben und benötigen daher nur zwei Anschlußleitungen. Sie sind in beliebiger Polarität anschließbar und verhalten sich damit ähnlich wie ein mechanischer Schalter. Um den Sensor selbst mit elektrischer Energie zu versorgen, fließt jedoch auch im geöffneten Zustand ein geringer Reststrom über die Last und im durchgesteuerten Zustand tritt am Schalter ein Spannungsabfall auf. Dies ist bei der Auswahl der zum Anschluß geeigneten Lasten zu berücksichtigen. Drei- und Vierdraht-Schalter besitzen eine getrennte Spannungszufuhr und einen oder

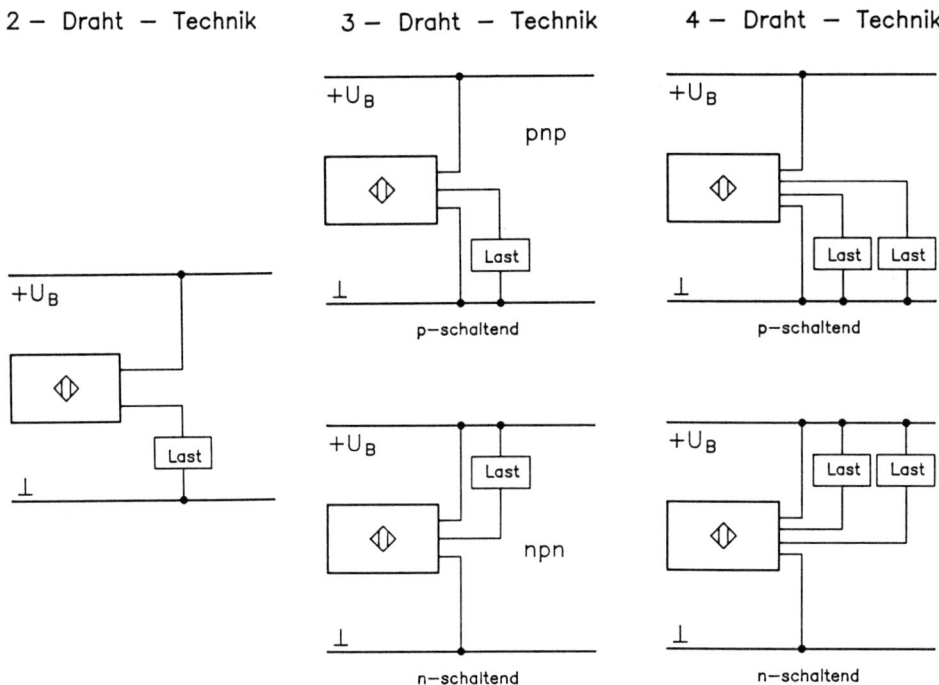

Bild 2.25: Verschiedene Anschlußtechniken induktiver Gleichspannungsschalter

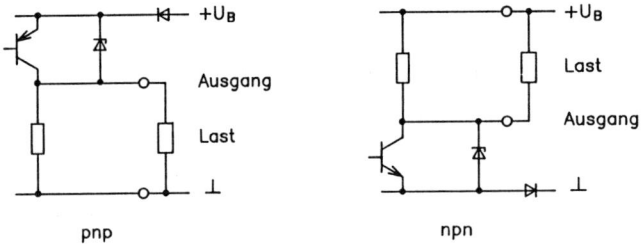

Bild 2.26: Prinzip der Ausgangsstufe plus- und minusschaltender Dreidraht-Gleichspannungsschalter

zwei Ausgänge für die Last. Damit entfallen die oben genannten Einschränkungen der Zweidraht-Schalter. Man unterscheidet zwischen plus- und minusschaltenden Ausführungen, je nachdem, ob der Schaltausgang die Last mit Plus- oder Minuspol der Spannungsversorgung verbindet (Bild 2.26). Sämtliche Zwei- und Dreidraht-Schalter sind als Öffner oder Schließer erhältlich. Beim Öffner wird bei bedämpftem Oszillator die Last abgeschaltet, beim Schließer wird sie angeschaltet. Vierdraht-Schalter enthalten beide Wirkungsrichtungen, d.h. sie besitzen je einen Ausgang mit Öffner- und Schließerfunktion.

2.3 Schnittstellen induktiver Näherungsschalter

2.3.1.2 Wechsel- und Allspannungsschalter

Wechselspannungs- und Allspannungsschalter sind in Zwei- und Dreidraht-Technik verfügbar. Für sie gilt das oben für die Gleichspannungs-Ausführungen Gesagte entsprechend.

2.3.1.3 Sensoren nach DIN 19234 (NAMUR)

Diese Sensoren sind einfach aufgebaute Gleichspannungs-Zweidraht-Schalter ohne Endstufe. Sie enthalten lediglich den Oszillator nach Bild 2.12 und garantieren aufgrund der geringen Zahl von Bauelementen die höchste Betriebssicherheit. Das Ausgangssignal der Sensoren ist ihr Innenwiderstand bzw. ihre Stromaufnahme, die sich in Abhängigkeit der Bedämpfung ändern (s.a. Kap. 2.1.5). Durch den niederohmigen Abschluß sind die Sensoren unempfindlich gegenüber induktiven und kapazitiven Einstreuungen auf die Zuleitungen. In Verbindung mit geeigneten Schaltgeräten, die die Spannungsversorgung der Sensoren und die Auswertung der Stromaufnahme und Umwandlung in ein Schaltsignal vornehmen, können eigensichere Kreise in explosionsgefährdeten Bereichen aufgebaut werden.

Um ein sicheres Zusammenwirken zwischen Sensor und Schaltgerät zu gewährleisten, ist in DIN 19234, bzw. durch die Normenarbeitsgemeinschaft für Meß- uund Regeltechnik der chemischen Industrie, NAMUR die Schnittstelle genau definiert. Die Leerlaufspannung der Quelle zur Versorgung des Sensors beträgt typisch 8,2 V und der Kurzschlußstrom typisch 8,2 mA. Der Schaltpunkt des Schaltgerätes muß im Bereich einer Stromaufnahme des Sensors von 1,2 mA bis 2,1 mA liegen.

2.3.2 Schutz- und Sicherheitsschaltungen

Um induktive Näherungsschalter vor Zerstörung von außen durch Überlastung oder unsachgemäße Handhabung zu bewahren, werden verschiedene Schutzschaltungen eingesetzt. Sicherheitsschaltungen dagegen garantieren, daß keine Fehlsignale des Sensors am Ausgang auftreten, die zu einer Fehlfunktion der nachgeschalteten Einrichtungen führen könnten.

2.3.2.1 Verpolungs- und Überspannungsschutz

Bei verpolungsgeschützten Sensoren führt beliebiges Vertauschen aller Anschlußleitungen nicht zur Zerstörung des Schalters. Erreicht wird dies durch entsprechende Beschaltung der Anschlüsse mit Schutzdioden bzw. Brückengleichrichtern. Eine kurzzeitige Überhöhung der Speisespannung, z. B. durch schlechtes Anlaufverhalten des Netzgerätes oder eingestreute Störungen, führen weder zur Zerstörung noch zu Fehlfunktionen eines überspannungsgeschützten Schalters. Realisiert wird der Überspannungsschutz mit Widerständen und Zener-Dioden oder Varistoren.

In Kraftfahrzeugen mit Generator („Lichtmaschine") treten zeitweise hohe Spannungen im Bordnetz auf, insbesondere beim Einsatz mechanischer Regler. Löst sich beispielsweise bei maximalem Ladestrom eine Akkuklemme, so steigt wegen der Trägheit des Reglers die Bordspannung kurzzeitig auf etwa 100 V bis 200 V an. Selbst im normalen Betrieb können durch Zu- und Abschalten von Verbrauchern nennenswerte Überspannungen auftreten. Besondere Schaltungsmaßnahmen, wie ein größerer Vorwiderstand des Überspannungsschutzes, höhere Spannungsfestigkeit der Halbleiter und ein stärkeres Überspannungsschutzelement verhindern bei den für den Einsatz im Kfz bestimmten Schaltern eine Zerstörung.

2.3.2.2 Überlastschutz

Bei überlastsicheren Sensoren führt ein Verkleinern des Lastwiderstandes bis hin zum Kurzschluß im gesamten spezifizierten Temperatur- und Speisespannungsbereich nicht zur Zerstörung des Schalters. Die Gefahr bei einer Überlastung der Endstufe besteht im Ansteigen der Verlustleistung und damit der Temperatur des Ausgangshalbleiters auf unzulässige Werte, was eine Zerstörung des Elementes zur Folge haben kann. Der billigste Überlastschutz ist die Verwendung eines Kaltleiters in Reihe zur Last. Dies birgt jedoch einige Nachteile: Es fließt ein sehr hoher Spitzenstrom im Kurzschlußfall, der Abschaltstrom ist stark von der Umgebungstemperatur abhängig und es entsteht eine hohe thermische Belastung des Schalters. Dieser Schutz ist daher nur bei kleinen Lastströmen ($I_l < 100$ mA) und geringer Speisespannung ($U_s < 30$ V) sinnvoll anwendbar. Die Wiederbereitschaftszeit nach einem Ansprechen ist sehr lange (ca. 1 Minute). Das Prinzip ist robust und sehr störsicher, da es träge arbeitet. Aufgrund der Trägheit lassen sich große kapazitive Lasten schalten. Eine andere Art des Überlastschutzes ist die Begrenzung des Ausgangsstromes auf einen konstanten Wert. Dies ist die billigste elektronische Lösung. Sie führt jedoch zu einer großen thermischen Belastung des Schalters durch eine hohe Verlustleistung, besonders im Kurzschlußfall. Sie ist daher nur bei kleinen Lastströmen ($I_L < 10$ mA) und niedriger Speisepannung ($U_s < 30$ V) anwendbar. Ihr Vorteil ist die sofortige Wiederbereitschaft nach Aufheben der Überlast. Besonders für Anwendungen, bei denen große Lasten geschaltet werden müssen, ist die sofortige Erkennung einer Überlast und Abschaltung erforderlich. Die Abschaltung kann selbsthaltend sein, d.h. auch nach Beseitigen des Fehlers geht der Sensor nicht selbsttätig wieder in Funktion, sondern benötigt eine Quittierung. Dies gestattet eine einfache Lokalisierung der Fehlerquelle und ist außerdem in sicherheitsrelevanten Anwendungen erwünscht. Es tritt keine thermische Belastung des Schalters auf. Die flexibelste, aber auch aufwendigste Lösung ist der getaktete Überlastschutz. Tritt eine Überlastung auf, schaltet der Ausgang ab und nach einer Pause ($t_P \approx 100$ ms) wieder an. Ist die Überlast noch vorhanden, wird der Strom auf einen Wert I_k begrenzt und nach kurzer Zeit (t_K einige Millisekunden) wieder abgeschaltet (Bild 2.27). Der Zyklus wiederholt sich

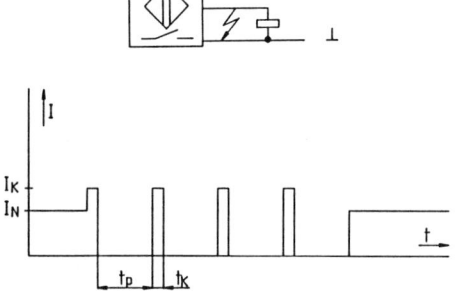

Bild 2.27:
Prinzip des getakteten Überlast- und Kurzschlußschutzes induktiver Gleichspannungsschalter

2.3 Schnittstellen induktiver Näherungsschalter

solange, wie der Fehler vorhanden ist. Dies bewirkt ein selbsttätiges Wiedereinschalten nach der Fehlerbeseitigung. Die Wiederbereitschaftszeit beträgt maximal eine Pausendauer t_P. Die thermische Belastung des Schalters ist gering, da das Tastverhältnis zwischen Impuls ($I = I_k$) und und Pause ($I = 0$) klein sein kann. ($t_k/t_p \approx 1/100$)

2.3.2.3 Sicherheitsschaltungen

Um bei hochohmigen Lasten bzw. ohne Last definierte Ein-/Aus-Signalpegel zu erhalten, z. B. zur Messung mit einem Digital-Voltmeter, müssen die Sperrströme der Halbleiter-Schaltelemente an den Ausgängen in der Größenordnung von 10 µA sicher abgeleitet werden. Hierzu ist in Drei- und Vierdraht-Schaltern für Gleichspannung eine Grundlast enthalten, die auch ohne externe Last einen Strom von ca. 1 mA über die durchgeschaltete Endstufe fließen läßt. Damit beim Bruch beliebiger Leitungen keine Fehlschaltung auftritt, werden undefinierte Schaltimpulse durch interne Maßnahmen unterdrückt. Während der Anlaufphase der Sensorschaltung, nach dem Einschalten der Versorgungsspannung, werden alle Ausgänge gesperrt, um undefinierte Ausgangsimpulse zu verhindern. Nach Ablauf der sogenannten Betriebsbereitschaftszeit von etwa 10 ms ist der Sensor funktionsfähig.

2.3.3 Lasten

Rein ohmsche Lasten stellen keinerlei besondere Anforderungen an die Endstufen induktiver Näherungsschalter. Es tritt weder eine Strom- noch eine Spannungsüberhöhung beim Ein- oder Ausschalten auf. Induktive Lasten bereiten dagegen Probleme durch induzierte Spannungen. Beim Abschalten treibt eine Induktivität L den im Abschaltzeitpunkt t_A fließenden Laststrom I_L weiter, der, nach einer e-Funktion abfallend, durch das Überspannungs-Schutzelement (z. B. Z-Diode, Varistor) fließt. Die dabei umgesetzte Energie ist proportional zu L und I_L^2, so daß eine maximal zulässige Induktivität festgelegt werden muß. Wird diese überschritten, wird das Überspannungs-Schutzelement und damit der Schalter zerstört, unabhängig davon, ob die Endstufe überlastfest ist oder nicht. Zum Abschalten großer Induktivitäten sollte daher eine Freilaufdiode extern parallel zur Last angebracht werden. Diese verlängert jedoch die Abfallzeit des Relais bzw. Schützes, da die darin gespeicherte Energie

$$W = 0,5 \cdot L \cdot I_L^2$$

langsamer in Wärme umgewandelt wird. Die Induktivität darf dann beliebig groß sein. Die Forderung nach Verpolsicherheit verbietet den Einbau dieser Freilaufdiode in den Schalter. Relais verhalten sich wie induktive Lasten, zu beachten ist jedoch die unterschiedliche Induktivität im abgefallenen und im angezogenen Zustand. Da im angezogenen Zustand abgeschaltet wird, ist die dann wirkende Induktivität maßgebend. Sie ist wegen des kleineren Luftspaltes größer als im abgefallenen Zustand. Bei Verwendung von Schützen als Lasten für Wechselspannungs-Schalter ist zu beachten, daß deren Impedanz im abgefallenen Zustand sehr viel kleiner ist als im angezogenen, da der induktive Anteil an ihrer Impedanz wesentlich größer ist als der ohmsche. Dies führt zu einem Anzugs-Spitzenstrom, der das 5- bis 8-fache des Nennstromes beträgt. Die Anzugszeit liegt bei typisch 10 ms. Ist der Leistungsschalter ein Thyristor oder Triac, wird durch dessen Selbsthaltung der Laststromkreis nur in der Nähe des Stromnulldurchganges ($I_L < 20$ mA) getrennt. Im Überspannungs-Schutzelement wird daher beim Abschalten nur wenig Energie umgesetzt. In der Praxis braucht daher die Last-Induktivität nicht beachtet zu werden.

Besondere Beachtung verdienen auch kapazitive Lasten. Beim Einschalten bildet eine Kapazität einen Kurzschluß, der Laststrom ist nur durch die Endstufendimensionierung im Schalter begrenzt. Da bei nicht kurzschlußfesten Schaltern der Kurzschlußstrom in der Regel undefinierte Werte erreicht, sind mit diesen oft nur kleine Kapazitäten in der Größenordnung von 100 nF schaltbar. Das Überschreiten der maximal zulässigen Kapazität führt bei überlastfesten Schaltern zum Überlast-Taktbetrieb, bei nicht überlastfesten zur Zerstörung.

Auch Glühlampen bedürfen einer gesonderten Betrachtung. Die von den Glühlampenherstellern angegebenen Lampendaten Nennstrom und Nennleistung beziehen sich auf den leuchtenden Zustand. Beim Einschalten ist der Wolframfaden noch kalt und die Lampe zieht bei Vakuum- bzw. Schutzgas-Glühlampen den ca. 8- bis 12-fachen, bei Halogenlampen den ca. 10- bis 15-fachen Nennstrom. Dieser Kaltstrom ist nach etwa 10 ms auf doppelten Nennstrom abgefallen.

Beispiel:

Lampe: $U_n = 24$ V; $P_n = 2$ W.
Daraus: Nennstrom $I_n = 83$ mA, $P_n/U_n = 83$ mA
Kaltstrom $I_k = 12 \cdot 83$ mA $\approx$ 1A

D. h., die Endstufe im Schalter muß kurze Zeit 1 A Spitzenstrom liefern können, ohne zerstört zu werden oder in den Überlast-Taktbetrieb zu gehen. Kurzschlußfeste Endstufen, die nicht ausdrücklich für Lampenlast geeignet sind, erwärmen den Glühfaden mit mehreren Überlast-Taktimpulsen, dazu parallelgeschaltete Auswerteeinheiten, wie Relais, SPS oder Zähler registrieren jedoch diese Impulse. Die Auswirkungen sind Relais-Flattern, ungewollte Zählimpulse usw.

2.3.4 Bus-Ankopplung

In Anlagen der Fertigungsautomatisierung, deren Komplexität ständig zunimmt, geht der Trend mehr und mehr zu dezentralisierten Systemen. Dadurch steigt der Kommunikationsbedarf zwischen allen Ebenen, bis hinab zur untersten Feldebene, in der die Sensoren angesiedelt sind, an. Da andererseits die im Feld installierten Komponenten wie Sensoren, Aktoren, Multiplexer usw. zunehmend mit digitaler Mikroelektronik ausgestattet sind, liegt es nahe, diese mit einer seriellen Bus-Schnittstelle zu versehen. Daraus resultieren mehrere Vorteile: Zum einen wird die Anlage übersichtlicher als bei einer sternförmigen Einzelverkabelung aller Komponenten und bleibt flexibel, da Erweiterungen oder Änderungen ohne großen Aufwand möglich werden. Zum anderen bietet ein bidirektionales Bus-System die Möglichkeit, zusätzliche Informationen, wie z. B. Konfigurations-, Initialisierungs- und Parametrierdaten oder Status- und Fehlermeldungen zu übertragen. Es wird möglich, zunehmend Funktionen, die momentan zentral ausgeführt werden, wie Signalvorverarbeitung, Linearisierung, Temperaturkompensation, Mittelwertbildung und A/D-Wandlung in den Sensoren vor Ort vorzunehmen. Nicht zu vernachlässigen ist letztlich auch die Einsparung von Kabeln.

Diese Vorteile und die in Gang gekommene Standardisierung bei Bus-Systemen für die Feldebene werden in naher Zukunft dazu führen, daß auch einfachere Sensoren, wie induktive Näherungsschalter oder Weggeber, mit einer Bus-Schnittstelle verfügbar sein werden.

2.4 Fertigungstechnologien

Die verschiedenen aufstrebenden Fertigungstechnologien der Elektronik finden auch bei Näherungsschaltern ihre Anwendung. So werden neben der konventionellen Platine auch SMD-, Hybrid- und IC-Design-Techniken eingesetzt. In der Reihenfolge der eben genannten Technologien steigen der Komplexitätsgrad und die Zuverlässigkeit der Schaltungen an. Konnten früher aufgrund des geringen Raumangebotes in einem Näherungsschalter nur relativ einfache Schaltungen mit wenigen Bauteilen realisiert werden, sind heute in der Technik der Standard- oder Custom-ICs mehrere hundert oder tausend Transistoren auf einem Chip mit wenigen Millimetern Kantenlänge möglich. SMD- und Hybridtechnik werden heute in großem Maßstab bei der Produktion induktiver Sensoren eingesetzt. Auch Standard-ICs für induktive Näherungsschalter, die neben dem Oszillator die Signalauswertung und Wandlung in ein Schaltsignal enthalten, sind seit einigen Jahren verfügbar. Diese ICs erfüllen außerdem viele Hilfsfunktionen, wie Spannungsregelung, Einschaltimpulsunterdrückung, Kurzschluß- und Überlasterkennung und -bearbeitung und erlauben so ein einfacheres Design hochwertiger Sensoren. Verstärkt kommen nun auch kundenspezifische ICs beim Bau von induktiven Näherungsschaltern zum Einsatz.

3 Kapazitive Sensoren

3.1 Grundlagen

Kapazitive Sensoren arbeiten, ebenso wie induktive Sensoren, berührungslos, rückwirkungsfrei und kontaktlos. Sie ergänzen diese in Anwendungsbereichen, wo das induktive Funktionsprinzip versagt. Mit kapazitiven Sensoren lassen sich auch nichtleitende Materialien detektieren. Kapazitive Sensoren werden hauptsächlich als Näherungsschalter angeboten, neuerdings gibt es allerdings auch Analoggeber, d.h. Sensoren, die ein dem Abstand eines Gegenstandes proportionales Ausgangssignal liefern.

3.1.1 Sensoraufbau

Aktives Element eines kapazitiven Sensors ist eine Anordnung aus einer scheibenförmigen Sensorelektrode und einer becherförmigen Abschirmung (Bild 3.1). Diese beiden Elektroden bilden einen Kondensator mit einer Grundkapazität C_g. Durch Annähern einer Schaltfahne an die Sensorfläche (Abstand s) ändert sich die Kapazität um den Betrag ΔC. Der Kondensator ist Bestandteil eines RC-Generators. Dessen Ausgangsspannung ist abhängig von der wirksamen Kapazität $C_a = C_g + \Delta C$ zwischen Sensorelektrode und Schirmpotential. Bild 3.2 zeigt das Blockschaltbild eines kapazitiven Näherungsschalters. Die Generator-Ausgangsspannung wird gleichgerichtet, gefiltert und einer Störimpulsunterdrückung zugeführt. Diese bildet ein Schaltsignal, das durch die Endstufe in das Ausgangssignal umgewandelt wird.

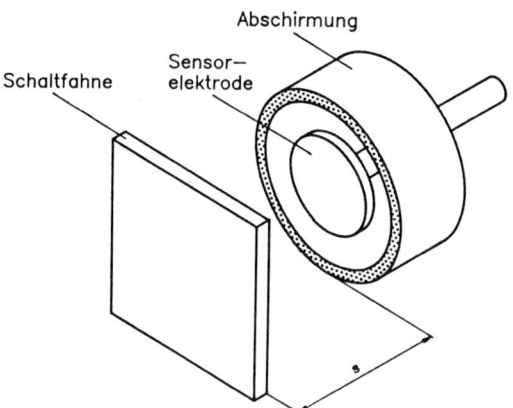

Bild 3.1:
Prinzip des kapazitiven Sensors

3.1 Grundlagen

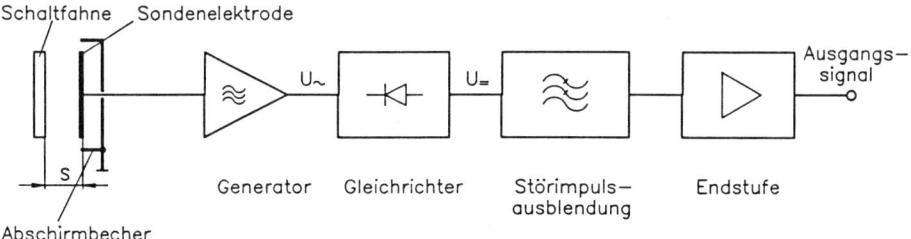

Bild 3.2: Blockschaltbild eines kapazitiven Sensors

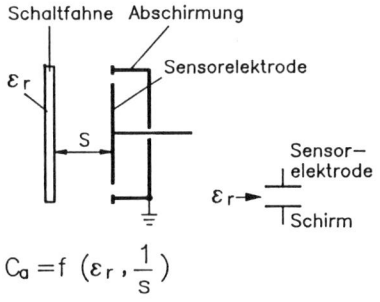

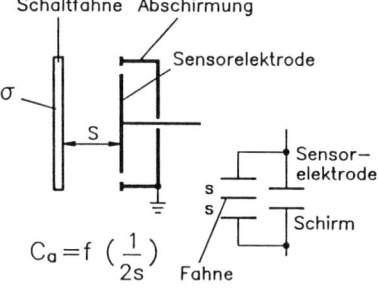

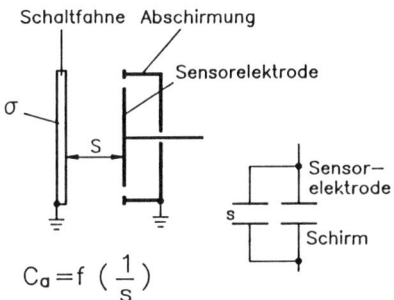

Bild 3.3: Betätigungsvarianten kapazitiver Sensoren
oben links: nichtleitende Fahne
oben rechts: leitende, isolierte Fahne
unten: leitende, geerdete Fahne

Es gibt prinzipiell drei verschiedene Möglichkeiten, einen kapazitiven Initiator zu betätigen: durch eine nichtleitende Fahne sowie durch eine isolierte oder eine geerdete, leitende Fahne (Bild 3.3). Eine nichtleitende Schaltfahne (z. B. aus Glas oder Kunststoff) erhöht die Kapazität C_a nur durch die Veränderung des Dielektrikums im Bereich der Feldlinien des Kondensators. Diese Kapazitätserhöhung ΔC ist sehr gering und abhängig von der Größe und der Permittivität ε_r der Fahne. Es ergeben sich nur geringe Schaltabstände. Bei Annäherung einer isolierten, leitenden Fahne (Metall) entstehen parallel zur Grundkapazität C_g zwei zusätzliche, in Reihe geschaltete Kondensatoranordnungen, nämlich zwischen Sensorelektrode und Fahne und zwischen Fahne und Abschirmung. Die Kapazitätserhöhung ΔC ist größer als bei einer nichtleitenden Fahne. Es ergibt sich eine mittlere Ansprechempfindlichkeit. Die größte Kapazitätserhöhung ΔC

und damit den höchsten Schaltabstand erreicht man mit einer geerdeten Metallfahne. Die zusätzliche Kapazität zwischen Sensorelektrode und Fahne liegt direkt parallel zu C_g.

Selbstverständlich können kapazitive Näherungsschalter nicht nur durch Schaltfahnen, sondern auch durch beliebig geformte Festkörper, Granulate und Flüssigkeiten betätigt werden. Die sich ergebenden Schaltabstände sind experimentell zu ermitteln.

3.1.2 Empfindlichkeit

Die Empfindlichkeit wird ermittelt durch Bestimmung der Kapazitätsänderung ΔC_s, bei der ein Schaltsignalwechsel am Ausgang des Sensors stattfindet. Um einen Eindruck von der Größenordnung dieser Änderung zu gewinnen, betrachten wir den Fall einer geerdeten, leitenden Schaltfahne. Wir reduzieren das Problem auf einen Plattenkondensator mit kreisförmigen Platten von d = 30 mm Durchmesser. Der Schaltpunkt bei sich axial nähernder Fahne soll s_1 = 15 mm betragen und die Schalthysterese h = 1 mm. Der Schaltpunkt bei sich entfernender Fahne ergibt sich dann zu $s_2 = s_1 + h$ = 16 mm. Die Kapazität eines Plattenkondensators errechnet sich zu:

$$C = \frac{\varepsilon_0 \cdot A}{s};$$

A = Plattenfläche, s = Plattenabstand.

Damit ergibt sich die Kapazität im Schaltpunkt s_1 zu

$$C_1 = \frac{\varepsilon_0 \cdot \pi \cdot d^2}{4 \cdot s_1} = 0{,}42 \text{ pF}.$$

Im Schaltpunkt s_2 beträgt die Kapazität

$$C_2 = \frac{\varepsilon_0 \cdot \pi \cdot d^2}{4 \cdot s_2} = 0{,}39 \text{ pF}.$$

Die Kapazitätsänderung, die einen Signalwechsel am Ausgang des Initiators bewirkt, ist also $\Delta C_s = C_1 - C_2 = 0{,}03$ pF. Mit einer Grundkapazität durch parasitäre Elemente von etwa C_g = 5 pF ergibt sich eine relative Kapazitätsänderung von

$$\frac{\Delta C_s}{C_a} \cdot 100\% = \frac{\Delta C_s}{C_g + C_1} \cdot 100\% = \frac{0{,}03 \text{ pF}}{5{,}42 \text{ pF}} \cdot 100\% = 0{,}5\%.$$

3.1.3 Reduktionsfaktor

Abhängig vom Material einer nichtleitenden Schaltfahne ergibt sich, wie in Kap. 3.1 gezeigt, eine unterschiedliche Kapazitätsänderung ΔC. Dieser Effekt macht sich am Ausgang eines kapazitiven Näherungsschalters als Schaltpunktänderung bemerkbar. Man definiert daher, analog zu den induktiven Näherungsschaltern, einen materialabhängigen Reduktionsfaktor. Dieser beschreibt, um welchen Faktor sich der Schaltabstand s bei einem bestimmten Material reduziert, bezogen auf den Nennschaltabstand s_n, der sich bei Verwendung einer geerdeten Metallplatte ergibt. In Bild 3.4 ist dieser

$$\text{Reduktionsfaktor} = s/s_n$$

3.2 Praktische Ausführung

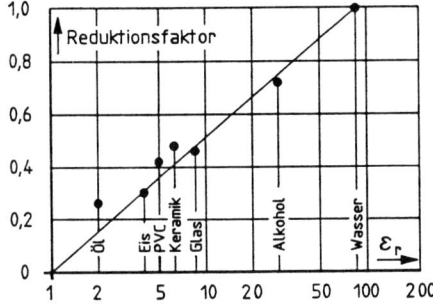

Bild 3.4:
Reduktionsfaktor eines kapazitiven Näherungsschalters als Funktion der Permittivität ε_r der Schaltfahne

als Funktion der Permittivität ε_r verschiedener Materialien dargestellt. Ist die Permittivität temperaturabhängig, so muß mit einer Drift des Schaltabstandes s gerechnet werden. Um die unterschiedlichen Schaltabstände durch die Reduktionsfaktoren verschiedener Materialien ausgleichen zu können, bieten manche Sensortypen die Möglichkeit der Justage des Schaltpunktes. Dabei ist zu beachten, daß für eine sichere Funktion des Initiators der Schaltabstand nicht zu groß eingestellt werden darf, da der RC-Oszillator dann instabil wird. Dieser Zustand wird durch eine vergrößerte Hysterese (h > 0,1·s) sichtbar.

3.2 Praktische Ausführung

3.2.1 RC-Oszillator

Bei der verwendeten Schaltung handelt es sich um einen zweistufigen RC-Oszillator (Bild 3.5).
Die Verstärkung der ersten Stufe beträgt

$$V_1 = \frac{U_1}{U_2} = \frac{Z_1 + Z_2}{Z_2}; \quad (U_3 \approx U_2).$$

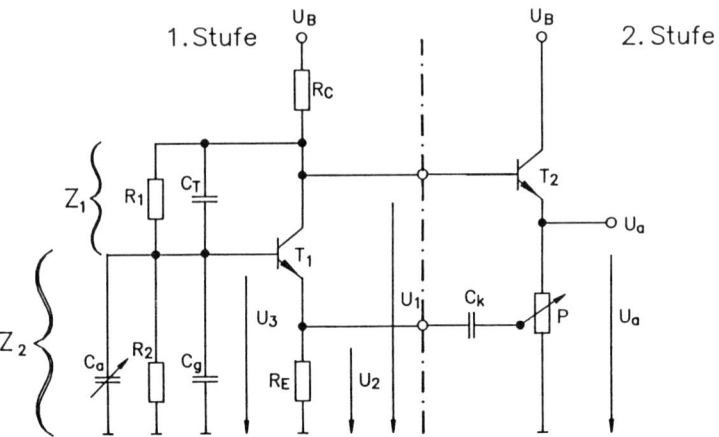

Bild 3.5: Prinzip des RC-Oszillators eines kapazitiven Sensors

Die zweite Stufe in Kollektorschaltung hat eine Verstärkung

$$V_2 = \frac{U_a}{U_1} = 1.$$

Die Rückkopplung der Ausgangsspannung geschieht über P und C_k. Mit P wird das Verhältnis

$$A = \frac{U_2}{U_a}$$

eingestellt.
Bei der Schaltpunkteinstellung wird mit dem Potentiometer P in Abwesenheit einer Schaltfahne die Bedingung

$$V_1 \cdot V_2 \cdot A = \frac{Z_1 + Z_2}{Z_2} \cdot A < 1$$

hergestellt.
Dies bedeutet, daß der Oszillator nicht schwingen kann. Die Annäherung einer Schaltfahne führt zu einer Abnahme von Z_2. Damit steigt V_1 und die Kreisverstärkung wird $V_1 \cdot V_2 \cdot A > 1$. Der Oszillator schwingt an. Die Verhältnisse sind also umgekehrt wie bei induktiven Näherungsschaltern, bei denen der Oszillator ohne Fahne schwingt und durch eine sich nähernde Fahne bedämpft wird. Beim kapazitiven Sensor ist ohne Fahne keine Schwingung vorhanden, mit Fahne schwingt das System.

3.2.2 Störungsunterdrückung

3.2.2.1 Störeinflüsse

Einen Hauptstörfaktor stellen für kapazitive Sensoren elektrische Wechselfelder dar. Diese werden in den hochohmigen Eingangskreis des Oszillators über die Sensorelektrode eingekoppelt und können Schwingungen anregen. Quellen dieser Störfelder sind z. B. Leuchtstofflampen, Magnetventile, Thyristorantriebe und Rundfunksender.
Dauerstörungen lassen sich nur durch Änderung der Schwingfrequenz des Oszillators ausschalten, wenn die Feldstärke nicht zu groß ist. Impulsförmige Störungen werden von der unter 3.2.2.3 beschriebenen Störimpulsausblendung eliminiert, wenn die Impulsdauer innerhalb eines einstellbaren Zeitfensters liegt.
Eine weitere Störquelle stellen Temperatureinflüsse dar. Temperaturänderungen wirken sich besonders im RC-Oszillator aus. Durch eine geeignete Arbeitspunkteinstellung läßt sich dieser Einfluß minimieren.
Feuchtigkeit, Staub und sonstige Verschmutzungen beeinflussen den Sensor durch Änderung der Permittivität im Bereich der aktiven Fläche. Durch die unter 3.2.2.2 beschriebene Verschmutzungskompensation kann für viele Anwendungen eine befriedigende Verbesserung erreicht werden.

3.2.2.2 Verschmutzungskompensation

Ziel der Verschmutzungskompensation ist es, den Schaltabstand s bei Verschmutzung der Sensoroberfläche (z. B. durch Wassertröpfchen oder einen Wasserfilm) konstant zu

3.2 Praktische Ausführung

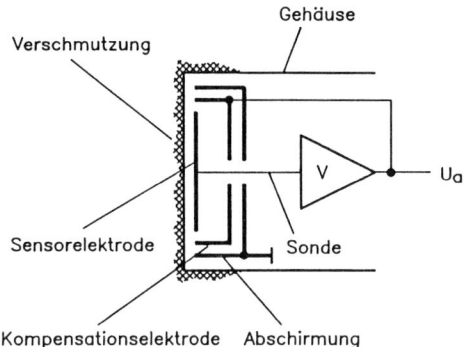

Bild 3.6:
Prinzip der Verschmutzungskompensation

halten. Man erreicht dies durch eine zusätzliche becherförmige Kompensationselektrode zwischen Sensorelektrode und Abschirmung, die mit dem Ausgang des Oszillators verbunden ist (Bild 3.6). Durch die Verschmutzung vergrößert sich die Kapazität zwischen Sensorelektrode und Abschirmung. Dies führt zu einer Erhöhung der Verstärkung V_1. Gleichzeitig erhöht sich aber auch die Kapazität zwischen Sensor- und Kompensationselektrode. Dieser Effekt reduziert die Kreisverstärkung $V = V_1 \cdot V_2 \cdot A$. Bei geeigneter geometrischer Dimensionierung von Sensor-, Kompensations- und Abschirmelektrode bleibt die Verstärkung V konstant – homogene Verschmutzung der Sensoroberfläche vorausgesetzt.

3.2.2.3 Störimpulsausblendung

Wie in Kap. 3.2.2.1 dargestellt, können elektrische Felder zu Fehlfunktionen des Oszillators führen. Nach der Gleichrichtung und Tiefpaßfilterung des Oszillator-Ausgangssignales ist daher eine Störimpulsausblendung angeordnet (siehe Bild 3.2). Dabei werden durch nichtlineare Filterelemente Störimpulse unterdrückt, sofern diese eine bestimmte, wählbare Zeitdauer nicht überschreiten. Dies hat allerdings den Nachteil, daß auch gewollte Schaltsignale, die diese Impulsbreite unterschreiten, nicht detektiert werden können, d.h. die maximal mögliche Schaltfrequenz des kapazitiven Initiators wird beschränkt. Sie liegt normalerweise im Bereich von 1 Hz bis 100 Hz.

3.2.3 Ausführungsformen

Kapazitive Sensoren werden hauptsächlich als zylindrische oder quaderförmige Näherungsschalter mit einer aktiven Fläche an der Stirnseite angeboten (Bild 3.7). Bild 3.8 zeigt den prinzipiellen Aufbau eines zylindrischen Initiators. Es gibt jedoch auch Sonderformen, wie z.B. biegsame Sensoren, die auf ebene oder gekrümmte Oberflächen geklebt werden können. Die Herstellung der Sensorelektroden auf Platinen oder flexiblen, kupferkaschierten Folien bietet hier eine große Freiheit bei der Gestaltung.
Als elektrische Schnittstelle sind alle von den induktiven Näherungsschaltern bekannten Arten verfügbar. Es gibt Zwei-, Drei- und Vierdraht-Ausführungen für Gleich- und Wechselspannung mit Öffner-, Schließer- und antivalenter Funktion. Auch Ausführungen nach DIN 19234 (Namur) sind erhältlich. Nähere Angaben zu den unterschiedlichen Schnittstellen enthält Kapitel 2: „Induktive Sensoren".

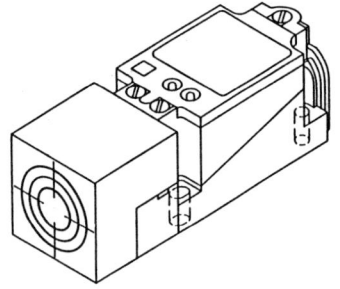

Bild 3.7:
Beispiel eines zylindrischen und eines quaderförmigen kapazitiven Näherungsschalters

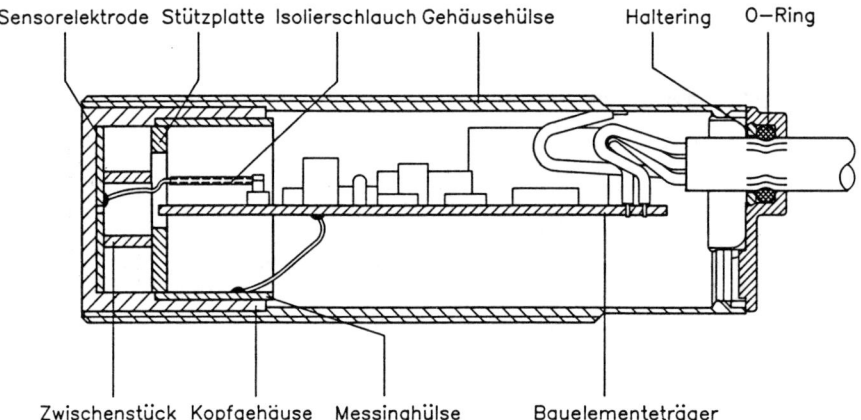

Bild 3.8: Prinzipieller Aufbau eines zylindrischen kapazitiven Näherungsschalters (Pepperl + Fuchs GmbH, Mannheim)

4 Ultraschall-Sensoren

4.1 Physikalische Grundlagen

4.1.1 Ultraschallwellenarten in Festkörpern, Flüssigkeiten und in Luft

Mit Ultraschall bezeichnet man akustische Wellen im Frequenzbereich oberhalb 20 kHz, jenseits der menschlichen Hörgrenze. Im Gegensatz zu elektromagnetischen Wellen können sich Schallwellen nur in Materie ausbreiten. Eine Schallwelle ist verbunden mit räumlichen und zeitlichen Schwankungen der Dichte ϱ, des Druckes p und der Temperatur T des Mediums und mit Orts- und Geschwindigkeitsschwankungen der Mediumteilchen. Alle genannten Größen schwanken um feste Mittelwerte. Die Voraussetzung von Schall in Medien ist deren Elastizitätseigenschaft.

Die Schallausbreitung in Medien sei an einem unendlich langen zylindrischen, isotropen Stab mit dem Querschnitt A, dem Elastizitätsmodul E und der Dichte ϱ erläutert (Bild 4.1). Betrachtet sei ein Volumenelement dV, dessen Lage im kräftefreien Zustand durch die Koordinaten x und x + dx gegeben sei. Durch Anlegen einer äußeren Kraft in z-Richtung deformiert sich der Stab, wobei das Volumenelement von der Stelle x um die Verschiebung u verschoben und gleichzeitig seine Länge von dx auf dx + du gedehnt wird. Der Quotient du(x)/dx wird dabei als Dehnung S, der Quotient F(x)/A als Spannung T(x) bezeichnet.

Der Elastizitätsmodul E ist durch das Hooke'sche Gesetz, das den Zusammenhang zwischen Spannung T und Dehnung S beschreibt, wie folgt definiert:

$$T(x) = E \cdot S(x).$$

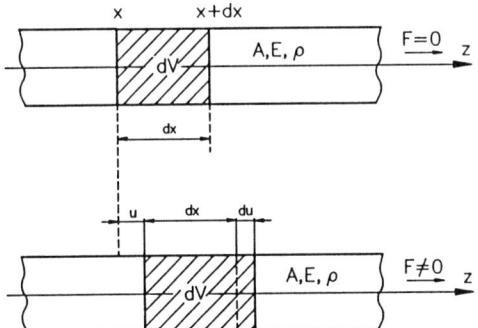

Bild 4.1:
Schematische Verdeutlichung der Verschiebung im spannungsbelasteten langen Zylinder

Die resultierende Kraft, die auf das Volumenelement wirkt, errechnet sich aus der Spannungsdifferenz an den Orten $x+u+dx+du$ und $x+dx$ zu $E \cdot d^2u/dx^2 \cdot dV$. Die Bewegungsgleichung im Falle zeitlich konstanter Kräfte erhält man durch Gleichsetzen der Elastizitätskraft mit der Trägheitskraft

$$E \cdot \frac{d^2u}{dx^2} \cdot dV = \varrho \cdot \frac{d^2u}{dt^2} \cdot dV.$$

Durch Umformen erhält man die Wellengleichung

$$\frac{d^2u}{dx^2} = \frac{1}{c^2} \cdot \frac{d^2u}{dt^2} \quad \text{(Bewegungsgleichung)}.$$

Diese Gleichung hat als Lösung Kompressionswellen, die sich mit der Schallgeschwindigkeit $c = (E/\varrho)^{1/2}$ ausbreiten.

Im obigen Beispiel spielten nur Normalspannungen, bei denen der Kraftvektor senkrecht zum betrachteten Flächenelement steht, eine Rolle. Diese Beschreibung ist für Flüssigkeiten und Gase, in denen keine Scherkräfte auftreten, ausreichend. In Festkörpern treten jedoch auch Scherspannungen, bei denen der Kraftvektor in dem betrachteten Flächenelement liegt, auf, so daß man zur dreidimensionalen Tensordarstellung übergehen muß. Dies wird hier nicht weiter verfolgt.

4.1.2 Transmission und Reflexion an Grenzflächen

Beim Auftreffen einer longitudinalen Schallwelle auf eine Grenzfläche zwischen zwei Medien teilt sich die Welle in einen reflektierten und einen transmittierten Anteil auf. Wenn es sich bei den Medien um Festkörper handelt, bei denen neben Kompressionskräften auch Scherkräfte auftreten, findet an der Grenzfläche zusätzlich noch eine Modenkonvertierung statt. Es treten in diesem Fall bei der reflektierten und der transmit-

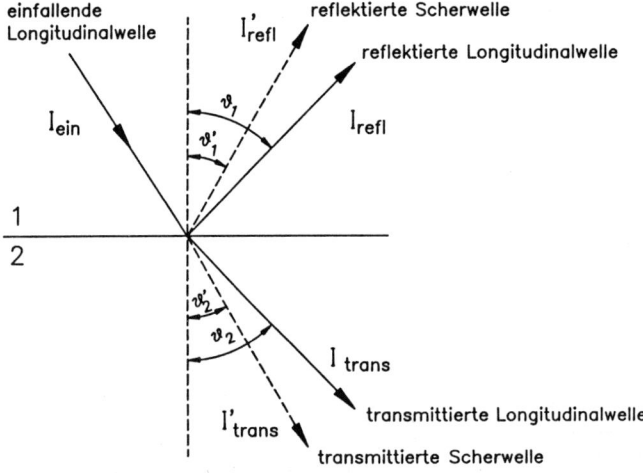

Bild 4.2: Schematische Darstellung des Reflexions- und Brechungsgesetzes

4.1 Physikalische Grundlagen

tierten Welle neben longitudinalen Anteilen auch transversale Anteile auf. Im allgemeinen werden die longitudinalen Wellen und die transversalen Wellen unter verschiedenen Winkeln reflektiert bzw. transmittiert (siehe Abb. 4.2).
Die Ausfallswinkel der verschiedenen Wellenkomponenten können mit dem Snell'schen Gesetz berechnet werden:

$$\frac{c_1}{\sin \vartheta_1} = \frac{c_1'}{\sin \vartheta_1'} = \frac{c_2}{\sin \vartheta_2} = \frac{c_2'}{\sin \vartheta_2'}.$$

Die Indizes 1 und 2 bezeichnen dabei die verschiedenen Medien, c, c' bzw. ϑ, ϑ' die Schallgeschwindigkeiten bzw. die Ein- und Ausfallswinkel der longitudinalen und transversalen Wellen.
Für die Schallintensitätsverhältnisse der verschiedenen Wellenkomponenten ist die Schallkennimpedanz

$$Z = \frac{p}{v} = \varrho \cdot c.$$

maßgebend. Für ebene Wellen ist die Schallkennimpedanz, also das Verhältnis von Schalldruck p und Schallschnelle v, zu jedem Zeitpunkt und an jedem Ort des Raumes konstant. Die Schallkennimpedanz ist eine für jedes Ausbreitungsmedium charakteristische konstante Größe. (Im Allgemeinen, z.B. bei Kugelwellen, ist das Verhältnis p/v nicht mehr räumlich konstant, weshalb man in diesem Fall die spezifische Schallimpedanz, eine komplexe Größe, einführt.
Mit den Schallkennimpedanzen Z_1, Z_2 der beiden Medien 1 und 2 erhält man für den Transmissionsgrad T und den Reflexionsgrad R (bezogen auf die Schallintensität I) bei senkrechtem Einfall

$$T = \frac{I_{trans}}{I_{ein}} = \frac{4 \cdot Z_1 \cdot Z_2}{(Z_1 + Z_2)^2},$$

$$R = \frac{I_{refl}}{I_{ein}} = \frac{(Z_1 - Z_2)^2}{(Z_1 + Z_2)^2}.$$

Die um mehrere Größenordnungen kleinere Schallkennimpedanz von Gasen verglichen mit der von Festkörpern und Flüssigkeiten führt beim Übergang einer Schallwelle zwischen einem Gas und einer Flüssigkeit bzw. einem Festkörper zu einem sehr kleinen Transmissionskoeffizienten und zu einem nahe bei 1 liegenden Reflexionskoeffizienten. Aus diesem Grund müssen bei Ultraschallwandlern auf der Basis einer Piezokeramik Maßnahmen zur Impedanzanpassung getroffen werden (Siehe Kap. 4.1.7).

Beispiel: Übergang Luft-Wasser

Luft: $c_1 = 331$ m/s, $\varrho_1 = 1{,}29$ kg/m^3, $Z_1 = 427$ kg/m^{2}s
Wasser: $c_2 = 1468$ m/s, $\varrho_2 = 1000$ kg/m^3, $Z_2 = 1{,}47 \cdot 10^6$ kg/m^{2}s

$T = 0{,}12\%$, $R = 99{,}88\%$.

4.1.3 Ausbreitungsgeschwindigkeit von Schallwellen in Luft

Für die Ausbreitungsgeschwindigkeit von Ultraschall in Gasen gilt nach Kap. 4.1.1:

$$c = (k \cdot p/\varrho)^{1/2} = \lambda \cdot f,$$

wobei die dort verwendete Elastizitätskonstante E durch den Ausdruck $k \cdot p$ ersetzt wurde. p bezeichnet dabei den Gasdruck und k den Adiabatenkoeffizienten des Gases.
Für Luft ist der Adiabatenkoeffizient $k = 1,4$ und die Dichte beträgt bei einem Luftdruck p von 1013 hPa 1,29 kg/m³.
Da die Dichte eines Gases mit zunehmender Temperatur abnimmt, ist auch die Schallgeschwindigkeit temperaturabhängig. Für Luft stellt sich diese Abhängigkeit wie folgt dar:

$$c = c_0 \cdot (1 + T/273)^{1/2},$$

wobei $c_0 = 331,6$ m/s (Schallgeschwindigkeit bei $T = 0\,°C$) und T in °C einzusetzen ist.
Die Änderung der Schallgeschwindigkeit pro K beträgt nach dieser Formel bei Zimmertemperatur ca. 0,17%/K. Einen zahlenmäßigen Überblick über diese Abhängigkeit bietet folgende Tabelle:

T [°C]	−20	0	20	40	60	80
c [m/s]	319,3	331,6	343,8	355,3	366,5	377,5

Neben der Temperaturabhängigkeit der Schallgeschwindigkeit beobachtet man außerdem noch eine starke Abhängigkeit vom Luftdruck derart, daß bei Ansteigen des Luftdrucks die Schallgeschwindigkeit zunimmt. Die relative Schallgeschwindigkeitsänderung in Abhängigkeit vom Luftdruck beträgt bei üblichen atmosphärischen Schwankungen ca. 5%. Das nachfolgende Diagramm in Bild 4.3 verdeutlicht den Zusammenhang zwischen Temperatur, Luftdruck und Schallgeschwindigkeit.
Zusätzlich zu diesen Abhängigkeiten findet man eine weitere Abhängigkeit der Schallgeschwindigkeit von der Luftzusammensetzung, beispielsweise des CO_2-Gehaltes, und von der relativen Luftfeuchte. Der Einfluß der relativen Luftfeuchte auf die Schallge-

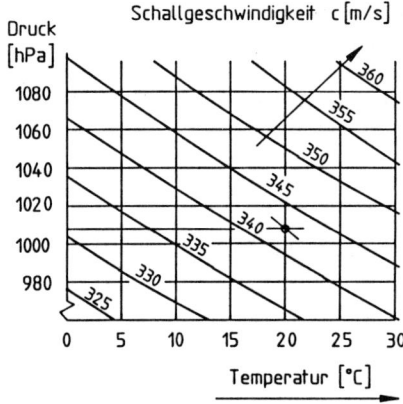

Bild 4.3:
Einfluß der Temperatur und des Luftdrucks auf die Schallgeschwindigkeit

4.1 Physikalische Grundlagen

schwindigkeit ist geringer als der von Temperatur und Luftdruck und bewirkt eine zusätzliche Änderung der Schallgeschwindigkeit zwischen trockener und feuchtegesättigter Luft von ca. 2%. Bei dem Entwurf von abstandsmessenden Ultraschallsensoren, die Objektabstände über die Laufzeit von Ultraschallimpulsen und die Schallgeschwindigkeit ermitteln, sollten im Interesse einer möglichst genauen Entfernungsmessung die oben genannten schallgeschwindigkeitsbeeinflussenden Größen berücksichtigt werden.

4.1.4 Abschwächung von Schallwellen in Luft

Bei der Abschwächung von Schallwellen in realen Medien muß man zwischen Dämpfungsverlusten und geometrischen Verlusten aufgrund divergierender Wellenpakete unterscheiden.

Zur Beschreibung der Dämpfungsverluste führt man den Absorptionsfaktor α ein. Der Absorptionsfaktor α, multipliziert mit einer infinitesimalen Weglänge dx, entspricht dem Quotienten aus Schalldruckverlust und Schalldruck an diesem betrachteten Ort:

$$\frac{dp}{p} = -\alpha \cdot dx.$$

Dies bedeutet, daß der relative Schalldruckverlust pro Weglänge dx konstant ist. Zum Absorptionsfaktor α tragen im wesentlichen drei physikalische Ursachen bei:
- Da jede Schallwelle zeitlichen und räumlichen Schwankungen unterliegt, gibt es zwischen benachbarten Luftschichten ein nicht verschwindendes Geschwindigkeitsgefälle. Daher kommt es zu Reibungskräften, die proportional zur Geschwindigkeitsableitung in Richtung des Geschwindigkeitsgefälles sind. Der durch diese Reibungskräfte verursachte Anteil des Absorptionsfaktors ist proportional zur dynamischen Viskosität, umgekehrt proportional zur Dichte, umgekehrt proportional zur dritten Potenz der Schallgeschwindigkeit und besitzt eine quadratische Frequenzabhängigkeit.
- Ein weiterer Verlustmechanismus, der der Schallwelle Energie entzieht, ist die Wärmeleitung im Ausbreitungsmedium, die als Diffusion kinetischer Energie gedeutet werden kann. Dieser Verlustmechanismus verursacht ein Ausgleichen der lokalen Temperaturunterschiede, die die Schallwelle im Medium verursacht. Der Energietransport erfolgt in Richtung des Temperaturgradienten und entzieht somit der Schallwelle Leistung. Der Beitrag, den der Wärmeleitungsverlust zum Absorptionskoeffizienten liefert, hat ebenfalls eine quadratische Frequenzabhängigkeit, ist proportional zu der Wärmeleitfähigkeit und umgekehrt proportional zur Dichte und zur spezifischen Wärmekapazität bei konstantem Druck.
- Ein dritter wichtiger Verlustmechanismus wird durch die Anregung der Rotations- und Vibrationsfreiheitsgrade der Moleküle im Medium verursacht. Bei einer thermodynamischen Zustandsänderung des Mediums kommt es zu Relaxationsprozessen, bei denen ein Energieaustausch zwischen den verschiedenen Freiheitsgraden stattfindet. Die dadurch entstehenden thermodynamischen Irreversibilitäten liefern einen Beitrag zum Absorptionsfaktor, der ebenfalls eine quadratische Frequenzabhängigkeit besitzt.

Der gesammte Absorptionskoeffizient α setzt sich aus der Summe dieser drei Beiträge zusammen. Für Schallwellen im Frequenzbereich bis ca. 200 kHz beobachtet man in Luft einen Absorptionskoeffizienten α

$$\alpha = f^2 \cdot 30 \cdot 10^{-12}\, s^2/m \quad [\alpha] = 1/m.$$

Die quadratische Frequenzabhängigkeit bewirkt, daß eine Ultraschallwelle mit steigender Frequenz stark gedämpft wird.
Betrachtet man große Wegstrecken, so findet man, daß der Dämpfungsverlust proportional zum Faktor $\exp(-\alpha \cdot x)$ ist. Da für Kugelwellen die Schallintensität mit zunehmender Entfernung proportional zu $1/x^2$ ist und die Schallintensität proportional zu p^2, erhält man für den Schalldruck p folgende Formel:

$$p(x) = p(x_0) \cdot (x_0/x) \cdot \exp(-\alpha \cdot (x - x_0)).$$

Beispiel:

$f = 90$ kHz, $x_0 = 0,5$ m, $x = 4$ m

$p(4\text{ m})/p(0,5\text{ m}) = 5\%$.

Außer den oben angegebenen Dämpfungsursachen beobachtet man noch eine Abhängigkeit der Schallabsorption von der relativen Luftfeuchtigkeit und von der Temperatur. Die Schallabsorption feuchter Luft erreicht bei ca. 20% relativer Luftfeuchte ihren maximalen Wert.

4.1.5 Einige Kennwerte verschiedener Materialien

Eigenschaften von elastischen Stoffen:

Stoff	ϱ	Z_l	Z_t	c_l	c_t
Aluminium	2,75	17,3	8,2	6240	3040
Messing	8.59	40,6	18,30	4700	2110
Kupfer gewalzt	8,6–9,1	44,6	20,2	5010	2270
Blei gewalzt	10,2–11,6	22,4	7,85	1960	690
Silber	8,37	38,0	16,7	4760	2160
Stahl, K9	7,84	46,5	25,4	5941	3251
Wolfram	19,4	103,0	50,5	5410	2640
Nylon	1,1	2,86	1,18	2620	1070
Polyäthylen	0,9	1,75	0,48	1950	540
Polystyrol	1,06	2,49	1,19	2350	1120
Epoxidharz	1,1–1,25	2,6–3,6	1,21–1,4	2400–2900	1100
Flintglas	3,6	15,3	9,2	4260	2560
Kronglas	2,5	14,1	8,55	5660	3420
Plexiglas	1,18	3,2	1,7	2730	1430
Teflon	2,2	14,5	9,2	1350	550
Motorenöl	0,87	1,5	–	1740	–
Wasser	1,0	1,48	–	1468	–
Luft	$1,29 \cdot 10^{-3}$	$4,3 \cdot 10^{-4}$	–	331	–

Legende: ϱ – spezifisches Gewicht, [g/cm^3]
         c_l – Schallgeschwindigkeit, [m/s]   longitudinal
         c_t – Schallgeschwindigkeit, [m/s]   transversal
         Z_l – Schallkennimpedanz, [10^6 kg/s/m^2] longitudinal
         Z_t – Schallkennimpedanz, [10^6 kg/s/m^2] transversal

4.1.6 Huygenssches Prinzip und Beugung von Ultraschallwellen

In der Ultraschallsensortechnik ist man an dem vom Ultraschallwandler erzeugten Schallfeld, das der Abstrahlcharakteristik des Sensors enspricht, interessiert. Ist man in der Lage, die Abstrahlcharakteristik eines Ultraschallwandlers zu berechnen, können zeitraubende und kostenintensive Versuchsreihen zum Teil durch numerische Simulationsrechnungen ersetzt werden. Ausgangspunkt für die Berechnung des Schallfelds ist die Oberflächenamplitude des Ultraschallwandlers, die man mit Hilfe von finite-Elementemethoden bestimmen kann. Bei bekannter Oberflächenamplitude kann das akustische Potential, wie nachfolgend beschrieben, errechnet werden.

Das Schallfeld, das von einem Körper, dessen Oberfläche Schwingungen ausführt, erzeugt wird, läßt sich mit dem Huygensschen Prinzip der Wellenfortpflanzung berechnen. Dieses Prinzip geht davon aus, daß sich jede Schallwelle durch Superposition von Kugelwellen, die von der Oberfläche des Körpers ausgehen, darstellen läßt. Mit dem Wellenvektor $k = 2\pi/\lambda$, dem infinitesimalen Oberflächenelement dS und dem Abstandsvektor r zwischen dS und dem Punkt P erhält man für das Potential der Schallschnelle $v = -\text{grad }\phi$ am Punkt P:

$$\phi(r) = \frac{1}{2 \cdot \pi} \int_S dS \cdot v_n \cdot \frac{e^{ikr}}{r}.$$

v_n ist dabei die Geschwindigkeitskomponente der Schallschnelle senkrecht zum Oberflächenelement dS.

Aus dem akustischen Potential ϕ kann man die Schallintensität mit $I = |\phi|^2$ berechnen. Nach dieser Formel erzeugt ein idealer Kolbenschwinger mit dem Kolbenradius a längs der z-Achse die Schallintensität I(z):

$$I(z) = I_0 \cdot \sin^2\left(\frac{\pi \cdot ((z^2 + a^2)^{1/2} - z)}{\lambda}\right).$$

I_0 ist dabei die maximal auftretende Schallintensität I(z) und λ die Wellenlänge der Schallwelle. In Bild 4.4 ist der Intensitätsverlauf über dem Abstand z graphisch dargestellt.

Aus dem Verlauf der Schallintensität erkennt man, daß zwischen zwei Abstandsbereichen, in denen unterschiedliche Interferenzbereiche auftreten, der Fresnelzone und der Fraunhoferzone, unterschieden werden kann.

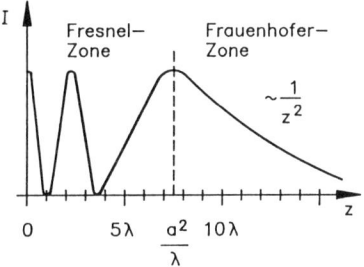

Bild 4.4:
Schematische Darstellung der Interferenzstruktur eines idealen Kolbenstrahlers

Der Verlauf der Schallintensität in der Fresnelzone ist durch starke örtliche Fluktuationen gekennzeichnet, während man in der Fraunhoferzone einen stetig mit $1/z^2$ abnehmenden oszillationsfreien Verlauf der Schallintensität beobachtet. Der Abstand vom Kolbenstrahler, bei dem sich der Übergang zwischen Fresnelzone und Fraunhoferzone befindet, ist durch das Verhältnis a^2/λ gegeben.

Im Fernfeld $z \gg a^2/\lambda$ läßt sich für einen rotationssymmetrischen ebenen Strahler das akustische Potential $\phi(R,\Theta)$ in einer Fernfeldnäherung berechnen. Das Polarkoordinatendiagramm in Bild 4.5 zeigt die in dieser Näherung berechnete Abstrahlcharakteristik eines idealen Kolbenschwingers mit Durchmesser 30 mm bei einer Frequenz von 155 kHz. Aufgetragen ist der auf 0 dB normierte Schalldruckpegel über dem Abstrahlwinkel.

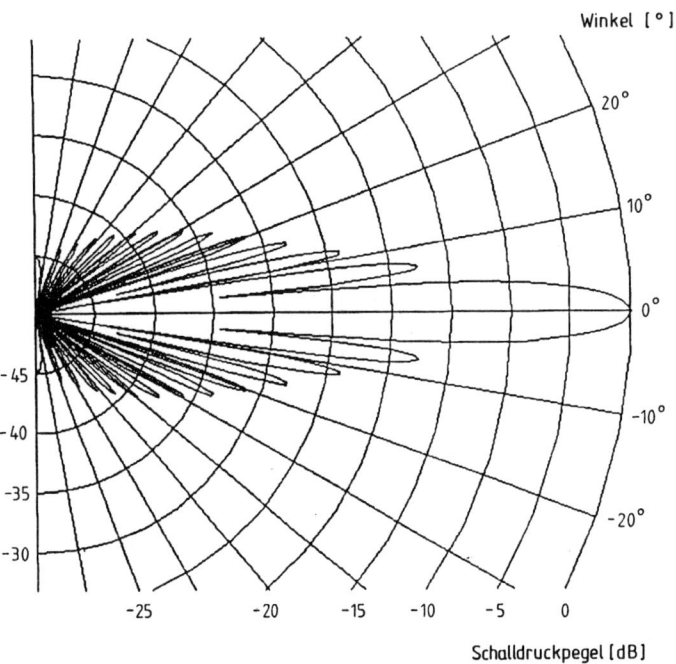

Bild 4.5: Abstrahlcharakteristik eines idealen Kolbenstrahlers mit Durchmesser 30 mm bei der Frequenz 155 kHz

4.1.7 Erzeugung von Ultraschall in Luft

Als Schallwandler kommen in der Ultraschallsensortechnik überwiegend Wandler, die mit Piezokeramiken arbeiten, zur Anwendung. Ultraschallwandler, deren Funktion auf dem magnetorestriktiven Effekt beruht, haben nur in der Ultraschallschweißtechnik eine gewisse Bedeutung und werden deshalb an dieser Stelle nicht weiter besprochen. Außer den piezoelektrischen Wandlern sind elektrostatische Wandlersysteme relativ weit verbreitet, weshalb auch deren Funktion kurz erläutert wird.

4.1 Physikalische Grundlagen

Piezoelektrische Kristalle haben die Eigenschaft, daß sie bei Anlegen einer äußeren Spannung ihre geometrischen Abmessungen ändern, also elektrische Energie in mechanische umwandeln können. Umgekehrt entsteht bei Anlegen einer äußeren Kraft eine Oberflächenladung, die als Spannung meßbar ist und typischerweise im 100-V-Bereich liegt. Als Materialien für solche Piezokristalle werden z.B. Bleititanate ($PbTiO_3$) und Bleizirkonate ($PbZrO_3$) verwendet. Da es fertigungstechnisch schwierig ist, piezoelektrische Makrokristalle zu züchten, haben Piezokeramiken breite Verwendung gefunden. Eine Piezokeramik erhält man durch Sintern piezoelektrischer Mikrokristalle mit Zusätzen (Bindemittel). Die nach dem Sinterprozeß entstandene Keramik muß durch Anlegen einer hohen Polarisationsspannung und unter erhöhter Temperatur polarisiert werden, da die Dipole der piezoelektrischen Mikrokristalle zunächst willkürlich angeordnet sind. Durch diese Polarisierung erreicht man, daß die Längenänderungen in der Polarisierungsachse maximal werden. Typische relative Längenänderungen in einer solchen Keramik bei einigen hundert Volt sind $dl/l = 10^{-4}$, die dabei auftretenden Kräfte liegen im Bereich einiger 10^6 Pa.

Bei der Erzeugung von Ultraschall in Luft ist immer der Materialübergang zwischen dem Schallerzeuger und der umgebenden Luft von großer Bedeutung. Um eine effiziente Abstrahlung von Ultraschall in das Medium Luft zu erhalten, muß der Schallerzeuger große Oberflächenamplituden ausführen, d.h. es ist ein Anpassungsmechanismus, der die hohen Kräfte, aber kleinen Amplituden in einer Piezokeramik, in eine Bewegung mit hohen Amplituden, jedoch geringerer Kräfte, transformiert. Es sind verschiedene Anpassungsmechanismen, die nachfolgend einander gegenübergestellt werden, gebräuchlich.

- Biegeschwinger (Bild 4.6):

Eine piezokeramische Scheibe wird mit einer Metallscheibe verklebt. Bei Anlegen einer Spannung verändert die Piezoscheibe ihren Durchmesser, so daß Scherkräfte auftreten und eine Biegung des kompletten Systems mit großen Amplituden eintritt.

Eigenschaften:
breite Abstrahlcharakteristik, rel. niederfrequent, geringer Schallpegel, schmalbandig, da es sich um ein Resonanzsystem handelt, sehr lange Ausschwingzeit, gekapselte Bauweise möglich.

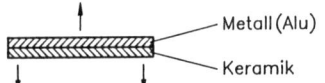

Bild 4.6:
Schematische Darstellung eines Biegeschwingers

- Membranschwinger (Bild 4.7):

Eine elastische Membran z.B. aus Metall wird durch eine Piezokeramik in ihren Eigenschwingungen angeregt.

Eigenschaften:
breite Abstrahlcharakteristik, rel. niederfrequent, geringer Schallpegel, schmalbandig, da Resonanzsystem, sehr lange Ausschwingzeit, offene Bauweise (Hochspannung).

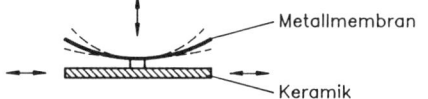

Bild 4.7:
Schematische Darstellung eines Membranschwingers

– λ/4-Schwinger (Bild 4.8):
Beim Übergang einer Schallwelle von einer Piezokeramik zu Luft durchläuft die Schallwelle einen Materialübergang zwischen Materialien unterschiedlicher akustischer Impedanz, so daß für die erreichbare Effizienz der Transmissionskoeffizient entscheidend ist. Der Transmissionskoeffizient zwischen einer Piezokeramik und Luft liegt jedoch im Bereich 10^{-5} bis 10^{-4}, ist also so klein, daß keine nennenswerte Schallabstrahlung stattfindet. Man kann zeigen, daß durch eine Zwischenschicht zwischen der Piezokeramik und der Luft der Transmissionskoeffizient erheblich vergößert werden kann. Aus den Randbedingungen für Schallschnelle und Schalldruck an den beiden Grenzflächen erhält man für den Transmissionskoeffizienten T unter Vernachlässigung der inneren Absorption

$$T = \frac{4 \cdot Z_k \cdot Z_l}{[Z_A + (Z_k \cdot Z_l)/Z_A]^2}.$$

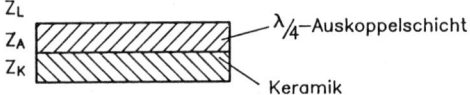

Bild 4.8:
Schematische Darstellung eines λ/4-Schwingers

Z_A, Z_k und Z_l sind dabei die spezifischen Schallimpedanzen der Auskoppelschicht, der Piezokeramik und von Luft. Aus obiger Formel erkennt man, daß die Transmission maximal wird, wenn die spezifische Schallimpedanz der Auskoppelschicht den Wert

$$Z_A = (Z_k \cdot Z_l)^{1/2}$$

besitzt. Mit einer typischen spezifischen Schallimpedanz der Keramik von $15 \cdot 10^6$ kg/m²s und 427 kg/m²s für Luft erhält man für die Schallimpedanz Z_A der Auskoppelschicht einen Wert von ca. 80000 kg/m²s. Wegen $Z = c \cdot \lambda$ muß das Material eine geringe Dichte und eine geringe Schallgeschwindigkeit besitzen. Ein Material, das dieser Forderung nahe kommt, ist ein Gemisch von Glashohlkugeln und Kunstharz mit dem man ein Z_A von 10^6 kg/m²s erreicht. Dieses Material stellt bezüglich Impedanzanpassung einen Kompromiß dar, ist aber wegen seiner guten Beständigkeit gegenüber Umwelteinflüssen, seiner geringen inneren Dämpfung und seiner restlichen mechanischen Eigenschaften gut geeignet. Der erreichbare Transmissionskoeffizient liegt bei 2,5%.
Zusätzlich zu der Maßnahme der Impedanzanpassung dimensioniert man die Auskoppelschicht so, daß deren Dicke genau λ/4 beträgt. Die λ/4-Schicht bewirkt durch Resonanzüberhöhung eine Amplitudenverstärkung an deren Oberfläche, so daß große Oberflächenamplituden erreicht werden.
Eigenschaften:
hoher Schalldruck, schmale Abstrahlcharakteristik, mittlere Ausschwingzeit, schmalbandig, hohe Frequenzen erzielbar, keine spannungsführenden Teile an der Oberfläche.

– Elektrostatisches Wandlerprinzip (Bild 4.9):
Der Wandler besteht in Prinzip aus einer dünnen metallisierten Plastikfolie und einer gerillten Metallplatte, die zusammen einen Kondensator bilden. Wenn eine Spannung angelegt wird, wirkt auf die Folie eine elektrostatische Kraft, derart, daß sich Folie und

4.1 Physikalische Grundlagen

Platte anziehen. Eine Wechselspannung, die mit einer Gleichspannung überlagert ist, zwingt die Folie zu gleichfrequenten Schwingungen. Die Gleichspannung ist nötig, da die Kraft auf die Metallfolie quadratisch von der angelegten Spannung abhängt und die Folie bei einer reinen Wechselspannung Schwingungen mit der doppelten Frequenz ausführen würde. Außerdem werden durch die Vorspannung die Kräfte auf die Folie erhöht, da wegen der wirksamen Anziehung zwischen Folie und Metallplatte deren Abstand zueinander verringert wird. Die Folie wird mit einer Blattfeder unter konstanter mechanischer Spannung gehalten. Über die zwischen Folie und den Rillen der Metallplatten eingeschlossenen Luftpolster ist eine Frequenzabstimmung des Systems bis ca. 500 kHz möglich.

Eigenschaften:
breitbandig, sehr kurze Aus- und Anschwingzeit, näherungsweise Richtcharakteristik eines Kolbenstrahlers, rel. niedriger Schalldruck, offene Bauweise (nachteilig, da Hochspannung außen anliegt).

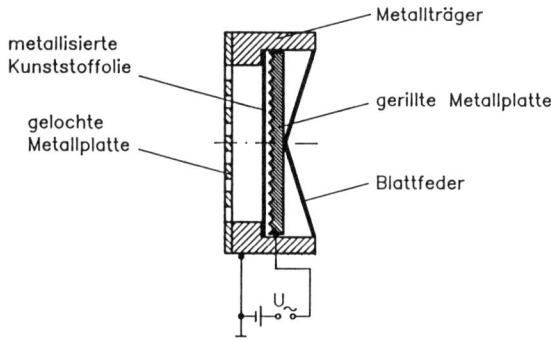

Bild 4.9: Schematische Darstellung eines elektrostatischen Ultraschallwandlers

4.1.8 Einige Standard-Ultraschallwandler und deren Abstrahlcharakteristik

Bei abstandsmessenden Ultraschallsensoren ist meist eine schmale Abstrahlcharakteristik erwünscht. Die Richtcharakteristik eines Ultraschallsenders hängt von der geometrischen Form der Abstrahlfläche, insbesondere von deren Größe, der Sendefrequenz und der Phasenlage der schwingenden Fläche ab. Bei einem kreisförmigen Kolbenstrahler mit Durchmesser D wird der größte Teil der abgestrahlten Energie innerhalb des Winkels

$$\vartheta = \arcsin(1{,}22 \cdot \lambda/D)$$

abgestrahlt. Will man bei fester Wellenlänge eine gute Richtwirkung erzielen, muß der Durchmesser der Sendefläche groß gegenüber der Wellenlänge in Luft gewählt werden. In der Praxis stößt man auf das Problem, daß mit zunehmendem Durchmesser der Keramiken auch deren Eigenfrequenzen abnehmen. Um die Bedingung $\lambda \ll D$ zu erfüllen, muß eine Piezokeramik mit kleinem Durchmesser mit einer großen Auskoppelschicht kombiniert werden, wobei die komplette Abstrahlfläche der Auskoppelschicht in Phase schwingen sollte. Da bei größeren Auskoppelschichten außer der reinen Dickenschwingung auch andere Schwingungsmoden auftreten, ist die Phasenbedingung in der Praxis nur schwer zu erfüllen. Ein Ultraschallwandler der die Phasenbedingung wenigstens näherungsweise erfüllt, ist der in Abb. 4.10 dargestellte „P+F-Schwinger" (nach Bekker).

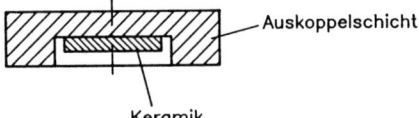

Bild 4.10:
Schematische Darstellung des „P+F-Schwingers"

Die Schwingungsamplitude in der Klebeebene Piezokeramik/Auskoppelschicht ist im Vergleich zur Oberflächenamplitude an der Auskoppelschicht sehr klein ($\lambda/4$-Resonator) und kann als Knotenebene der Schwingung betrachtet werden. Beim P+F-Schwinger werden parasitäre Schwingungen außerhalb der Keramik dadurch vermieden, daß die Knotenebene nach außen durch eine $\lambda/2$-Schicht fortgesetzt wird. Auf der Vorder- und Rückseite der $\lambda/2$-Schicht befindet sich dann ein Schwingungsbauch und in der Mitte dieser Schicht ein Schwingungsknoten. Die in der Praxis tatsächlich erreichbare Schwingungsamplitude zeigt Bild 4.11.

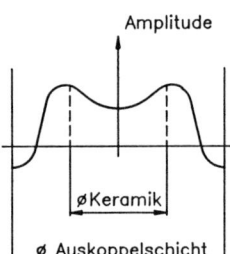

Bild 4.11:
Darstellung der in der Praxis mit dem „P+F-Schwinger" erzielbaren Schwingungsamplitude

Man erkennt an diesem Amplitudenverlauf, daß der in Phase schwingende Bereich der Auskoppelschicht deutlich nach außen hin erweitert ist. Erst in der Randzone kehrt sich die Phasenlage, jedoch mit geringerer Amplitude, um. In Bild 4.12 ist die gemessene Abstrahlcharakteristik eines P+F-Schwingers, wie er für die Reichweite 4 m verwendet wird, dargestellt. Aufgetragen ist dabei der auf 0 dB normierte Schalldruckpegel.

Bei allen Ultraschallwandlern sind mehr oder weniger große Massen an der Schwingung beteiligt, so daß bei einer impulsförmigen Anregung immer ein exponentielles Ein- und Ausschwingen mit einer charakteristischen Zeitkonstante beobachtet wird. Die Ausschwingzeit, nach der die Amplitude auf ca. 1/10 abgefallen ist, liegt bei dem oben erwähnten Wandler bei ca. 500 µs.

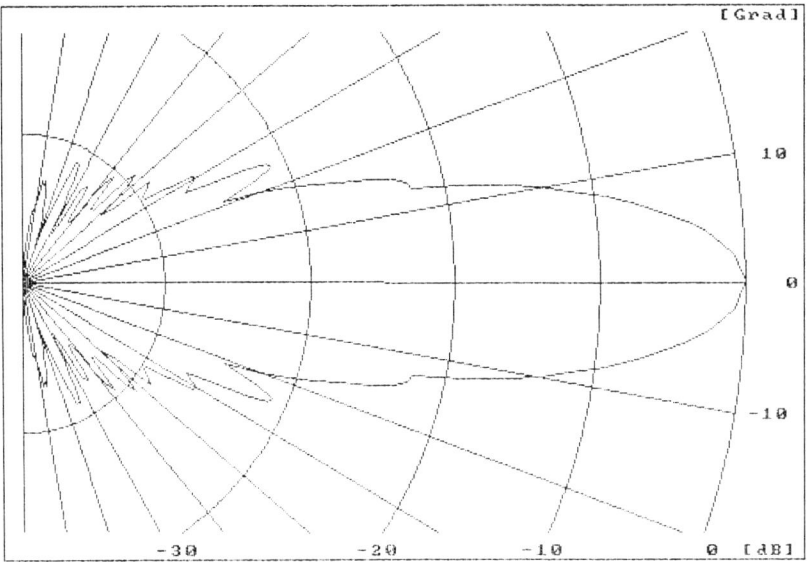

Bild 4.12: Gemessene Abstrahlcharakteristik des Ultraschallwandlers UJ-4000-FP-H12 (Pepperl und Fuchs). Durchmesser des Wandlers: 50 mm, Reichweite: 4 m, Schwingungsfrequenz: 90 kHz

4.2 Ultraschallwandler mittlerer Reichweite als Sensoren

Ergänzt man einen Ultraschallwandler mit weiteren Bauteilen zu einem Gerät, mit dem man den Abstand oder die Form benachbarter Gegenstände messend erfassen kann, so nennt man dieses Gerät einen Sensor.

4.2.1 Abstandsmessende Ultraschallsensoren

Die nachfolgend beschriebenen abstandsmessenden Ultraschallsensoren beruhen alle auf dem Prinzip der Echo-Laufzeit-Messung. Da die Auswertung des Echos am gleichen Ort stattfindet, von dem aus die Ultraschallwelle gesendet worden ist, spricht man bei einer solchen Messung auch vom Tastbetrieb. Ein Ultraschallwandler sendet dabei zu einem Zeitpunkt t_0 einen kurzen Wellenzug der Länge Δt aus, der sich mit der Schallgeschwindigkeit c des umgebenden Mediums ausbreitet. Trifft der ausgesendete Wellenzug auf ein Objekt, wird ein Teil der Welle reflektiert und gelangt nach der Laufzeit 2τ wieder zum Sensor zurück (siehe Abb. 4.13). Das zum Zeitpunkt t_1 zurückkommende Echo wird entweder mit demselben oder mit einem zweiten Ultraschallwandler detektiert und in einem nachgeschalteten Verstärker zu einem auswertbaren Signal verstärkt. Die Auswerteelektronik, die den Objektabstand ermittelt, mißt die Laufzeit des Echos, indem sie zum Zeitpunkt t_0 eine Zeitmessung startet und zum Zeitpunkt t_1, bei der Ankunft des Echos, wieder stoppt.

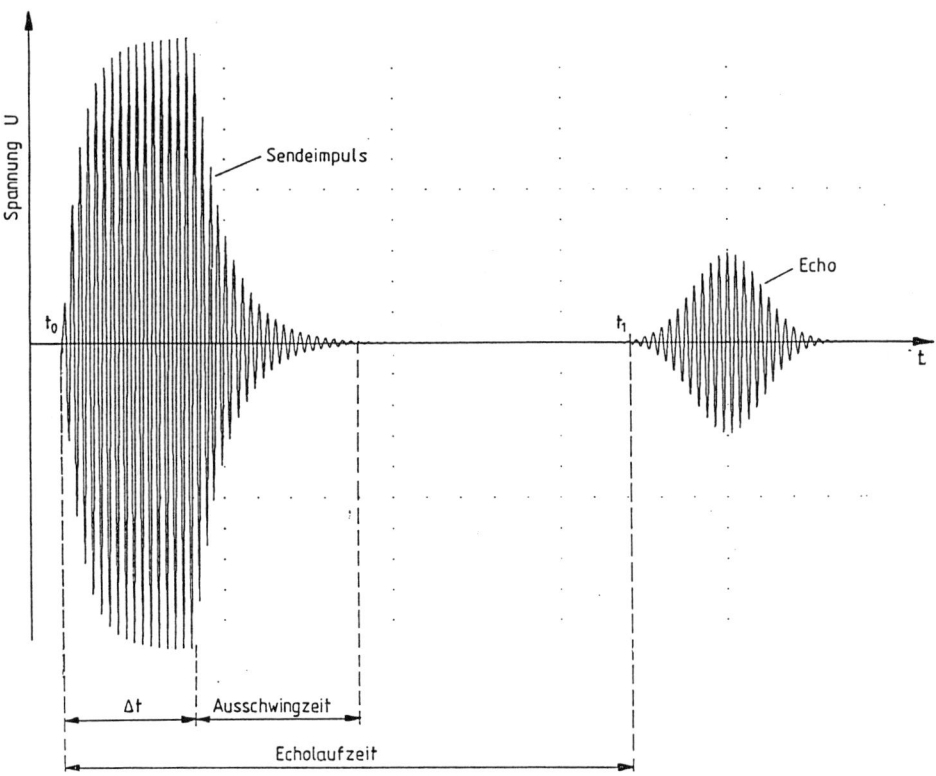

Bild 4.13: Zeitlicher Verlauf der Wandlerspannung beim Einkopfsystem

Wird ein einziger Ultraschallwandler zum Senden und zum Empfangen verwendet, spricht man von einem Einkopfsystem, werden zum Senden und zum Empfangen zwei getrennte Wandler verwendet, spricht man vom einem Zweikopfsystem. Das Einkopfsystem hat den Nachteil, daß nach dem Senden eines Ultraschallimpulses bis zum möglichen Empfang eines Echos die Totzeit, in der der Wandler ausschwingt, abgewartet werden muß. Erst wenn die empfangene Echospannung betragsmäßig größer als die Amplitude des ausschwingenden Wandlers ist, kann das Echo erkannt werden. Als Konsequenz der Totzeit haben Ultraschallwandler im Einkopfbetrieb einen verbotenen Nahbereich, innerhalb dessen Grenzen kein Echo detektiert werden kann.

Die Ausschwingzeit der Wandler wird von verschiedenen Faktoren, wie der schwingenden Gesamtmasse, der inneren Dämpfung des Auskoppelmaterials und der mechanischen Aufhängung des Wandlers, beeinflußt. Die Nahbereiche bei P+F-Ultraschallwandlern für die Objektabstände 1 m und 6 m liegen bei 0,2 m und 0,8 m. Dies entspricht einer Ausschwingzeit von ca. 1 ms beim 1-m-System und 5 ms beim 6-m-System. Der Nahbereich kann stark reduziert werden, wenn man zum Zweikopfsystem übergeht, also zwei verschiedene Ultraschallwandler zum Senden und zum Empfangen verwendet. Bei der Konstruktion muß dabei jedoch beachtet werden, daß die maximale Sendeempfindlichkeit des Senders und die maximale Empfangsempfindlichkeit des Empfängers exakt bei derselben Frequenz liegen.

4.2 Ultraschallwandler mittlerer Reichweite als Sensoren

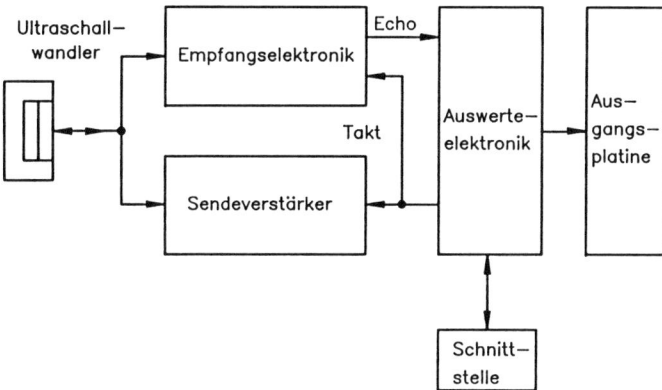

Bild 4.14: Blockschaltbild eines Ultraschallsensors im Einkopfsystem

Der zeitliche Verlauf der Spannung, die beim Einkopfsystem am Ultraschallwandler anliegt, ist in Abb. 4.13 dargestellt.
Der prinzipielle elektronische Aufbau eines im Tastbetrieb arbeitenden Ultraschallwandlers ist im Blockschaltbild in Abb 4.14 dargestellt.
Mit einem Triggerimpuls wird die Sendeendstufe veranlaßt, ein Impulspaket mit ca. 250 V Spitzen-Spitzen-Spannung abzugeben, das den Ultraschallwandler treibt. Dieses Impulspaket liegt gleichzeitig am Eingang des Empfangsverstärkers an und übersteuert diesen. Nach dem Abschalten des Senders benötigt der Empfangsverstärker eine Erholzeit von ca. 300 µs, um aus der Sättigung zu gelangen und wieder empfangsbereit zu sein. Die Erholzeit ist im allgemeinen kleiner als die Ausschwingzeit und beeinflußt somit den Nahbereich nicht. Befindet sich ein Gegenstand, der ein ausreichend großes Echo erzeugt, im Erfassungsbereich des Ultraschallwandlers, so entsteht nach der Echolaufzeit am Ultraschallwandler eine hochfrequente Echowechselspannung. Diese wird vom Empfangsverstärker verstärkt, gleichgerichtet und mit einem Komparator in einen Rechteckimpuls umgewandelt.
Die Auswerteelektronik erzeugt den Triggerimpuls, ermittelt die Laufzeit zwischen Triggerimpuls und Eintreffen des Echos und übernimmt Aufgaben wie die Ansteuerung von Schalt- oder entfernungsproportionalen Ausgängen. Nach dem Eintreffen des ersten Echoimpulses muß die Auswerteelektronik mit dem Absetzen des nächsten Impulses warten, bis keine Echos von weiter entfernt stehenden Gegenständen mehr eintreffen können (Time out).
Im Interesse einer möglichst guten Störunterdrückung ist es notwendig, Nachechos zu unterdrücken. Aus diesem Grund wird die Verstärkung des Empfangsverstärkers über eine Regelspannung mit zunehmender Zeit nach einem Triggerimpuls kontinuierlich erhöht. Dadurch wird erreicht, daß unmittelbar nach dem Absetzen eines Sendeimpulses vom vorletzten Impuls kommende Echos aus großen Entfernungen auf einen unempfindlichen Verstärker treffen und somit nicht mehr registriert werden. Die Regelspannung hat ferner die Funktion, dem starken Abfall der Echoamplitude bei zunehmendem Objektabstand entgegenzuwirken. Die Regelspannungserzeugung findet im Empfangsverstärker statt und wird mit dem Taktimpuls synchronisiert (siehe Bild 4.15).

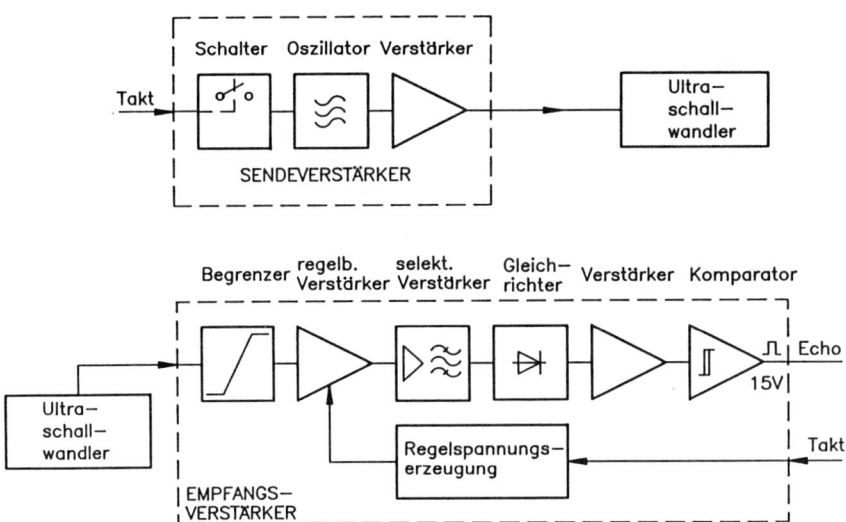

Bild 4.15: Blockschaltbild der Sende- und Empfangsstufe

Eine weitere Maßnahme, die dazu dient, Mehrfachechos und Hintergrundechos zu unterdrücken, ist die Variation der Triggerimpulsbreite und damit der Sendeimpulslänge. Dabei wird von der Tatsache Gebrauch gemacht, daß bei Anlegen eines rechteckförmigen Spannungsimpulses die tatsächliche Oberflächenamlitude nicht sprunghaft, sondern stetig mit der Anschwingzeit zunimmt. Dieser Zusammenhang zwischen Sendeimpulslänge und maximal erzeugtem Schalldruck wird benutzt, um die Sendeenergie dem Objektabstand anzupassen. Bei geringem Objektabstand wird die Impulsbreite verkürzt, wodurch die Hintergrundechos aus größeren Abständen reduziert werden.

Nachfolgend wird der elektronische Aufbau der Sendestufe und des Empfangsverstärkers dargestellt (Bild 4.15):

Der Sender besteht aus einem elektronischen Schalter, einem Oszillator und einer Verstärkerendstufe, die die zum Treiben der Piezokeramik notwendigen 250 V liefert. Der Oszillator wird einmalig auf die Resonanzfrequenz des Ultraschallwandlers abgestimmt, um bestmöglichen Wirkungsgrad zu erreichen. Bei P+F-Ultraschallwandlern liegt diese Resonanzfrequenz je nach Wandlertyp zwischen 70 kHz beim 6m-Wandler und 170 kHz beim 1m-Wandler. Der elektronische Schalter schaltet in Abhängigkeit von der Triggerimpulsbreite den Oszillator ein und aus und ermöglicht somit die Erzeugung von kurzen Sendeimpulsen. Da die Sendeelektronik und der Ultraschallwandler in ihrem Leistungsumsatz beschränkt sind, muß ein Impuls/Pausenverhältnis von mindestens 1 : 50 eingehalten werden.

Der Empfänger besteht aus Begrenzer, regelbarem Verstärker, selektivem Verstärker, Demodulator, Nachverstärker, und einem Komparator. Da das ankommende Ultraschallsignal Spannungen zwischen einigen Volt und einigen Mikrovolt erzeugen kann, wird die Spannung am Eingang des Empfängers mit dem Begrenzer auf ±0,7 V begrenzt. Dadurch wird der Verstärker vor allzu hohen Spannungsspitzen geschützt. Mit

4.2 Ultraschallwandler mittlerer Reichweite als Sensoren

Hilfe des regelbaren Verstärkers und der Regelspannungserzeugung wird die oben erwähnte Hintergrundechounterdrückung realisiert und der mit zunehmendem Abstand stark abnehmenden Echoamplitude entgegengewirkt. Der selektive Verstärker hat die Aufgabe, Fremdschall mit einer anderen Frequenz auszufiltern und nur noch das Nutzsignal weiterzuleiten. Um eine hohe Verstärkung mit geringem Aufwand realisieren zu können, ist es notwendig, niederfrequente Signale zu haben. Deshalb wird das Ultraschallsignal demoduliert und gleichgerichtet und nur die dadurch entstehende Hüllkurve weiterverstärkt. Im Komparator wird die Größe der Hüllkurvenspannung mit einer voreingestellten Schwellenspannung verglichen. Beim Überschreiten dieser Schwellenspannung gibt der Echoausgang einen Spannungsimpuls in Höhe der Versorgungsspannung aus, der dann der Auswerteelektronik zur Verfügung steht.

Neben den beschriebenen Funktionen der Sende- und der Empfangsstufe benötigt ein kompletter Ultraschallsensor eine Auswerteeinheit zur Steuerung der Taktfunktion und zu Ansteuern der Ausgangsfunktionen des Sensors. Da die Auswertelogik komplexe Steuerungsaufgaben zu erfüllen hat, wird sie vorteilhaft mit einem Mikprozessorsystem realisiert. Ein solcher Aufbau hat den weiteren Vorteil, daß der Auswertealgorithmus nicht fest verdrahtet ist, sondern flexibel in Form eines Programms in einem Programmspeicher abgespeichert ist. Mit der gleichen elektronischen Schaltung lassen sich so verschiedene Ausgangsendstufen steuern oder Änderungen im Auswertealgorithmus durchführen.

Zu den Aufgaben der Auswerteelektronik gehört die schon erwähnte Erzeugung der Taktrate und Steuerung der Sendeimpulsbreite, die Ermittlung der Echolaufzeit, die Erkennung von Störschall, die Steuerung der Signalausgänge und der Selbsttest der Schaltung. Ferner kann bei einem mikroprozessorgesteuerten System über eine Schnittstelle die Kommunikation mit einem übergeordneten Computer realisiert werden.

Bei der Ermittlung der Echolaufzeit kommt es von Messung zu Messung aufgrund von Luftschwankungen zu leichten Unterschieden des gemessenen Objektabstandes. Eine hohe Meßgenauigkeit erreicht man durch eine Mittelwertbildung über mehrere Messungen. Auf der anderen Seite nimmt man dabei eine niedrigere Meßwiederholrate in Kauf. Der Einfluß von Störechos kann unterdrückt werden, indem man jeden Meßwert mit dem momentanen Mittelwert vergleicht und bei größeren Differenzen die Messung verwirft.

Bei Anwendungen, bei denen eine hohe Meßrate benötigt wird, kann man vorteilhaft einen anderen Algorithmus zur Störunterdrückung einsetzen. Man bildet dabei immer die Differenz der beiden letzten Messungen und speichert sie ab. Ist die Differenz Null, so handelt es sich um ein stehendes Objekt, ist sie konstant, hat das Objekt eine konstante Geschwindigkeit, unterschiedliche Differenzen würden eine Beschleunigung des Objektes bedeuten. Ein gemessener Abstand wird als gültig anerkannt, wenn die beiden letzten gemessenen Differenzen sich nur wenig unterscheiden. Auf diese Weise werden auch beschleunigte Objekte sicher erkannt.

Eine permanent störende Schallquelle (z.B. Preßluft) erzeugt ein Dauerecho, das von der Auswerteelektronik erkannt werden muß und mit einem entsprechenden Störausgang oder einer Störfallanzeige zur Anzeige gebracht werden kann.

In Bild 4.16 ist der mechanische Aufbau eines modernen Ultraschallsensors dargestellt. Das Gehäuse besteht aus drei Teilen: Der Wandleraufnahme mit der analogen Sende- und Empfangsstufe, dem Gehäuseteil mit Auswerteeinheit und Ausgangsstufe und dem Gehäusesockel mit dem Klemmraum für die elektrischen Ein- und Ausgänge. Das Ge-

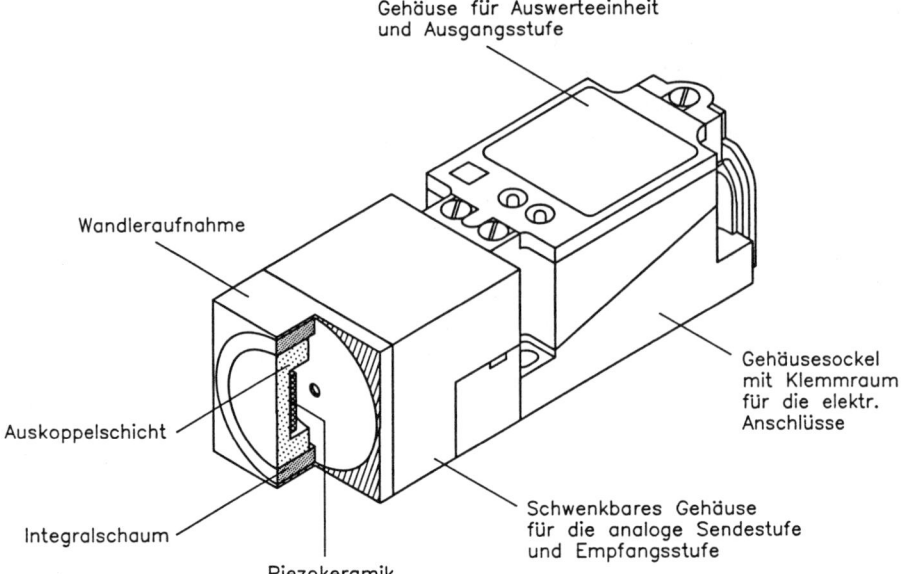

Bild 4.16: Mechanischer Aufbau eines Ultraschallsensors (UJ 3000 + U1 + H12 + P1, Pepperl und Fuchs GmbH, Mannheim)

häuseteil mit dem Ultraschallwandler kann unter verschiedenen Winkeln auf das Hauptgehäuse aufgesteckt werden, so daß bei fester Montage des Gehäusesockels verschiedene Raumrichtungen überwacht werden können. Die steckbare Verbindung zwischen dem Gehäusehauptteil, das die gesamte Elekronik enthält und dem Gehäusesockel ermöglicht ein einfaches Austauschen des Sensors, ohne daß Installationsarbeiten notwendig sind. In Bild 4.16 ist der Sensor gut zu erkennen. Der Schnitt zeigt die Piezokeramik, die Auskoppelschicht, die hier als P + F-Schwinger ausgeführt ist und die Aufhängung des Wandlers in einem Integralschaum. Der Integralschaum erfüllt die Funktion, den Wandler mechanisch so zu haltern, daß das schwingungsfähige System möglichst wenig gedämpft wird. Gleichzeitig wird das Gehäuseinnere durch den Integralschaum gegenüber Feuchtigkeitseinflüssen abgedichtet.

4.2.2 Ultraschallsensoren im Schrankenbetrieb

Für viele Anwendungen im Bereich der Raumüberwachung ist ein Schrankenbetrieb gegenüber dem Tastbetrieb von Ultraschallsensoren von Vorteil. Beim Schrankenbetrieb unterscheidet man zwischen Reflexschranken, bei denen sich Sender und Empfänger am gleichen Ort befinden und einem Reflektor gegenüberstehen und Schranken, bei denen sich Sender und Empfänger gegenüber stehen (siehe Abb. 4.17). Da die Ultraschallwelle im Reflexbetrieb den doppelten Weg im Vergleich zu einer Schranke mit gegenüberstehendem Sende- und Empfangsteil zurücklegen muß, spricht man auch von Einweg- und Zweiwegbetrieb.

4.2 Ultraschallwandler mittlerer Reichweite als Sensoren

Zweiwegbetrieb

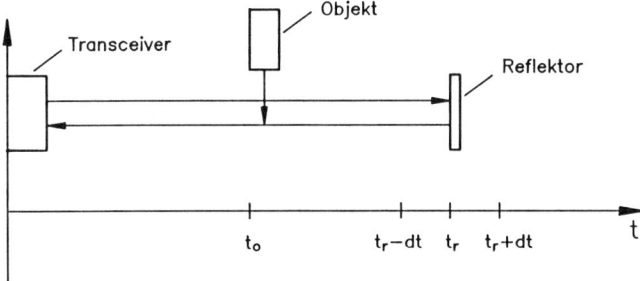

Einwegbetrieb

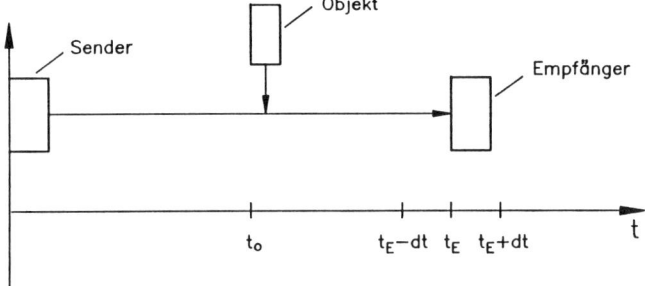

Bild 4.17: Schematische Verdeutlichung des Einwegbetriebs und Zweiwegbetriebs bei Ultraschallschranken

Bei beiden Betriebsarten werden Sender und Empfänger von der Auswerteelektronik mit einem Impuls von definierter Länge versorgt. Aus diesem Impuls (Takt) wird im Sender der Burst und im Empfänger die Spannung zur Verstärkungsregelung erzeugt. Der elektronische Aufbau von Sender und Empfänger ist der gleiche wie beim in Kap. 4.2.1 beschriebenen Ultraschalltaster.

Im Reflexbetrieb wird der Abstand zwischen einem Ultraschalltaster und einem ortsfesten Reflektor ständig überwacht. Die Auswerteelektronik mißt die Laufzeiten der Echos, die vom Reflektor oder einem Objekt kommen. Unterscheidet sich der gemessene Abstand vom Reflektorabstand, wird ein Schaltausgang umgeschaltet. Wegen unvermeidlicher Luftschwankungen kann man den Reflektorabstand nicht exakt auf Gleichheit testen, sondern muß einen Zeitbereich $t_r \pm dt$, in dem das Reflektorecho erwartet wird, zulassen (Bild 4.17).

Bei der Bestimmung der Wiederholrate f der Sendeimpulse unterscheidet man folgende drei Fälle:

1. Im Fall, daß sich ein Objekt im Schrankenbereich befindet, ergibt sich die Wiederholrate zu

$$f = 1/(2 \cdot t_0),$$

wobei t_0 der Laufzeit des Ultraschallimpulses zwischen Sensor und Objekt entspricht.

2. Die Wiederholrate ohne Objekt ist geringer als im Fall mit Objekt und errechnet sich aus der doppelten Laufzeit zum Reflektor zu

$f = 1/(2 \cdot t_r)$.

3. Bei Annäherung eines stark schallabsorbierenden Objektes oder bei Annäherung einer schrägen Fläche, die die Ultraschallwelle zur Seite reflektiert, kommt kein Echo zurück. In diesem Fall wird nach der Zeit $t_r + dt$, die dem Reflektorabstand entspricht, vom Sender der nächste Impuls abgesetzt, so daß sich näherungsweise die gleiche Wiederholrate, nämlich

$f = 1/(2 \cdot (t_r + dt))$,

wie ohne Objekt ergibt.
Nachteilig bei der Reflexschranke ist zum einen, daß sich durch den doppelten Weg, den die Schallwelle durchlaufen muß, die Reaktionszeiten um den Faktor zwei gegenüber der Einwegschranke verringern und zum anderen, daß sich, bedingt durch die damit verbundenen höheren Dämpfungsverluste der Welle, nur relativ kleine Abstände zwischen Sensor und Reflektor realisieren lassen. Mit Ultraschallschranken im Einwegbetrieb, bei denen Sender und Empfänger einander gegenüber stehen, lassen sich diese Nachteile vermeiden. Durch die halbierte Weglänge und die wegfallenden Reflexionsverluste am Reflektor erhöht sich die maximale Schrankenweite gegenüber dem Reflexbetrieb um den Faktor 2,5 bis 3. Die minimale Schrankenweite ist nur von der Reaktionszeit des Wandlers und der nachgeschalteten Elektronik abhängig und liegt bei Sensoren von P+F im Bereich weniger cm. Das Sender-Empfängerpaar UJ 1000-30GM-H1/H2 von P+F mit einer maximalen Schrankenweite von 3 m hat z.B. einen Nahbereich von ca. 5 cm.
Bei der Einwegschranke wird die Laufzeitmessung mit dem Absetzen des Sendeimpulses gestartet. Die Auswertelektronik wertet nur die ankommenden Impulse aus, die innerhalb der Laufzeit t_E liegen, die dem Abstand zwischen Sender und Empfänger entspricht (Bild 4.17). Ist die Schranke unterbrochen, registriert der Empfänger keine Impulse mehr und die Auswerteelektronik schaltet den Schaltausgang. In diesem Fall wird der neue Meßzyklus nach der Zeit $t_E + dt$ ausgelöst. Im Fall der nicht unterbrochenen Schranke wird der neue Meßzyklus nach der Zeit t_E gestartet, so daß unabhängig davon, ob die Schranke unterbrochen oder nicht unterbrochen ist, die Wiederholrate mit

$f = 1/(t_E + dt)$ bzw.

$f = 1/t_E$

näherungsweise konstant bleibt.

Zur Störschallunterdrückung wartet die Auswerteelektronik bis zum Umschalten des Schaltausgangs mehrere gültige Echos ab. Dadurch verringert sich jedoch die maximale Schaltfrequenz der Schranke. Bei einer Schrankenweite von 30 cm und einer Wartezeit, die der Laufzeit von 5 Echos entspricht, werden Schaltfrequenzen von ca. 200 Hz erreicht. Zur weiteren Unterdrückung von Störschall variiert die Auswerteelektronik, wie bei den Ultraschalltastern, in Abhängigkeit des Reflektorabstandes bzw. des Abstandes zwischen Sender und Empfänger, die Breite des Taktimpulses. Dadurch wird die abgestrahlte Sendeamplitude der Schrankenweite angepaßt. Die Regelspannung im Empfangsverstärker erfüllt ebenfalls die gleichen Funktionen wie beim Utraschalltaster und wird auf die gleiche Weise erzeugt.

4.2.3 Fehlermöglichkeiten bei Ultraschallabstandsmessungen

Ein generelles Problem bei Ultraschallaufzeitmessungen ist die Abhängigkeit der Meßergebnisse von der Schallgeschwindigkeit. In Kap. 1 wurde gezeigt, daß die Schallgeschwindigkeit in Luft von verschiedenen Faktoren wie Temperatur , Luftdruck, Luftfeuchte und Luftzusammensetzung abhängt. Um diese Einflüsse auf die Meßergebnisse zu beseitigen, könnte man mit aufwendigen Sensoren alle diese Größen bestimmen und die wirkliche Schallgeschwindigkeit berechnen. In der Praxis begnügt man sich mit der Kompensation der Temperatur, da diese den stärksten Einfluß auf die Schallgeschwindigkeit ausübt. Nachteilig ist hier, daß die Temperatur nur punktuell erfaßt wird und dadurch Temperaturgradienten über die Meßstrecke nicht berücksichtigt werden.
Besser ist die Verwendung eines Referenzsensors, der die aktuelle Schallgeschwindigkeit aus der Echolaufzeit in einer Referenzstrecke bestimmt. Die so ermittelte Schallgeschwindigkeit muß entweder über eine Schnittstelle den einzelnen Sensoren mitgeteilt werden oder die Berechnung der Objektabstände aus den Echolaufzeiten und der aktuellen Schallgeschwindigkeit wird in eine externe zentrale Auswerteeinheit verlegt.
Stehen sich zwei Ultraschallsensoren mit annähernd gleicher Frequenz gegenüber, kann die Auswerteeinheit nicht mehr unterscheiden, ob das ankommende Signal ein Echo oder ein fremdes Sendesignal ist. Die Folge davon ist, daß sich Sensoren, die sich innerhalb ihres gegenseitigen Erfassungsbereich befinden, gegenseitig stören können. Es gibt verschiedene Möglichkeiten, derartige Störeinflüsse zu reduzieren.
Eine mögliche Maßnahme wäre die Verwendung von schmalbandigen Sensoren, die bei unterschiedlicher Sendefrequenz betrieben werden. Da für jede Sendefrequenz ein entsprechender Wandler dimensioniert werden müßte, ist diese Methode ungünstig.
Eine bessere Methode, gegenseitige Beeinflussung zu vermeiden, ist das Impuls-Code-Verfahren. Die verschiedenen Ultraschallsensoren senden dabei nicht einzelne Impulse sondern Impulsfolgen aus, wobei jeder Ultraschallsensor über eine eigene Impulsfolge verfügt. Die einzelnen Impulsfolgen oder Sendecodes unterscheiden sich dabei durch unterschiedliche Impuls-Pausen-Verhältnisse. Die jeweiligen Empfänger detektieren die empfangenen Codes und werten nur die vom gleichen Sender gesendeten Signale aus. Es können deshalb ohne gegenseitige Beeinflussung mehrere Sensoren bei gleicher Sendefrequenz nebeneinander betrieben werden. Nachteilig bei dieser Methode ist, daß für das Senden der verschiedenen Codes im Vergleich zu Einzelimpulsen mehr Zeit benötigt wird und sich dadurch die maximale Schaltfrequenz verringert.
Eine weitere Möglichkeit, die gegenseitige Beeinflussung mehrerer Sensoren zu verhindern, ist die Verwendung von festen, aber unterschiedlichen Taktraten. Die verschiedenen Ultraschallsensoren senden dabei einzelne Impulspakete gleicher Frequenz, jedoch mit verschiedener Wiederholrate f_T aus. Bei gegenseitiger Beeinflussung ergibt sich der gemessene Laufzeitunterschied zweier Störimpulse zu $1/f_{T1} - 1/f_{T2}$, wobei f_{T1} und f_{T2} die Taktfrequenzen der beiden verschiedenen Sensoren sind. Wenn der Sensor ein bewegtes gültiges Objekt erkennt, beträgt der Laufzeitunterschied zwischen zwei nachfolgenden Impulsen $2v/(c \cdot f_T)$. Dabei entspricht v der Geschwingigkeit des Objektes und c der

Schallgeschwindigkeit des Mediums. Gibt man eine maximale Objektgeschwindigkeit v_{max}, die erkannt werden soll, vor, erhält man als Bedingung für die Unterscheidbarkeit von Störimpulsen und gültigen Echos

$1/f_{T1} - 1/f_{T2} > 2 \cdot v_{max}/(c \cdot f_T)$ oder

$df/f > 2 \cdot v_{max}/c$.

Bei einer maximalen Geschwindigkeit v_{max} von 2 m/s erhält man für eine minimale relative notwendige Taktfrequenzverschiebung der beiden Sensoren von ca. 1,2%.

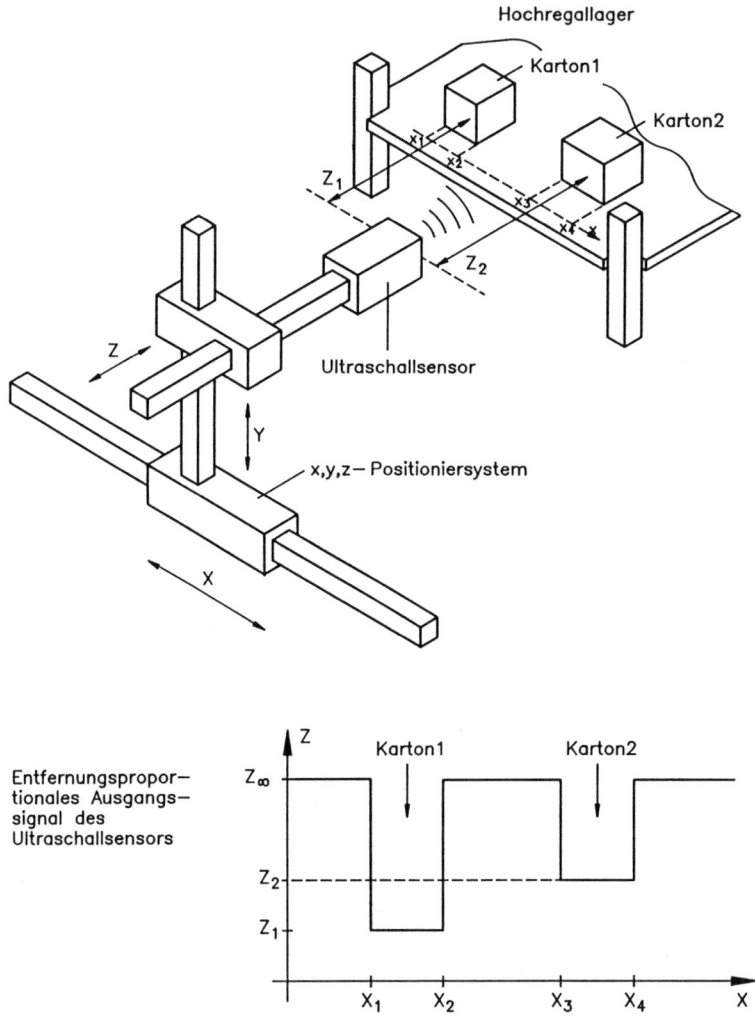

Bild 4.18: Schematische Darstellung des Vorgangs der Koordinatenerkennung mit busfähigen Ultraschallsensoren in einem flexiblen Hochregallager

4.2.4 Anwendungen busfähiger Ultraschallsensoren

Die oben beschriebenen Ultraschallsensoren mit Mikroprozessorauswertung können ohne großen Aufwand mit einer seriellen Schnittstelle dialogfähig gemacht werden. Solche Sensoren lassen sich mit einem übergeordneten Computer zu einer flexiblen Sensoranordnung vernetzen. Ein einfacher Befehlsatz ermöglicht die Adressierung jedes einzelnen Sensors und gestattet das sequentielle Parametrieren und Auslesen der Sensoren.

Als ein Anwendungsbeispiel, bei dem die Kommunikationsfähigkeit der Sensoren die zentrale Rolle spielt, sei das in Bild 4.18 gezeigte Hochregallager gezeigt. Die Kombination der busfähigen Sensoren mit den dem System bekannten x-/y-Bewegungsdaten der Greifereinrichtung ermöglicht eine Koordinatenauskunft der Objekte im Regallager und somit deren Lageerkennung. Busfähige Ultraschallsensoren bieten ferner die Möglichkeit, Störfälle in einem flexiblen Hochregallagersystem zu erkennen und ermöglichen somit das Palettieren größerer Werkstücke sowie die Lagerung größerer Objekte mit verschiedenen Formen an beliebiger Stelle im Regalfach. Im Augenblick arbeiten Systeme ohne Sensorsteuerung so, daß die Lagerteile ausschließlich an genau vordefinierten Plätzen abgelegt werden.

4.3 Zukünftige Entwicklungen

Ein häufig auftretendes Problem ist die Überwachung eines ausgedehnten Raumbereiches auf die Anwesenheit von Objekten oder auf Maschinentätigkeiten. Es ist dabei neben dem Objektabstand und dem Winkel, in dem sich das Objekt, bezogen auf die Sensorachse, befindet, auch die Objektkontur von Interesse. Da ein größerer Raumwinkel überwacht werden muß, die oben beschriebenen Ultraschallsensoren jedoch eine sehr schmale Abstrahlcharakteristik besitzen, ist eine Anordnung mehrerer Sensoren erforderlich. Eine andere Möglichkeit wäre die Verwendung von Weitwinkelsensoren oder Sensoren mit schmalem, aber steuerbarem Abstrahlwinkel, die dann in einer Art Scanbewegung den zu überwachenden Raum abtasten. Eine Weitwinkelcharakteristik läßt sich ferner auch mit Schmalwinkelsensoren und Beugungsvorsätzen wie Gitter- und Lochblenden erreichen.

Im folgenden sei die Intensitätsverteilung I als Funktion des Winkels Θ, wie sie bei einer regulären Linienanordnung von N synchronen, monofrequenten Ultraschallsendern oder durch Vorsatz eines Liniengitters vor einen Ultraschallwandler ausreichender Größe entsteht, betrachtet.

Es sei λ die Schallwellenlänge, d der Abstand zwischen zwei Nachbarsendern bzw. der Abstand zwischen zwei Beugungsöffnungen und δ die Phasenverschiebung zwischen den Treiberspannungen zweier Nachbarsender.

In Abhängigkeit des Verhältnisses d/λ lassen sich unterschiedliche Gesamtabstrahlcharakteristiken erzielen:

Bei einem Phasenarray mit der Bedingung $d < \lambda$ und $0 \leq \vartheta \leq \pi$ hat man näherungsweise nur eine einzige Schallkeule in Richtung

$$\sin(\vartheta) = \lambda \cdot \delta / (d \cdot \pi).$$

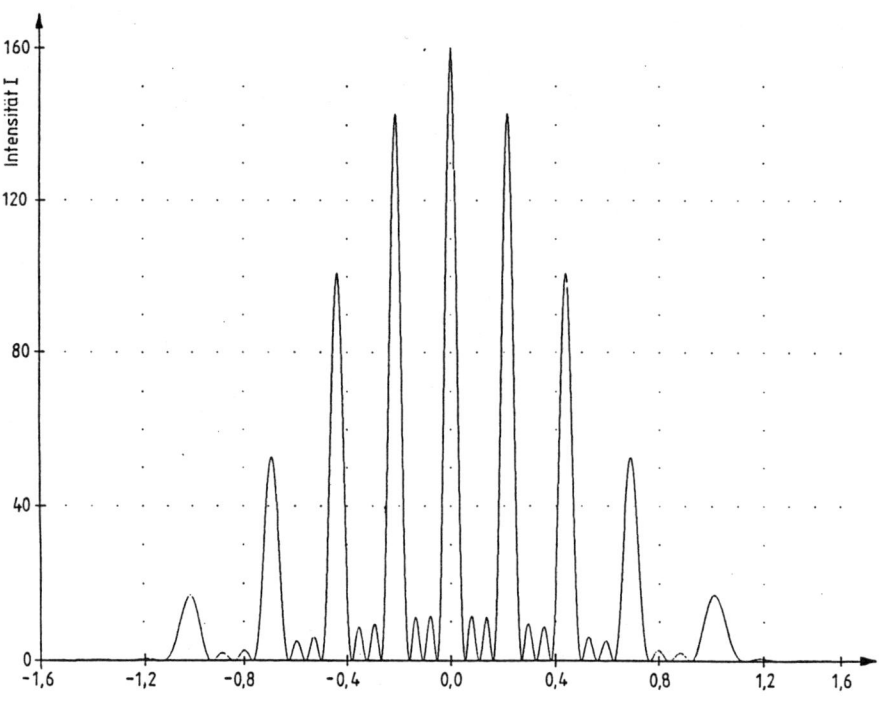

Bild 4.19: Winkelverteilung einer eindimensionalen Gitteranordnung mit vier quadratischen Öffnungen mit einer Kantenlänge von 2,7 mm. Die Gitterkonstante beträgt 8 mm, die Frequenz 200 kHz

Durch eine elektronische Steuerung der Sendephasen können mit solchen Linienanordnungen von Ultraschallsendern verschiedene Abstrahlwinkel eingestellt werden. Durch eine rampenförmige Veränderung der Sendephasen könnte man also Sensoren realisieren, die den zu überwachenden Raum sequentiell abtasten.

Auf der anderen Seite erhält man mit der Bedingung d > λ eine Winkelverteilung, wie sie in Bild 4.19 gezeigt ist. Anstelle einer einzigen stark ausgeprägten Schallkeule erhält man mehrere scharfe Schallkeulen. Die Winkeldifferenz zwischen zwei benachbarten Schallkeulen ist gegeben durch

$$\vartheta_{i+1} - \vartheta_i = \frac{180 \cdot \lambda}{d \cdot \pi}.$$

In Bild 4.20 sind verschiedene Möglichkeiten für Ultraschallgitteranordnungen dargestellt. In Abb. 4.20a ist auf eine Piezokeramik eine Gitterstruktur von λ/4-Auskoppelschichten aufgeklebt. Als zweite Möglichkeit ist die Beugunggitteranordnung in Abb. 4.20b dargestellt. Beide Anordnungen haben gemeinsam, daß sich die Sendephasen der einzelnen Sender nicht unabhängig voneinander einstellen lassen. Abb. 4.20c zeigt schließlich eine Anordnung aus voneinander unabhängig einstellbaren Einzelsendern. Bei dieser Anordnung ist zwar der steuertechnische Aufwand am höchsten, dafür

4.3 Zukünftige Entwicklungen

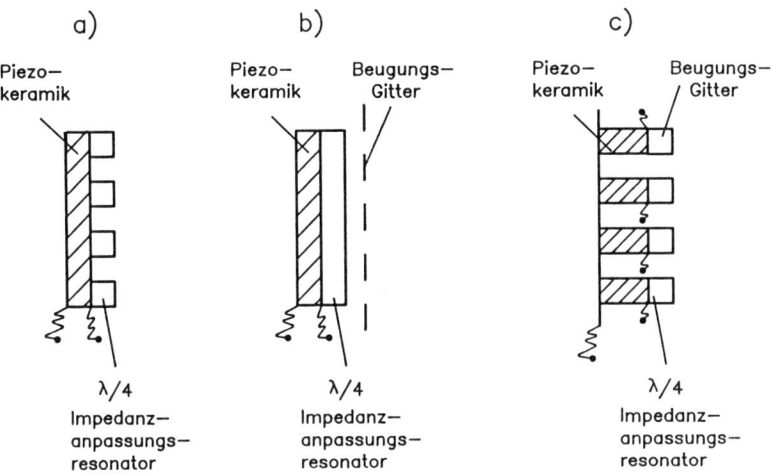

Bild 4.20: Schematische Darstellung verschiedener Realisierungsformen für Ultraschallgitteranordnungen

kann man den Abstrahlwinkel jedoch über die oben erwähnte Phasenbeziehung kontinuierlich einstellen. Mit diesen beschriebenen Gitteranordnungen lassen sich Schallfelder erzeugen, die einen breiten Raumwinkelbereich erfassen.

Literaturverzeichnis

1. Craigie, N.S.: Technischer Bericht 1/88, Ultraschallwandler in Luft. Mannheim: Firmenschrift Pepperl + Fuchs GmbH 1989.
2. Craigie, N.S..: Technischer Bericht 4/87, Multistrahl-Ultraschallsensor für die Überwachung von industriellen Aktivitäten in einem erweiterten dreidimensionalen Bereich. Mannheim: Firmenschrift Pepperl + Fuchs GmbH 1989.
3. Craigie, N.S.: Technischer Bericht 1/89, Sensoren für die Lagertechnik. Mannheim: Firmenschrift Pepperl + Fuchs GmbH 1989.
4. Cremer, L., Heckl, M.: Körperschall. Berlin, Heidelberg, New York: Springer-Verlag 1982.
5. Meyer, E., Neumann, E-G.: Physikalische und Technische Akustik.3. Aufl. Braunschweig, Wiesbaden: Verlag Friedr. Vieweg & Sohn 1979.
6. Krautkrämer, J., Krautkrämer, H.: Werkstoffprüfung mit Ultraschall. 4. Aufl. Berlin, Heidelberg, New York 1980: Springer-Verlag 1980.
7. Kinsley, L.E., Frey, A.R.: Fundamentals of Acoustics. Wiley 1982.

5 Optische Sensoren

5.1 Physikalische Grundlagen

5.1.1 Einführung

Die grundsätzliche Eigenschaft der hier beschriebenen Bauelemente ist die Umwandlung eines elektrischen Stromes in eine elektromagnetische Welle (Licht) oder umgekehrt. Unter dem Begriff Licht ist das elektromagnetische Spektrum vom nahen Ultraviolett-Bereich ($\lambda = 0{,}3$ µm) über den sichtbaren Bereich ($0{,}38$ µm $< \lambda < 0{,}78$ µm) hinaus bis zum nahen Infrarot-Bereich ($\lambda = 1{,}2$ µm) zu verstehen.

In der Anfangsphase optischer Sensoren wurden vorwiegend Glühlampen als Sendeelement und Fotozellen oder Fotowiderstände als Empfangselemente eingesetzt. Durch eine Reihe ungünstiger Eigenschaften dieser Elemente waren die Einsatzgebiete der optischen Sensoren allerdings sehr stark eingeschränkt. So konnte zum Beispiel aufgrund der Trägheit von Glühbirnen das ausgesandte Licht nicht moduliert werden und damit nur bedingt eine Unterscheidung zwischen Fremdlicht und Nutzlicht getroffen werden.

Wichtige moderne Sendeelemente sind Lumineszenzdioden (LED, IRED) und Halbleiter-Laserdioden als Sendeelemente; als moderne Empfangselemente hat man Fotodioden (PN-Dioden, PIN-Dioden), Fototransistoren und Lateraleffekt-Dioden (PSD).

5.1.2 Sendeelemente

5.1.2.1 Lumineszenzdioden (LED, IRED)

Grundsätzlich sind Lumineszenzdioden Halbleiterelemente, die aus einem pn-Übergang bestehen. Durch Anlegen einer Spannung in Flußrichtung des pn-Übergangs und dem daraus resultierenden Strom I_d werden Elektronen in das p-Gebiet und Löcher in das n-Gebiet injiziert. Bild 5.1 zeigt das Energieschema eines stromlosen, sich im thermischen Gleichgewicht befindlichen pn-Übergangs.

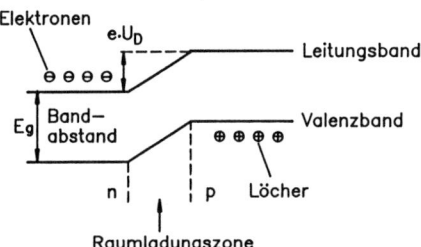

Bild 5.1:
Energieschema eines stromlosen pn-Übergangs

5.1 Physikalische Grundlagen

Um bei dieser Injektion ein Elektron vom Energieniveau des Valenzbandes W_v auf das höhere Energieniveau des Leitungsbandes W_l zu heben, muß mindestens die Energie $W_d = W_l - W_v$ aufgebracht werden. Beim umgekehrten Prozeß, der sogenannten Rekombination eines Elektrons mit einem Loch, wird eben diese Energie W_d gerade wieder frei. Ob nun diese freiwerdende Energie in Form von Wärme (Phononen) oder in Form eines Lichtquants (Photon) der Energie $W_d = h \cdot f$ (h — Planck'sches Wirkungsquantum, f — Schwingungsfrequenz des ausgesandten Lichts) auftritt, hängt wesentlich von der Art der Rekombination ab. Bei der indirekten Rekombination wird die freiwerdende Energie in Wärme umgesetzt, bei der direkten Rekombination enstehen Photonen, also Licht.

Um einen hohen Wirkungsgrad bei Lumineszenzdioden zu erreichen, wird man Halbleitermaterialien mit vorwiegend direkten Rekombinationsprozessen wählen. GaAs ist hierbei ein wichtiger Vertreter. Die Frequenz f oder die Wellenlänge λ der emittierten Photonen lassen sich mit

$$f = \frac{W_d}{h} \quad \text{bzw.} \quad \lambda = \frac{c_0 \cdot h}{W_d}$$

berechnen.

Für GaAs mit $W_d = 1{,}43$ eV und der Lichtgeschwindigkeit c_0 im Vakuum ergibt sich eine Wellenlänge von $\lambda = 0{,}9$ µm. Diese Wellenlänge liegt im nahen Infrarotbereich. Somit eignet sich GaAs für Infrarotdioden (IRED) mit hohem Quantenwirkungsgrad. Indirekte Halbleiter können durch Einfügen sogenannter isoelektrischer Störstellen zu strahlender Rekombination veranlasst werden. Ein wichtiger Vertreter eines indirekten Halbleiters ist GaP. Durch eine Dotierung mit Stickstoff (N) oder einem Zink-Sauerstoff-Paar (ZnO) erfolgt eine strahlende Rekombination von Elektronen-Lochpaaren, die an diese Störstellen gebunden sind. Die restliche Energie geht in Form von Wärme verloren. Somit ist ersichtlich, daß die Lichtausbeute (der Quantenwirkungsgrad) bei indirekten Halbleitern geringer als bei direkten Halbleitern ist.

Durch die Wahl des Halbleitermaterials und durch die Dotierung mit isoelektrischen Störstellen kann die Wellenlänge eingestellt werden. Der Quantenwirkungsgrad bei Lumineszenzdioden im sichtbaren Bereich ist im Vergleich zu IR-Dioden wesentlich geringer, da vorwiegend indirekte Rekombinationsprozesse stattfinden.

Bild 5.2 zeigt einige wichtige Opto-Halbleiter mit den dazugehörigen Wellenlängen.

Material	Wellenlängenbereich
GaAs:Zn	Infrarot 900 nm
GaAs:Si	Infrarot 930 nm
GaAsP	rot 660 nm
GaAsP:N	orange 630 nm
GaAsP:N	gelb 590 nm
GaP:N	grün 560 nm

Bild 5.2:
Tabelle einiger Opto-Halbleiter

Diese Wellenlängen treten jedoch nicht diskret in Form einer einzigen Spektrallinie auf, sondern weisen eine annähernd Gauß'sche Verteilung auf. Der Grund hierfür sind thermisch bedingte, unterschiedliche Energieniveaus der Elektronen und Löcher, so daß sich verschiedene Rekombinationsübergänge mit verschiedenen Wahrscheinlichkeiten ergeben.

Die durch strahlende Rekombination im Kristall erzeugte innere Strahlungsleistung Φ_i ist nahezu proportional zum Durchflußstrom I_d (Bild 5.3).

Allerdings ist der innere Quantenwirkungsgrad η_i von der Temperatur abhängig, wobei bei großen Strömen I_d durch Eigenerwärmung die Strahlungsleistung abnimmt. Genauso wirken sich äußere Temperatureinflüsse auf den Quantenwirkungsgrad aus (Bild 5.4). Im folgenden soll eine grobe Abschätzung der nutzbaren optischen Strahlungsleistung Φ_s angestellt werden.

Mit der Beziehung:

$$\Phi_i = \frac{\eta_i \cdot W_d}{e} \cdot I_d$$

und unter der Annahme, daß der innere Quantenwirkungsgrad $\eta_i = 1$ und der Strom $I_d = 100$ mA sind, ergibt sich für GaAs eine innere Strahlungsleistung Φ_i von ungefähr 140 mW.

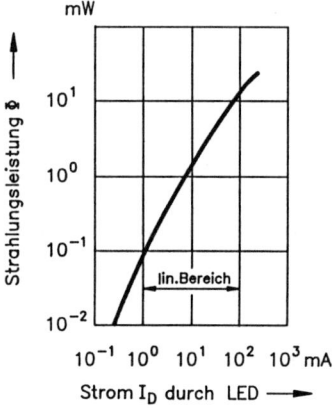

Bild 5.3: Strahlungsleistung als Funktion des Stromes durch eine LED

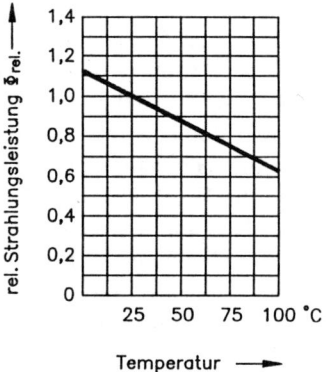

Bild 5.4: Strahlungsleistung als Funktion der Temperatur

Durch Totalreflexionen, Reflexionsverluste und Absorption des Lichts tritt jedoch nur ein geringer Anteil der erzeugten Strahlungsleistung aus dem Halbleiterkristall aus. Selbst bei Vergütung der Oberflächen und Einfügen von Reflektorpfannen, um das rückseitig austretende Licht mit zu nutzen, liegt der Gesamtwirkungsgrad η_g nicht über ca. 7%. Die tatsächlich aus dem Kristall austretende Strahlungsleistung Φ_s reduziert sich bei GaAs somit auf ungefähr

$$\Phi_s = \eta_g \cdot \Phi_i \approx 10 \text{ mW}.$$

5.1 Physikalische Grundlagen

Unter Berücksichtigung der Verlustleistungsgrenzen und maximalen Sperrschichttemperaturen des Halbleiterkristalls kann die Lumineszenzdiode mit einem höheren, impulsförmigen Strom i_d moduliert werden. Damit verbunden ist eine Erhöhung der momentanen Strahlungsleistung um ein Vielfaches derjenigen im Dauerbetrieb.
Bild 5.5 zeigt eine typische zulässige Impulsbelastbarkeit bei gegebenen Tastgrad D und bekannten Impulszeiten t_i.
IR-Lumineszenzdioden haben typische Anstiegs- und Abfallzeiten im Bereich von 400 ns bis 1 μs und sind daher für eine optische Modulation gut geeignet.
Hilfreich für eine Beurteilung des Nutzungsgrades und für die Dimensionierung von Optiken sind neben der bereits bekannten Strahlungsleistung noch weitere Definitionen, die im folgenden beschrieben werden.

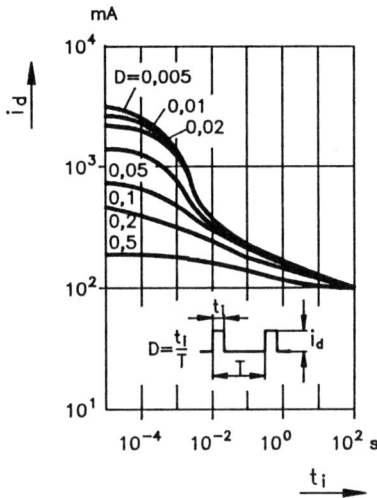

Bild 5.5: Impulsbelastbarkeit

Die Strahlungsstärke I_e:
Die Strahlungsstärke I_e ist der Quotient aus dem von der Strahlungsquelle austretenden Strahlungsleistung $d\Phi_e$ und dem durchstrahlten Raumwinkelelement $d\Omega$ (Bild 5.6, links):

$$I_e = \frac{d\Phi_e}{d\Omega}, \qquad [I_e] = \frac{W}{sr}.$$

Eine Strahlstärke I_e kann nur einer punktförmigen Quelle zugeordnet werden.

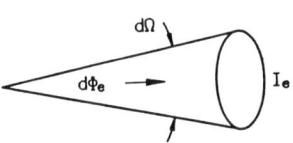 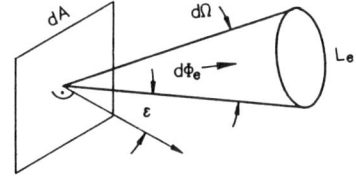

Bild 5.6: Zur Definition von Strahlungsstärke (links) und Strahlungsdichte (rechts)

Die Strahlungsdichte L_e:
Die Strahlungsdichte L_e ist der Quotient aus der Strahlungsstärke I_e und dem unter einem gegebenen Richtungswinkel ε projizierten Flächenelement dA_p (Bild 5.6, rechts):

$$L_e = \frac{dI_e}{dA_p} = \frac{d^2 \Phi_e}{d\Omega \cdot dA_p} \quad \text{mit } dA_p = dA \cdot \cos(\varepsilon),$$

$$[L_e] = \frac{W}{\text{srm}^2}.$$

Die Strahlungsstärke I_e ist vom Winkel ε abhängig. Für den Lambertstrahler gilt per Definition der Zusammenhang:

$$I_e = I_{eo} \cdot \cos(\varepsilon) \quad \text{mit} \quad I_{eo} = I_e(\varepsilon = 0).$$

Durch Einsatz von Linsen kann ein bestimmter Raumwinkel Ω aufgespannt werden und damit aus dem Kristall eine Strahlungsleistung

$$\Phi_{sa} = \int_A \int_\Omega L_e \cdot \cos(\varepsilon) \cdot d\Omega \cdot dA$$

oder nach angemessenen Vereinfachungen und Umformungen

$$\Phi_{sa} = I_{eo} \cdot \pi \sin^2(\varepsilon) \text{ sr} \quad \text{(Lambertcharakteristik)}$$

ausgekoppelt werden (Bild 5.7).

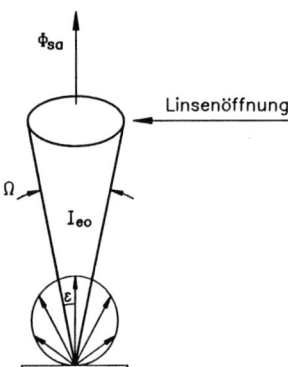

Bild 5.7:
Strahlungsleistung beim Lambert-Strahler

Bei den Ausführungsformen unterscheidet man Bauelemente mit Planfenster und solche mit Optik. Erstere haben einen sehr großen Öffnungswinkel und verhalten sich damit beinahe wie ein Lambertstrahler (Bild 5.8).
Diese Elemente weisen zwar eine relativ geringe Strahlstärke auf, lassen aber mit zusätzlichen optischen Systemen wohldefinierte Abbildungen zu. Für Reflexlichtschranken, bei denen ein möglichst paralleler Strahlengang erforderlich ist, eignen sich Lumineszenzdioden mit Planfenster daher besonders gut.

5.1 Physikalische Grundlagen

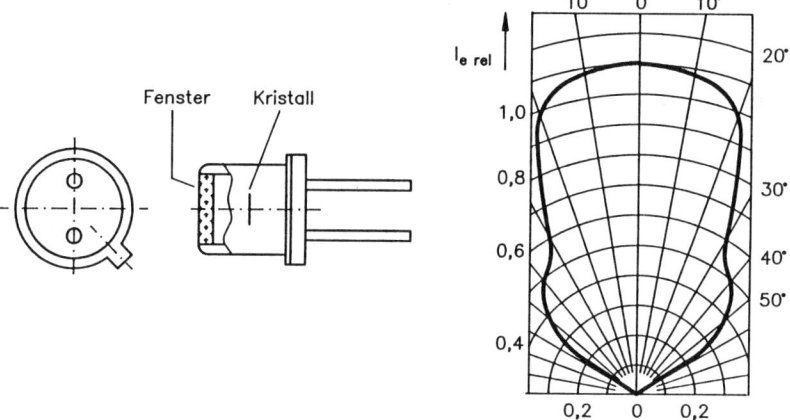

Bild 5.8: LED mit Planfenster; links Bauskizze, rechts Intensitätsverteilung

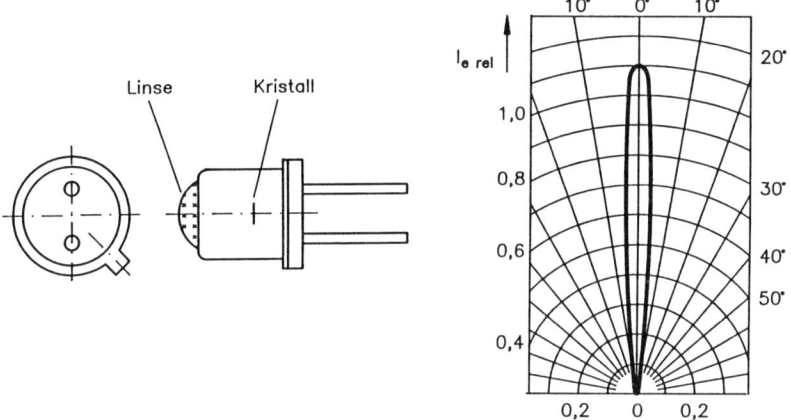

Bild 5.9: LED mit Linse; links Bauskizze, rechts Intensitätsverteilung

Bei Bauelementen mit Linsen ist die Strahlungsstärke relativ hoch und der Öffnungswinkel klein (Bild 5.9).
Ein weites Anwendungsgebiet finden diese Elemente bei Reflexlichttastern im unteren und mittleren Tastweitenbereich. Ebenso ist eine Adaption von Lichtleitern an diese Elemente möglich.

5.1.2.2 Halbleiter-Laserdioden

Halbleiterlaser bestehen im einfachsten Fall aus einem hochdotierten pn-Übergang auf GaAs-Basis (direkter Halbleiter).
Ebenso wie bei Lumineszenzdioden wird durch Injektion von Ladungsträgern die Voraussetzung für eine strahlende Rekombination geschaffen.

Zwei weitere wesentliche Effekte, die sogenannte induzierte Emission und der optische Resonator im Halbleiterkristall, verleihen dem Halbleiterlaser seine typische Eigenschaft, kohärentes Licht zu emittieren. Kohärenz bedeutet, daß die einzelnen Wellenzüge des Lichtes gleiche Frequenz und eine starre Phasenlage zueinander haben.

Im Gegensatz zur spontanen Emission, die bei Lumineszenzdioden stattfindet und sich dadurch auszeichnet, daß die einzelnen Rekombinationen zu beliebigen und zufälligen Zeitpunkten erfolgt, wird bei der induzierten Emission ein Rekombinationsprozeß durch den äußeren Einfluß von Licht der passenden Frequenz $f = W_d/h$ gleichermaßen angestoßen. Ein Elektron kann zum Beispiel gerade dann zur Emission veranlaßt werden, wenn die einwirkende Lichtwelle gerade nach oben schwingt. Somit werden alle Emissionsvorgänge automatisch kohärent.

Es findet also hier eine Verstärkung statt, indem eine schwache Primärstrahlung eine starke Sekundärstrahlung induziert. Um diesen Prozeß aufrecht zu erhalten, muß für eine optische Rückkopplung gesorgt werden. Ein optischer Resonator, der genau auf die Übergangsfrequenz abgestimmt ist, erfüllt diese Forderung, da in ihm eine stehende Grundwelle der Frequenz entsteht, die wiederum für die induzierte Emission eine Grundvoraussetzung ist.

Bei Halbleiterlasern wird dieser optische Resonator durch die planparallelen Stirnflächen des GaAs-Kristalls im pn-Übergang gebildet. Die Reflexion an diesen Spaltflächen beträgt ca. 30% und ist somit groß genug, um den gewünschten Rückkopplungseffekt zu erzielen. Das restliche Licht tritt beidseitig aus dem Kristall aus (Bild 5.10).

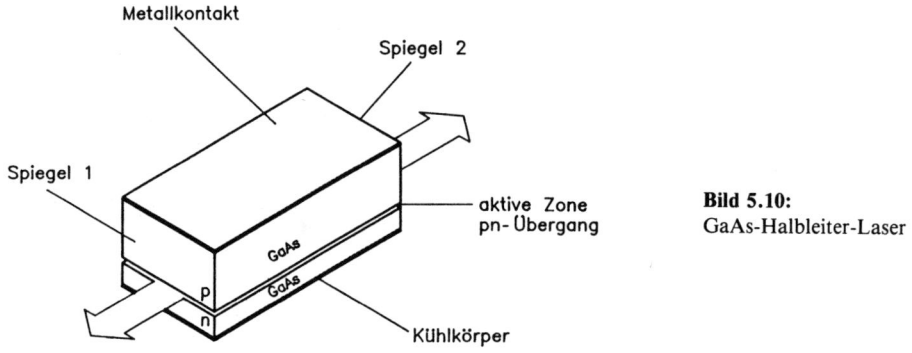

Bild 5.10: GaAs-Halbleiter-Laser

Im Gegensatz zu Lumineszenzdioden ist das Emissionsspektrum der Halbleiterlaser durch die induzierte Emission und Verstärkung im Resonator sehr viel schmaler. Anders als bei Lumineszenzdioden, bei denen ein kontinuierliches Spektrum zu beobachten ist, setzt sich das Spektrum des Lasers in den meisten Fällen aus diskreten Spektrallinien von vielen Eigenschwingungen der Grundwelle zusammen. Durch spezielle Maßnahmen der Lichtführung läßt sich das Spektrum allerdings praktisch auf eine einzelne Linie zusammenschnüren (Bild 5.11).

Führt man dem Halbleiterlaser einen relativ niedrigen Strom zu, so überwiegt die spontane Emission. In diesem Bereich verhält sich der Laser zunächst wie eine Lumineszenzdiode. Erst wenn der Strom einen bestimmten Schwellenwert I_s übersteigt, wird der Verstärkungseffekt im Resonator größer als die Absorption und ermöglicht damit die

5.1 Physikalische Grundlagen

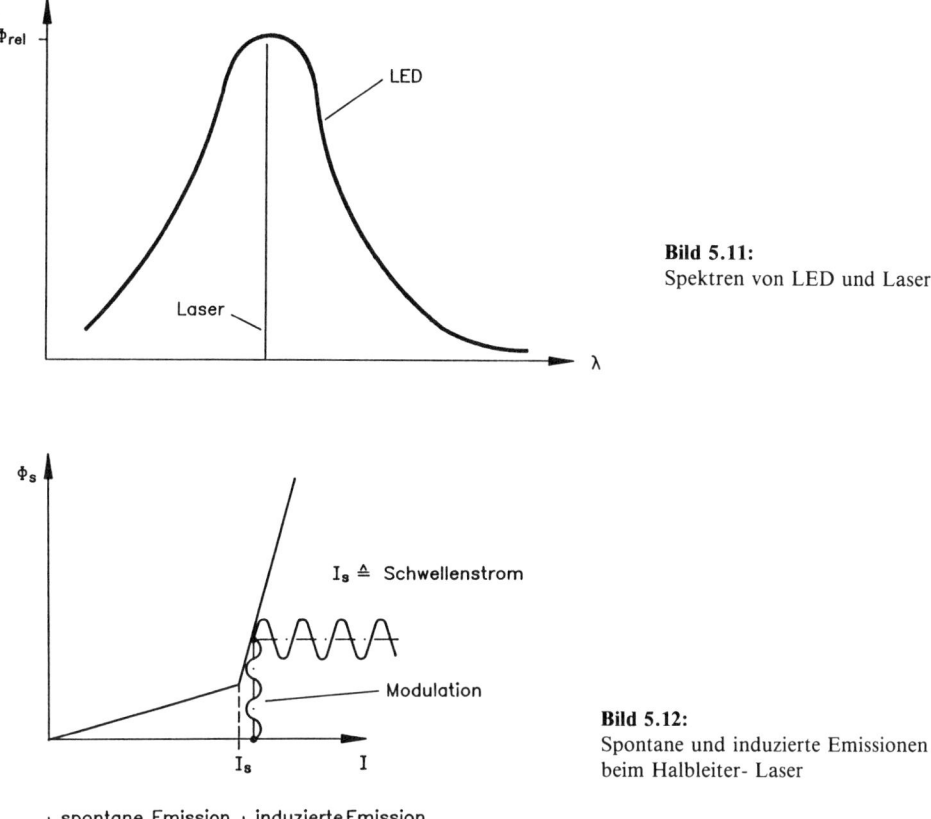

Bild 5.11:
Spektren von LED und Laser

Bild 5.12:
Spontane und induzierte Emissionen beim Halbleiter-Laser

induzierte Emission (Bild 5.12). Um den unerwünschten Bereich der spontanen Emission zu umgehen, wird bei einer Modulation des Lasers das Modulationssignal mit einem Gleichstrom, der knapp oberhalb des Schwellenstroms I_s liegt, überlagert.

Der Schwellenstrom I_s ist in der dritten Potenz von der Temperatur abhängig und erreicht in einfachen pn-Laserdioden bei Zimmertemperatur sehr hohe Werte. Die daraus resultierenden Strahlungsleistungen liegen in der Größenordnung von 1 W bis 2 W. Damit verbunden ist auch eine sehr starke Erwärmung des Kristalls, sodaß diese sogenannten Einfachheterostrukturen entweder nur im Pulsbetrieb oder unter besonderen Bedingungen einsetzbar sind (Bild 5.13a).

Mit speziellen Diodenkonstruktionen, den sogenannten Doppelheterostrukturen, wurden Laserdioden geschaffen, die einen Dauerstrichbetrieb bei Raumtemperatur zulassen (Bild 5.13b).

Es ergibt sich ein Schwellenstrom von 20mA bis 100mA, wobei ca 5mW bis 50mW optische Ausgangsleistung erzielt werden kann.

Halbleiterlaser sind sehr empfindlich gegenüber Temperaturschwankungen. Der Schwellenstrom hat einen Temperaturkoeffizienten von typisch 1.5%/°C. Gerade bei sinkenden Temperaturen ist dieser Effekt kritisch, da die Laserkennlinie sehr steil ist

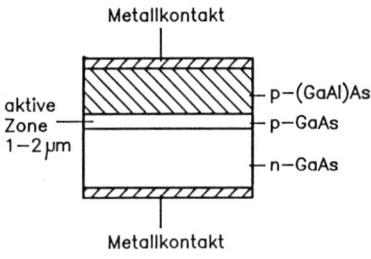 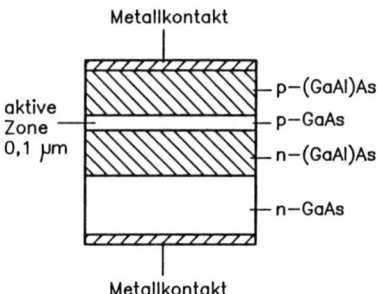

Bild 5.13: Aufbau von Halbleiterlasern
a: Einfachheterostruktur
b: Doppelheterostruktur

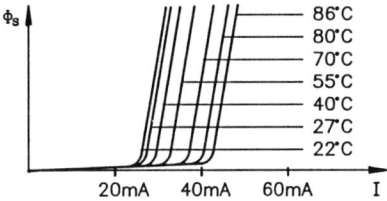 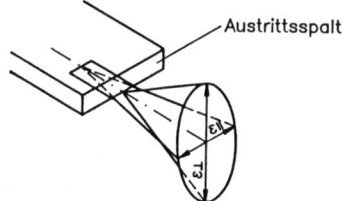

Bild 5.14: Laserkennlinien als Funktionen der Temperatur

Bild 5.15: Austrittsspalt aus Laserkristall

(Bild 5.14) und die Diode dadurch in einen Bereich zu hoher Leistung gelangt, was eine Zerstörung zur Folge hat. Aus diesem Grund ist für eine ausreichende Temperaturstabilisierung des Kristalls zu sorgen. Eine weitere Möglichkeit besteht darin, die Ausgangsleistung zu regeln und konstant zu halten. Daher sind in vielen Halbleiterlasern Monitordioden integriert, die diese Regelung gestatten.

Halbleiterlaserdioden haben typische Anstiegs- und Abfallzeiten im Bereich von 1ns bis 5ns und sind daher für hochfrequente optische Modulationen besonders gut geeignet. Der sehr kleine optische Austrittsspalt (typ. 100 µm · 1 µm) des Halbleiterlasers bewirkt eine starke Beugung des Lichtes beim Austritt aus der aktiven Zone. Während der Beugungswinkel ε parallel zur aktiven pn-Zone nicht so groß ist, muß senkrecht dazu mit einem Öffnungswinkel ε von ca. 50° gerechnet werden (Bild 5.15). Dieser Umstand macht die Laserdiode keinesfalls zu einem uninteressanten Bauelement. Bei optischen Sensoren ist oftmals eine möglichst gute Abbildung mit kleinem Divergenzwinkel gefordert. Aus der Optik ist bekannt, daß eine Abbildung dann umso besser wird, je kleiner der abzubildende Punkt ist. Gerade bei der Laserdiode ist der abzubildende Austrittsspalt im Vergleich zu herkömmlichen Lumineszenzdioden sehr klein, so daß durch Vorschalten geeigneter Optiken (Kollimatoren) nahezu parallele Strahlengänge erzeugt werden können.

Neben Laserdioden mit integrierter Monitordiode sind komplette Lasereinheiten mit Diode und Kollimatoroptik verfügbar (Bild 5.16).

5.1 Physikalische Grundlagen

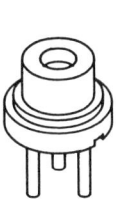
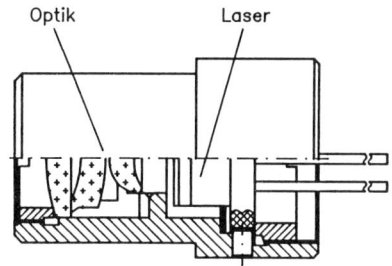

Bild 5.16:
Laserdiode mit Optik

5.1.3 Empfangselemente

5.1.3.1 Fotodioden (PN- und PIN-Dioden)

Aufgabe von Fotodioden ist die Umwandlung eines empfangenen optischen Signals in einen elektrischen Strom. Bewirkte man bei Lumineszenzdioden durch Injektion von Ladungsträgern in einem pn-Übergang strahlende Rekombinationsprozesse, so findet bei der Fotodiode der umgekehrte Prozeß statt (Bild 5.17).
Aufgrund der unterschiedlichen Trägerkonzentrationen im p- und n-Gebiet baut sich ohne äußere Einwirkung eine sogenannte Raumladungszone auf, die frei von beweglichen Ladungsträgern ist und ein elektrisches Feld mit der sogenannten Diffusionsspannung U_d hat.
Eindringende Photonen der Energie $h \cdot f$, die mindestens so groß sein muß wie die Energiedifferenz W_d zwischen dem Leitungs- und Valenzband ($W_d = W_l - W_v$), bewirken in oder in der Nähe des pn-Übergangs die Bildung von Elektronen-Loch-Paaren. Trägerpaare, die in der Raumladungszone entstehen, werden dort durch das herrschende elektrische Feld getrennt und auf die jeweilige andere Seite transportiert. Löcher werden also in das p-Gebiet und Elektronen in das n-Gebiet gezogen. Somit fließt ohne Anlegen einer äußeren Spannung ein Fotostrom (Driftstrom) in Sperrichtung. Trägerpaare, die außerhalb der Raumladungszone entstehen, müssen erst in die Raumladungszone diffundieren, um anschließend dort getrennt zu werden und zum Fotostrom beizutragen (Diffusionsstrom). Während beim Driftstrom die Trennung und der Transport der Trägerpaare relativ rasch erfolgt, müssen beim Diffusionsstrom die Trägerpaare erst durch den relativ langsamen Diffusionsvorgang in die Raumladungszone gelangen.

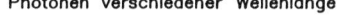
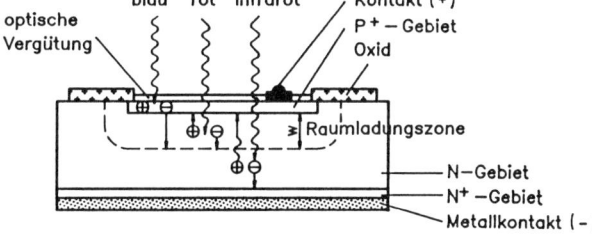

Bild 5.17:
Zur Wirkungsweise der Photodiode

Durch einen entsprechenden inneren Aufbau der Fotodiode läßt sich die Art des Fotostroms und damit auch das dynamische Verhalten bestimmen.
Bei den sogenannten PN-Dioden ist die Raumladungszone sehr schmal. Ladungsträgerpaare werden hier vor allem in den Randgebieten außerhalb der Raumladungszone gebildet. Dadurch überwiegt der Diffusionsstrom, sodaß PN-Dioden sich durch eine relativ geringe Grenzfrequenz und große Anstiegszeit auszeichnen. Dagegen ist der sogenannte Dunkelstrom relativ klein. PN-Dioden eignen sich daher insbesondere für Messungen geringster Beleuchtungsstärken. PN-Dioden haben Anstiegs- und Abfallzeiten im Bereich von 1 µs bis 3 µs und Sperrschichtkapazitäten von 100 pF bis 1 nF.
Unter Einsatz von schwach dotierten eigenleitenden Intrinsic- Grundmaterialien lassen sich bei den sogenannten PIN-Dioden sehr breite Raumladungszonen erzielen. Dadurch herrschen Driftströme vor und verleihen der PIN-Diode hohe Grenzfrequenzen und geringe Anstiegszeiten.
Ein zusätzlicher Effekt breiter Raumladungszonen bei PIN-Dioden ist die kleine Sperrschichtkapazität C_j, die in Verbindung mit einem gedachten Lastwiderstand einen Tiefpaß darstellt und damit wesentlich das Frequenzverhalten des Systems beeinflußt.

Ein Maß für die Effizienz von Fotodioden ist die sogenannte Empfindlichkeit S:

$$S = \eta_p \cdot \frac{e}{h \cdot f}.$$

(η_p - innerer Quantenwirkungsgrad, $h \cdot f$ - Energie des eindringenden Photons)

Ein typischer Zahlenwert ist $S \approx 0{,}6$ A/W.
Wegen der zusätzlichen Abhängigkeit von η_p von der Wellenlänge des Photons ergibt sich die typische spektrale Empfindlichkeitskurve in Bild 5.18.
Der Fotostrom I_p steht über mehrere Zehnerpotenzen hinaus in einem streng linearen Zusammenhang zur einfallenden optischen Leistung Φ_e. Für eine Wellenlänge λ gilt nämlich:

$$I_p = S(\lambda) \cdot \Phi_e.$$

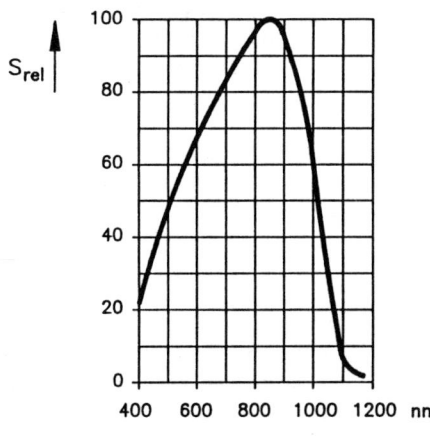

Bild 5.18:
Spektrale Empfindlichkeit einer Photodiode

5.1 Physikalische Grundlagen

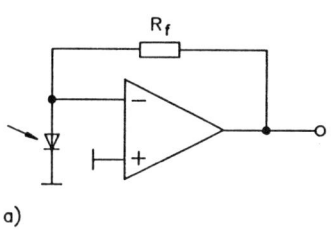
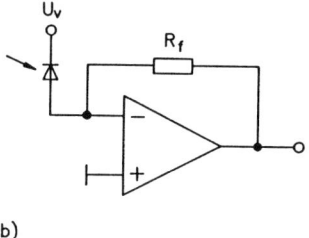

Bild 5.19: Schaltungen mit Photodioden
a) Kurzschluß-Betrieb
b) Vorspannungs-Betrieb

Die Leerlaufspannung U_L dagegen steht in einem logarithmischen Zusammenhang zur einfallenden Strahlungsleistung Φ_e.

Fotodioden werden vorzugsweise entweder als Fotoelement im Kurzschluß (Bild 5.19a) oder in Sperrichtung als Fotodiode mit Vorspannung (Bild 5.19b) betrieben. In beiden Fällen ist die Linearität zwischen einfallender Strahlungsleistung und dem resultierenden Fotostrom sehr gut. Im zweiten Fall können durch die Verringerung der Sperrschichtkapazität C_j extrem kurze Schaltzeiten erreicht werden. Zu beachten ist hierbei jedoch, daß mit zunehmender Vorspannung der Dunkelstrom steigt und damit auch das Schrotrauschen in der Diode.

Ebenso wie Lumineszenzdioden lassen sich Fotodioden in zwei wesentliche Ausführungen unterteilen:

Fotodioden mit Planfenster haben eine sehr breite Richtcharakteristik (Bild 5.20). Sie sind daher gut für die Messung von Beleuchtungsstärken geeignet. Durch Vorschalten einer Optik läßt sich eine definierte und enge Richtcharakteristik erzeugen, sodaß diese Elemente zum Beispiel in Reflexschranken, bei denen eben diese Richtcharakteristik gefordert ist, eingesetzt werden.

Fotodioden mit integrierter Linse haben eine relativ enge Richtcharakteristik (Bild 5.21). Bevorzugt werden diese Elemente in optischen Tastern kleiner und mittlerer Tastweite eingesetzt; vor allem dann, wenn eine Adaption von Lichtleitern möglich sein soll.

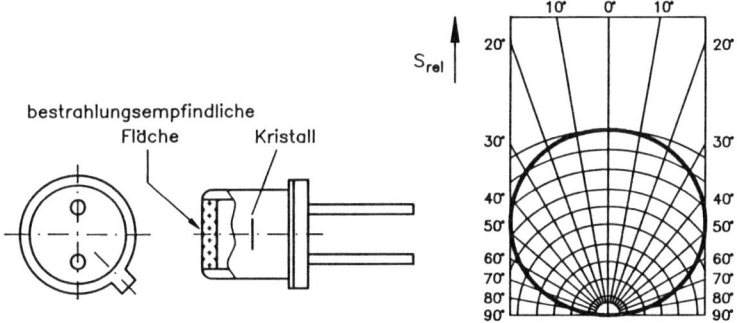

Bild 5.20: Photodiode mit Planfenster, links Bauskizze, rechts Intensitätsverteilung

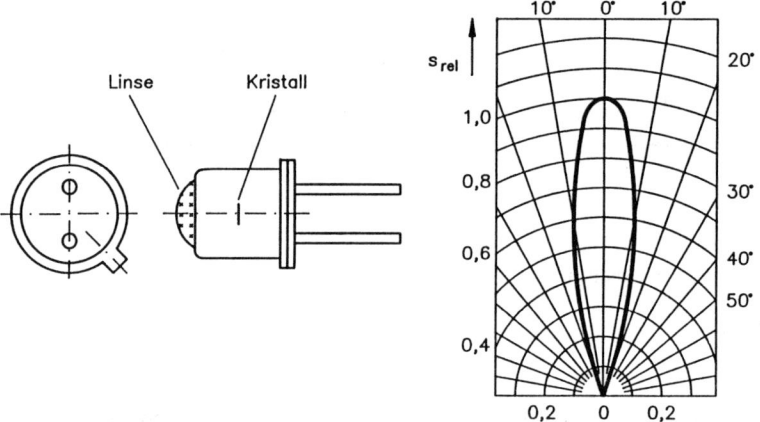

Bild 5.21: Photodiode mit Linse; links Bauskizze, rechts Intensitätsverteilung

5.1.3.2 Fototransistoren

Fototransistoren sind im Grunde genommen Fotodioden mit nachgeschaltetem Transistor als Verstärker des Fotostromes.
Bild 5.22 zeigt das Ersatzschaltbild.
Es gilt für den verstärkten Fotostrom I_c:

$$I_c = (1 + B) \cdot I_{ph},$$

wobei B die Stromverstärkung des Transistors ist und zwischen 100 und 1000 liegen kann.
Das dynamische Verhalten ist gegenüber Fotodioden relativ schlecht. Ein Fototransistor hat Anstiegs- und Abfallzeiten von typisch 20 µs. Der Grund hierfür ist im Verstärkungsmechanismus zu sehen, da die Sperrschichtkapazität durch den sogenannten Millereffekt um den Faktor B vergrößert wird, wodurch sich die erreichbare Grenzfrequenz stark reduziert.

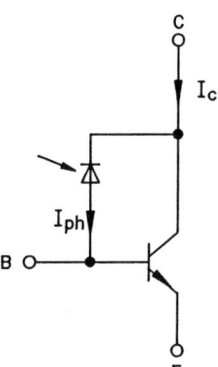

Bild 5.22:
Ersatzschaltbild des Phototransistors

5.1 Physikalische Grundlagen

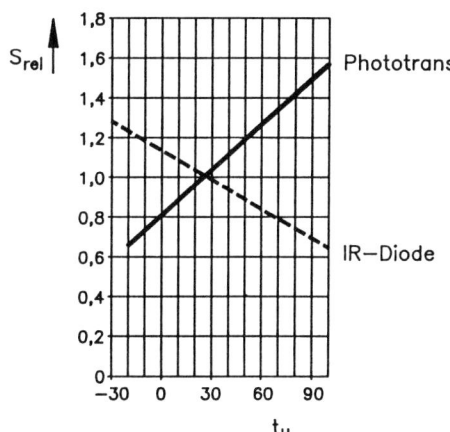

Bild 5.23:
Temperaturabhängigkeit der Empfindlichkeit beim Phototransistor

Im Gegensatz zu Fotodioden ist beim Fototransistor der Zusammenhang zwischen der einfallenden Strahlungsleistung Φ_e und dem resultierenden Fotostrom nicht streng linear und kann über vier Zehnerpotenzen bis zu 20% vom idealen Verhalten abweichen. Ebenfalls ungünstiger ist die Temperaturabhängigkeit (Bild 5.23).
Diese starke Temperaturabhängigkeit kann aber auch von Vorteil sein. Wird nämlich ein optischer Sensor mit einer IR-Lumineszenzdiode und einem Fototransistor realisiert, so gleichen sich die einzelnen Temperaturgänge ungefähr aus.
Fototransistoren sind in vergleichbaren Bauformen und optischen Eigenschaften wie Fotodioden verfügbar.
Einfache und vor allem kleine Fototransistoren haben nur Kollektor und Emitteranschlüsse. Darüber hinaus sind Fototransistoren mit einem zusätzlichen Basisanschluß erhältlich, der eine Arbeitspunkteinstellung ermöglicht.

5.1.3.3 Lateraleffektdiode PSD

Eine interessante Abwandlung einer Fotodiode ist die sogenannte Lateraleffektdiode (position sensitive detector; PSD).
Prinzipiell stellt die PSD eine Fotodiode mit streifenförmig gezogener beleuchtungsempfindlicher Fläche dar. An den beiden Stirnseiten dieser Struktur sind zwei Kontakte K_1, K_2 angebracht; an der Unterseite befindet sich der gemeinsame Substratkontakt K_0 (Bild 5.24).
Die PSD hat neben dem Sperrschichtwiderstand auch noch einen sogenannten Querwiderstand R_q in Längsrichtung zur bestrahlungsempfindlichen Fläche. Dieser Widerstand liegt also zwischen den Klemmen K_1 und K_2.
Wird die PSD mit einer punktförmig gedachten Lichtquelle bestrahlt, so entsteht am Ort des Auftreffens der Strom I_{ges}. Der Querwiderstand R_q wird an diesem Ort in die Teilwiderstände R_{q1} und R_{q2} aufgeteilt. Ebenso wird sich auch der Strom I_{ges} in die beiden Teilströme I_1 und I_2 aufteilen, die an den Klemmen K_1 und K_2 abgegriffen werden können. Interessant ist hierbei nun der Zusammenhang zwischen dem Ort p_1 der punktförmigen Bestrahlung auf der bestrahlungsempfindlichen Fläche und den daraus entstehenden Teilströmen I_1 und I_2.

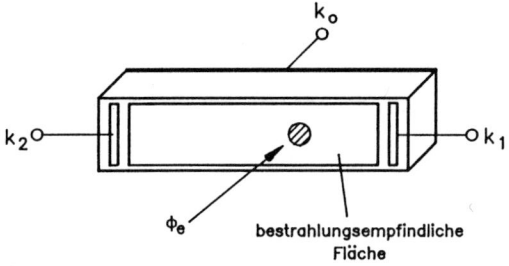

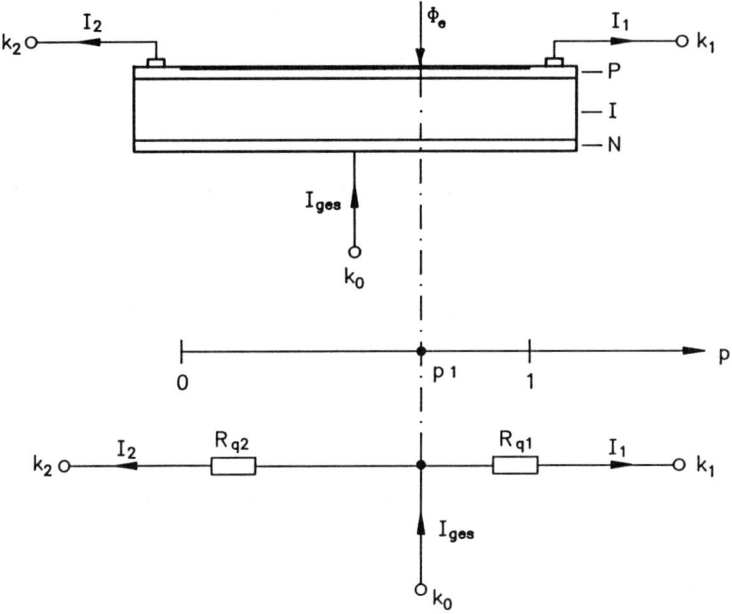

Bild 5.24: Lateraleffekt-Diode; oben: Ansicht; unten: zur Ableitung der Formel

In Bild 5.24 ist eine normierte Abszisse p eingeführt, deren Punkte 0 und 1 mit den Endpunkten der bestrahlungsempfindlichen Fläche übereinstimmen. Diese Abszisse läßt somit die Definition des Ortes p_1 des Leuchtflecks zu.
Für die Teilwiderstände R_{q1} und R_{q2} gilt:

$$R_{q2} = p_1 \cdot R_q \quad \text{und} \quad R_{q1} = (1-p_1) \cdot R_q$$

Dies in

$$\frac{R_{q2}}{R_{q1}} = \frac{I_1}{I_2}$$

5.1 Physikalische Grundlagen

eingesetzt ergibt schließlich

$$p_1 = \frac{I_1}{I_1 + I_2}.$$

Damit wird deutlich, daß durch eine Messung der beiden Teilströme I_1, I_2 die Position p_1 des Leuchtflecks auf der PSD berechnet werden kann.

Zwischen der eindringenden Strahlungsleistung Φ_e und dem dadurch erzeugten Fotostrom besteht, wie bei der herkömmlichen Fotodiode, ein nahezu linearer Zusammenhang. Interessant hierbei ist, daß Änderungen oder Schwankungen der einfallenden Strahlungsleistung theoretisch keinen Einfluß auf die Positionsbestimmung nach den obigen Beziehungen haben, da diese Schwankungen im gleichen Maße als Faktoren in die beiden Teilströme I_1 und I_2 eingehen und sich aus dem Quotienten herauskürzen.

Grundvoraussetzung für eine exakte Positionsbestimmung ist eine homogene Verteilung des Querwiderstandes R_q. Diese Forderung kann bei der Herstellung von Lateraleffektdioden nur begrenzt erfüllt werden. Gerade zu den beiden Randgebieten der optisch aktiven Fläche hin ist mit einem zunehmenden Fehler bei der Positionsbestimmung zu rechnen. Bild 5.25 zeigt den typischen Verlauf einer solchen Fehlerkurve.

Eine weitere Eigenschaft der Lateraleffektdiode ist die Bildung des optischen Schwerpunktes. Das bedeutet, daß selbst bei einer völligen homogenen Bestrahlung der aktiven Fläche die Position genau in der Mitte der PSD liegt. Insbesondere ist bei einer gleichförmigen Beleuchtung die ermittelte Position deckungsgleich mit dem Mittelpunkt des Leuchtflecks. Die Größe eines homogenen Leuchtflecks ist daher nicht von Bedeutung, solange der Positionsbereich auf der aktiven Fläche dadurch nicht unzulässig eingeschränkt wird. Zur Verdeutlichung dient Bild 5.26. In sämtlichen aufgezeigten Fällen ist die ermittelte Position gleich.

Um Anstiegs- und Abfallzeiten der meist sehr großflächigen Lateraleffektdioden möglichst gering zu halten, werden PIN-Diodenstrukturen bevorzugt. Je nach Größe der optisch aktiven Flächen sind Schaltzeiten von 500 ns bis 50 µs anzutreffen.

Neben den eben behandelten eindimensionalen Lateraleffektdioden, gibt es noch zweidimensionale Strukturen. Mit diesen Bauelementen ist es möglich, ein orthogonales Koordinatensystem aufzuspannen und damit die Position zweidimensional zu erfassen.

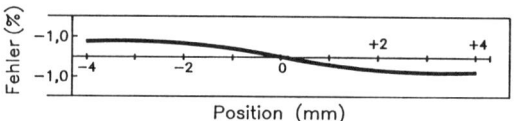

Bild 5.25: Positionsfehler bei der Lateraldiode

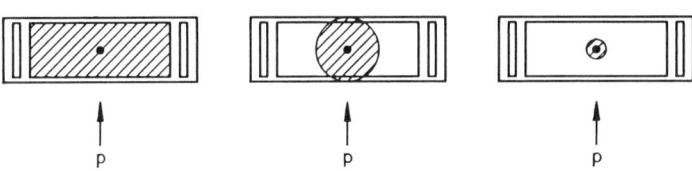

Bild 5.26: Die Größe des Leuchtflecks hat für die Positionierung keine Bedeutung

5.2 Technik optischer Sensoren

5.2.1 Grundprinzipien

5.2.1.1 Der Reflexlichttaster

Bei Reflexlichttastern (Bild 5.27) wird Licht von einem Sender S ausgestrahlt, vom optisch rauhen Objekt O diffus reflektiert und in den Empfänger E zurückgeworfen. Beim Überschreiten einer festgelegten Empfangsamplitude wird der Schaltausgang Q aktiviert.

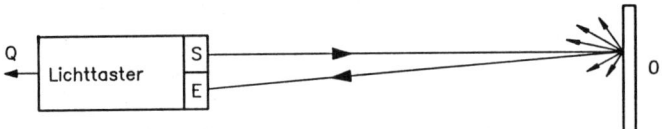

Bild 5.27: Reflexlichttaster

Reflexlichttaster haben typische Tastweiten von 0 mm bis 500 mm. Spezielle Ausführungen sind darüber hinaus mit Tastweiten bis zu 10 m erhältlich.

Mit Reflexlichttastern können alle optisch rauhen Objekte erfaßt werden. Da eine einfache Ausrichtung des Schalters auf das Objekt genügt, sind Installations- und Justageaufwand relativ gering. In Verbindung mit sogenannten Lichtleitern, die an einer anderen Stelle beschrieben werden, ist eine Erfassung kleinster Objekte möglich.

Da eine Bewertung der Empfangsamplitude stattfindet, wirken sich Verschmutzungen der Optik des Schalters und Veränderungen der Reflexionseigenschaften des Objekts nachteilig auf die Konstanz der Tastweite aus. Die optische Empfangsleistung ist nach einer diffusen Reflexion sehr klein; daher sind die erzielbaren Tastweiten relativ gering. Bedingt durch das Funktionsprinzip des Lichttasters, die Eigenreflexion des Objekts auszuwerten, sind transparente und spiegelnde Objekte nicht oder nur bedingt zu detektieren.

5.2.1.2 Die Reflexlichtschranke

Bei Reflexlichtschranken (Bild 5.28) wird Licht vom Sender S ausgestrahlt und vom Retroreflektor R in den Empfänger E zurückgeworfen. Bei einer Unterbrechung der optischen Strecke durch das Objekt O wird der Schaltausgang Q aktiviert. Mit Reflexlichtschranken werden Reichweiten von ca. 0,1 m bis 20 m und mehr erzielt.

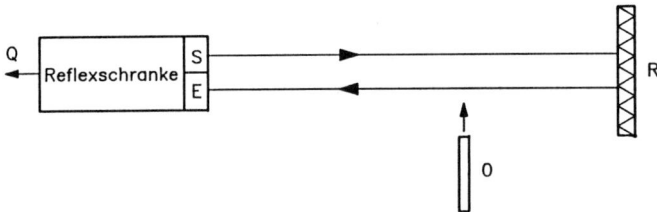

Bild 5.28: Reflexlichtschranke

5.2 Technik optischer Sensoren

Reflexlichtschranken lassen die Erfassung aller nichttransparenten Objekte zu. Im Gegensatz zur diffusen Reflexion bei Lichttastern wird hier durch den Retroreflektor eine erheblich größere Strahlungsleistung in den Empfänger zurückgeworfen, so daß die Reichweiten relativ groß sind. Eine Verschmutzung der Optik und Veränderungen der optischen Eigenschaften des Objekts wirken sich daher viel geringer aus als bei Reflexlichttastern.

Allerdings ist der Justage- und Installationsaufwand gerade bei großen Entfernungen zwischen Lichtschranke und Reflektor groß, da eine genaue Ausrichtung erforderlich ist. Transparente Objekte sind nur bedingt zu erfassen, da eventuell keine ausreichende Dämpfung des Lichtes beim Eintritt des Objekts in die optische Strecke gegeben ist. Spiegelnde Objekte können eine unzulässige Stellung in der Strecke einnehmen. Dieser Fall tritt ein, wenn das ausgesendete Licht durch das spiegelnde Objekt genau in den Empfänger zurückgeworfen wird. Eine Unterscheidung zwischen Retroreflektor und Objekt ist dann nicht mehr gegeben.

5.2.1.3 Die Durchlichtschranke

Bild 5.29 zeigt das Funktionsprinzip. Licht wird vom Sender S ausgestrahlt und gelangt über die optische Strecke in den Empfänger E. Bei einer Unterbrechung der optischen Strecke durch das Objekt O wird der Schaltausgang Q aktiviert.

Mit Durchlichtschranken lassen sich große Entfernungen bis zu 100 m und mehr überbrücken.

Ebenso wie bei der Reflexlichtschranke sind auch hier alle nichttransparenten Objekte detektierbar. Zusätzlich können beim Durchlichtprinzip spiegelnde Objekte problemlos erfaßt werden. Verschmutzungen der Optiken und Veränderungen der optischen Objektbeschaffenheiten wirken sich bei diesem Prinzip am geringsten aus.

Zwischen der Sendeeinheit und der Empfangseinheit ist in den meisten Fällen eine elektrische Verbindung notwendig. Der Installationsaufwand ist daher im allgemeinen bei der Durchlichtschranke am größten. Der Justageaufwand ist, wie bei der Reflexlichtschranke, relativ hoch. Transparente Objekte sind ebenfalls nicht oder nur bedingt detektierbar.

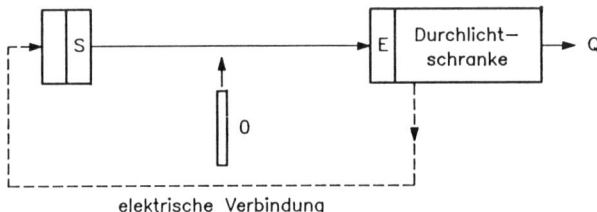

Bild 5.29: Durchlichtschranke

5.2.2 Erweiterte Ausführungen
5.2.2.1 Reflexlichttaster mit Lichtleitern

Durch den Einsatz von Reflexlichttastern in Verbindung mit Lichtleitern läßt sich das Anwendungsspektrum wie folgt erweitern:
Bei einer geeigneten Wahl des Lichtleiterquerschnitts und unter Anwendung von Vorsatzoptiken lassen sich sehr kleine Objekte erfassen. Werden Glaslichtleiter verwendet, so können Applikationen abgedeckt werden, bei denen hohe Temperaturen bis ca. 300°C auftreten. Unter Beachtung gewisser Randbedingungen, ist ein Einsatz von Lichtleitern in explosionsgefährdeten Räumen zulässig. Schließlich erlauben folgende Anordnungen drei verschiedene Grundfunktionen:
Bei einer parallelen Anordnung ist der einfache Tastbetrieb möglich (Bild 5.30, links). Stehen sich die Faserbündel gegenüber, so kann der Durchlichtbetrieb realisiert werden (Bild 5.30, Mitte). Werden die Lichtleiterbündel in einem bestimmten Winkel zueinander angeordnet, so wird eine Detektion von Objekten nur am Ort des gemeinsamen Schnittpunktes der beiden optischen Achsen möglich. Objekte oder sonstige Reflexionen, die außerhalb dieses Bereiches liegen, werden somit ausgeblendet (Bild 5.30, rechts).

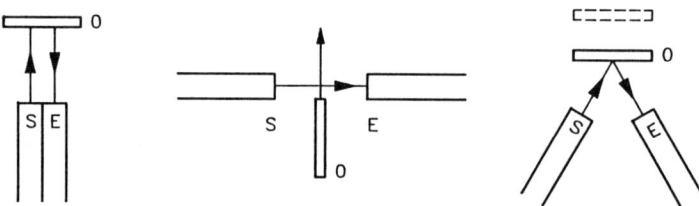

Bild 5.30: Reflexlichttaster mit Lichtleiter

5.2.2.2 Reflexlichttaster mit Hintergrundausblendung

Wie bereits erwähnt, werten optische Schalter die Intensität des diffus reflektierten Lichtes aus, gleichgültig was diese Reflexionen verursacht. In ungünstigen Anwendungsfällen kann es nun sein, daß störende Reflexionen im Hintergrund der Szene mit einem vergleichbaren Betrag zur Empfangsamplitude beitragen wie das Objekt selbst. Somit kann das Objekt nur schwer oder überhaupt nicht detektiert werden.
Abhilfe schafft die sogenannte Hintergrundausblendung, mit der eine scharfe Abgrenzung zwischen einem Detektionsbereich und einem ausgeblendeten Hintergrundbereich gegeben ist. Es existiert eine ganze Reihe von Verfahren, von denen hier nur eines erwähnt werden soll:
Werden die Sende- und Empfangsoptiken so angeordnet, daß sich ihre optischen Achsen schneiden (Bild 5.31), so wird durch die Überschneidung der beiden Strahlkegel ein optisch aktiver Raum R aufgespannt. Es ist leicht ersichtlich, daß nur innerhalb dieses Raumes ein Objekt zu einer diffusen Reflexion beitragen kann, während Hintergrundreflexionen wirksam ausgeblendet werden.
Durch Verdrehen der optischen Achsen läßt sich der wirksame Raum bei Bedarf auf die entsprechende Applikation anpassen.

5.2 Technik optischer Sensoren

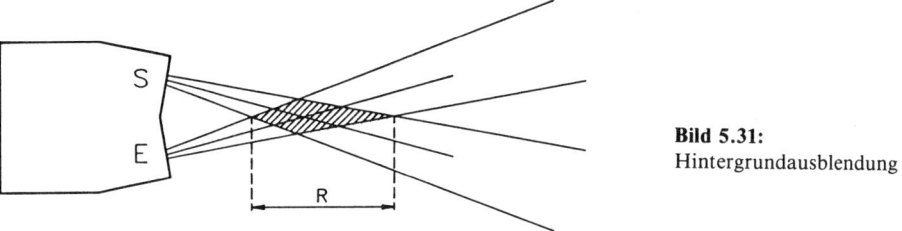

Bild 5.31:
Hintergrundausblendung

5.2.2.3 Reflexlichtschranken mit Polarisationsfilter

Bei spiegelnden Objekten, die mit einer Reflexlichtschranke detektiert werden sollen, gibt es genau eine Stellung im Strahlengang, bei der das Licht vom Sender in den Empfänger zurückgeworfen wird. Da die Reflexlichtschranke auf eine Unterbrechung des Strahlengangs anspricht, wird sie in diesem speziellen Fall keine Unterscheidung zwischen Spiegel und Retroreflektor treffen können.
Zur Vermeidung dieses Umstandes wird das Licht polarisiert. In Bild 5.32 ist eine Funktionsweise dargestellt.
Vom Sender ausgehendes nichtpolarisiertes Licht hat nach dem Durchlaufen des linearen Polarisationsfilters F_1 nur noch horizontale Schwingungskomponenten. Ausschließlich Licht mit einer vertikalen Schwingungsebene wird zum Empfänger gelangen, da der dazugehörige Filter F_2 senkrecht zu Filter F_1 angeordnet ist. Retroreflektoren haben die Eigenschaft, das Licht hauptsächlich zu depolarisieren, teilweise aber auch die Schwingungsebene um 90° zu drehen. Beide Effekte bewirken, daß nunmehr vorhandene vertikale Komponenten den Empfänger erreichen. Der Reflektor wird somit erkannt. Ideal spiegelnde Objekte hingegen drehen die Polarisationsebene um 180°, so daß die horizontale Schwingungsebene erhalten bleibt. Da der Empfängerfilter F_2 für horizontale Polarisationen undurchlässig ist, wird das spiegelnde Objekt sicher nach dem Kriterium „Strahlengang unterbrochen" erkannt.

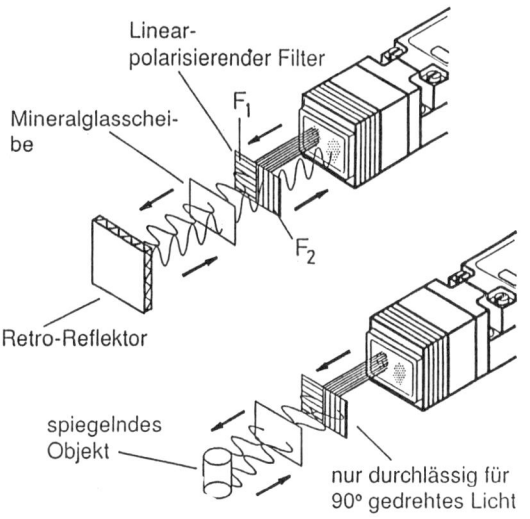

Bild 5.32:
Reflexlichtschranke mit polarisiertem Licht

5.2.3 Signalverarbeitung in optischen Schaltern
5.2.3.1 Abschätzung der optischen Empfangsleistung

Werden bei der Reflexlichtschranke Retroreflektor und Optiken als ideal und verlustfrei betrachtet, so wird vom Sender ausgesandtes Licht ohne Dämpfung und Streuung in den Ursprung seines Entstehens reflektiert. Da sich der Empfänger entweder auf der gleichen optischen Achse des Senders oder zumindest in seiner unmittelbaren Umgebung befindet, wird also theoretisch die gesamte, aus der Sendeoptik ausgekoppelte Strahlungsleistung Φ_{sa} als Empfangsleistung Φ_e zur Verfügung stehen (Bild 5.33).

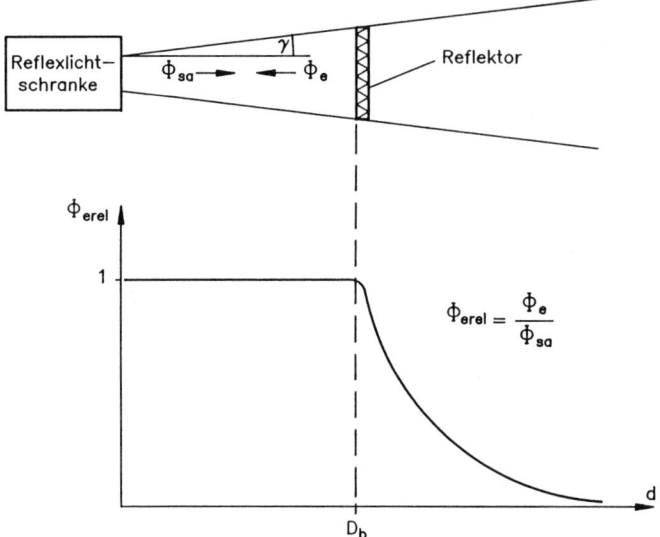

Bild 5.33: Reflektierte Strahlungsleistung am Reflektor
oben: Geometrie
unten: qualitativer Verlauf

Dieser Sachverhalt gilt allerdings nur dann, wenn der Durchmesser des Sendestrahlbündels kleiner oder höchstens ebenso groß ist wie der Durchmesser des Retroreflektors, da ansonsten ein Teil des ausgesandten Lichtes am Reflektor vorbeistreicht und verloren geht. Erstrebenswert ist demnach, ein paralleles Strahlenbündel mit einem kleinen Durchmesser zu erzielen. Es ist jedoch bekannt, daß die Erzeugung exakt paralleler Strahlen nur bei Punktstrahlern, die allerdings nicht existieren, möglich ist. Die Folge von Quellen mit endlichen Abmessungen ist eine durch den sogenannten Divergenzwinkel beschriebene Aufweitung des Sendestrahlbündels mit zunehmender Entfernung d. Das bedeutet aber, daß ab einer bestimmten Entfernung D_b der Durchmesser des Sendestrahlbündels größer als der Durchmesser des Retroreflektors wird, und die Empfangsleistung ab dieser Entfernung abnehmen wird. In Bild 5.33 ist die optische Strecke und der auf die ausgekoppelte Sendeleistung Φ_{sa} bezogene, relative Verlauf der Empfangsleistung Φ_{erel} dargestellt.

5.2 Technik optischer Sensoren

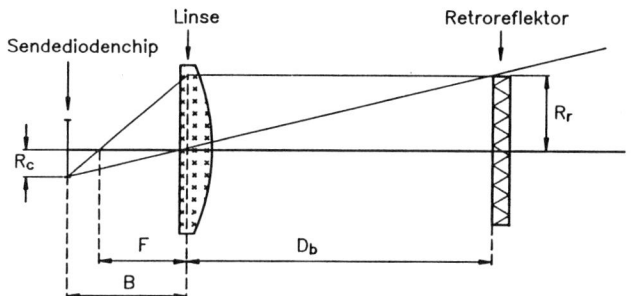

Bild 5.34:
Die Abbildung des Sendediodenchips auf den Reflektor

Die Optik einer Reflexlichtschranke sollte so dimensioniert werden, daß die im Datenblatt angegebene Reichweite mit der Entfernung D_b identisch ist. Dieses Kriterium ist dann erfüllt, wenn durch eine entsprechende Optik die scharfe Abbildung des Sendediodenchips in der Entfernung D_b ebenso groß wie der Retroreflektor selbst ist (Bild 5.34).
Setzt man den Radius R_c des Sendechips und den Radius des Reflektors R_r als gegeben voraus, so folgt nach den Gesetzen der Optik für die erforderliche Brennweite F der Linse:

$$F = \frac{R_c}{R_c + R_r} \cdot D_b.$$

Ferner gilt für die Bildweite B:

$$B = \frac{R_c}{R_r} \cdot D_b \approx F, \quad \text{da} \quad R_r \gg R_c.$$

Hohe Reichweiten können demnach durch einen entsprechend großen Fokus F erzielt werden. Dieser Erhöhung ist allerdings eine Grenze gesetzt, da die Sendeleistung Φ_{sa}, die aus der Sendeoptik ausgekoppelt werden kann, mit zunehmendem Fokus kleiner wird.
Betrachtet man den Sendechip, der über den gesamten Halbraum die Strahlungsleistung Φ_{sc} abgibt, als Lambertstrahler, so gilt für die relative Sendeleistung Φ_{sarel} (Bild 5.35):

$$\Phi_{sarel} = \frac{\Phi_{sa}}{\Phi_{sc}} = \sin^2(\varepsilon).$$

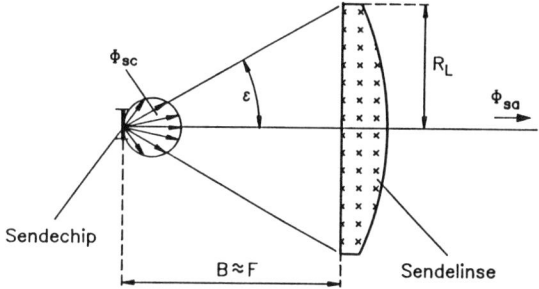

Bild 5.35: Die Sendeoptik

Der Winkel ε kann ausgedrückt werden durch:

$$\varepsilon = \arctan\left(\frac{R_L}{B}\right) \approx \arctan\left(\frac{R_L}{F}\right).$$

Man sieht, daß mit wachsendem Fokus F der Winkel ε und damit auch die auskoppelbare Sendeleistung Φ_{sa} kleiner werden. Der Radius R_L der Linse sei hierbei als gegeben und maximal vorausgesetzt.

Somit stehen die Forderungen nach einer hohen Reichweite D_b und einer hohen ausgekoppelten Sendeleistung Φ_{sa} im Widerspruch. Es muß ein vernünftiger Kompromiß gebildet werden.

Bild 5.36 zeigt die typische Abhängigkeit der abgegebenen Sendeleistung Φ_{sarel} von der geforderten Reichweite D_b. Dabei sei der Radius R_L der Linse konstruktionsbedingt bereits maximal.

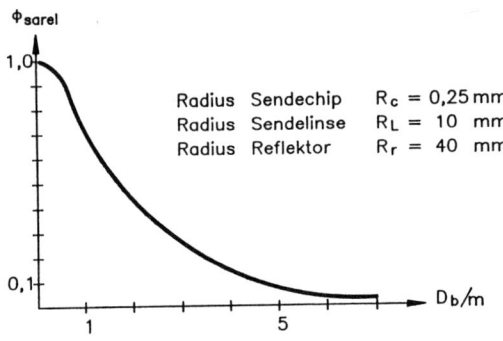

Bild 5.36:
Sendeleistung als Funktion der geforderten Reichweite D_b

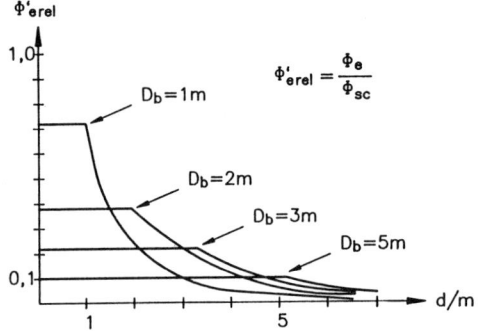

Bild 5.37:
Berechnete Empfangsleistung als Funktion der Entfernung d

In Bild 5.37 ist der daraus folgende theoretische Verlauf der optischen Empfangsleistung Φ'_{erel}, bezogen auf die abgestrahlte Leistung Φ_{sc} des Sendechips, als Funktion der Entfernung d dargestellt. Parameter hierbei ist die durch den Fokus F bestimmte Reichweite D_b. Eine Überschreitung von D_b sollte vermieden werden, da Signalreserven, die eine Reflexlichtschranke unempfindlich gegenüber Verschmutzungen machen sollen, durch den steilen Abfall der Empfangsleistung schnell erschöpft sein können. Ohne

5.2 Technik optischer Sensoren

weitere Herleitung gilt für den Abfall der Empfangsleistung Φ_{erel} in dem Bereich D_b unter sonst idealen Voraussetzungen:

$$\Phi_{erel} \sim \frac{1}{d^2}.$$

Zusammenfassend kann gesagt werden, daß bei der hier angestellten idealen und vereinfachten Betrachtungsweise die Empfangsleistung in der Größenordnung der ausgekoppelten Sendeleistung Φ_{sa} liegt. Unter realen Bedingungen muß allerdings mit einer spürbaren Verschlechterung dieser Verhältnisse gerechnet werden, da weder der Retroreflektor noch die Optik ideal und verlustfrei sind, der Sendechip herstellungsbedingt keine homogene Abstrahlung aufweist, und mit einem eventuellen Einsatz von Polarisationsfiltern eine starke Dämpfung des Signals verbunden ist. Um dieses nichtideale Verhalten zu beschreiben, wird ein Korrekturfaktor k(d) eingeführt, der von der Entfernung d abhängig sein kann. Diese Korrekturfunktion kann entweder näherungsweise berechnet oder empirisch ermittelt werden. Die endgültige reale Beziehung für Φ_{erel} lautet somit:

$$\Phi_{erel} = k(d) \cdot \sin^2(\varepsilon) \quad \text{für} \quad 0 \leq d \leq D_b$$

$$\Phi_{erel} = k(d) \cdot \frac{1}{d^2} \quad \text{für} \quad d > d_b$$

Bild 5.38 zeigt einen unter realen Bedingungen gemessenen exemplarischen Verlauf der Empfangsleistung Φ'_{erel}, bezogen auf die vom Hersteller angegebene Gesamtleistung Φ_{sc} des Sendechips.

Beim Vergleich mit dem theoretischen Verlauf fällt auf, daß die maximal gemessene Empfangsleistung um einen Faktor 5 geringer ist (k(d = 2 m) = 0,2). Ursache dafür sind starke Verluste durch Retroreflektor und Optik. Eine weitere Abweichung vom theore-

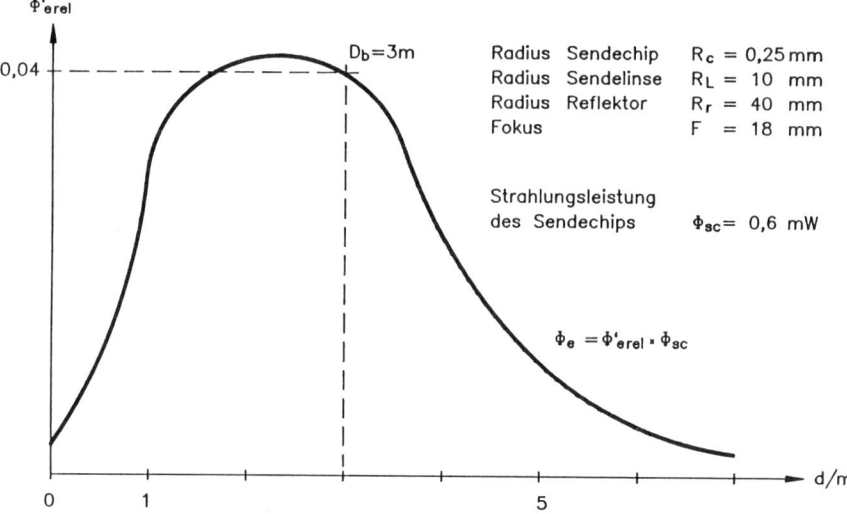

Bild 5.38: Gemessene Empfangsleistung als Funktion der Entfernung d

tischen Verhalten ist im unteren Entfernungsbereich zu finden. Dort steigt die Empfangsleistung von einem geringen Wert steil auf das Maximum an. Dieser Blindbereich kommt zustande, weil die optischen Achsen der Sende- und Empfangslinsen nicht deckkungsgleich, sondern in einem geringen Abstand parallel zueinander verlaufen.
Weitaus ungünstiger sind die Verhältnisse beim Reflexlichttaster, da bei diesem Prinzip einerseits die diffuse, und damit ungerichtete Reflexion des Objekts ausgewertet werden muß, und andererseits die Reflexionseigenschaften des Objekts einen direkten Einfluß auf die Empfangsleistung haben.
Für die nun folgende Abschätzung sei vorausgesetzt, daß die durch den Divergenzwinkel bedingte Aufweitung des Sendestrahlbündels so klein ist, daß der gedachte Leuchtfleckdurchmesser auf dem Objekt stets kleiner ist, als das Objekt selbst, und außerdem die Entfernung d so groß ist, daß der diffuse Leuchtfleck für den Empfänger als punktförmiger Lambertstrahler angesehen werden darf (Bild 5.39).

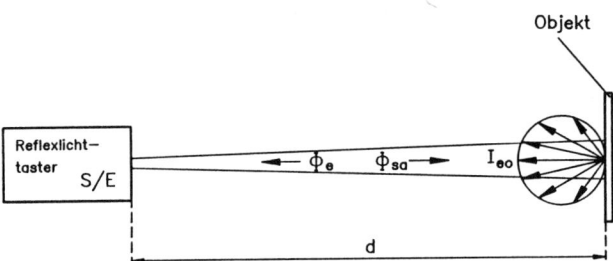

Bild 5.39: Die Verhältnisse beim Reflexlichttaster

Unter diesen Bedingungen wird die gesamte, aus der Sendeoptik ausgekoppelte Strahlungsleistung Φ_{sa} durch das Objekt nach allen Richtungen hin mit einer Lambertcharakteristik diffus reflektiert. Es gilt für die auf die ausgekoppelte Sendeleistung Φ_{sa} bezogene relative Empfangsleistung Φ_{erel}:

$$\Phi_{erel} = \frac{\Phi_e}{\Phi_{sa}} = \varrho \cdot \sin^2\left(\arctan\left(\frac{R_e}{d}\right)\right).$$

In Bild 5.40 ist die obige Beziehung dargestellt. Parameter hierbei ist der Reflexionsfaktor ϱ des Objekts. Der Linsenradius R_e ist 1,5 mm. Hier ist zu ersehen, daß von vornherein ein starker Abfall der Empfangsleistung mit zunehmender Entfernung d zu erwarten ist. Im Gegensatz zum Prinzip der Reflexlichtschranke, bei dem eine Reichweite festgelegt werden kann, ist beim Taster keine aussagekräftige Definition der Tastweite möglich, da die Reflexionseigenschaft des Objekts die Empfangsleistung direkt beeinflußt. Sinnvoll ist daher die Festlegung einer unteren Detektionsgrenze, bei der das Objekt mit einem ausreichenden Signal/Rauschverhältnis gerade noch detektierbar ist. Diese Grenze ist in Bild 5.40 eingezeichnet. Um Vergleiche in bezug auf die Tastweiten verschiedener Reflexlichttaster anstellen zu können, beziehen sich die Datenblattangaben daher auf Reflektoren mit definierten Reflexionskoeffizienten und Abmessungen.
Da die Beschaffenheit des Objektes nicht beeinflußt werden kann, verbleiben zur Erzielung einer ausreichenden Empfangsleistung bei gegebener Sendeleistung Φ_{sa} zwei we-

5.2 Technik optischer Sensoren

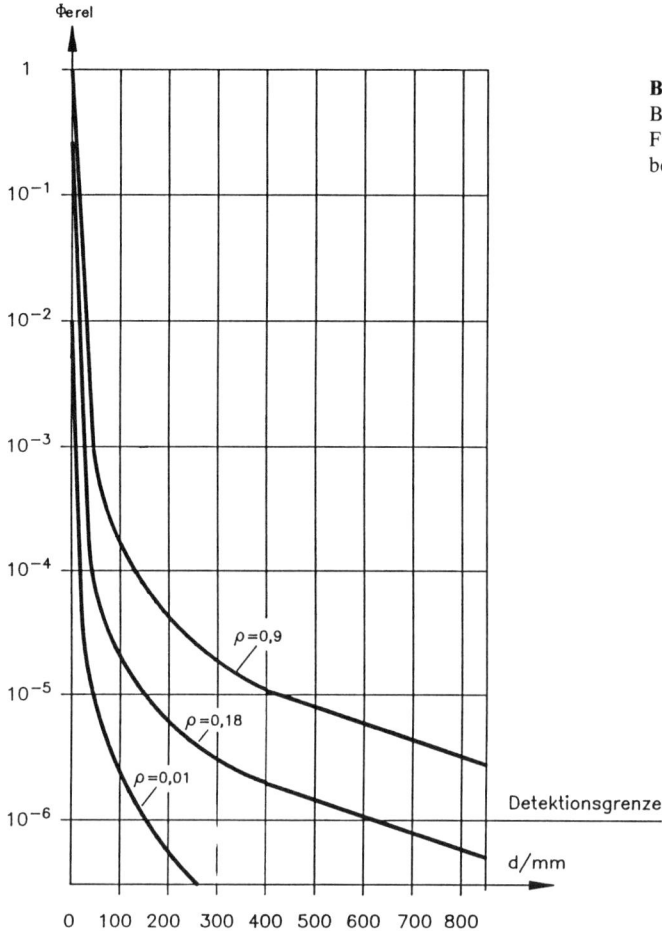

Bild 5.40:
Berechnete Empfangsleistung als Funktion der Entfernung d beim Lichttaster

sentliche Dimensionierungsvorschriften. Einerseits sollte der Divergenzwinkel des Sendestrahlbündels möglichst klein sein, damit selbst bei kleinen Objekten die gesamte Sendeleistung Φ_{sa} auf das Objekt auftrifft. Wird dieser Sachverhalt nicht eingehalten, so wird die Empfangsleistung mit der vierten Potenz der Entfernung d abnehmen. Andererseits sollte der Radius R_e der Empfängerlinse möglichst groß sein, damit der Winkel ε und damit das gesamte Verhältnis Φ_{erel} nach obiger Beziehung möglichst groß wird. Unter realen Bedingungen ist mit einer spürbaren Reduzierung der Empfangsleistung um einen Korrekturfaktor k(d) < 1 zu rechnen, der von der optischen Anordnung, von Verlusten in der Optik und von der Entfernung d abhängig sein kann. Diese Korrekturfunktion kann entweder berechnet oder empirisch ermittelt werden. Die endgültige Beziehung für Φ_{erel} lautet somit:

$$\Phi_{erel} = k(d) \cdot \varrho \cdot \sin^2\left(\arctan\left(\frac{R_e}{d}\right)\right).$$

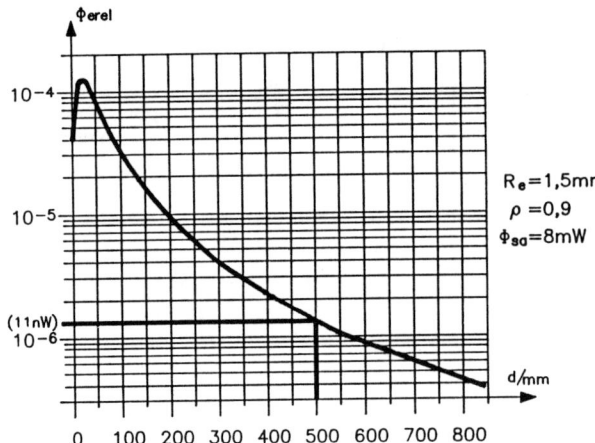

Bild 5.41:
Gemessene Empfangsleistung als Funktion der Entfernung d

Bild 5.41 zeigt einen gemessenen exemplarischen Verlauf der relativen Empfangsleistung Φ_{erel}. Da bei dieser Messung die gleichen Voraussetzungen gelten wie bei der theoretischen Betrachtung in Bild 5.40, kann ein direkter Vergleich angestellt werden. Auffällig ist die um den Faktor 5 geringere Empfangsleistung. Daraus folgt ein Korrekturfaktor k(d) = 0,2 für d > 20 mm. Ursache dieser Abweichung ist einerseits der relativ große Divergenzwinkel $\gamma = 5°$ des Senders, so daß die ideale Bedingung eines punktförmigen Lambertstrahlers nicht mehr eingehalten wird, und andererseits Verluste und Abbildungsfehler im Empfänger, der hier aus einer PIN-Diode mit integrierter, vergleichsweise kleiner Linse mit geringem Fokus besteht. Außerdem verlaufen die optischen Sende- und Empfangsachsen in einem Abstand von ca. 10 mm parallel zueinander. Daraus erklärt sich der Blindbereich für Entfernungen 0 < d < 30 mm. Der Korrekturfaktor ist in diesem Bereich nicht konstant und muß als eine Funktion von d beschrieben werden.

Aus Bild 5.41 wird schnell deutlich, daß die verbleibende Empfangsleistung um Größenordnungen geringer ist, als etwa vergleichsweise bei einer Reflexlichtschranke. Beispielsweise gehört zu einer Entfernung d = 500 mm eine optische Empfangsleistung von ca. 11 nW. Über die in Kap. 5.1 beschriebene Empfindlichkeit S eines optoelektronischen Empfangselementes läßt sich somit grob eine Abschätzung über den induzierten Empfangsstrom i_s anstellen: Ausgehend von der Vereinfachung, daß die empfangene Strahlung nahezu monochromatisch ist, und die Wellenlänge λ dieser Strahlung bekannt ist, gilt:

$$I_s = S(\lambda) \cdot \Phi_e \quad \text{mit} \quad S(\lambda) \approx 0{,}55 \frac{A}{W}.$$

In unserem Beispiel resultiert daraus ein Empfangsstrom i_s von ca. 6 nA. Der daraus resultierende Signal-/Rauschabstand hängt vom einfallenden Störlicht ab, das in dem Empfangselement ein Schrotrauschen verursacht. Für ein Störlicht von ca. 400 Lux ist in Bild 5.42 exemplarisch das S/N-Verhältnis dargestellt. Man sieht, daß für die Entfernung d = 500 mm das Nutzsignal nur noch 15 dB über dem Rauschen liegt.

5.2 Technik optischer Sensoren

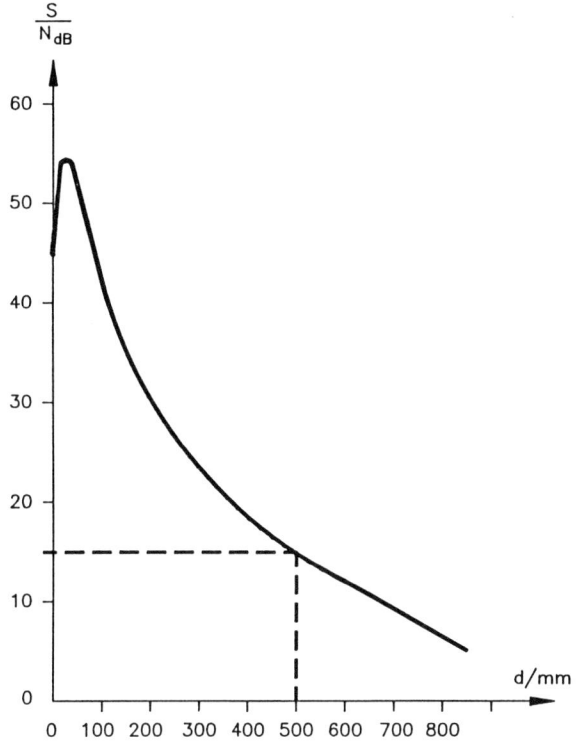

Bild 5.42:
Signal/Rauschabstand bei 400 Lux Störlicht

5.2.3.2 Störeinflüsse bei optischen Schaltern

Aus Bild 5.43 wird deutlich, daß sich ein optoelektronisches System in einer recht feindlichen Umgebung befinden kann. Eine gute Signalverarbeitung sollte diese Störungen wirkungsvoll unterdrücken oder eliminieren können. Für eine nähere Betrachtung ist eine Unterteilung in optische und nichtoptische Störmechanismen vorteilhaft.
Hauptverursacher optischer Störungen sind Lichtquellen, die sich in Gleich- und Wechsellichtquellen unterteilen lassen. Zu den Störgleichlichtquellen zählen die Sonne, Strahler im nahen Infrarotbereich und träge künstliche Lichtquellen (Glühlampen). Sie induzieren im optoelektronischen Empfangselement einen Fotogleichstrom, dessen Betrag um ein Vielfaches größer sein kann als das eigentliche Nutzsignal selbst. Außerdem wird durch diesen Gleichstrom im Empfängerelement ein Schrotrauschen erzeugt, das eine Verringerung des Signal-/Rauschverhältnisses zur Folge hat. Ein Fehlverhalten des optischen Schalters kann unter ungünstigen Umständen nicht ausgeschlossen werden.
Flinke künstliche Lichtquellen (Leuchtstoffröhren), Blitze, Schweißbogen und benachbarte optische Schalter sind Störwechsellichtquellen. Sie erzeugen im Empfängerelement einen Fotostrom mit geringem Gleichanteil aber hohem Wechselanteil, der ebenfalls vom Betrage her um ein Vielfaches größer sein kann als das Nutzsignal. Das Frequenzspektrum dieser Störquellen ist beliebig und kann zu fehlerhaften Funktionen des Schalters führen.

88   5 Optische Sensoren

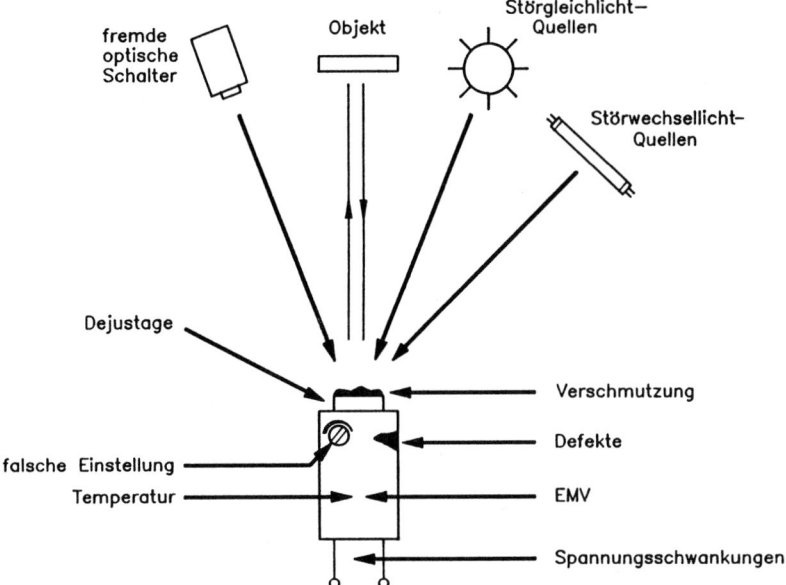

Bild 5.43: Vielerlei Störfaktoren wirken auf optische Schalter

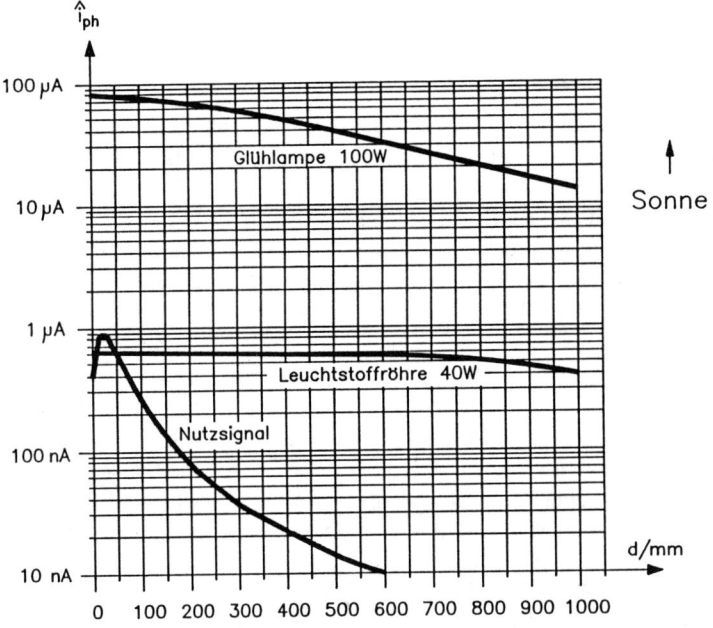

Bild 5.44: Die Stärke induzierter Photoströme verschiedener Quellen

5.2 Technik optischer Sensoren

Im Empfangselement induzierte Fotoströme verschiedener Störlichtquellen als Funktion der Entfernung d sind im Bild 5.44 dargestellt. Im Vergleich dazu ist das Nutzsignal eines optischen Reflexlichttasters eingetragen.

In Bild 5.45 sind die zeitlichen Intensitätsverläufe einer Glühlampe und einer Leuchtstoffröhre dargestellt. Die träge Glühlampe zeichnet sich durch einen relativ hohen Gleichanteil und einen geringen Wechselanteil aus. Sie kann deshalb im allgemeinen als Störgleichlichtquelle betrachtet werden. Umgekehrt verhält sich eine Leuchtstoffröhre. Dem Intensitätsverlauf sind zusätzlich phasenstarre Impulsnadeln überlagert, deren Ursache schnelle Gasentladungen in der Röhre sind. Das Frequenzspektrum dieser Impulse ist sehr groß und kann den optischen Schalter, wie später noch ersichtlich wird, empfindlich stören.

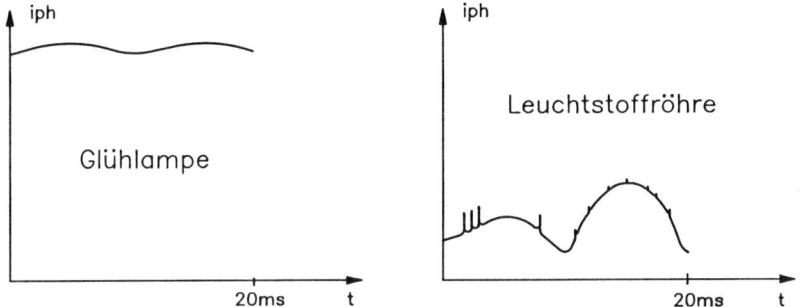

Bild 5.45: Verlauf des Photostromes durch eine Glühlampe (links) und einer Leuchtstoffröhre

Ebenfalls zu optischen Störungen zählen Dämpfungen in der Strecke, die durch eine Verschmutzung der Optiken und Reflektoren verursacht werden. Der daraus resultierende Abfall der Empfangsleistung kann groß sein und den optischen Schalter dadurch zum Ausfallen bringen.

Eine wichtige nichtoptische Störgröße sind Temperaturschwankungen, die sich vor allem auf den Wirkungsgrad der optoelektronischen Bauelemente auswirken. Folgen dieses Temperaturverhaltens sind Änderungen der Tastweite bei Reflexlichttastern und Signalreserveverluste bei Reflexlichtschranken. In gleicher Weise können sich auch Schwankungen der Spannungsversorgung auswirken.

Bei kritischen Applikationen, wenn beispielsweise bei einem Einsatz eines Reflexlichttasters mit starken Hintergrundreflexionen zu rechnen ist, kann durch eine falsche Empfindlichkeitseinstellung das Fehlersignal knapp unterhalb der Entscheidungsschwelle liegen, so daß es nur noch geringer anderer Störeinflüsse bedarf, um eine Fehlschaltung auszulösen.

Von außen auf den Schalter eindringende elektromagnetische Wellen induzieren Störungen im Signalverarbeitungszweig und können ein Fehlverhalten verursachen. Schließlich sind Defekte im optischen Schalter bei rauhen Betriebsbedingungen nicht immer zu vermeiden.

5.2.3.3 Störunterdrückung durch optische Modulation

Im Gegensatz zum Dauerstrichbetrieb wird hier die Sendediode des optischen Schalters mit einem sich zeitlich ändernden Strom i_{LED} beaufschlagt und damit optisch moduliert. In den meisten Fällen wird eine Rechteckimpulsfolge gewählt (Bild 5.46). Diese einfache Maßnahme bietet gleich drei Vorzüge.

Zum einen resultiert aus der optischen Modulation ein wesentliches Unterscheidungsmerkmal zwischen Störungen durch Fremdgleichlicht und dem Wechselspannungsverlauf des Nutzsignals. Somit ist eine Eliminierung von Fremdgleichlichtanteilen möglich (Bild 5.47).

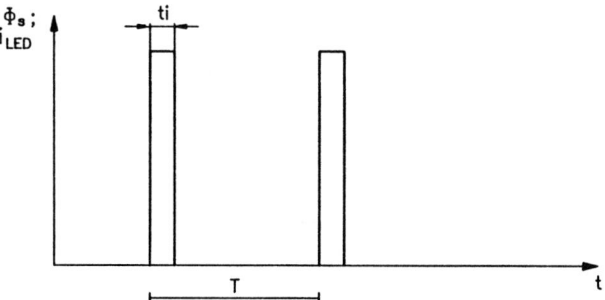

Bild 5.46: Rechteck-Modulation des Diodenstromes und dadurch des Lichtes

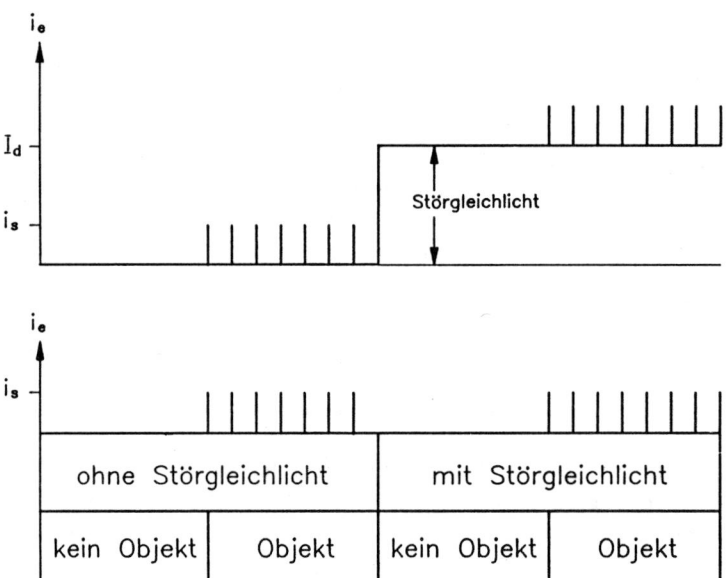

Bild 5.47: Ausfilterung des Störgleichlichtstroms durch optische Modulation

5.2 Technik optischer Sensoren

Zunächst wird der Nutzsignalstrom i_s um den Betrag des Störgleichlichtstroms I_d angehoben. Durch einen sich anschließenden Signalverarbeitungszweig mit Hochpaßcharakteristik kann der störende Gleichanteil eliminiert werden. Übrig bleibt der Wechselanteil i_s (Nutzsignal), der in eindeutiger Weise von der weiteren Signalverarbeitung interpretiert werden kann.

Ein weiterer Vorzug der optischen Modulation ist die mögliche Erhöhung der Sendeleistung Φ_s. Bei sonst gleichen Verhältnissen steigt dadurch die Empfangsleistung um den gleichen Betrag und damit eben auch das Signal/Rauschverhältnis.

Aus Kap. 5.1 ist bekannt, daß Lumineszenzdioden im gepulsten Betrieb mit einem höheren Strom i_{LED} betrieben werden können. Unter der vereinfachten Annahme, daß bei einer gegebenen Verlustleistungsgrenze der Diode ein konstanter Strom i_{LED} erlaubt sei, gilt bei der optischen Modulation:

$$i_{LED} = \frac{T}{t_i} \cdot I_{LED}.$$

Im gleichen Maße erhöht sich dadurch die Sendeleistung Φ_s und somit, unter sonst gleichen Bedingungen, auch das Signal/Rauschverhältnis des Empfangssignals.

Als dritter Vorteil der optischen Modulation bleibt schließlich zu erwähnen, daß durch sie die Voraussetzung für die sogenannte Störaustastung geschaffen wird, die in einem späteren Kapitel noch beschrieben wird.

5.2.3.4 Störunterdrückung durch Bandpaß

Die Bandpaßcharakteristik schränkt den Frequenzbereich des gesamten Systems ein. Im oberen Frequenzbereich wird das Schrotrauschen und hochfrequentes Störwechsellicht gedämpft, im unteren Frequenzbereich Störgleichlicht, niederfrequentes Störwechsellicht und Schrotrauschen.

Durch die optische Modulation hat der Empfangsstrom i_s eine Impulslänge von t_i. Mit einer frequenzabhängigen Transimpedanz Z_f wird dieser Strom in eine Ausgangsspannung U_a umgewandelt. Für die Beträge der einzelnen Größen gilt demnach:

$$|U_a| = |Z_f| \cdot |i_s|.$$

Die Transimpedanz mit Bandpaßverhalten wird so dimensioniert, daß für Impulslängen t_i der Betrag $|Z_f|$ ein Maximum aufweist.

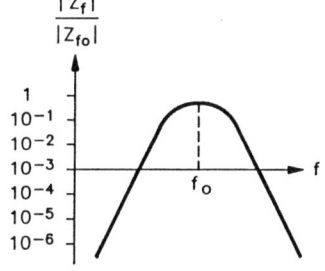

Bild 5.48:
Frequenzverhalten des Bandpasses

Ohne Herleitung gilt für die erforderlichen Grenzfrequenzen der Hoch- und Tiefpaßcharakteristik von Z_f (Bild 5.48)

$$F_0 \approx f_{grHP} \approx f_{grTP} \approx \frac{0,35}{t_i}.$$

Der impulsförmige Empfangsstrom i_s wird durch diese Charakteristik in eine Spannung U_a umgewandelt, die vereinfacht in Bild 5.49 dargestellt wird.

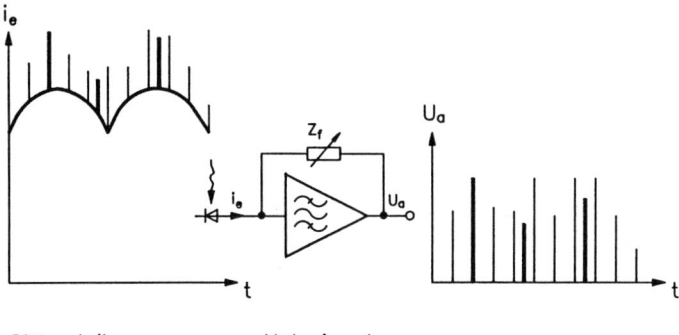

Störanteile: ⎯⎯   Nutzsignal: ⎯⎯

Bild 5.49: Durch das Bandpaß werden niederfrequente Störungen herausgefiltert

5.2.3.5 Störunterdrückung durch Austastung

Das vom Empfangsverstärker aufbereitete Signal wird von der A/D-Schnittstelle zunächst digitalisiert. Diese Schnittstelle besteht aus einem Komparator, dessen Entscheidungsschwelle U_{es} ist (Bild 5.50). Dabei werden Störanteile, die größer als U_{es} sind, ungehindert digitalisiert und sind demnach noch im Gesamtsignal enthalten.

Ein Nutzsignal ist ganz kurz nach einem Sendeimpuls zu erwarten. Die Wahrscheinlichkeit, daß Störimpulse eben genau zu diesem Zeitpunkt autreten, ist gering. Die Störaustastung nutzt diese Tatsache aus.

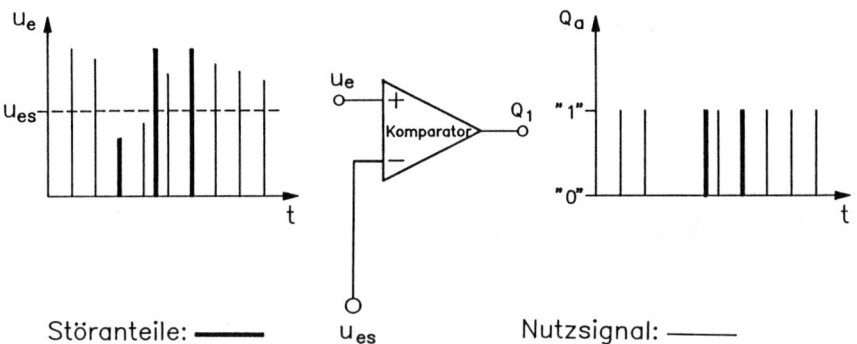

Störanteile: ⎯⎯   Nutzsignal: ⎯⎯

Bild 5.50: Durch den Komparator werden schwache Signale herausgefiltert

5.2 Technik optischer Sensoren

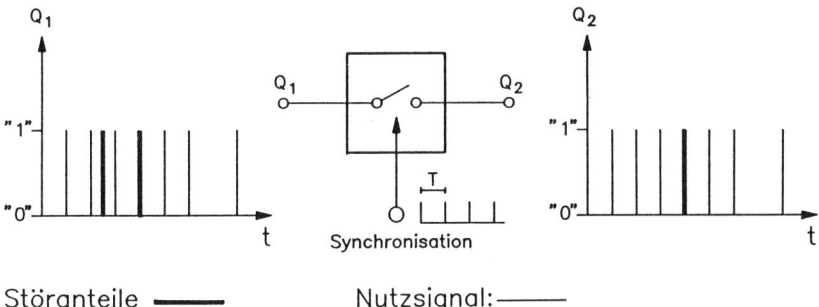

Störanteile ▬▬▬ Nutzsignal: ─────

Bild 5.51: Durch Taktung des Empfängers werden nicht im Zeitraster liegende Störungen herausgefiltert

Der symbolische Schalter in Bild 5.51 wird nur für kurze Zeit geschlossen, wenn unmittelbar nach dem Sendeimpuls ein Nutzsignal erwartet wird. Der Schalter ist daher mit dem Sender synchronisiert. Sämtliche Störimpulse während der Sendepausen werden dadurch eliminiert.

Zu beachten ist jedoch, daß zufällig zum Sendezeitpunkt auftretende Störimpulse nach wie vor im Gesamtsignal enthalten sind und ohne weitere Maßnahmen zu Fehlfunktionen des optischen Schalters führen.

5.2.3.6 Störunterdrückung durch digitale Filterung

Um diese Störungen zu unterdrücken, muß eine statistische Bewertung der Häufigkeit stattfinden. Die entscheidende Annahme hierbei ist, daß die vorangehende Signalverarbeitung Störsignale bereits soweit eliminiert hat, daß die Häufigkeit auftretender Störsignale geringer ist als die Häufigkeit von Nutzsignalen.

Eine einfache und sehr wirkungsvolle Methode besteht darin, den Datenstrom auf einen digitalen Vorwärts/Rückwärtszähler zu leiten, der mit der Sendeimpulserzeugung synchronisiert wird. Ist unmittelbar nach dem Zeitpunkt des Sendens das Datenbit logisch „1", so wird der Zähler inkrementiert und umgekehrt bei einer logischen „0" dekrementiert. Erreicht der Zähler seinen Höchst- und Mindeststand, dann wird ein Flipflop gesetzt bzw. zurückgesetzt. Der Ausgang Q dieses Flipflops repräsentiert dabei den Schaltausgang des optischen Schalters (Bild 5.52).

Verbunden mit diesem Verfahren ist eine Verzögerungszeit t_s zwischen dem Ereignis (Objekt/kein Objekt) und der Reaktion des Ausgangsflipflops. Treten keinerlei Störungen auf, so beträgt diese Zeit

$$t_s = T \cdot (2^n - 1),$$

dabei ist n die Integratortiefe, d. h. die Anzahl der Zählerstufen und T die Sendeimpulswiederholzeit.

Sind Störungen vorhanden, so wird sich die Zeit t_s, je nach Häufigkeit der Störungen, verlängern. Es ist ersichtlich, daß mit wachsendem n die Störfestigkeit des Systems steigt, da mehr Störimpulse toleriert werden können, bevor eine Fehlschaltung eintritt.

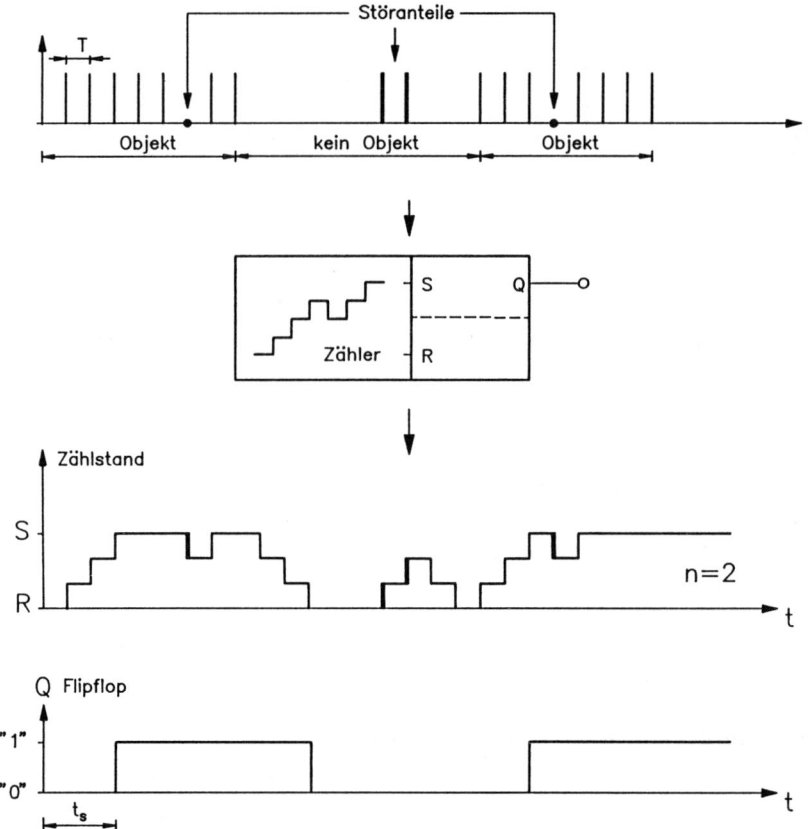

Bild 5.52: Störunterdrückung durch digitale Filterung

Andererseits wird mit steigendem n die Verzögerungszeit t_s größer und damit die sogenannte Schaltfrequenz

$$f_s = \frac{1}{2 \cdot t_s}$$

kleiner.
Mit diesen Erkenntnissen kann der Zusammenhang durch das Produkt

$$f_s \cdot (2^n - 1) = \frac{1}{2 \cdot T}$$

d. h.: Schaltfrequenz · Störfestigkeit $\sim \frac{1}{T}$

ausgedrückt werden.
Das Produkt aus Schaltfrequenz und Störfestigkeit soll groß sein. Die Sendewiederholzeit T muß daher möglichst klein werden. Unabdingbar damit verbunden ist, aus Grün-

5.2 Technik optischer Sensoren

den der Impulsbelastbarkeit der Sendediode, die Forderung, die Sendeimpulszeit t_i auf ein Minimum zu reduzieren.

In leistungsfähigen optischen Schaltern verzichtet man deshalb auf die relativ langsamen Fototransistoren als Empfangselement, sondern verwendet vielmehr schnelle PIN-Dioden in Verbindung mit Empfangsverstärkern hoher Grenzfrequenz.

5.2.3.7 Funktionsreserve

Man definiert bei der Eingangsamplitude einen oberen Gutbereich (OG), dem die Information „ausreichende Reflexion" zugeordnet ist und einen unteren Gutbereich (UG), dem die Information „keine Reflexion" zugeordnet ist (Bild 5.53). Dazwischen liegt der Bereich der Funktionsreserve (FB). In diesem Bereich liegen die Schaltschwellen.

Wenn die Amplitude in diesem Bereich liegt, kann durch äußere Einflüsse (Temperatur, Verschmutzung, usw.) eine Fehlschaltung erfolgen. In diesem Fall signalisiert ein besonderer Ausgang FRA, daß das Empfangssignal in diesem ungünstigen Bereich FB liegt. Man kann dann rechtzeitig Vorkehrungen treffen.

Diese statische Funktionsreserveanzeige (FRA) ist für dynamische Anwendungen, bei denen mit einem ständigen Schaltzustandswechsel zu rechnen ist, nicht geeignet, da bei jedem Schaltvorgang das Signal zweimal den Funktionsreservebereich durchläuft und die Anzeige FRA anspricht, obwohl optimale Verhältnisse vorliegen. Hier schafft die dynamische Funktionsreservemeldung Abhilfe. Nach jedem Schaltvorgang wird geprüft, ob die Signalamplitude außerhalb oder innerhalb des Funktionsreservebereichs war.

Diese Aussage ist zeitinvariant, das heißt, es wird unabhängig von der Objektgeschwindigkeit und Häufigkeit der Schaltereignisse eine FRA bei Verschmutzung oder Dejustage erzeugt. Diese Störmeldung bleibt so lange erhalten, bis ein zufriedenstellender Schaltvorgang abgeschlossen ist.

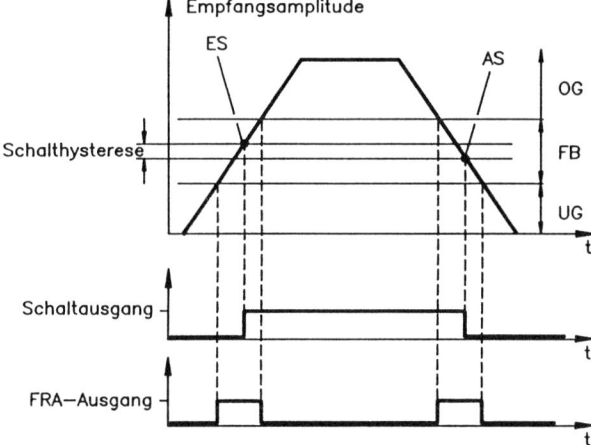

Bild 5.53: Funktionsreserve

5.2.3.8 Schutz vor gegenseitiger Störung

Mehrere optische Schalter können sich in demselben optischen Wirkungsfeld befinden. Von einem Schalter, hier Störer genannt, werden Sendeimpulse abgesetzt und von einem anderen, dadurch gestörten Schalter empfangen und weiterverarbeitet. Die Sendeimpulswiederholzeit des Störers sei T_1, die des gestörten Schalters T_2.

Unter der idealen Voraussetzung, daß die Zeiten T_1 und T_2 exakt und für alle Zeit gleich groß sind und außerdem eine Zeitverschiebung t_0 gegeben ist, wird keine gegenseitige Beeinflussung zustande kommen, da die empfangenen Sendeimpulse des Störers stets in der Zeitlücke der Störaustastung des anderen Schalters liegen (Bild 5.54).

Diese idealen Bedingungen sind jedoch höchst unwahrscheinlich. Tatsächlich werden die Zeiten T_1 und T_2 immer mehr oder minder voneinander abweichen. Daraus resultiert eine Art Schwebung mit sich periodisch wiederholenden Zeitbereichen, in denen die empfangenen Störimpulse ungehindert die Störaustastung passieren können.

Abhilfe schafft die Realisierung bewußt unterschiedlicher, aber fester Zeiten T_1 und T_2:

$$T_2 = T_1 + \Delta T_v$$

Dann ist die Anzahl S der auftretenden Störungen berechenbar:

$$S = \frac{t_i}{\Delta T_v}$$

Durch geeignete Wahl von ΔT kann man einen guten Kompromiß finden zwischen der Filtertiefe n (vgl. Kapitel 5.2.3.6) einerseits ($2^n - 1 > S$) und einer möglichst hohen Schaltfrequenz des optischen Schalters andererseits.

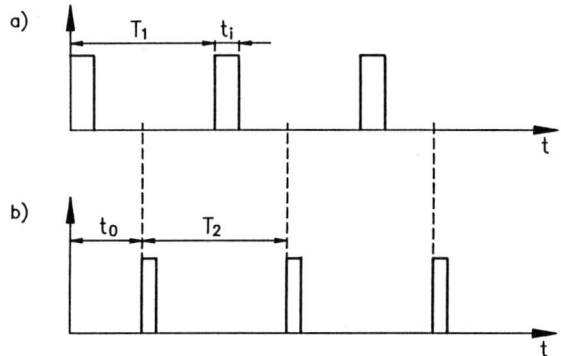

Bild 5.54:
a) Störimpulse
b) Störaustastung des gestörten Schalters

5.2.4 Ausführungsformen

Den optischen Schaltern ist gemeinsam, daß sie sowohl als Schließer als auch als Öffner verwendet werden können. Als Schließer wird die Schaltfunktion dann bezeichnet, wenn der Schalter bei vorhandenem Objekt geschlossen ist.
Umgekehrt wird die Schaltfunktion als Öffner bezeichnet, wenn der Schalter bei vorhandenem Objekt geöffnet ist.

5.2 Technik optischer Sensoren

Die Wirkungsrichtung hängt von der jeweiligen Applikation ab und wird vom Anwender gewählt.
Viele der erwähnten Eigenschaften, wie z. B.

- Empfindlichkeitseinstellung EE
- Filtertiefe FT
- Funktionsreserveanzeige (statisch oder dynamisch) FRA
- Wirkungsumkehr des Schalters (Schließer/Öffner) E23
- Schutz vor gegenseitiger Störung (T_1/T_2) GS
- Test des Schalters ST
- Schaltzeitfunktionen ZF
- Schaltzeiteinstellung

können von außen entweder mittels DIP-Schaltern oder über einen Busanschluß gewählt werden.
Manche Zustände werden direkt am optischen Schalter über LEDs angezeigt, wie z. B.:

- Schaltzustand SA,
- Funktionsreserveanzeige FRA,
- power-on PW.

Bild 5.55 zeigt ein Beispiel dazu.

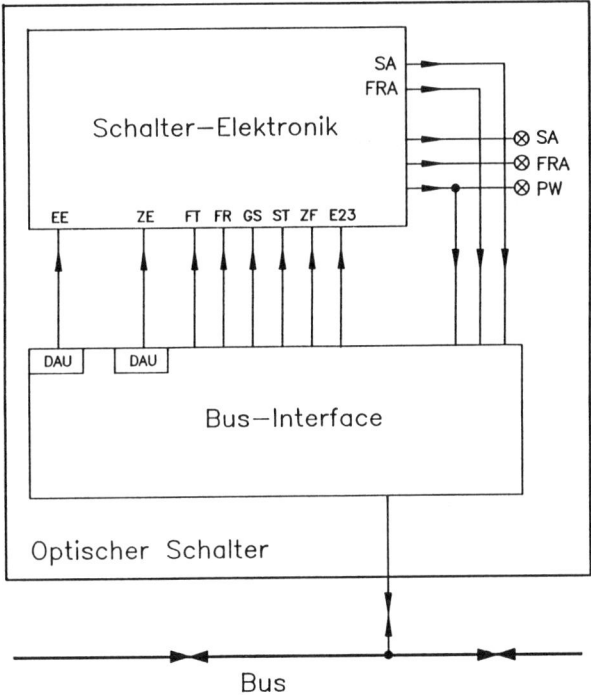

Bild 5.55: Blockschaltbild der Schalterelektronik

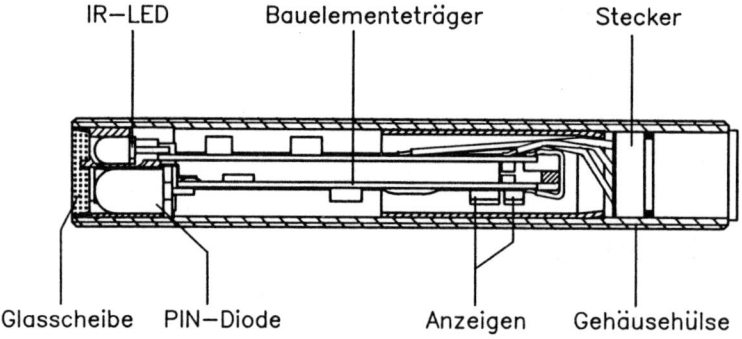

Bild 5.56: Schnitt durch einen zylindrischen Reflexlichttaster (Pepperl + Fuchs GmbH, Mannheim)

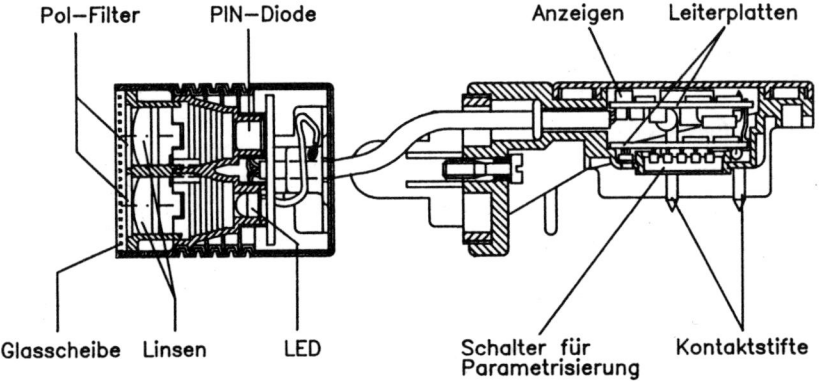

Bild 5.57: Schnitt durch eine Reflexlichtschranke mit positionierbarem Sensorkopf (Pepperl + Fuchs GmbH, Mannheim)

Mögliche Ausführungsformen zeigen die Bilder 5.56 und 5.57.
Bild 5.56 zeigt einen einfachen zylindrischen Reflexlichttaster, der in Durchmessern von 8 mm bis 30 mm angeboten wird.
In Bild 5.57 ist eine aufwendigere Reflexlichtschranke dargestellt.
Der optisch aktive Teil ist von der Elektronik abgesetzt und kann in verschiedenen Positionen aufgesetzt werden. Die Elektronik ist in einem separaten Gehäuse untergebracht. An einer von außen zugänglichen Stelle befindet sich ein DIP-Schalter, der die bereits erwähnte Parametrierung der Elektronik gestattet.

6 Magnetfeldsensoren

Die Messung magnetischer Felder ist normalerweise kein Anliegen in der Automatisierungstechnik. Es ist aber üblich, durch Magnete markierte, bzw. ferromagnetische Objekte durch magnetfeldempfindliche Sensoren detektieren zu lassen. Man bestimmt auf diese Weise

– Abstände (analog),
– die Anzahl von Stückgut,
– Umdrehungszahlen (digital),
– Drehwinkel (analog).

Magnetfelder lassen sich durch Elektromagnete oder Dauermagnete erzeugen. In der Sensortechnik werden vorwiegend Dauermagnete eingesetzt, da sie ohne Energieversorgung auskommen. Bild 6.1 zeigt das Magnetfeld eines zylinderförmigen Dauermagneten.

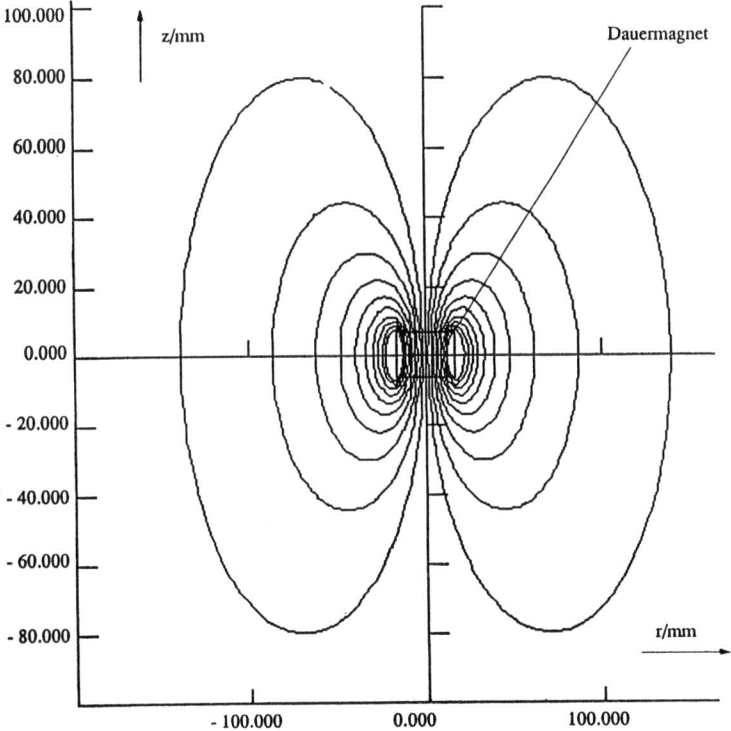

Bild 6.1: Magnetfeld eines zylindrischen Dauermagneten

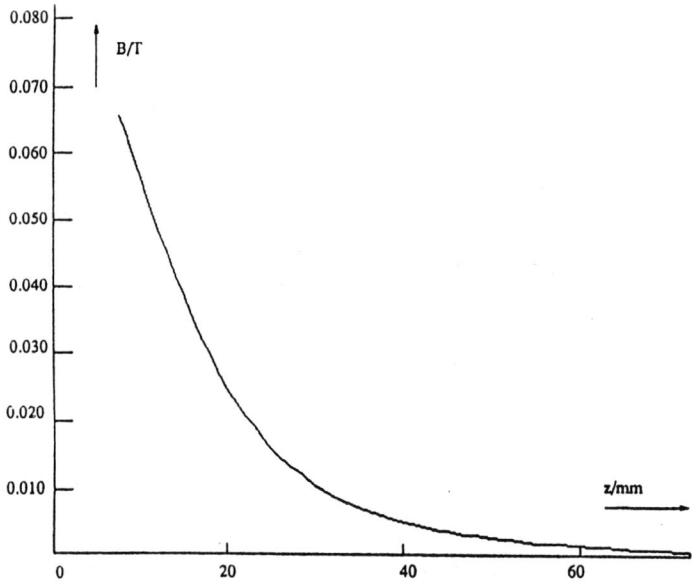

Bild 6.2: Betrag der Flußdichte des Dauermagneten in Bild 6.1 in Abhängigkeit von der axialen Koordinate z, (r = 0)

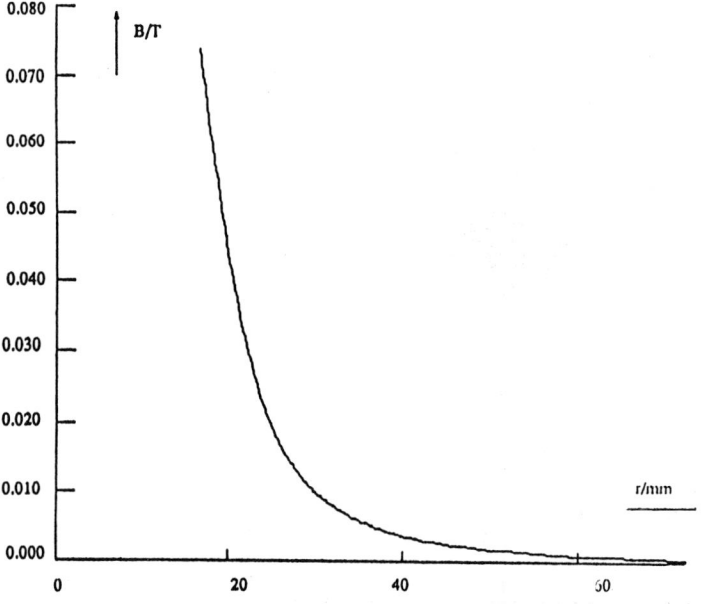

Bild 6.3: Betrag der Flußdichte des Dauermagneten in Bild 6.1 in Abhängigkeit von der radialen Koordinate r, (z = 0)

6 Magnetfeldsensoren

Die Feldlinien verlaufen außerhalb des Magneten von dessen Nordpol zum Südpol und schließen sich im Innern. Die Bilder 6.2 und 6.3 zeigen den Betrag der Flußdichte als Funktion des axialen bzw. radialen Abstandes vom Magneten.
An den Grenzflächen zweier Materialien mit unterschiedlicher Permeabilität werden die Feldlinien gebrochen, sofern sie diese nicht senkrecht durchstoßen (Bild 6.4).

Es gilt: $\dfrac{\tan\beta}{\tan\gamma} = \dfrac{\mu_1}{\mu_2}$.

Diesen Effekt kann man ausnutzen, um die Feldlinien durch ferromagnetische Materialien, wie z. B. Ferrite oder Stahl, abzulenken und zu führen.

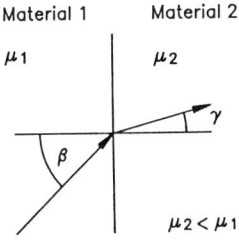

Bild 6.4:
Brechung der Magnetfeldlinien an einer Grenzfläche

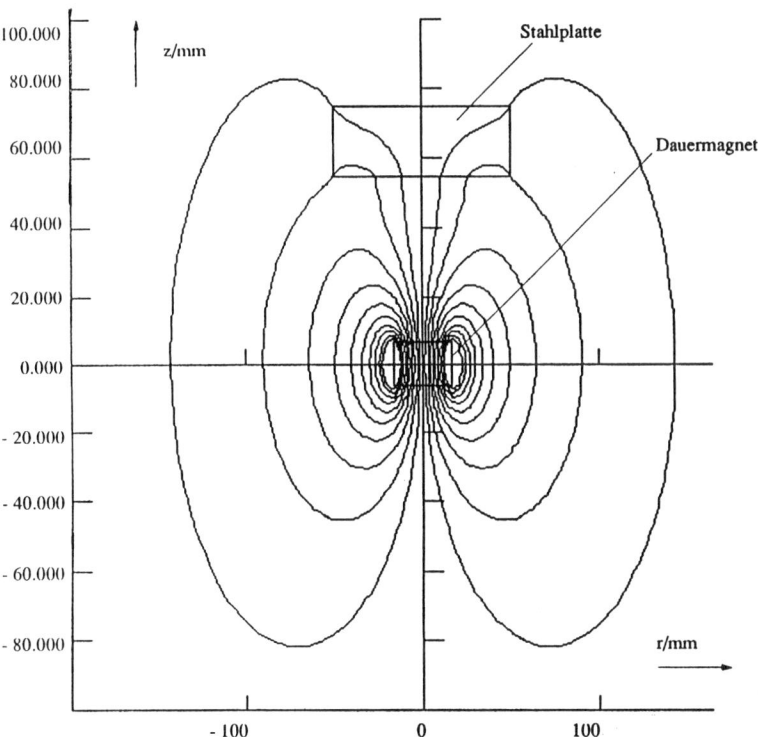

Bild 6.5: Magnetfeld eines Dauermagneten, beeinflußt durch eine Stahlplatte

Bild 6.5 zeigt den gleichen Magneten wie Bild 6.1, jedoch wird hier das Magnetfeld durch ein Stahlplättchen deformiert. Diese Deformation kann nun mit einem geeigneten Magnetfeldsensor gemessen werden, so daß die Anwesenheit der Platte erkannt wird.

In der Automatisierungstechnik kommen im wesentlichen Hallsensoren, magnetoresitive Sensoren und Sättigungskernsonden für die Magnetfelddetektion zum Einsatz. Sie werden im folgenden näher beschrieben.

6.1 Hallsensoren

6.1.1 Grundlagen und verwendete Materialien

Unter dem Halleffekt (E.Hall, 1879) versteht man folgende Erscheinung (Bild 6.6): Durchfließt ein Strom

$$I = b \cdot d \cdot n \cdot e \cdot v,$$

b, d – Breite, Höhe der Hallplatte,
n – Konzentration der Leitungselektronen e,
v – Elektronengeschwindigkeit,

einen plattenförmigen Leiter, so entsteht quer zum Strom I die Lorentz-Feldstärke

$$E = v \cdot B,$$

vorausgesetzt, das Magnetfeld B durchstößt die Platte senkrecht.

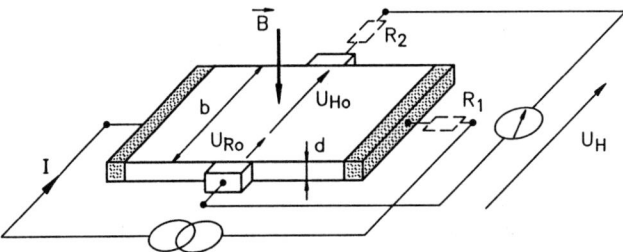

Bild 6.6: Prinzip des Hallsensors

Aus obigen beiden Gleichungen folgt schließlich für die entstehende Leerlauf-Hallspannung

$$U_H = \frac{1}{n \cdot e} \cdot \frac{B \cdot I}{d}. \tag{1}$$

Man nennt $1/n \cdot e$ die Hallkonstante R_H, Dimension cm^3/As.

Steht die Richtung von B nicht senkrecht auf der Platte, sondern ist in einem Winkel α gegen die Normale gedreht, so gilt:

$$U_H = R_H \cdot \frac{B \cdot I}{d} \cdot \cos \alpha. \tag{2}$$

6.1 Hallsensoren

Die Konzentration der Leitungselektronen ist bei den verschiedenen verwendeten Halbleitermaterialien stark temperaturabhängig und bei reinen Metallen ist R_H viel zu klein für Meßanwendungen. Man verwendet für die Hallplatten vorzugsweise die Halbleiter GaAs, InSb, InAsP und InAs.
Deren Hallkonstante R_H ist in Bild 6.7 als Funktion der Temperatur zu sehen.
Die Hallsensoren werden hergestellt als

1. gesägte oder geätzte kristalline Halbleiterplättchen, oder
2. aufgedampfte Schicht, oder durch
3. Ionenimplantation oder durch
4. Epitaxie.

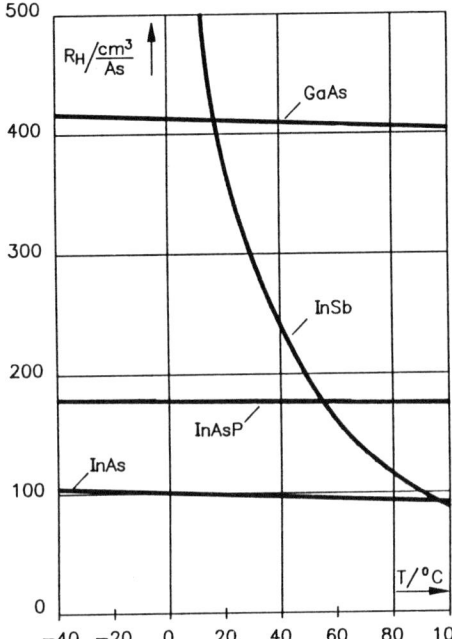

Bild 6.7:
Hallkonstante R_H als Funktion der Temperatur für verschiedene Halbleitermaterialien

Epitaktisch oder durch Ionenimplantation hergestellte Hallsensoren aus GaAs oder Si gewinnen zunehmend an Bedeutung, da die weit entwickelte Planartechnologie es erlaubt, neben dem Hallelement noch weitere elektronische Funktionselemente, wie Stromquelle, Temperaturkompensation und Ausgangsverstärker, zu integrieren.
In Datenblättern findet man statt der Hallkonstanten R_H oft die sogenannte Leerlaufempfindlichkeit K_H, die man aus (1) leicht ableiten kann:

$$K_H = \frac{1}{n \cdot e \cdot d} = \frac{U_H}{B \cdot I}. \tag{3}$$

In Bild 6.6 sind noch folgende Größen des Ersatzschaltbildes eines Hallelementes zu erkennen:

R_1 – Bahnwiderstand im Strompfad,
R_2 – Innenwiderstand des Hallgenerators,
U_H – Leerlaufspannung des Hallgenerators,
U_R – die auch bei B = 0 an den Hallelektroden anstehende Gleichspannung

Alle diese Parameter sind temperaturabhängig. Die Zahlenwerte der einzelnen Größen können von Sensortyp zu Sensortyp recht unterschiedlich sein. Dies kann vom Material, aber auch von der Herstellungsart und der Geometrie (z. B. Dicke d) abhängen. Um dem Leser einen Eindruck zu geben, sind in der folgenden Tabelle einige typische Zahlenwerte aufgeführt.

Typ	KSY10	SV200
Material	GaAs	InAs
K_H in V/AT	170–230	> 10
I_N in mA	5	20
U_H in mV bei B = 0,5T	25	>100
R_1 in Ohm	1 k	60
R_2 in Ohm	1 k	60
β in %/K	−0,05	−0,1
Preis in DM	5,35	55,—

β – Temperaturkoeffizient von U_H

Da bei Hallsensoren aus InSb sowohl der Widerstand R_1 als auch die Hallkonstante R_H mit steigender Temperatur fällt, ergibt sich eine teilweise Temperaturkompensation durch Erzeugung des Steuerstromes I durch eine Konstant-Spannungsquelle, da I dann mit der Temperatur ansteigt.

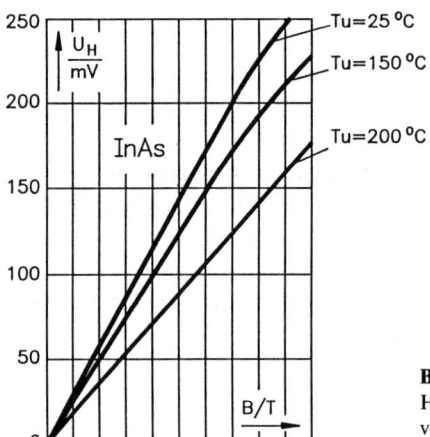

Bild 6.8:
Hallspannung als Funktion der Flußdichte für verschiedene Temperaturen (Siemens SV 200)

6.1 Hallsensoren

Hallelemente aus InAs bzw. GaAs haben dagegen einen positiven Temperaturkoeffizienten des Bahnwiderstandes, so daß hier die Ansteuerung mit einem Konstantstrom sinnvoller ist. Eventuell sind zusätzliche Maßnahmen zur Temperaturkompensation erforderlich.

In Bild 6.8 ist die gemessene Abhängigkeit U = f(B) eines Hallelementes SV200 für drei Temperaturen aufgetragen. Da es sich um einen Sensor aus InAs handelt, wurde der Steuerstrom konstant gehalten.

6.1.2 Anwendung als Abstandssensor

In den Bildern 6.1 bis 6.3 ist zu sehen, wie sich die Flußdichte eines von einem Dauermagneten erzeugten Feldes in Abhängigkeit vom Abstand zum Magneten verändert. Dies läßt sich zur Abstandsmessung nutzen.

Die einfachste Anordnung zeigt Bild 6.9a. Mit steigendem Abstand d zwischen Dauermagnet und Hallsensor ergibt sich eine geringere Hallspannung U_H.

Will man eine Bewegung zwischen Magnet und Hallsensor vermeiden, so ordnet man sie in festem Abstand zueinander an und nutzt die Feldverzerrung durch eine Stahlplatte aus (siehe Bild 6.9b).

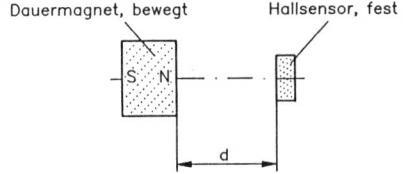

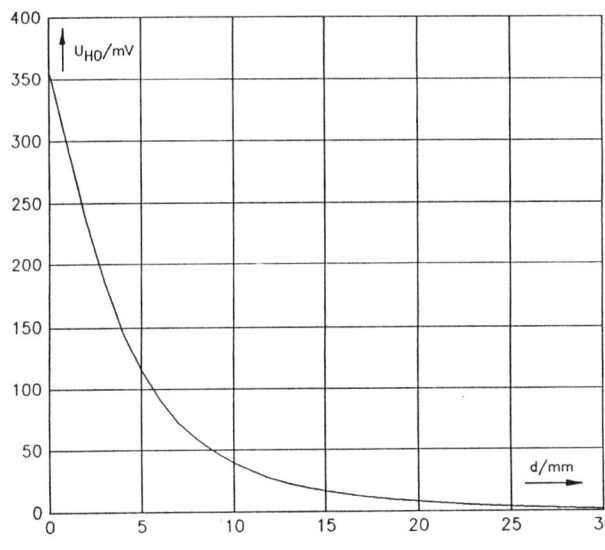

Bild 6.9a:
Abstandsmessung mit Hallsensor KSY 10 und Dauermagnet: Hallspannung U_H als Funktion des Abstandes d

106   6 Magnetfeldsensoren

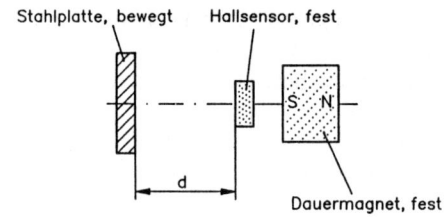

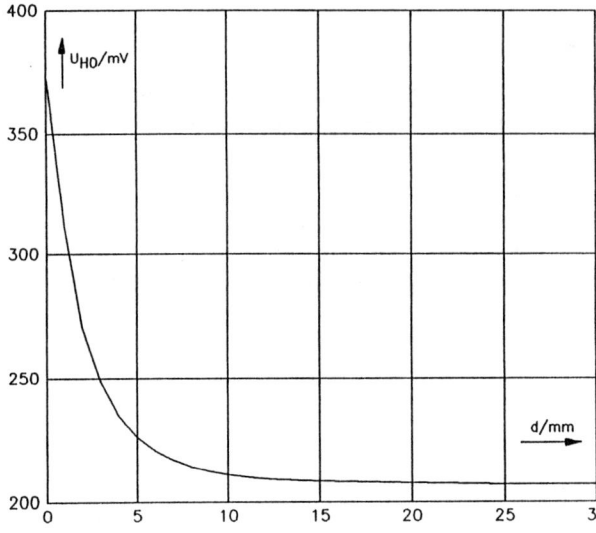

Bild 6.9b:
Abstandsmessung mit Hallsensor und Stahlplatte: Hallspannung U_H als Funktion des Abstandes d

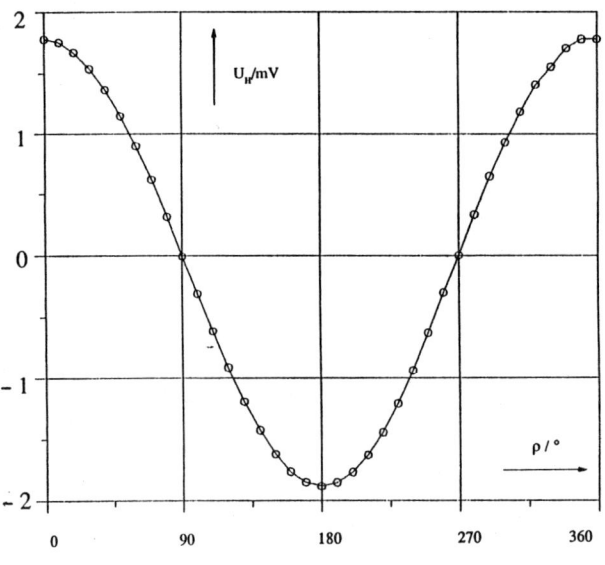

Bild 6.10:
Hallspannung U_H in Abhängigkeit des Winkels zwischen Magnetfeld und Sensorachse

Die Hallspannung in Abhängigkeit des Abstandes d fällt bei dieser Anordnung schneller als bei bewegtem Magneten.

Aufgrund der Richtungsempfindlichkeit eines Hallsensors (siehe Gleichung (2)), lassen sich auch Drehwinkelmessungen durchführen.

Bild 6.10 zeigt die gemessene Abhängigkeit der Hallspannung U_H vom Winkel des einfallenden B-Feldes. Diese Abhängigkeit entspricht der erwarteten cos-Funktion.

6.2 Magnetoresistive Sensoren

Magnetfeldabhängige Widerstände vermögen dieselben Aufgaben zu erfüllen wie Hallsensoren, d. h. ihren hauptsächlichen Einsatz in der Automatisierungstechnik finden sie als Näherungsschalter und Positionssensoren.

6.2.1 Verschiedene Materialien

Häufig verwendet man als Material für magnetoresistive Sensoren Halbleiter. Die Grundsubstanz ist z. B. InSb. In diesen Halbleiter eingebettet sind leitende, nadelförmige Einschlüsse aus NiSb, die quer zur Stromrichtung ausgerichtet sind (Bild 6.11).

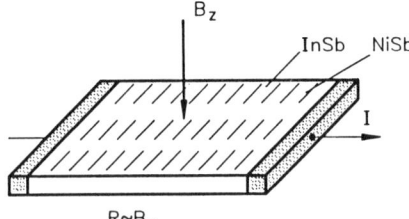

Bild 6.11:
Magnetoresistiver Sensor aus InSb-Halbleiter
(Bei der gezeichneten Feldrichtung ist R maximal von B abhängig)

Ohne Magnetfeld nimmt der Strom den kürzesten Weg durch den Halbleiter. Mit Magnetfeld wird der Strom, wie bei Hallsensoren, seitlich abgelenkt, was bedeutet, daß er einen verlängerten Weg zurücklegt, d. h. einen größeren Widerstand zu überwinden hat. Die Nadeln aus NiSb haben eine sehr viel höhere Leitfähigkeit als das Grundmaterial InSb und wirken damit als Kurzschluß. Dadurch wird ein nahezu homogenes elektrisches Feld innerhalb des Halbleiters und eine homogene Verteilung der Ladungsträger erreicht.

Die Stromlinien verlaufen zickzackförmig durch den Halbleiter. Der Widerstand nimmt für kleine Feldstärken annähernd quadratisch mit der Flußdichte zu.

Man ordnet das aktive Material mäanderförmig an, um Widerstände bis zu einigen hundert Ohm zu erreichen (Dicke ca. 25 µm). Die Fa. Siemens nennt ihre so gefertigten Sensoren Feldplatten.

Die Fa. Valvo verwendet für ihren Magnetsensor das ferromagnetische Material Permalloy (80 % Fe, 20 % Ni). Dieses Material wird bei der Fertigung so behandelt, daß die Elementarmagnete eine Vorzugsrichtung in Richtung des dünnen Sensorstreifens haben (x-Achse in Bild 6.12). Ohne äußeres Feld ist der Widerstand des Streifens am größten

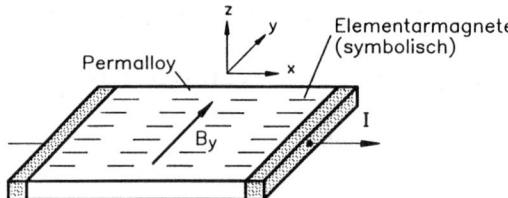

Bild 6.12:
Magnetoresistiver Sensor aus Ferromagneticum Permalloy (Bei der gezeichneten Feldrichtung ist R maximal von B abhängig)

($R = R_0$). Durch das äußere Magnetfeld nimmt er ab, und zwar im quadratischen Maß. Durch eine sinnreiche Konstruktion des Sensorstreifens kann man die Kennlinie in bestimmten, zum Punkt $B = 0$ symmetrischen Bereichen linearisieren. Man beachte, daß bei den beiden oben genannten Sensortypen das wirksame Magnetfeld in jeweils verschiedene Richtungen zeigen muß.

Die nachfolgende Tabelle bietet einige charakteristische Kennwerte eines InSb- und eines Permalloy-Sensors:

Material	Typ	R_0/Ohm	Empfindlichkeit	TK in %/K	B_{max}/T	Preis/DM
InSb	FP30L	100	$E = 1.85/T$	$-0,16$	± 1	9,85
Permalloy	KMZ10B	1700	$E' = 4/T$	$+0,3$	$\pm 3,75$ m	4,65

Dabei ist $E = \dfrac{\Delta R}{R_0 \cdot B}$, $E' = \dfrac{\Delta U}{U_0 \cdot B}$.

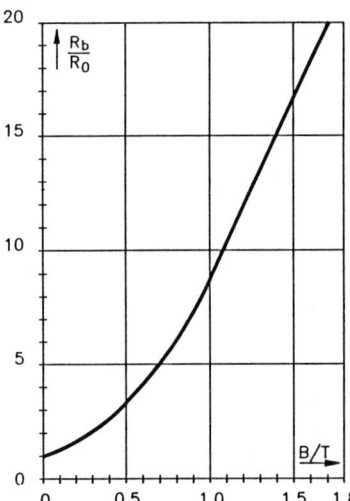

Bild 6.13: Die Abhängigkeit $R = f(B_z)$ für InSb/NiSb. Aufgetragen ist die Kennlinie des Sensors FP30L250 (Siemens)

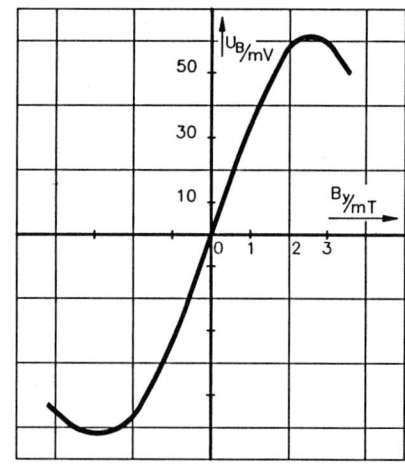

Bild 6.14: Die Abhängigkeit $U_B = f(B_y)$ für orientiertes Permalloy. Aufgetragen ist die Diagonalspannung der Vollbrücke KMZ 10 B (Valvo)

6.2 Magnetoresistive Sensoren

Die Empfindlichkeitsangaben sind Datenblattwerte, die sich beim Halbleitersensor auf ein Element, beim Ferromagnetsensor auf eine Vollbrücke beziehen, da diese beim betrachteten Typ KMZ10 bereits in einem Gehäuse realisiert ist. Bei diesem ist noch ein Stabilisierungsfeld $B_x = 1,25$ mT appliziert. Beim Halbleitersensor sind die Werte für B < 0,3 T angegeben. Die Kennlinien R = f(B) zeigt für den InSb/NiSb-Halbleiter das Bild 6.13, während Bild 6.14 für den Sensor aus Permalloy die Empfindlichkeitskurve $U_B = f(B)$ darstellt. Man sieht, daß der Permalloy-Sensor richtungsabhängig arbeitet. Ein Vergleich der Diagramme zeigt außerdem, daß bei kleinen Flußdichten (< 3 mT) der Ferromagnetsensor, bei großen Flußdichten (3 mT < B < 10 T) der Halbleitersensor zu bevorzugen ist.

6.2.2 Elektrische Schaltung

Es bieten sich drei elektrische Schaltungsmöglichkeiten an:

1. Die direkte Widerstandsmessung (Strom- und Spannungsmessung/Ohmmeter). Dies ist bei reinen Magnetfeld-Meßaufgaben sicher die Methode der Wahl.
2. Der Einbau des Sensors in den Eingangskreis eines Transistors (Bild 6.15). Diese Lösung bietet sich vor allem bei Feldplatten an, da sich deren Widerstand in weiten Grenzen ändert. Außerdem kann durch die negative Temperaturdrift der Basis-Emitter-Spannung des Transistors bei entsprechender Dimensionierung der negative Temperaturkoeffizient des Feldplattenwiderstandes kompensiert werden.

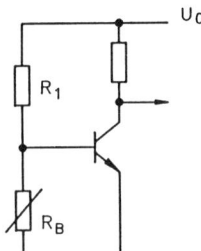

Bild 6.15:
Feldplatte im Basiskreis eines Transistors

3. Der Einbau der Magnetsensoren in eine Wheatstone-Brücke. Dies hat den Vorteil, daß die Gesamtempfindlichkeit der Sensoren um den Faktor 2 (Halbleitersensor) bzw. 4 (Ferromagnet-Sensor) gesteigert werden kann (Bild 6.16). Der Faktor 4 ergibt sich in diesem Fall infolge der Richtungsempfindlichkeit des Sensortyps.

Für den Fall der Wheatestone-Brücke geben wir im folgenden zwei Beispiele. In beiden Fällen sei die Speisespannung der Brücke 5 Volt. In beiden Fällen soll auch die zu messende magnetische Flußdichte klein sein (2 mT).

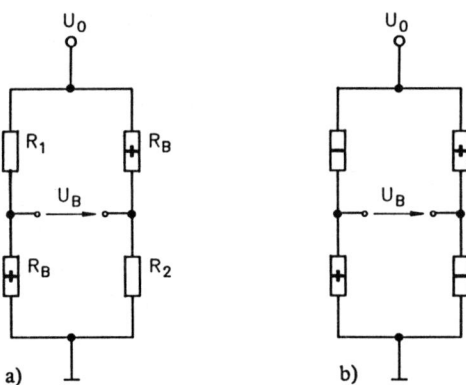

Bild 6.16:
Die magnetoresistiven Sensoren
in Brückenschaltung
a) Halbbrücke mit 2 Halbleitersensoren
b) Vollbrücke mit 4 Permalloy-Sensoren

Beispiel 1: Ferromagnetsensor

Die maximal zulässige Flußdichte für den Typ KMZ10B ist ± 3,75 mT. Als Schaltung wählen wir die Vollbrücke (Bild 6.16b), wie sie auf dem Chip des KMZ10B bereits realisiert ist. Die Tabelle des vorigen Abschnitts liefert für diesen Typ:

$$U_B = 4/T \cdot U_0 \cdot B = 4/T \cdot 5\,V \cdot 2\,mT$$

$$= 40\,mV.$$

Diese Spannung kann am Diagonalzweig der Brücke abgegriffen werden, wenn eine Flußdichte von 2 mT auf die Sensoren wirkt.

Beispiel 2: Halbleitersensor

Obwohl dieser Sensortyp bis weit über 1 T hinaus anwendbar ist, wählen wir auch hier B = 2 mT als Anregungsfeld. Damit ist zum einen ein Vergleich mit dem Ferromagnetsensor möglich, und zum anderen sind bei berührungslosen Abstandsmessungen oft kleine Magnetkräfte erwünscht. Es kommt eine Halbbrücke zur Anwendung (Bild 6.16a). Die in der Tabelle des vorhergehenden Abschnitts angegebene Empfindlichkeit des Halbleitersensors FP30L ist in die Brückenspannung U_B umzurechnen. Unter der Voraussetzung:

$$R_B = R_1 = R_2 \quad \text{und}$$

$$\Delta R_B \ll R_B$$

erhält man für die Halbbrücke nach kurzer Zwischenrechnung:

$$U_B \approx \frac{U_0}{2} \cdot \frac{\Delta R}{R_0 \cdot B} \cdot B = 9{,}25\,mV.$$

Diese Spannung kann am Diagonalzweig der Brücke abgegriffen werden, wenn eine Flußdichte von 2 mT auf die Sonde wirkt.

6.2 Magnetoresistive Sensoren

6.2.3 Anwendung als Abstandssensor

Wir wollen uns hier auf den wichtigen Fall beschränken, daß ein magnetisierbarer Körper (der selbst keinen Magneten enthält) sich an dem Sensor vorbeibewegt und detektiert werden soll (Einpunkt-Positionsmesser). Bild 6.17 zeigt eine mögliche Anordnung mit dem Ferromagnetsensor KMZ10B von Valvo.
Der Sensor ist auf einem Hilfsmagneten exzentrisch aufgeklebt. Dadurch erfüllt dieser Hilfsmagnet zwei Funktionen:

- Er liefert das Sensorfeld B, das infolge seiner Richtung den Sensor in ungestörtem Zustand nicht beeinflußt;
- er liefert infolge seiner exzentrischen Anordnung eine x-Komponente von B, welche die zur stabilen Funktion des Sensors notwendige Vormagnetisierung erzeugt (B_x ca. 4,5 mT).

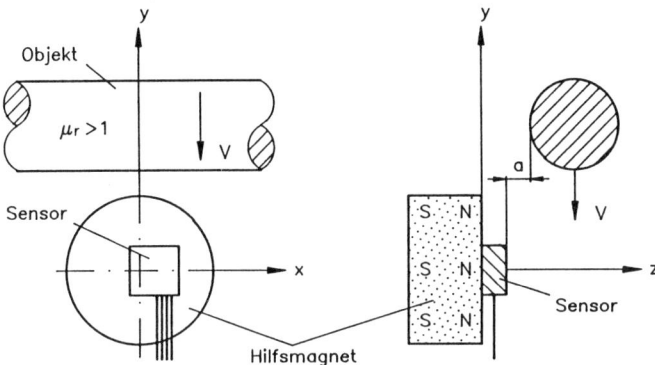

Bild 6.17: Der Permalloy-Sensor KMZ 10 B als Einpunkt-Positionssensor bei passivem Objekt

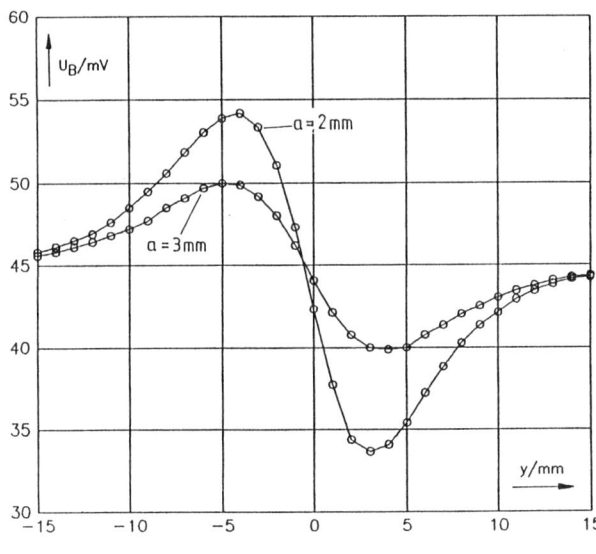

Bild 6.18: Prinzipieller Verlauf $U_B = f(y)$ des Permalloy-Sensors KMZ 10 B bei verschiedenen Abständen $z = a$, vgl. Bild 6.17

Bewegt sich nun das ferromagnetische Objekt im Abstand z = a über den Sensor in y-Richtung hinweg, so entsteht infolge der Verzerrung des Magnetfeldes eine Feldkomponente in y-Richtung, auf die der Sensor anspricht. Den gemessenen Verlauf der dadurch erzeugten Sensorspannung zeigt Bild 6.18 für zwei Abstände a des Objektes in z-Richtung. Der Abstand a muß bei dieser Anordnung in der Größenordnung von 1 mm liegen, damit eine gut detektierbare Feldverzerrung entsteht. Die Wegauflösung in y-Richtung liegt ebenfalls im mm-Bereich. Ein möglicher Nachteil der beschriebenen Anordnung kann die Kraftwirkung des Hilfsmagneten auf das ferromagnetische Objekt sein. Stört diese, so muß man andere mögliche Konfigurationen ins Auge fassen.

6.3 Sättigungskernsonden

6.3.1 Aufbau und Wirkungsweise

Magnetfeldmeßgeräte mit Sättigungs- oder Saturationskernsonden werden verbreitet zur Bestimmung kleiner Feldstärken eingesetzt. So zum Beispiel in der Geophysik zur genauen Messung des Erdmagnetfeldes und in der Raumfahrt. Dieses schon lange unter der Bezeichnung Förster-Sonde oder flux-gate-magnetometer bekannte Verfahren nutzt die Nichtlinearität der Magnetisierungskurven hochpermeabler weichmagnetischer Werkstoffe aus. Eine Sonde besteht dabei aus einem oder zwei hochpermeablen Stabkernen oder einem Ringkern (Bild 6.19). Das Kernmaterial wird durch den Wechselstrom i in einer Magnetisierungswicklung periodisch in die Sättigung gesteuert. In einer Sondenwicklung wird dadurch eine Spannung u induziert. Bild 6.20 zeigt die Verhältnisse für den idealisierten Fall einer aus drei Geradenstücken zusammengesetzten Magnetisierungskurve. Der Fluß Φ durch den Kern ist proportional zur Feldstärke H und

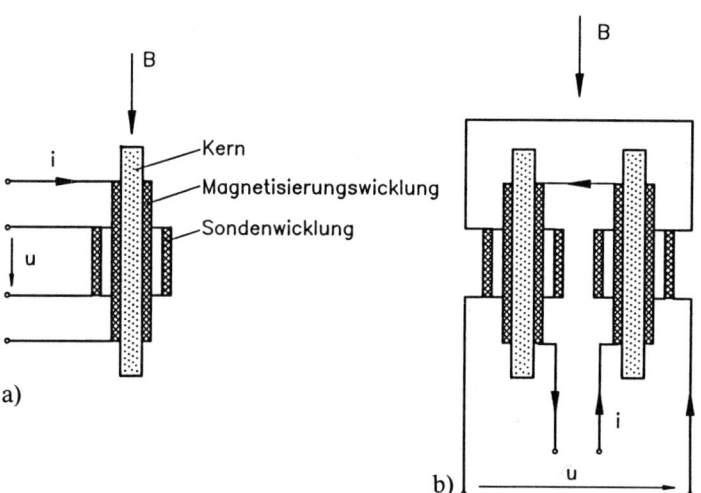

Bild 6.19a: Prinzip der Sättigungskernsonde mit einem Kern
Bild 6.19b: Prinzip der Doppelkernsonde

6.3 Sättigungskernsonden

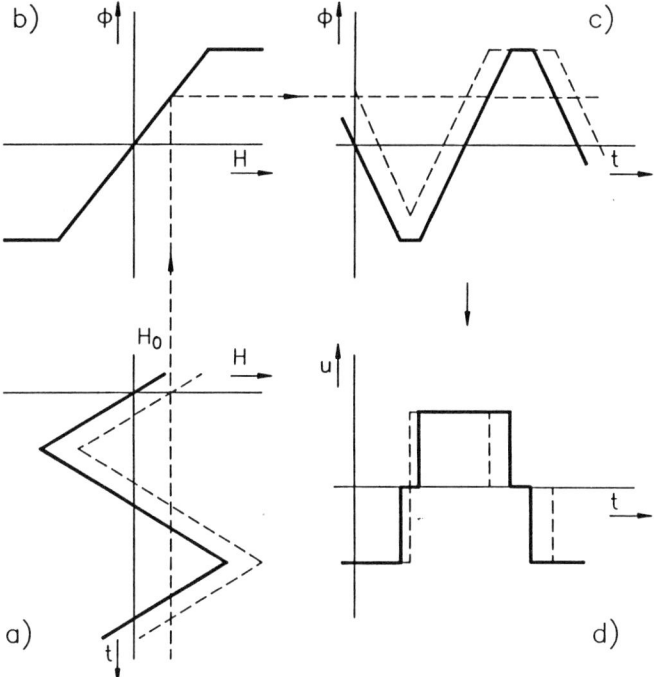

Bild 6.20: Funktion einer Sättigungskernsonde
a) Vom Strom i in der Magnetisierungsentwicklung erzeugte Feldstärke (gestrichelt mit überlagertem Gleichfeld Ho)
b) Magnetisierungskurve des Kerns
c) Flußverlauf im Kern
d) Induzierte Spannung u in der Sondenentwicklung

damit zum Strom i und der Permeabilität des Kernes. In der Sättigung ist Φ deshalb nahezu unabhängig von i. Die in der Sondenwicklung induzierte Spannung u ist proportional zur zeitlichen Änderung des Flusses Φ. Ohne äußeres Magnetfeld ist der Verlauf von H und damit auch von Φ symmetrisch zur Nullinie. Φ und u enthalten somit nur die Grundwelle und ungerade Harmonische. Wird die Sonde einem externen Magnetfeld ausgesetzt, bewirkt dies eine Verschiebung des Feldstärkeverlaufes (gestrichelte Linie). Fluß Φ und induzierte Spannung u sind nun nicht mehr symmetrisch und enthalten auch geradzahlige Harmonische, deren Amplituden näherungsweise der Stärke des Gleichfeldes proportional sind.

Je nach Auswertung dieses Signales unterscheidet man zwischen selektiven und nichtselektiven Verfahren. Bei den selektiven Verfahren wird vorzugsweise die zweite Harmonische ausgefiltert und bewertet. Bei der Verwendung von Doppelkernsonden, deren Magnetisierungswicklungen gegensinnig und deren Sondenwicklungen gleichsinnig gewickelt sind, heben sich die ungeradzahligen Harmonischen nahezu auf, während sich die geradzahligen addieren. Nichtselektive Verfahren nutzen das gesamte Spektrum des induzierten Spannungssignales. Dabei wird der zeitliche Mittelwert oder die Breite der Spannungsimpulse bzw. der Abstand der Nulldurchgänge ausgewertet.

Mit Saturationskern-Magnetometern lassen sich Auflösungen bis 10^{-6} A/cm erreichen. Dies entspricht etwa einem Hunderttausendstel der Stärke des Erdmagnetfeldes. Aufgrund des komplizierten Aufbaues und der umfangreichen Auswerteelektronik waren diese Sensoren bislang auf teure meßtechnische Geräte beschränkt. Fortschritte bei der Integration elektronischer Schaltungen und vor allem die Entwicklung neuer hochpermeabler Materialien haben das Prinzip nun auch für die Automatisierungstechnik interessant gemacht.

6.3.2 Sensoren für die Automatisierungstechnik

Neuere Sättigungskernsonden verwenden einen Kern aus amorphem Metall, das einige Vorteile gegenüber den herkömmlichen kristallinen Legierungen aufweist. Amorphe Metalle zeichnen sich durch eine hohe Permeabilität (bis 500 000), geringe Koerzitiv-Feldstärke sowie niedrige Wirbelstrom- und Hystereseverluste aus. Sie werden als dünne Bänder (20...50 µm Dicke) hergestellt, sind hochelastisch und daher relativ unempfindlich gegen mechanische Beanspruchungen. Probleme kann unter Umständen eine ungenügende Temperaturstabilität der magnetischen Parameter bereiten.

Bild 6.21 zeigt den prinzipiellen Aufbau eines Magnetfeld-Positionssensors MSE 582 der Fa. Vacuumschmelze GmbH. Er besteht aus einem Streifen amorphen Metalles und einer einzigen Spule, verkapselt in einer Kunststoffhülse. Bei einer etwas vereinfachten Auswertung wird der Kern durch einen impulsförmigen Strom i (z. B. 100 kHz) bis in die Sättigung ausgesteuert (Bild 6.22).

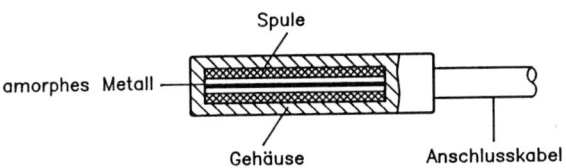

Bild 6.21: Prinzip des Magnetfeldsensors

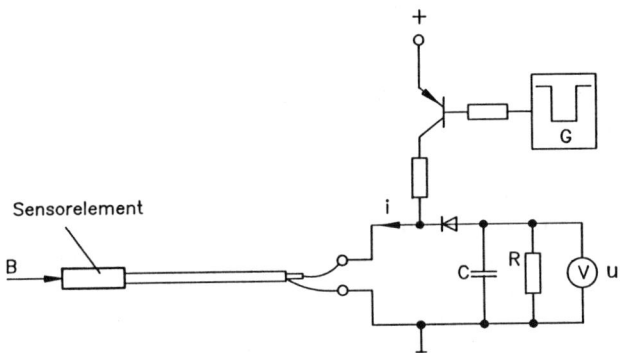

Bild 6.22: Prinzipschaltung bei Impulsstrombetrieb

6.3 Sättigungskernsonden

Bei jeder Flanke eines Stromimpulses entsteht an der Spule ein Spannungsimpuls, dessen Höhe von der gespeicherten magnetischen Energie und damit von Betrag und Richtung des zu messenden Magnetfeldes abhängt. Die induzierte Spannung wird gleichgerichtet und tiefpaßgefiltert. Das so gebildete Signal u ist in guter Näherung proportional zum Magnetfeld, solange der Sensorkern nicht schon alleine durch das äußere Magnetfeld B gesättigt wird. Typische Daten dieses Sensors sind: Meßbereich 0,5 mT, Empfindlichkeit 10 V/mT, Linearität 1%, Grenzfrequenz >20 kHz.

Eine weitere Möglichkeit der Auswertung besteht in der Messung der Induktivität oder der Güte der Sensorspule. Die Spuleninduktivität ist abhängig von der reversiblen Permeabilität des Kernmaterials. Dies ist die Wechselfeld-Permeabilität bei kleiner Aussteuerung ΔH und überlagertem Gleichfeld H_0:

$$\mu_{rev} = \frac{1}{\mu_0} \cdot \frac{\Delta B}{\Delta H} \quad \text{für } \Delta H \to 0.$$

Bei kleiner Aussteuerung ΔH ist die Hystereseschleife lanzettförmig und verschiebt sich bei Gleichfeldüberlagerung längs der Magnetisierungskurve (Bild 6.23). Die Neigung der Lanzettenachse entspricht der reversiblen Permeabilität.
Bild 6.24 zeigt die reversible Permeabilität in Abhängigkeit des Gleichfeldes H_0.
Die resultierende Spulengüte ist in Abhängigkeit von der Flußdichte B in Bild 6.25 dargestellt.

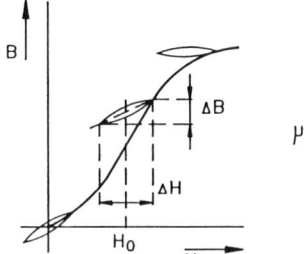

Bild 6.23:
Definition der reversiblen Permeabilität

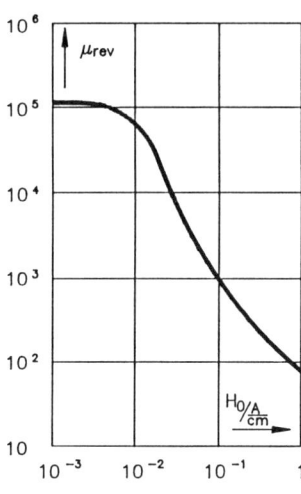

Bild 6.24:
Reversible Permeabilität eines amorphen Metalles

Ein einfaches Auswerteprinzip besteht in der Messung des Betrages der Spulenimpedanz. Dieser nimmt mit steigender Feldstärke ab, da Induktivität und Güte kleiner werden. Speist man die Sensorspule mit einem Wechselstrom i konstanter Amplitude, so bildet die entstehende Spannung u ein Maß für die Feldstärke (Bild 6.26). Auch die Verwendung des Sensors als frequenzbestimmendes Element eines LC-Oszillators ist möglich. Schwingfrequenz und -amplitude sind dann von Induktivität und Güte der Sensorspule abhängig.

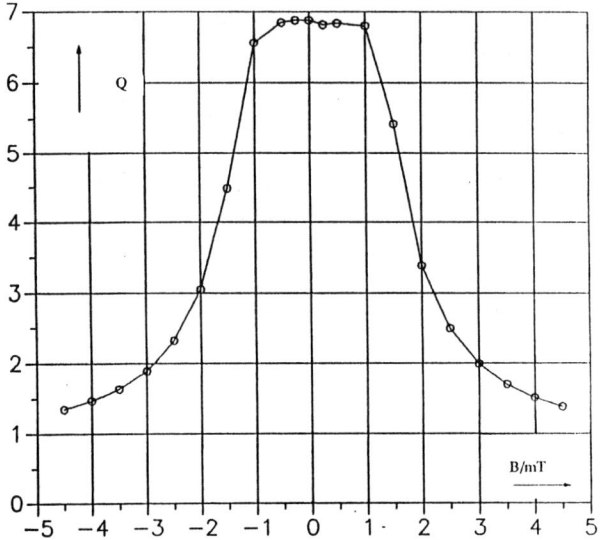

Bild 6.25:
Spulengüte des Magnetfeldsensors nach Bild 6.21 in Abhängigkeit der Flußdichte

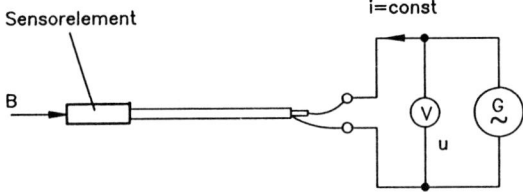

Bild 6.26:
Prinzipschaltung für die Impedanzmessung

6.3.3 Anwendungen

Durch die Verwendung amorpher weichmagnetischer Legierungen und weiterentwickelter Schaltungstechnologien können für das Sättigungskernsonden-Prinzip neue Anwendungsgebiete, besonders in der Automatisierungs- und Fahrzeugtechnik, erschlossen werden. Gegenüber Hallsensoren und magnetoresistiven Elementen bietet es eine um Größenordnungen höhere Empfondlichkeit. Im Vergleich mit induktiven Sensoren fällt die höhere Reichweite bei kleineren Bauformen auf und die Möglichkeit, die Sensoren vollständig in Metallgehäuse zu kapseln.

Interessante Anwendungen können sein:

- Weg- und Positionssensoren,
- Drehzahl- und Drehwinkelsensoren,
- Stromsensoren,
- Sensoren für Verkehrs- und Fahrzeugzählung,
- Navigation und Erdfeldmessung.

Die Entwicklung kostengünstiger Magnetfeldsensoren steht noch am Anfang, doch werden in Zukunft sicher einige der oben genannten Gebiete abgedeckt werden können.

Verwendete Literatur

[1] Datenbuch Sensoren, Magnetfeldhalbleiter Teil 1, 1982/83. Siemens AG, München.
[2] Kramp, C.-H.: Magnetoresistive Sensoren. Valvo Unternehmensbereich Bauelemente der Philips GmbH, Hamburg 1987.
[3] Koch, J.: Anwendungen der Magnetfeldsensoren KMZ 10. Valvo Unternehmensbereich Bauelemente der Philips GmbH, Hamburg 1987.
[4] Heinecke, W.: Messungen von magnetischen Feldern und Felddifferenzen mit Saturationskernsonden nach dem Verfahren mit direkter Zeitverschlüsselung. Dissertation der TU Braunschweig, 1976.
[5] Kohlrausch, F.: Praktische Physik. Band 2. Teubner, Stuttgart 1985.
[6] Boll, R. u. G. Hinz: Sensoren aus amorphen Metallen Technisches Messen tm, 52. Jg., Heft 5/ 1985.
[7] Forkel, W.: Magnetfeldmessung mit Sättigungskernsonden in der Fahrzeugtechnik. Sensoren 86/87.
[8] Magnetische Sensoren, Positionssensoren. Firmenschrift MS-002. Vacuumschmelze GmbH, Hanau 1986.

7 Identifikations-Sensoren

7.1 Einführung

In der Automatisierungstechnik geht es sehr häufig darum, ein Objekt zu kennzeichnen, damit man es jederzeit wiederfinden und identifizieren kann. Man denke an einen Motorblock in der Fertigung, an einen Behälter in einem Hochregallager, an ein Werkzeug in einer Werkzeugmaschine, an ein Bierfaß in einer Brauerei usw..
Das Prinzip ist stets dasselbe: Man versieht das Objekt mit einem Etikett (Codeträger, tag) und liest diesen Codeträger bei Bedarf mit einer Leseeinheit.
Man kann die Leseeinheit zusammen mit dem Codeträger als Identifikations-Sensor bezeichnen, wenn man die Identität als eine Meßgröße wie Abstand, Temperatur usw. ansieht.
Objektidentifikation im obigen Sinne wird nach verschiedenen Verfahren durchgeführt, wie die Übersicht in Bild 7.1 zeigt. Besonders interessant sind passive Codeträger, d.h. solche ohne eigene Batterie. Im folgenden werden einige Verfahren exemplarisch beschrieben.

Übertragungsart	optisch	mechanisch	induktiv	hochfrequent
Codeträger	Klarschrift, Strichcode (passiv)	Codestifte oder Löcher (passiv)	Bits im ROM oder EEPROM Schwingkreis mit Primärstufe (passiv)	Sender/ Empfänger $f > 1$ GHz (passiv oder aktiv)
	Speicher mit opt. Datenübertragung			
Lesegerät	Lichttaster	Matrix mit induktiven Sensoren	Sekundärspule des Trafos	HF-Sender/ Empfänger
	Lichtschranke			
typische Reichweiten	0 mm...1 m ...	5 mm	1 mm...15 cm	1 m...10 m

Bild 7.1: Übersicht über Identifikationssysteme

7.2 Barcode

Beim Barcode (Streifencode, Balkencode, Strichcode) wird eine Identifikation durch unterschiedlich dicke Striche, die auf ein Objekt aufgebracht werden, ermöglicht. Der Barcode kann mit verhältnismäßig einfachen automatischen Systemen abgetastet werden und ist mit einfachen Mitteln sehr kostengünstig herstellbar. Es befindet sich eine große Zahl von unterschiedlichen Strichcode-Arten auf dem Markt, von denen einige im folgenden dargestellt werden.

Das Codesymbol kann je nach Anforderungen, die an Druckdichte und Genauigkeit gestellt werden, mit unterschiedlichen Druckverfahren hergestellt werden, z. B.:
- Laserdruck
- Tintenstrahldruck
- Matrixdruck
- Thermodruck
- Typenraddruck
- Offsetdruck
- Buchdruck

Die Dichte des Barcodes und damit sein Platzbedarf hängt von der kleinsten verwendeten Strichdicke ab. Von der richtigen Wahl der Dichte in Abhängigkeit von der Druckqualität hängt andererseits die Zuverlässigkeit des Barcodes ab.

7.2.1 EAN-Code

Der in Europa wohl am weitesten verbreitete Barcode ist der EAN-Code zur Darstellung der internationalen Artikel-Nummer, der im Konsumgüterbereich zur Kennzeichnung von Produkten eingesetzt wird. Ein Beispiel für diesen Barcode kann jeder sehr leicht z. B. auf einem Becher Joghurt finden. Bei diesem Code tragen sowohl die Striche als auch die Lücken Information. Das EAN-Symbol codiert je nach der gewählten Variante eine 8- oder 13-stellige Dezimalzahl. Der EAN-Code gibt Informationen über das Land, in dem die Nummer vergeben wurde (Deutschland: Präfix = 40–44), den Hersteller und die individuelle Nummer des Produktes. Die letzte Stelle im EAN-Code ist eine Prüfziffer (Bild 7.2).

Jede Ziffer 0–9 wird durch 7 gleich breite, helle oder dunkle Teile (Module) dargestellt (Bild 7.3). Aus den 7 Modulen werden zwei helle und zwei dunkle Balken mit einer Breite von 1, 2, 3 oder 4 Modulen gebildet. Die Darstellung des Zeichens erfolgt durch die Wahl der Anzahl der Module aus denen ein Balken besteht.

Das am häufigsten verwendete 13-stellige EAN-Symbol wird durch zwei längere dünne Striche in eine rechte und eine linke Hälfte unterteilt in denen je 6 Ziffern wie oben beschrieben dargestellt werden. Die 13. Ziffer wird durch Kombination der Verschlüsse-

13-stellige Internationale Artikelnummer (EAN)			
Präfix	Herstellernummer	Individuelle Artikelnummer	Prüfziffer
4 0	1 2 3 4 5	1 2 3 4 5	6

Bild 7.2: Internationale Artikelnummer

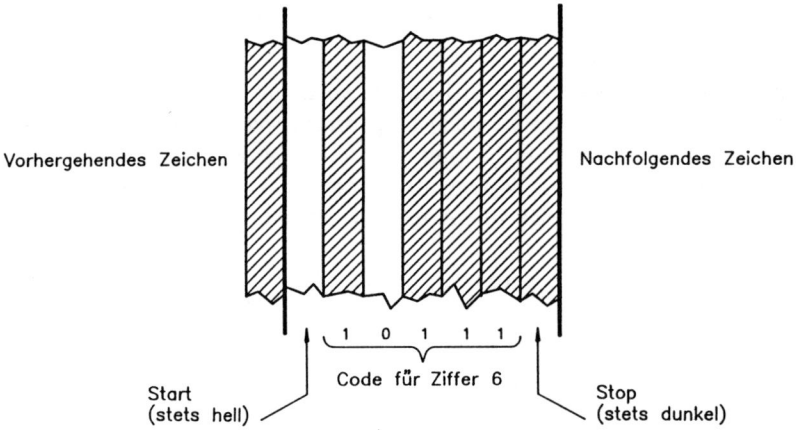

Bild 7.3: Darstellung eines Zeichens in der linken Hälfte des EAN-Symbols

	linke Ziffern		rechte Ziffern
Ziffer	Satz A 0123456	Satz B 0123456	Satz C 0123456
0	0001101	0100111	1110010
1	0011001	0110011	1100110
2	0010011	0011011	1101100
3	0111101	0100001	1000010
4	0100011	0011101	1011100
5	0110001	0111001	1001110
6	0101111	0000101	1010000
7	0111011	0010001	1000100
8	0110111	0001001	1001000
9	0001011	0010111	1110100

Bild 7.4: Codierung der Ziffern im EAN-Code

lung der Zeichen in der rechten Symbolhälfte erzeugt. Zur Codierung der Zeichen werden drei verschiedene Schlüssel (Satz A, B und C) benutzt (Bild 7.4). Satz C entsteht durch Vertauschen der hellen und dunklen Elemente aus Satz A, während Satz B durch Richtungsumkehr von Satz C entsteht. In der rechten Hälfte des EAN-Codes wird Satz C verwendet, in der linken Hälfte werden Satz A und B gemischt, um so das 13. Zeichen zu kodieren.

Jede Ziffer in der linken Hälfte wird mit einem hellen Startstreifen begonnen und mit einem dunklen Stopstreifen beendet (Bild 7.3). In der rechten Hälfte ist es umgekehrt. Ein Vorteil des EAN-Codes ist seine Kompaktheit. Nachteilig ist die feste Stellenzahl und die hohe Präzision, die beim Drucken der Etiketten notwendig ist (1 Modul: 0,3 mm ± 0,008 mm).

7.2.2 2-aus-5-Code

Der 2-aus-5-Code wird hauptsächlich im industriellen Bereich angewendet. Auch hier werden nur die Ziffern 0...9 dargestellt. Jedes Zeichen besteht aus zwei breiten und drei schmalen Strichen (Bild 7.5). Das Verhältnis zwischen breiten und schmalen Strichen beträgt 1:3, wodurch es möglich wird, beim Drucken verhältnismäßig große Fehler zuzulassen (15%). Die hohe Drucktoleranz erlaubt die Verwendung von einfachen Druckverfahren und kritischem Trägermaterial, bedingt aber auch eine niedrige Informationsdichte. Der Code wird durch ein Start- und ein Stopzeichen eingerahmt und kann damit beliebig viele Ziffern enthalten. Bild 7.6 zeigt die Codetabelle. Die 2-aus-5-Codierung mit gerader Parität ermöglicht es, Lesefehler zu erkennen.

Der 2-aus-5-Code wird wesentlich kompakter, wenn auch die Lücken zwischen den Strichen zur Codierung verwendet werden. Hierzu werden zwei aufeinanderfolgende Zeichen so ineinander verschachtelt, daß die Bit des zweiten Zeichens durch die Lücken zwischen den Bit des ersten Zeichens dargestellt werden. Einsen sind als breite Lücken und Nullen als schmale Lücken codiert. Der so erzeugte Code wird 2-aus-5-Interleaved genannt.

Bild 7.5: 2-aus-5-Strichcode

Bild 7.6: Zeichencodierung für den 2-aus-5-Code

Ziffer	Codierung
0	00110
1	10001
2	01001
3	11000
4	00101
5	10100
6	01100
7	00011
8	10010
9	01010
Startzeichen	110
Stopzeichen	101

(1=Breiter Strich, 0=Schmaler Strich)

7.2.3 Lesegeräte

Für die unterschiedlichen Anforderungen in der Automatisierungstechnik existiert eine breite Palette von Lesegeräten.

Lesestift

Der Lesestift wird direkt auf den Barcode aufgesetzt und manuell über das Barcode-Symbol geführt. Sein Vorteil liegt in den niedrigen Kosten für das Lesesystem und darin, daß der Barcode beliebig positioniert sein kann. Das optische System besteht aus einer Reflexlichtschranke, wie sie Bild 7.7 als Prinzip zeigt.

Scanner

Ein Scanner besteht im Prinzip aus dem gleichen optischen System wie ein Lesestift. Der Unterschied besteht darin, daß der Lichtstrahl mit einem rotierenden Spiegel über den Barcode geführt wird. Der Scanner arbeitet in der Regel mit einem Laser als Licht-

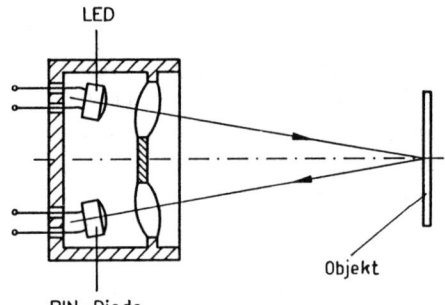

Bild 7.7:
Optisches Lesesystem mit LED und Photodiode

quelle und ist für das automatische Lesen von Barcodes auch bei größeren Abständen geeignet.

Kamera-Systeme
Kamera-Systeme bilden den Barcode über ein Objektiv auf eine CCD-Zeile ab. Damit kann Barcode automatisch über große Entfernungen gelesen werden, ohne daß bewegte Teile benötigt werden.

7.2.4 Anwendung

Barcode wird im industriellen Bereich überall dort sinnvoll eingesetzt, wo in unkritischer Umgebung Identifikation notwendig ist. Der Einsatz von Barcode in verschmutzungsintensiver Umgebung führt vor allem bei automatischem Lesen zu einer zu geringen Zuverlässigkeit.
Durch den niedrigen Preis der Barcodeetiketten wird es möglich, in allen Bereichen der Logistik Produkte zu kennzeichnen und damit den Materialfluß von der Fertigung bis hin zum Endkunden zu steuern und zu überwachen. Die automatische Lesbarkeit von Produktkennzeichnungen und Belegen erleichtert den Informationsfluß und erhöht dessen Zuverlässigkeit.

7.3 Induktive Identifikationssysteme

Bei einem induktiven Identifikationssystem werden Objekte mit einem robusten und verschmutzungsunempfindlichen elektronischen Codeträger ausgestattet. Jeder Codeträger enthält eine einmalige und damit eindeutige Nummer, die induktiv berührungslos ausgelesen werden kann.
Eine Weiterentwicklung des reinen Identifikationssystems, bei dem ein Code nur gelesen werden kann (Read Only), ist das Schreib/Lese-System (Read/Write). Dieses System ermöglicht zusätzlich die Speicherung materialflußbegleitender Daten, wodurch die Objekte die ihnen zugeordneten Daten direkt in einem Datenträger mit sich führen können.

7.3 Induktive Identifikationssysteme

7.3.1 Systemstruktur

Ein typisches induktives Identifikationssystem, wie es im folgenden am Beispiel des Pepperl+Fuchs IDENT-I Systems beschrieben wird, besteht aus drei Komponenten (Bild 7.8):
- Dem Code- oder dem Datenträger, in dem die für die Identifikation verwendete Nummer gespeichert ist;
- dem Lese- oder Schreib-/Lesekopf, der die Datenübertragung mit dem Code- oder Datenträger durchführt;
- der Auswerteeinheit, die die Informationen aufbereitet, die induktive Datenübertragung steuert und mit einem übergeordneten Rechner kommuniziert.

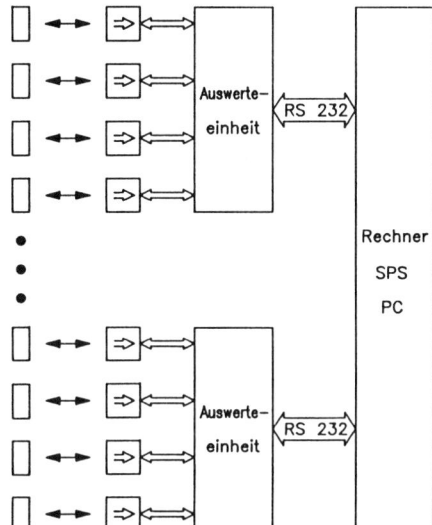

Bild 7.8:
Struktur eines Identifikationssystems (Pepperl + Fuchs, IDENT-I)

7.3.2 Induktive Kopplung

Der Lesekopf bewirkt während der Datenübertragung die induktive (transformatorische) Energieversorgung des Codeträgers und empfängt die zurückgesendeten Signale. Hierzu enthält der Lesekopf die Sendespule für die Energieübertragung in den Codeträger und für die Steuerung des Datenflusses, sowie die Empfangsspule zur Detektion der zurückgesendeten Signale (Bild 7.9).
In Bild 7.10 sind die magnetischen Feldlinien während der Energieübertragung zum Codeträger dargestellt. Es wird deutlich, daß eine sehr schlechte Kopplung zwischen Lesekopf und Codeträger besteht. Bei großen Abständen nimmt der Koppelfaktor mit der dritten Potenz des Abstandes ab. Ist der Codeträger bündig in Metall eingebaut, so wird der Koppelfaktor durch Wirbelströme im umgebenden Material und Umlenkung der magnetischen Feldlinien weiter verschlechtert. Um unter diesen Umständen eine Datenübertragung über große Abstände zu ermöglichen, muß der Codeträger eine Spule mit Ferritkern besitzen und so konzipiert werden, daß er mit sehr wenig Leistung auskommt.

7 Identifikations-Sensoren

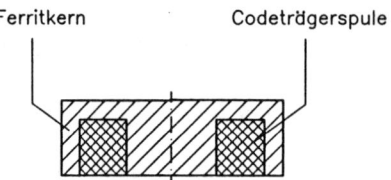

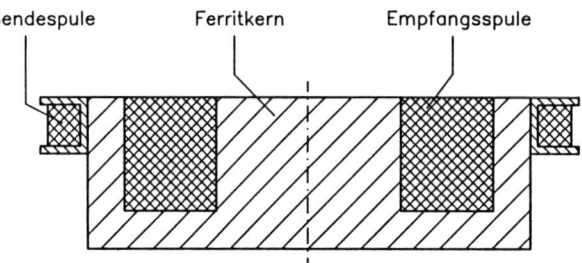

Bild 7.9:
Spulenanordnung beim induktiven Ident-System

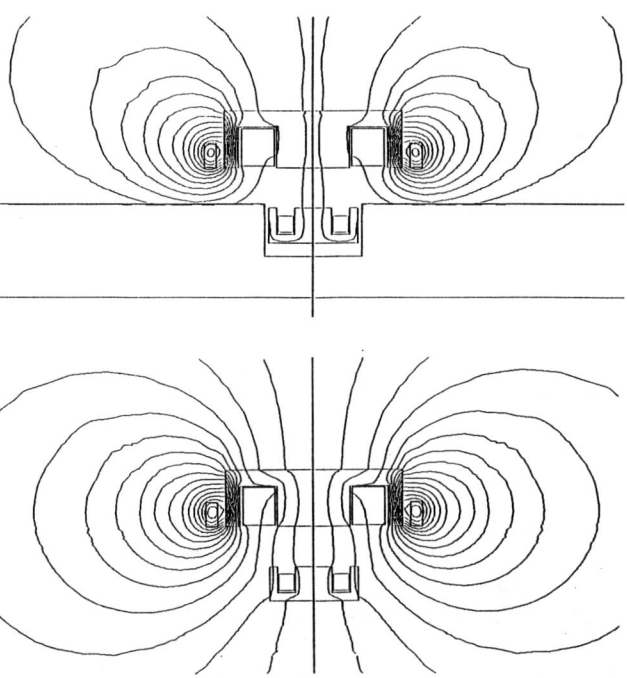

Bild 7.10: Feldlinienverläufe bei der Energieübertragung zum Codeträger
   oben: freier Codeträger
   unten: Codeträger, eingebaut

7.3.3 Datenübertragung im Read-Only-System

Der Codeträger besteht aus einem einzigen Chip und einer Spule, die zur Energie- und Datenübertragung dient. Auf dem Chip befindet sich ein Speicherbereich, in dem der Code fest abgelegt ist, eine Steuerlogik und zwei Kondensatoren. Einer der Kondensatoren liegt immer parallel zur Spule, der andere kann von der Steuerlogik zugeschaltet werden (Bild 7.11). Bild 7.12 zeigt den mechanischen Aufbau eines Codeträgers.

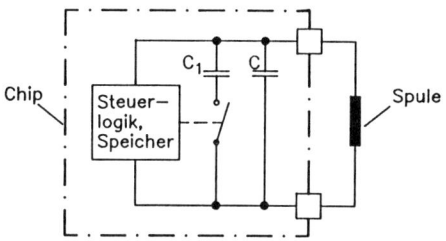

Bild 7.11:
Prinzipieller Aufbau eines Codeträgers

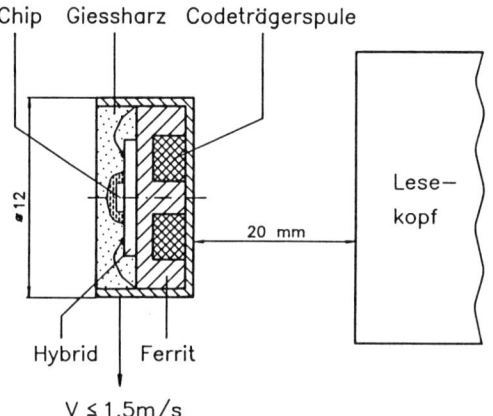

Bild 7.12:
Schnittbild eines Codeträgers

Die Energieversorgung des Codeträgers erfolgt über kurze energiereiche Impulse, die vom Lesekopf erzeugt werden. Es handelt sich also um ein passives Identifikationssystem, bei dem keine Batterie zur Versorgung des Codeträgers notwendig ist. Die Impulse regen den LC-Schwingkreis an, der durch die Induktivität der Spule und die Kondensatoren auf dem Codeträgerchip gebildet wird. Die Induktivität der Codeträgerspule hängt unter anderem von äußeren Parametern, wie der Form des Lesekopfes, dem Abstand vom Lesekopf oder dem umgebenden Material ab. Daraus folgt, daß der Absolutwert der Resonanzfrequenz im Codeträger nicht genau bekannt ist. Die Frequenz der angeregten Schwingung kann, durch Zu- oder Abschalten des zweiten Kondensators C_1 auf dem Chip, zwei Werte (etwa 260 kHz („niedrig") und 300 kHz („hoch")) annehmen (vgl. Bild 7.13).

Während der Datenübertragung leitet der Lesekopf die Abfrage eines Bit mit einem positiven Sendeimpuls ein, auf den der Codeträger mit einer der beiden Frequenzen antwortet. Auf den anschließend gesendeten negativen Impuls antwortet der Codeträger mit der anderen Frequenz. Dadurch setzt sich die Übertragung eines Bit aus einem Taktzyklus mit zwei Phasen, nämlich der Phase P1, die durch einen positiven Sendeim-

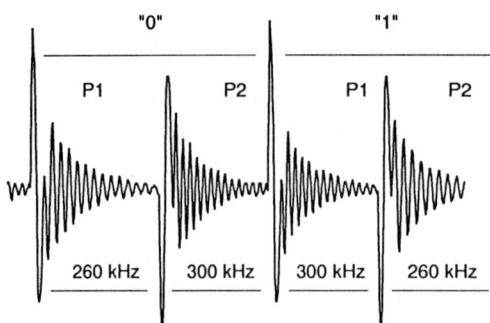

Bild 7.13:
Spannungsverlauf im Codeträger

puls (P1-Clock) eingeleitet wird, und der Phase P2, die auf einen negativen Sendeimpuls (P2-Clock) folgt zusammen. Wird erst die hohe, dann die niedrige Resonanzfrequenz erzeugt, so bedeutet das eine „1", erst die niedrige, dann die hohe Frequenz ergibt eine „0". In Bild 7.13 sind die unterschiedlichen Frequenzen bei der Übertragung einer Bitfolge erkennbar.

Der Codeträger muß keine Signale aktiv erzeugen, da die Übertragung der Daten zum Lesekopf durch die Eigenresonanz eines Schwingkreises erfolgt. Aus diesem Grund reicht es aus, wenn beim Lesen sehr wenig Energie zum Codeträger übertragen wird. Das wiederum ist die Voraussetzung, um mit passiven Systemen große Abstände mit einem einfach aufgebauten Lesekopf zu erreichen.

Der Code, der mit diesem Verfahren bitweise übertragen wird, besteht aus Wafernummer, Chipnummer, Paritätsinformation und einer reservierten Nummer. Es entsteht damit folgendes Format, das der Codeträger seriell überträgt:

W1 W2 W3 D1 D2 D3 D4 P1 P2 P3 P4 P5 R1 R2 R3 R4

3×4 Bit W1 ... W3 Wafernummer
4×4 Bit D1 ... D4 Chip-(Die)-Nummer
5×4 Bit P1 ... P5 Paritätsinformation
4×4 Bit R1 ... R4 Reservierte Nummer

Durch diese Datenstruktur ist es möglich, 2^{44}, das sind 17,6 Billionen, verschiedene Codeträger zu erzeugen, eine Menge, die wohl niemals benötigt wird.

7.3.4 Datenübertragung im Read/Write-System

Beim Read/Write-System besteht der Datenträger wie der Read-Only-Codeträger lediglich aus einem Chip und einer Spule. Der Speicherbereich auf dem Chip wird hier jedoch von einem EEPROM gebildet, so daß der Datenträger auch berührungslos programmiert werden kann. Die Kapazität des EEPROMs beträgt zur Zeit bis zu 2 K Bit. Die Datenübertragung zum Schreib/Lesekopf sowie die Energieversorgung des Datenträgers erfolgt nach dem gleichen Prinzip wie beim Read-Only-System. Dadurch sind Code- und Datenträger zueinander kompatibel, so daß auch Codeträger mit Komponenten des R/W-Systems gelesen werden können.

Zusätzlich zur Datenübertragung vom Datenträger zum Schreib/Lesekopf wird zur Programmierung des Datenträgers auch ein Datenfluß in umgekehrter Richtung nötig. Die Sendeimpulse vom Schreib/Lesekopf sind jetzt nicht mehr wie beim Read-Only-System grundsätzlich abwechselnd positiv und negativ, sondern können in beliebiger

7.3 Induktive Identifikationssysteme

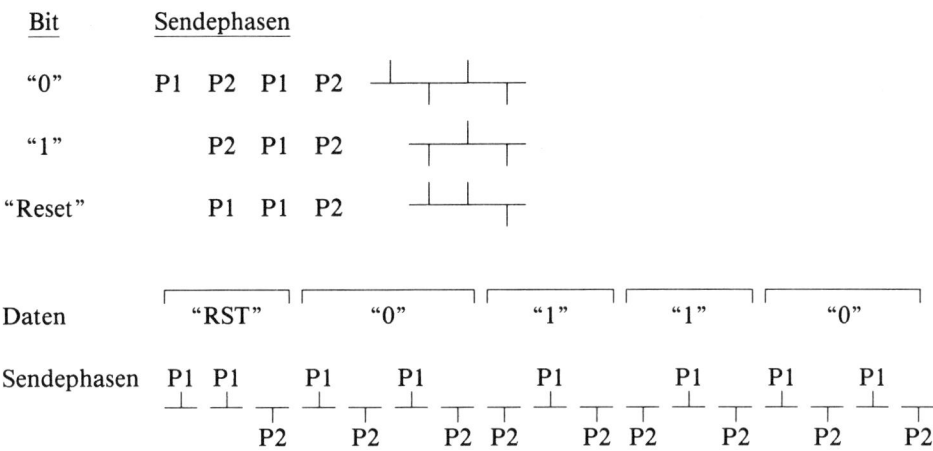

Bild 7.14: Datenübertragung vom Schreib/Lesekopf zum Datenträger

Polarität generiert werden. Damit wird eine Bitübertragung zum Datenträger möglich. In Bild 7.14 sind die Codierungen für die Übertragung von Schreib/Lesekopf zum Datenträger gezeigt.

Wenn der Datenträger alle Befehle und Informationen empfangen hat, erfolgt die Übertragung der für die Erzeugung der Programmierspannung notwendigen Energie, indem der Schreib/Lesekopf für einen Zeitraum von 10 ms nur Taktimpulse erzeugt.

Durch die Verwendung eines EEPROMs zur Speicherung von Daten kann ein Codeträger gebaut werden, der ohne Hilfsenergie auskommt. Diese Technologie birgt jedoch auch Nachteile. Die Speicherung im EEPROM wird mit Feldeffekttransistoren verwirklicht, die mit zwei Gateelektroden ausgestattet sind (Bild 7.15). Ein Gate dient zum Programmieren und Abfragen der Daten, während das andere Gate vollständig mit Siliziumoxid isoliert ist. Die Programmierung erfolgt durch Einbringen von Ladungen in das isolierte Gate, die die Isolation bei Anlegen einer Programmierspannung (typisch ca. 15 V) durchdringen können. Ausgelesen wird die Speicherzelle durch Anlegen einer Steuerspannung an das nicht isolierte Gate. Hierbei entscheidet das Potential des isolierten Gates, ob die Steuerspannung ausreicht um den Feldeffekttransistor durchzuschalten.

Aufgrund minimaler Leckströme, die mit der Temperatur steigen, verlieren die Elektroden mit der Zeit Ladungen, was auf Dauer zu einem Verlust der gespeicherten Informationen führt. Hersteller von EEPROMs garantieren in der Regel eine Mindestdatenhal-

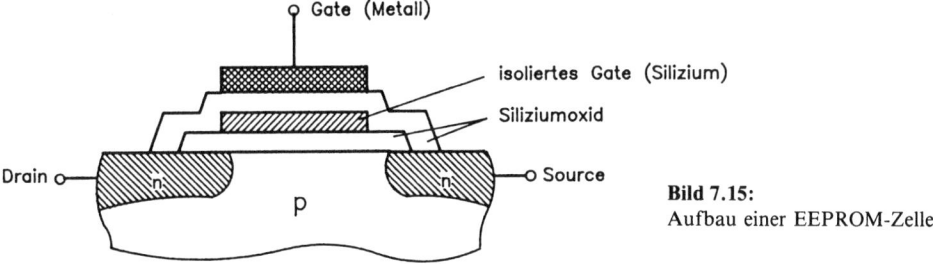

Bild 7.15: Aufbau einer EEPROM-Zelle

tezeit von 10 Jahren bei +70 °C. Darüberhinaus erzeugt jeder Programmiervorgang kleinste Fehlstellen in der Isolation der Speicherelektroden. Dadurch können sich bei Überschreitung der garantiert möglichen Schreibzyklen (technologieabhängig 10 000–100 000 Zyklen) Fehler bei der Speicherung ergeben. Die typische Zahl der möglichen Schreibzyklen liegt um mindestens eine Größenordnung über dem garantierten Wert.

7.3.5 Datensicherung auf der induktiven Übertragungsstrecke

Bei der induktiven Übertragung von Daten können an der Grenze des Lesebereiches und durch Störquellen in der Umgebung Fehler auftreten. Die einfachste Erkennung dieser Fehler kann durch mehrmaliges Lesen des Codes erreicht werden. Soll jedoch ein bewegter Codeträger ausgelesen werden, wirkt sich die bei diesem Verfahren benötigte zusätzliche Übertragungszeit negativ auf die erreichbare Relativgeschwindigkeit beim Lesen aus. Das Hinzufügen von zusätzlichen Sicherungsbit ermöglicht eine Prüfung des übertragenen Codes bei jedem Lesevorgang und damit ein beschleunigtes Lesen bei gleicher Datensicherheit. Durch das Bilden von Längs- und Querparität für die einzelnen Nummern des Codes wird eine Hamming-Distanz von 4 erreicht. Das bedeutet, daß bis zu 3 Bitfehler innerhalb jeder Nummer erkannt werden können. Bild 7.16 zeigt das am Beispiel der Wafernummer.

W1.1	W1.2	W1.3	W1.4	P1.1
W2.1	W2.2	W2.3	W2.4	P1.2
W3.1	W3.2	W3.3	W3.4	P1.3
P2.1	P2.2	P2.3	P2.4	P1.4

Bild 7.16: Paritätsbit der Wafernummer

7.3.6 Lesekopf und Auswerteeinheit

Der Lesekopf hat die Aufgabe, den Codeträger mit Energie zu versorgen und die Signale vom Codeträger zu empfangen und aufzubereiten. Diese Signale zeigt Bild 7.17.
Das Signal, das der Codeträger nach der Anregung (P1-Clock) durch den Lesekopf erzeugt, wird durch die Empfangsspule, die sich ähnlich einer Initiatorspule in einem Schalenkern befindet, detektiert (Bild 7.18). Mit einem auf den Arbeitsfrequenzbereich (260 kHz bis 300 kHz) abgestimmten Filter werden Störungen unterdrückt und die Empfindlichkeit des Empfangskreises erhöht. Das gefilterte Sinussignal wird dann mit einem Komparator, der bei jedem Nulldurchgang seines Eingangssignales den Ausgangszustand ändert, in ein Rechtecksignal umgewandelt.
Ein darauffolgender Frequenzteiler, der Nulldurchgangszähler, zählt 16 Perioden dieses Rechtecksignales und löst dann einen Impuls aus, mit dem die Endstufe angesteuert wird. Die Endstufe legt Spannung an eine der beiden gegensinnig gewickelten Sendespulen an. Ein Signal von der Auswerteeinheit (Dir) legt über die Steuerlogik fest, welche der beiden Sendespulen angesteuert wird und damit, welche Polarität der erzeugte Sendeimpuls hat. Das Ausgangssignal des Nulldurchgangszählers wird als Data-Signal an die Auswerteeinheit übertragen. Die Periodendauer des Data-Signals ist damit umgekehrt proportional zu der vom Codeträger während der Phasen P1 und P2 erzeugten Frequenz. Eine kurze P1 und eine lange P2 bedeutet eine „1" und umgekehrt eine lange

7.3 Induktive Identifikationssysteme

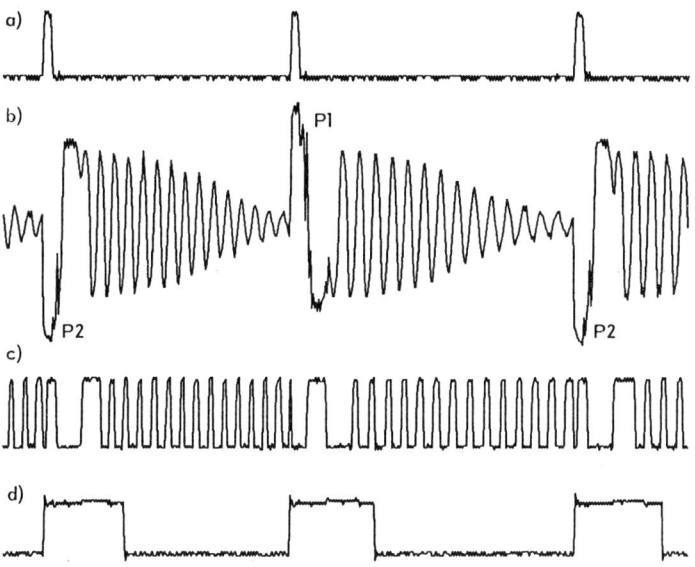

Bild 7.17: Spannungsverläufe im Lesekopf

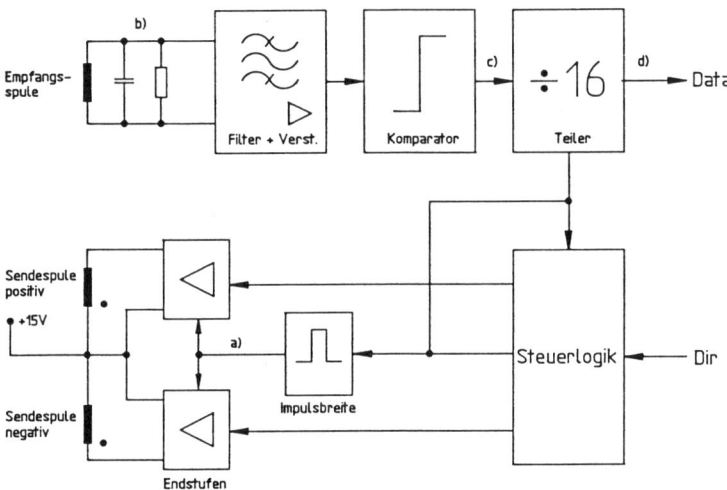

Bild 7.18: Blockschaltbild eines Lesekopfes

P1 und eine kurze P2 eine „0" im Datenstrom vom Codeträger. Über einen Störfilter zur Erhöhung der elektromagnetischen Verträglichkeit (EMV) gelangt das Data-Signal auf die Leitung zur Auswerteeinheit. Die Übertragung der 64 Bit aus dem Codeträger nimmt ungefähr 8 ms in Anspruch, was einer Datenrate von ca. 8 kBit/s entspricht. Bild 7.19 zeigt einen Schnitt durch einen Lesekopf mit abgesetztem Sende/Empfangsteil.

Die Auswerteeinheit ist das Bindeglied zwischen den Leseköpfen und einem übergeordneten Rechner. Die Signalleitungen (Data und Dir) des Lesekopfes sind mit dem Mikrocontroller der Auswerteeinheit verbunden. Es wird ein Prozessor aus der 8051-Familie

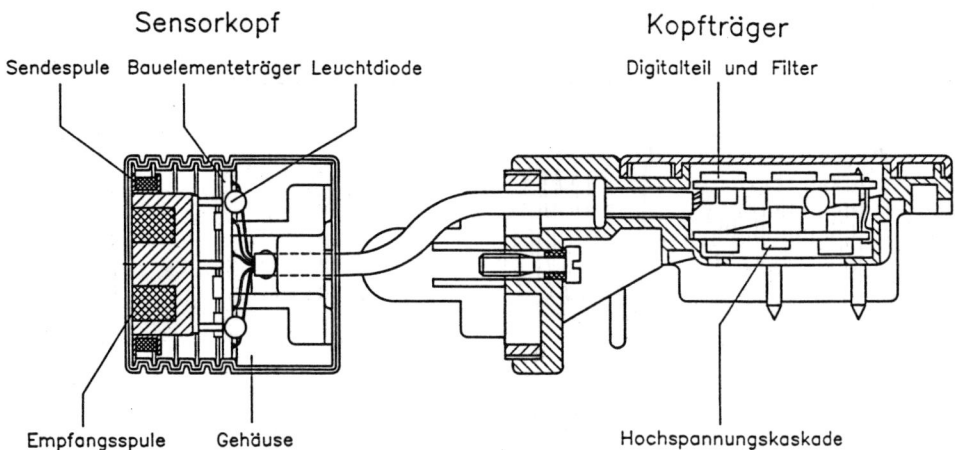

Bild 7.19: Schnittbild eines Lesekopfes (Pepperl + Fuchs, IDENT-I)

verwendet. Ein Schaltnetzteil, mit dem ein kompakter Aufbau und ein weiter Betriebsspannungsbereich möglich wird, versorgt die gesamte Elektronik und trennt sie galvanisch vom Netz. Nachdem vom übergeordneten System ein Lesebefehl empfangen wurde, versucht die Einheit einen Codeträger zu lesen. Befindet sich ein Codeträger im Erfassungsbereich des Lesekopfes, wird mit der Auswertung des Data-Signals begonnen. Hierzu ermittelt der Prozessor die Dauer der P1- und der P2-Phase und prüft die Zeiten auf Plausibilität. Aus dem Vorzeichen der Differenz der beiden gemessenen Zeiten ergibt sich dann der Wert des übertragenen Bit.

Nachdem alle 64 Bit aus dem Codeträger empfangen sind, wird die Paritätsprüfung durchgeführt, um dann den Code an den übergeordneten Rechner weiterzugeben. Eine Leuchtdiode zeigt an, wenn der Lesekopf aktiv ist. Eine weitere LED meldet, wenn ein Codeträger gelesen wurde und ermöglicht so eine einfache Justage des Lesekopfes.

Die Verbindung zum übergeordneten Rechner wird über eine serielle Schnittstelle hergestellt. Da ein Identifikationssystem mit den verschiedensten Hostsystemen verbunden wird, ist es notwendig, viele verschiedene Hardwareschnittstellen und Softwareprotokolle zu implementieren. Neben Zweipunktverbindungen, wie Stromschnittstelle, RS232 und RS422 werden auch Bussysteme wie zum Beispiel PROFIBUS für die Anschaltung der Auswerteeinheit verwendet.

7.3.7 Anwendungen

Das beschriebene Identifikationssystem kann in allen Bereichen der Automatisierung eingesetzt werden. Durch das induktive Übertragungsverfahren ergeben sich einige in der rauhen industriellen Anwendung wichtige Eigenschaften:
- unempfindlich gegen Verschmutzung und Feuchtigkeit
- unempfindlich gegen mechanische Belastungen
- sichere Erkennung, hohe Störfestigkeit
- hohe Lesegeschwindigkeit
- bündig in Metall einbaubar
- kleine Code- und Datenträger

7.3 Induktive Identifikationssysteme

Je nach Einsatz des Identifikationssystems muß entschieden werden, ob ein Read-Only- oder ein Read/Write-System eingesetzt werden soll. Bei beiden Varianten werden Material- und Datenfluß miteinander verbunden. Das Schreib/Lesesystem ermöglicht es, die notwendigen Daten zusammen mit dem Material zu transportieren. Die einzelnen Stationen im Materialfluß benötigen keine zusätzliche Vernetzung, was besonders beim Überschreiten der Grenzen einer Fabrik zu Problemen führen kann.

Ein Read-Only-System erfordert eine Zuordnung der Materialdaten zum gelesenen Code im übergeordneten System und damit einen zusätzlichen Datentransport. Für das reine Identifikationssystem spricht der niedrige Preis der Codeträger. Die Speicherung von Daten ist im übergeordneten System wesentlich preiswerter als im Datenträger.

Im folgenden werden einige der Anwendungsmöglichkeiten eines induktiven Identifikationssystems gezeigt.

In der automatisierten Fertigung mit Werkzeugmaschinen wird durch Identifikation der Werkzeuge ein flexibles Werkzeugmanagement ermöglicht (Bild 7.20). Identifikation erlaubt der Werkzeugmaschine die Zuordnung des verwendeten Werkzeuges zu seinen Daten.

- Die Bestückung der Maschine mit Werkzeugen wird wesentlich sicherer, wodurch eine deutliche Verringerung der Rüstzeiten erreichbar ist.
- Die Reststandzeiten der Werkzeuge können auch auf anderen Maschinen genutzt werden.
- Werkzeuge können von verschiedenen Maschinen aus einem Pool entnommen werden.

Der Einbauraum für Code- und Datenträger in Werkzeugen und Spannzeugen für automatischen Werkzeugwechsel ist sehr begrenzt. Es werden hier Durchmesser bis herab zu 8 mm gefordert. Auch die Leseköpfe für Werkzeugmaschinen müssen aufgrund des dort beschränkten Einbauraumes sehr kleine Abmessungen haben. Da diese Maschinen sehr präzise arbeiten, sind Leseabstände im Bereich von einigen Millimetern in der Regel ausreichend.

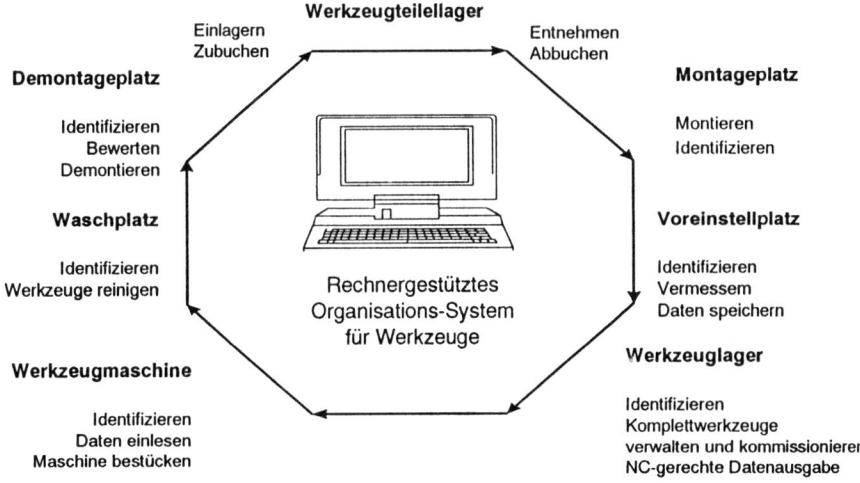

Bild 7.20: Werkzeugkreislauf mit Identifikation der Werkzeuge

In Lackieranlagen wird erst durch den Einsatz eines induktiven Identifikationssystems ein flexibler Fertigungsablauf möglich. In ein und derselben Anlage können so verschiedene Werkstücke mit unterschiedlichen Farben automatisch lackiert werden. Der Einsatz in Lackieranlagen stellt extreme Anforderungen an ein Identifikationssystem. Die Codeträger werden zusammen mit dem Lackiergut mit Farbe überzogen und werden während dem Trocknen hohen Temperaturen ausgesetzt. Nach dem Lackieren werden die Codeträger mit aggressiven Reinigungsmitteln behandelt.

Bei Fahrerlosen Transportsystemen (FTS) ist es häufig notwendig, daß die Fahrzeuge an bestimmten Punkten der Strecke ihre Position ermitteln. Hierzu werden an der Strecke, z.B. im Boden einer Halle, Codeträger angebracht, die mit einem Lesegerät auf dem Fahrzeug identifiziert werden können. Es treten Geschwindigkeiten von bis zu 2 m/s bei Leseabständen bis etwa 50 mm auf.

Durch die Kennzeichnung von Produkten mit Codeträgern wird es möglich, jedes Teil über seine gesamte Lebensdauer zu verfolgen und eine Zuordnung zum jeweiligen Eigentümer oder Benutzer vorzunehmen. Es wird bereits darüber nachgedacht, Gasflaschen oder Bierfässer mit Codeträgern auszurüsten, um sie so in einer automatischen Füllanlage individuell behandeln und überwachen zu können.

7.4 Mechanische Codierung

Eine einfache, störsichere Identifizierung ergibt sich durch die mechanische Codierung. Als Codeträger dient z.B. eine Metallplatte. Die Codierung wird durch gebohrte Löcher aufgebracht. Die Anzahl und Anordnung der Löcher stellt die Codierung dar. In Bild 7.21 sind für eine Anordnung von $2 \times 2 = 4$ Löchern die Codierungsmöglichkeiten (d.h. Lochkombinationen) gezeigt. Man sieht, daß sich insgesamt

$$n = 2^4 = 16$$

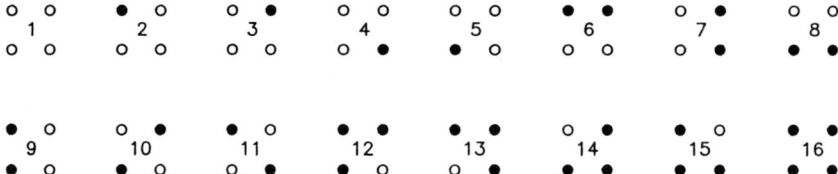

Bild 7.21: Kombinationen bei einer 2×2-Anordnung von Löchern

Codierungen ergeben. Nimmt man aus Gründen der Codiersicherheit den ersten und den letzten Codierwert heraus (0, 16), so ergeben sich

$$n' = n - 2$$

verwendbare Codierwerte.

Allgemein gilt für ein Codierquadrat mit a Elementen je Seite für die Anzahl n' sinnvoller Kombinationen:

$$n' = 2^x - 2,$$

7.4 Mechanische Codierung

wobei x = a die Anzahl der insgesamt möglichen Elemente (z. B. Löcher) darstellt.
Nachfolgende Tabelle zeigt einige Zahlenwerte:

a	1	2	3	4	5
x	1	4	9	16	25
n	2	16	512	65536	$3,36 \cdot 10^7$
n'	0	14	510	65534	$3,36 \cdot 10^7$

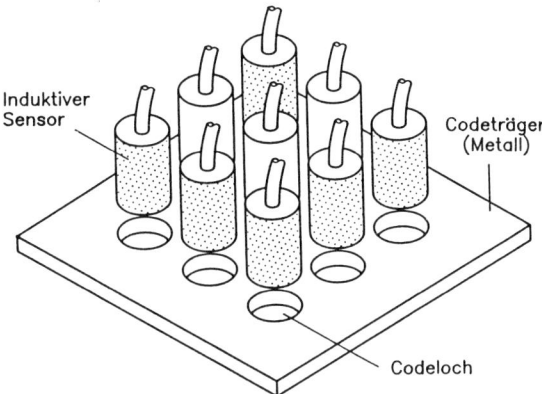

Bild 7.22: Kodiereinrichtung und Auswerteeinheit bei 3 × 3 Löchern

Die Auswertung der Codierung erfolgt am einfachsten mit handelsüblichen induktiven Sensoren (Näherungsschaltern). In Bild 7.22 ist für a = 3 ein Beispiel zu sehen.
Die Anwendung dieses Identifikationssystems bietet sich an z. B. bei der Kennzeichnung immer wiederkehrender Fertigungslose, bei der Produktion vieler verschiedener, ähnlicher, aber auf den gleichen Fertigungsstraßen produzierten Gegenständen. Diese Methode wird sehr häufig eingesetzt, wenn eine verhältnismäßig kleine Zahl von Varianten zu unterscheiden ist. Wird die Metallplatte durch eine Mechanik mit verschiebbaren Nocken ersetzt, entsteht sogar ein einfaches Schreib/Lesesystem.

Literatur:

[1] Induktives Identsystem, Pepperl + Fuchs GmbH, Mannheim 1990.
[2] Strichcode-Fibel, Datalogic GmbH, Erkenbrechtsweiler 1989.
[3] EAN - Die Internationale Artikelnumerierung in der BRD, Centrale für Coorganisation, Köln 1988.

8 Temperatursensoren

Man unterscheidet thermoresistive Sensoren und thermoelektrische Sensoren.
Thermoresistiv: Positiver Temperaturkoeffizient:
Metalle (bereichsweise linear), keramische Halbleiter (stark nichtlinear).
Negativer Temperaturkoeffizient:
keramische Halbleiter (nichtlinear).
Thermoelektrisch: Thermoelemente (bereichsweise linear)

8.1 Thermoresistive Sensoren

8.1.1 Metalle

8.1.1.1 Die Theorie

Für Metalle gilt die numerische Beziehung

$$R(T) = R_0 \cdot (1 + A \cdot (T - T_0) + B \cdot (T - T_0)^2). \tag{1}$$

Dabei ist R_0 der Bezugswiderstand bei der Temperatur T_0,
T_0 die aktuelle Temperatur (meist 20 °C, aber, z. B. in DIN 43760, auch 0 °C),
A, B Materialkonstante.

Aus (1) ergibt sich eine Definition des Temperaturkoeffizienten A (B = 0 gesetzt):

$$A = \frac{dR(T)}{R_0 \cdot dT}. \tag{2}$$

Der Temperaturkoeffizient A ist bei allen Metallen ähnlich:

Kupfer: $4{,}3 \cdot 10^{-3}/K$
Nickel: $6{,}7 \cdot 10^{-3}/K$
Platin: $3{,}9 \cdot 10^{-3}/K$
Silizium: $7{,}8 \cdot 10^{-3}/K$
Molybdän: $3{,}0 \cdot 10^{-3}/K$

Der Temperaturkoeffizient B ist unterschiedlich und spielt erst bei Temperaturdifferenzen größer als 100 °C eine Rolle:

Nickel: $+7{,}85 \cdot 10^{-6}/K^2$
Platin: $-0{,}58 \cdot 10^{-6}/K^2$
Silizium: $18{,}4 \cdot 10^{-6}/K^2$

8.1 Thermoresistive Sensoren

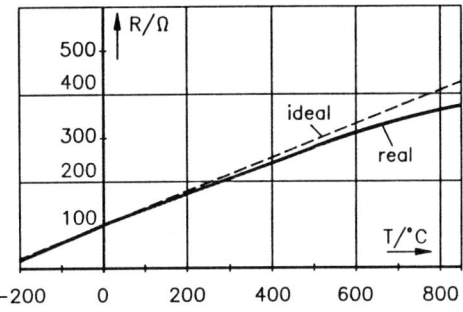

Bild 8.1:
Kennlinie R(T) des Pt100 (DIN 43760)

Diese Temperaturabhängigkeit des Widerstandes wird zur Messung der Temperatur herangezogen. Sind genaue Messungen erforderlich, wird normalerweise Platin als Meßwiderstandsmaterial verwendet. Genormt ist nach DIN 43760 ein Widerstand von 100 Ohm bei 0°C. Seine Kennlinie gemäß (1) zeigt Bild 8.1. Man erkennt die Nichtlinearität bei großem T infolge B. In der Praxis wird Platin im Bereich $-200°C < T < 500°C$ eingesetzt.

Als Widerstandsmaterial auch üblich ist Nickel (DIN 43760). Seinem vorteilhaft größeren Temperaturkoeffizienten A steht eine stärkere Nichtlinearität infolge B entgegen. Es wird eingesetzt im Bereich $-60°C < T < 180°C$.

Als Widerstandsmaterial auch üblich ist Molybdän. Seiner vorteilhaft größeren Linearität steht ein etwas kleinerer Temperaturkoeffizient entgegen. Es wird eingesetzt im Bereich $-200°C < T < 200°C$.

Mechanisch können die Sensoren als Drähte oder als Metallschichtwiderstände in Dünnfilmtechnik ausgeführt sein.

8.1.1.2 Der Einfluß des Meßstromes auf die Genauigkeit

Zur Messung des Widerstandes ist ein Meßstrom notwendig. Dieser durch den Sensor fließende Strom erzeugt Wärme. Die den Meßwert verfälschende Eigenerwärmung wird durch den Eigenerwärmungskoeffizient K_e charakterisiert. Der maximal zulässige Meßstrom I_{max} hängt mit dem maximal zulässigen Fehler ΔT gemäß folgender Beziehung zusammen:

$$I_{max} = (\Delta T \cdot K_e / R(T))^{1/2}. \quad (3)$$

Zu dieser Beziehung werden wir im Abschnitt 8.1.2.3 ein Beispiel bringen.

8.1.1.3 Elektrische Beschaltungen der Temperatursensoren

Eine übliche Beschaltung eines Widerstandssensors ist die Wheatstone-Brücke (Bild 8.2). Die zugehörige Gleichung (4) zeigt die Abhängigkeit der Brückenspannung vom Leitungswiderstand R_L:

$$U_m = U_B \cdot \left(\frac{R_t \cdot 2 \cdot R_L}{R_t + 2 \cdot R_L + R_2} + \frac{R_3}{R_3 + R_4} \right). \quad (4)$$

Die Brücke ist abgeglichen für

$R_2 = R_4$

und $R_3 = R_t + 2 \cdot R_L$.

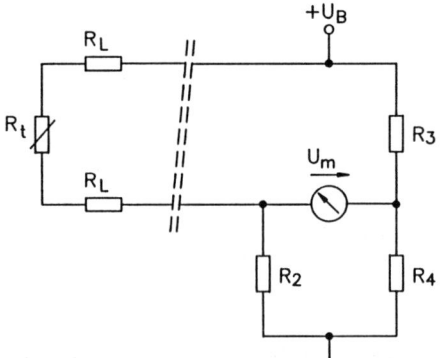

Bild 8.2:
Meßschaltung mit Wheatstone-Brücke in Zweileiterschaltung

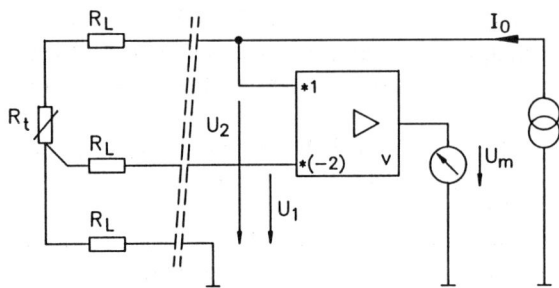

Bild 8.3:
Meßschaltung als Dreileiterschaltung

Doch lassen sich auf diese Weise nicht die Änderungen von R_L durch Temperatur und Alterung kompensieren.
Der Einsatz von Meßumformern mit modernen Operationsverstärkern eliminiert diese Abhängigkeiten, wie im folgenden gezeigt wird.
Bild 8.3 zeigt eine Dreileiterschaltung.
Der Sensor wird aus einer Konstantstromquelle gespeist. Eine spezielle Verstärkerschaltung mißt den Spannungsabfall über die komplette Sensorschaltung einschließlich der Zuleitungen. Die Verstärkereingänge sind so hochohmig, daß der Widerstand der dritten Sensorleitung vernachlässigt werden kann. Dieser Eingang mißt den Leitungswiderstand gegen Masse. Dieses Signal wird im Verstärker mit dem Faktor 2 gewichtet und vom Signal des anderen Verstärkereinganges subtrahiert.

$$U_m = v \cdot ((U_2 - 2 \cdot U_1), \tag{5a}$$

daraus:

$$U_m = v \cdot (I_0 \cdot (R_t + 2 \cdot R_L) - 2 \cdot I_0 \cdot R_L),$$
$$U_m = v \cdot I_0 \cdot R_t. \tag{5b}$$

Wie die Gleichungen (5a) und (5b) zeigen, steht am Meßinstrument eine Spannung U_m an, die nur vom Widerstand R_t des Sensors, dem Konstantstrom I_0 und der Verstärkung v der Eingangsstufe abhängt. Es wird dabei vorausgesetzt, daß mindestens die Leitungswiderstände im Strompfad gleich sind und sich gleich verhalten.
Diese Einschränkung hat die Vierleiterschaltung in Bild 8.4 nicht.

8.1 Thermoresistive Sensoren

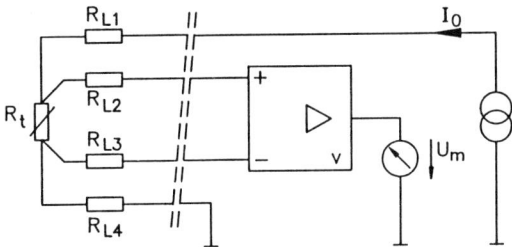

Bild 8.4:
Meßschaltung als Vierleiterschaltung

Auch hier speist eine Konstantstromquelle den Temperatursensor. Ein Verstärker mit entsprechend hochohmigen Differenzeingängen erfaßt über zwei zusätzliche Leitungen direkt den Spannungsabfall am Sensor.

$$U_m = v \cdot I_0 \cdot R_t. \tag{6}$$

Gleichung (6) zeigt, daß die Meßspannung U_m vom Widerstand der Sensorleitungen unabhängig ist.

8.1.2 Keramikwerkstoffe

8.1.2.1 PTC-Widerstände

PTC-Widerstände (Kaltleiter) sind nach DIN 44080 Halbleiterwiderstände, deren Widerstandswerte mit steigender Temperatur zunehmen. Sie bestehen aus dotierter polykristalliner Titanatkeramik. In einem bestimmten Temperaturbereich, der für den jeweiligen Kaltleitertyp charakteristisch ist, besitzen sie einen sehr hohen positiven Widerstands-Temperaturkoeffizienten A und einen Widerstandsanstieg von mehreren Zehner-

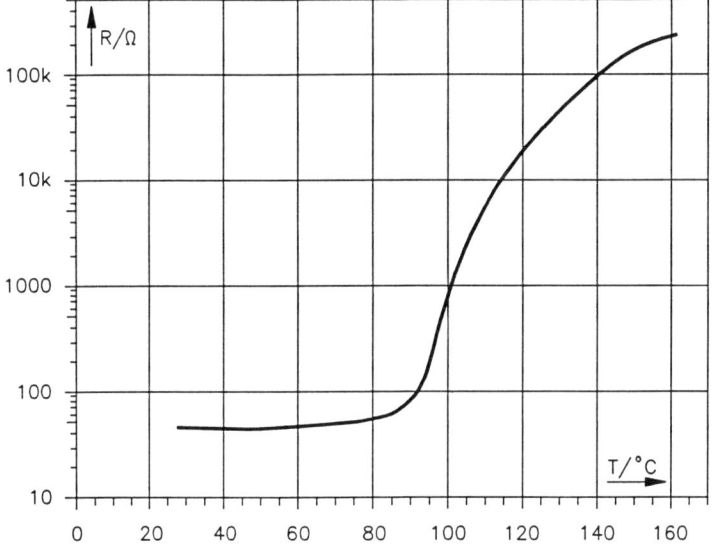

Bild 8.5: Kennlinie R(T) des Kaltleiters Q 63 100-P371-C100 (Siemens)

potenzen. Dieser steile Widerstandsanstieg beruht auf dem Zusammenwirken von Halbleitung und Ferroelektrizität der Titanatkeramik. Eine typische Widerstands-Temperaturcharakteristik zeigt Bild 8.5.

Man erkennt, daß Temperatursensoren dieser Art wegen des scharfen Knicks in der Kennlinie weniger als Meßfühler geeignet sind, dafür aber gut als schaltende Sensoren.

Beispiele:
- Übertemperaturwächter in den Wicklungen elektrischer Maschinen. Zu diesem Zweck sind Sensoren mit Ansprechtemperaturen von 60 °C bis 180 °C in 10 °C-Stufen lieferbar.
- Niveaufühler für Flüssigkeiten. Ein aufgeheizter Kaltleiter reagiert auf Änderung der äußeren Abkühlungsbedingungen durch Änderung seiner Leistungsaufnahme. Das Eintauchen in eine Flüssigkeit bewirkt z. B. eine solche Änderung der Abkühlbedingung. Bild 8.6 zeigt eine U/I- Charakteristik für konstante Umgebungsbedingungen. Es wird daraus deutlich, wie der Sensor auf das Eintauchen in Öl reagiert. Die elektrische Beschaltung erfolgt normalerweise gemäß Bild 8.2.

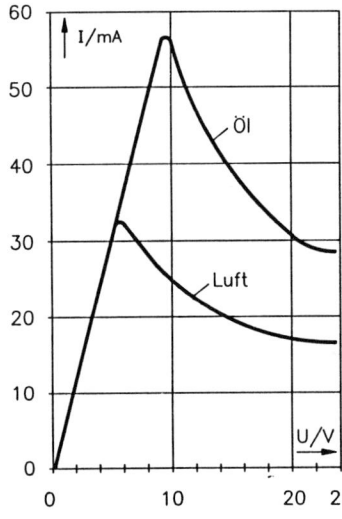

Bild 8.6:
Kennlinien eines Kaltleiters in Luft und Öl
(nach Siemens)

Für den Bereich des starken Temperaturanstieges kann die folgende Beziehung angesetzt werden:

$$R(T) = R_0 \cdot \exp(A \cdot (T - T_0)), \tag{7}$$

T_0 - Bezugstemperatur.

Der Temperaturkoeffizient A kann im betrachteten Bereich als näherungsweise konstant angesehen werden. Er wird für die steilste Stelle der halblogarithmischen Kennlinie (Wendepunkt) angegeben. Die zum Wendepunkt gehörende Temperatur wird als Nennansprechtemperatur bezeichnet. Ein typischer Wert für A ist z. B. $A = 0{,}16/K$. Er ist also etwa 40 mal größer als bei Metallen.

8.1.2.2 NTC-Widerstände

NTC-Widerstände (Heißleiter) sind nach DIN 44070 Halbleiterwiderstände, deren Widerstandswerte mit steigender Temperatur abnehmen. Ihre negativen Temperaturkoeffizienten des Widerstandswertes betragen 0,03 bis 0,06/K, sind also etwa 10 mal größer als die der Metalle. Heißleiter bestehen aus polykristalliner Mischoxidkeramik. Gegenüber anderen handelsüblichen Temperatursensoren besitzen Heißleiter bei manchen Anwendungsfällen erhebliche Vorteile, sofern der Meßbereich zwischen $-20\,°C$ und $250\,°C$ liegt:
- Der hohe Widerstandswert bei Meßhalbleitern macht den Einfluß von Zuleitungen vernachlässigbar.
- Wegen des breiten Spektrums an verschiedenen verfügbaren Widerstandswerten kann für jeden Anwendungsfall der bestmögliche Widerstandswert ausgewählt werden (4 Ohm $<$ R $<$ 1 Megohm).
- Der große Temperaturkoeffizient macht es möglich, Temperaturdifferenzen von 10^{-4} K oder weniger mit geringerem Aufwand zu messen.

Die Abhängigkeit des Widerstandes eines Heißleiters von der Temperatur läßt sich durch folgende Gleichung beschreiben:

$$R(T) = R_0 \cdot \exp\left[B \cdot \left(\frac{1}{T} - \frac{1}{T_0}\right)\right]. \tag{8}$$

R_0 ist der Bezugswiderstand bei T_0,
B ist die Materialkonstante des Heißleiters,
T ist die absolute Temperatur in K,
T_0 ist die Bezugstemperatur.

Um einen Vergleichswert mit metallischen Leitern zu haben, kann man aus (8) einen Temperaturkoeffizienten A ableiten:

$$A = \frac{dR(T)}{R(T) \cdot dT} = -\frac{B}{T^2}. \tag{9}$$

Man erkennt aus (9):
1. Der Temperaturkoeffizient A ist negativ.
2. Der Temperaturkoeffizient A ist seinerseits stark von der Temperatur abhängig.
3. Der Betrag des Temperaturkoeffizienten eines Halbleiters ist größer als der eines Metalles:

Für B = 3970 K (typisch) und T = 300 K ist z. B.

$$A = -3,9 \cdot 10^{-2}/K,$$

also ca. 10mal größer als bei Metallen.
Bei genauen Messungen muß man berücksichtigen, daß B seinerseits schwach temperaturabhängig ist. Eine typische Kennlinie R = f(T) eines Heißleiters zeigt Bild 8.7.

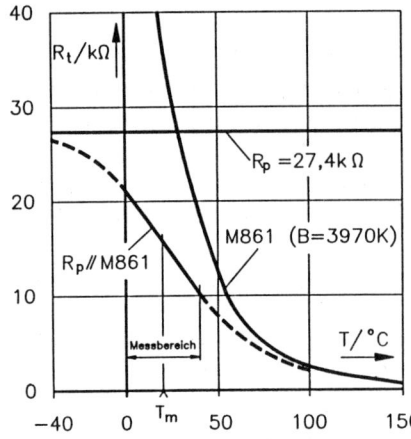

Bild 8.7:
Kennlinie R(T) des Heißleiters M861 (Siemens) und deren Linearisierung mittels Parallelwiderstand

8.1.2.3 Elektrische Beschaltung

Für den Einsatz des Heißleiters als Temperatursensor hat man zwei Fälle zu unterscheiden:

1. Der zu messende Temperaturbereich ist sehr klein (einige °C).
   Dann wird man lediglich den eingeprägten Meßstrom so klein halten, daß keine unzulässige Eigenerwärmung auftritt.
   Beispiel: Wir betrachten den Heißleiter M 861 (Siemens) mit den Werten $R_0 = R(20°C) = 37,3$ kOhm und $K_e = 1,4$ mW/K. Lassen wir einen maximalen Fehler durch Eigenerwärmung von $\Delta T = 0,4$ K zu, so folgt aus Gleichung (3)
   $I_0 = 0,123$ mA.

2. Der Meßbereich ist groß (10 oder mehr °C).
   Dann ist zusätzlich zu obiger Überlegung eine Linearisierung der Kurve $R = f(T)$ erwünscht. Dazu schaltet man dem Heißleiter einen Widerstand R_p parallel. Dadurch wird aus der parabelartig ansteigenden Kennlinie des Heißleiters eine S-förmige Kurve. Die Meßspannung U_m wird bei eingeprägtem Strom I_0

$$U_m = \frac{R_p \cdot R(T)}{R_p + R(T)} \cdot I_0 . \tag{10}$$

Setzt man (8) in diese Beziehung ein und differenziert man U_m zweimal nach T, so erhält man durch Nullsetzen in gewohnter Weise die Bedingung für den Wendepunkt. Die beste Linearisierung erhält man, wenn man den Wendepunkt der S-Kurve in die Mitte des Arbeitstemperaturbereiches legt ($T = T_m$). Der Widerstandswert des dazu notwendigen Parallelwiderstandes ist dann

$$R_p = R_m \cdot \frac{B - 2 \cdot T_m}{B + 2 \cdot T_m} . \tag{11}$$

R_m – Widerstandswert des Heißleiters bei T_m (in Kelvin).

8.1 Thermoresistive Sensoren

Beispiel: Betrachten wir den bereits erwähnten Heißleiter M 861, dessen Kennlinie in Bild 8.7 vorgestellt wurde. Er soll für $0 < T < 40\,°C$ eingesetzt werden. Der notwendige Linearisierungswiderstand ergibt sich mit (11) zu ($T_m = 293$ K):

$R_p = 27{,}7$ kOhm.

Dieser Wert und der resultierende Gesamtwiderstand M 861//R_p ist in Bild 8.7 ebenfalls eingetragen. In Bild 8.8 ist die Schaltung dargestellt.

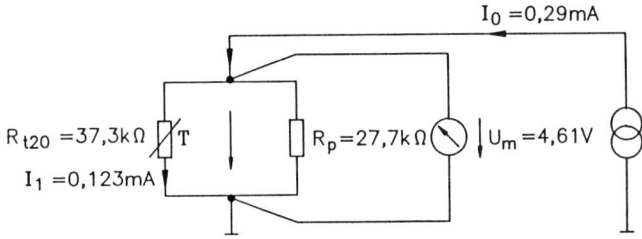

Bild 8.8: Linearisierungsschaltung mit dem Heißleiter M861 und Parallelwiderstand

Die maximale Steigung der Kennlinie im Wendepunkt ergibt sich durch Differentiation von $R = R_p // R(T)$:

$$\frac{dR}{dT} = \frac{-B \cdot R_{tw}}{T_m^2 \cdot (1 + R_{tw}/R_p)^2}.$$

R_{tw} – Heißleiterwiderstand im Wendepunkt.

Mit den Zahlen unseres Beispiels ergibt sich daraus

$$\frac{dR}{dT} = -315 \text{ Ohm/K}.$$

Eine Linearisierung ist auch durch Reihenschaltung von Heißleiter und Linearisierungswiderstand R_s erzielbar. Die Meßspannung U_m wird bei eingeprägter Spannung U_0

$$U_m = U_0 \cdot \frac{R(T)}{R_s + R(T)}.$$

Der Vergleich mit (10) zeigt, daß man für das gesuchte R_s dieselbe Beziehung (11) wie für R_p erhält:

$R_s = R_p$.

Bild 8.9 zeigt ein Beispiel für den gleichen Heißleiter M 861, jedoch mit Temperaturmeßbereich $-20\,°C$ bis $+120\,°C$. Demzufolge ergibt (11):

$R_s = 7{,}90$ kOhm.

In Bild 8.10 ist die U/I-Charakteristik eines Heißleiters gezeichnet. Man erkennt, daß wir uns mit dem Arbeitspunkt A in dem geradlinigen Teil befinden, in dem noch keine merkliche Eigenerwärmung stattfindet.

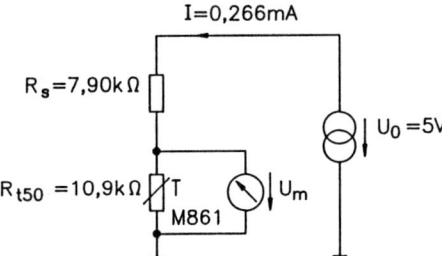

Bild 8.9:
Linearisierungsschaltung mit dem Heißleiter M861 und Serienwiderstand

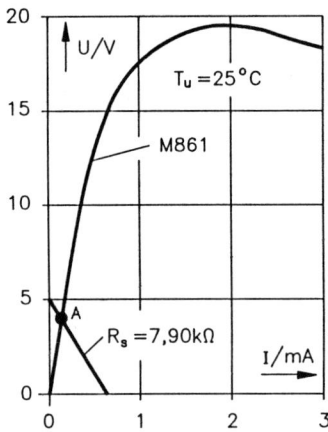

Bild 8.10:
U(I)-Kennlinie des Heißleiters M861 mit Arbeitspunkt A

8.2 Thermoelektrische Sensoren

8.2.1 Grundlagen

Bringt man zwei verschiedene Metalle in innigen Kontakt, so kann man zwischen ihren anderen Enden eine Spannung, die sogenannte Thermospannung, abgreifen, die proportional zur Temperatur des Kontaktes ist. Man hat ein Thermoelement (Seebeck 1821, Peltier 1834, Thomson 1854). Es liegt in der Natur der Sache, daß man es stets mit zwei Verbindungsstellen verschiedener Metalle zu tun hat und damit auch stets mit einer zu messenden Temperatur T_m und einer Vergleichstemperatur T_v (Bild 8.11).
Es gilt die Beziehung

$$U_t = a_1 \cdot (T_m - T_v) + a_2 \cdot (T_m - T_v)^2 + \dots \tag{12}$$

a_1, a_2 – materialabhängige Koeffizienten,
T_m, T_v – Temperatur in °C oder in Kelvin.

Es ist üblich, die Vergleichstemperatur auf 0°C zu setzen. Dies kann tatsächlich mit einem Eisbad geschehen, oder man simuliert den Eispunkt durch eine elektrische oder elektronische Schaltung. Aus (12) folgt für $T = T_m$ und $T_v = 0$:

$$U_t = a_1 \cdot T + a_2 \cdot T^2 + \dots \tag{12a}$$

8.2 Thermoelektrische Sensoren

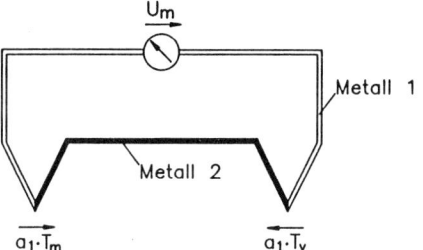

Bild 8.11:
Prinzipschaltung für die Temperaturmessung mit zwei Thermopaaren

Leitet man (12a) nach der Temperatur T ab, so erhält man die sogenannte Empfindlichkeit des Thermoelementes:

$$\frac{dU_t}{dT} = a_1 + 2 \cdot T \cdot a_2 + \ldots \tag{13}$$

Die aus der Physik bekannte thermoelektrische Spannungsreihe ist die Aufreihung der Metalle nach ihrer thermoelektrischen Empfindlichkeit a_1 (a_2 ist für $T < 100\,°C$ meist vernachlässigbar). Die folgende Tabelle zeigt einige Beispiele [Merz]:

Eisen: 18,7... 18,9 µV/K
Kupfer: 7,2... 7,2 µV/K
Platin: 0
Nickel: −19,7... −12,0 µV/K
Konstantan: −34,7... −34,0 µV/K

Die Empfindlichkeit für irgendein beliebiges Thermopaar ergibt sich durch die Subtraktion der einzelnen Werte.

8.2.2 Technische Ausführung

Die Realisierung eines Thermosensors zeigt Bild 8.12. Der Sensor wird, um verfälschende Thermokontakte zu vermeiden, mit Ausgleichsleitungen an eine Vergleichsstelle angeschlossen. Diese bestehen normalerweise aus dem gleichen Material wie die jeweiligen Thermoschenkel. Von der Vergleichsstelle führen Kupferleitungen weg, so daß für den gesamten Kreis gilt:

$$U_m = a_1 \cdot T_m + (a_1' + a_1'') \cdot T_v . \tag{14}$$

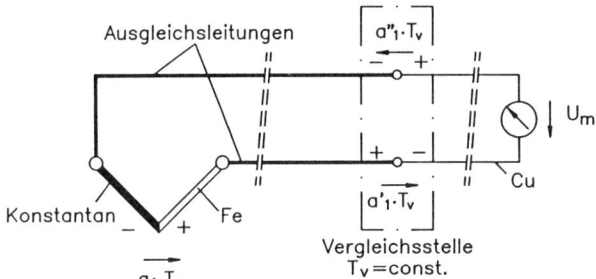

Bild 8.12:
Meßschaltung mit einem Thermopaar und Vergleichsstelle

Beispiel: Werden die in Bild 8.12 gezeigten Metalle verwendet, so folgt aus (14)

$U_m = T_m \cdot (-52{,}7\ \mu V/grad) + T_v \cdot 52{,}7\ \mu V/grad$.

Der störende zweite Therm kann elektrisch subtrahiert werden, vorausgesetzt, T_v ist konstant. Vgl. dazu Abschnitt 8.2.3.

Die in der Technik verwendeten Thermoelemente sind in DIN IEC 584 detailliert aufgeführt (DIN IEC 584 ersetzt DIN 43 710).

Dabei ist zu beachten, daß die DIN-Norm nach der Zusammensetzung der Thermoelemente und die IEC-Norm nach einem Buchstabenschlüssel einteilt. In der folgenden Tabelle sind daraus einige genormte, gerundete Werte für a_1 und a_2 entnommen (in DIN IEC 584 wird bis a_{10} und höher angegeben). Das erstgenannte Metall hat stets positive Polarität.

DIN	IEC	$a_1/\mu V/grad$	$a_2/\mu V/grad^2$	Bereich/°C
Platin/ 10% Rhodium-Platin	S	5,4	0,012	0/1300
Eisen/Konstantan	J	50,4	0,030	−200/700
Kupfer/Konstantan	T	38,7	0,033	−200/400
Nickel-Chrom/ Konstantan	E	58,7	0,052	−200/600
Nickel-Chrom/Nickel	K	39,5	0,027	0/1000

Bild 8.13 zeigt die Kennlinien $U = f(T)$ einiger gebräuchlicher Thermopaare [DIN IEC 548].

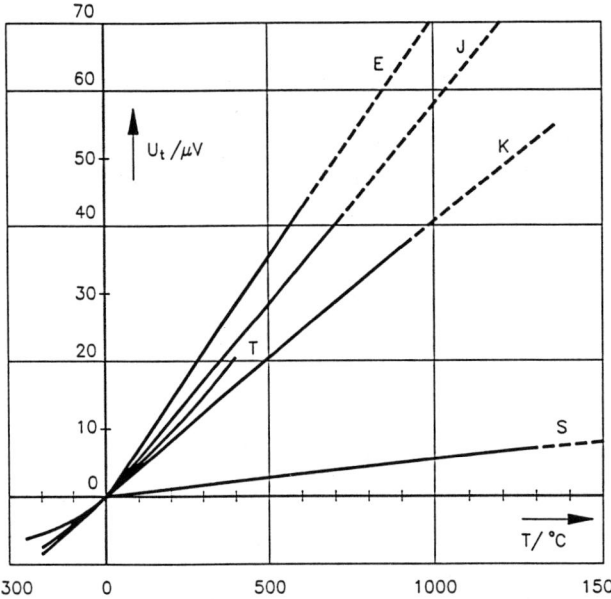

Bild 8.13: Kennlinien U(T) einiger gebräuchlicher Thermopaare nach DIN IEC 548

8.2 Thermoelektrische Sensoren

8.2.3 Elektrische Kompensation

Der in (14) auftretende Therm $(a_1' + a_1'') \cdot T_v$ stört und kann auf drei Arten neutralisiert werden:
1. Man setzt $T_v = 0\,°C$ mittels Eiswasser oder eines geregelten Thermostaten. Dies ist eine aufwendige Lösung.
2. Man hält T_v konstant und subtrahiert von der Thermospannung mittels Subtrahierverstärker diesen konstanten Term.
3. Man verwendet eine Kompensationsschaltung, die den störenden Term auch bei variablem T_v ausgleicht.

Für den letzten Fall zeigt Bild 8.14 eine Möglichkeit. Die Kompensationsbrücke besteht aus einem möglichst temperaturunabhängigen Widerstand R_2 (Metallfilm: $A = 0{,}15 \cdot 10^{-4}/K$), einem temperaturabhängigen Widerstand R_t (Cu: $A = 43 \cdot 10^{-4}/K$) und zwei unkritischen Widerständen R_3 und R_4.

Für die Meßspannung gilt dann in Bild 8.14:

$$U_m = a_1 \cdot T_m + (a_1' + a_1'') \cdot T_v + U_B . \tag{14a}$$

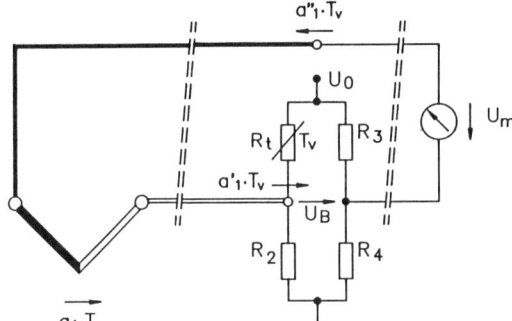

Bild 8.14:
Meßschaltung mit einem Thermopaar und Kompensation der Vergleichsstellen-Spannung mit temperaturabhängigem Widerstand

Macht man alle Brückenwiderstände der Einfachheit halber gleich groß $(R_2 = R_3 = R_4 = R_{t_0})$, so gilt näherungsweise:

$$U_B \approx -\frac{A_{cu} \cdot T_v \cdot U_0}{4} .$$

Damit kompensiert man den Term $(a_1' + a_1'') \cdot T_v$ in (14a), indem man U_0 entsprechend folgender Beziehung einstellt:

$$U_0 = \frac{4 \cdot (a_1' + a_1'')}{A_{cu}} .$$

Diese Spannung ist als Speisespannung an die Brücke zu geben.

Zahlenbeispiel: Es sei ein Eisen/Konstantan-Thermopaar gegeben mit ebensolchen Ausgleichsleitungen und Kupferleitungen zum Meßgerät.

a_1' (Fe/Cu) = 11,5 µV/grad,
a_1'' (Cu/Ko) = 41,9 µV/grad,

Der Brückenwiderstand R_t sei aus Kupfer.
Damit:

$U_0 = 49,7$ mV.

8.2.4 Vergleich

Sowohl Thermowiderstand als auch Thermoelement haben Vor- und Nachteile, so daß, je nach Anwendungszweck, eine optimale Lösung sich ergibt, wie nachstehende Tabelle zeigt:

	Thermoelement	Thermowiderstand
Temperaturobergrenze	+	−
Langzeitstabilität	−	+
Genauigkeit	−	+
Ansprechzeit	+	−
Stromversorgung	+	−

8.3 Berührungslose Temperaturmessung

8.3.1 Prinzip

Das Meßobjekt wird optisch auf die Oberfläche eines Temperatursensors abgebildet. Aus dessen Meßwert kann auf die Temperatur der Oberfläche des Objektes geschlossen werden. Derartige Meßgeräte (Pyrometer) erfassen die Infrarotstrahlung (0,7 µm $<\lambda<20$ µm) des Meßobjektes. Manche Pyrometer erfassen auch noch den sichtbaren Teil (bis 0,4 µm) des Spektrums. Ihr Meßbereich erstreckt sich von -60 bis 3000 °C. Am universellsten sind Pyrometer einsetzbar, die in einem Wellenlängenbereich messen, in dem der Transmissionsgrad der Luft = 1 ist (sog. atmosphärisches Fenster). Die folgende Tabelle zeigt die drei Fenster mit den maximal zulässigen Meßabständen [1].

λ/µm	Abstand/m
2,0–2,5	<10
3,5–4,2	<10
8,0–14	<25

8.3 Berührungslose Temperaturmessung

Bei der Messung spielt innerhalb gewisser Grenzen der Abstand a des Meßobjektes von der Linse keine Rolle (Bild 8.15):

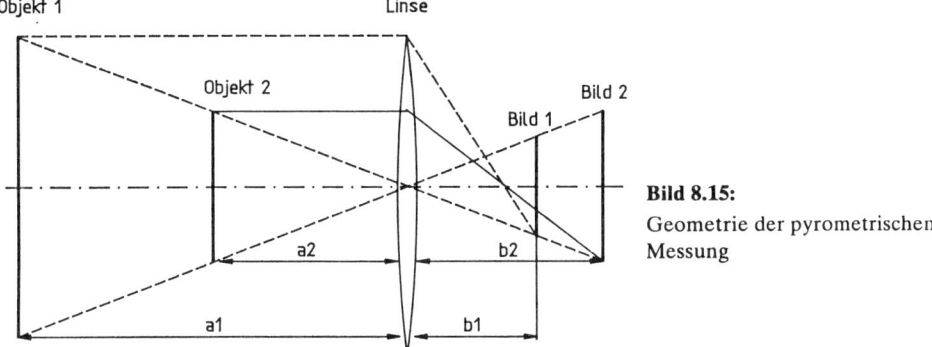

Bild 8.15: Geometrie der pyrometrischen Messung

Die anvisierte Fläche des Objekts sei A. Dann ist

$A \sim a^2$.

Die Intensität I der Strahlung ist

$I \sim (a + b)^{-2}$.

Da die Bildweite b im Meßfall sehr viel kleiner als die Gegenstandsweite a ist (b≪a), gilt für die auf den Sensor auftreffende Strahlungsleistung P:

$P = A \cdot I \sim a^2 \cdot \dfrac{1}{a^2}$,

also ist P keine Funktion von a.

Es ist allerdings darauf zu achten, daß die Fläche des Bildes kleiner als die Sensorfläche ist.

Zwei übliche Ausführungsformen von Pyrometern zeigen die Bilder 8.16 und 8.17. Bei Linsenpyrometern ist die Absorption des Linsenmaterials zu berücksichtigen.

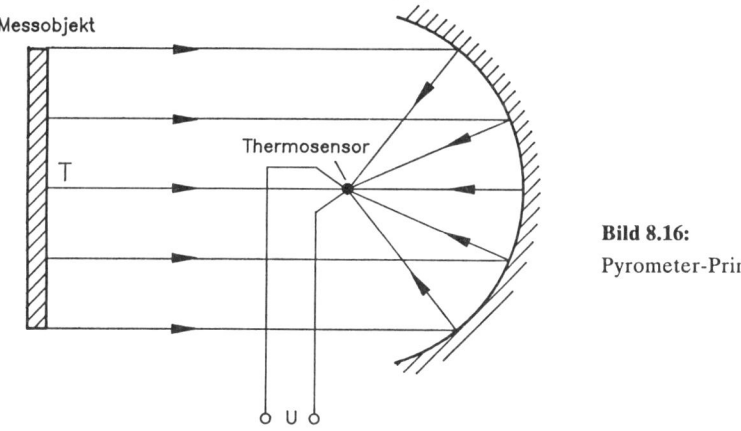

Bild 8.16: Pyrometer-Prinzip mit Hohlspiegel

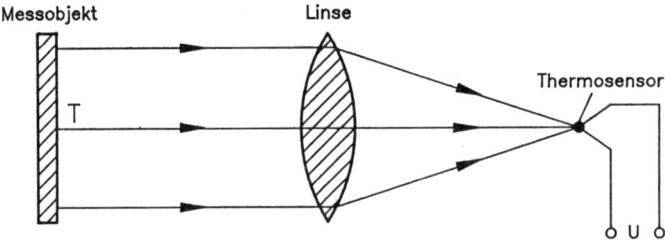

Bild 8.17: Pyrometer-Prinzip mit Sammellinse

8.3.2 Gesetze der Temperaturstrahlung

Der Zusammenhang zwischen der wahren Temperatur des Meßobjektes und der Anzeige des Temperatursensors ist kompliziert und ohne die Kenntnis der einschlägigen Gesetze nicht durchschaubar.

Man stelle sich einen innen berußten Hohlkörper mit einem Loch vor. Dieses Ding nennen die Physiker einen Schwarzen Körper (SK). Die von dem Loch des SK bei Erwärmung in den Halbraum abgegebene Strahlungsleistung P_s ist über das Stefan-Boltzmannsche Gesetz mit seiner absoluten Temperatur T verknüpft:

$$P_s = \sigma \cdot A \cdot T^4. \qquad (1)$$

$\sigma = 5{,}67 \cdot 10^{-8}$ W/m²K⁴,
A-Fläche des SK.

Bedauerlicherweise verhalten sich reale Körper nicht wie der SK, sondern sie geben nur einen Teil P_e der nach (1) definierten Strahlung P_s nach außen ab:

$$P_e = \varepsilon \cdot P_s. \qquad (2)$$

Dabei ist stets das Emissionsvermögen $\varepsilon < 1$ und meist noch von der Wellenlänge λ abhängig.

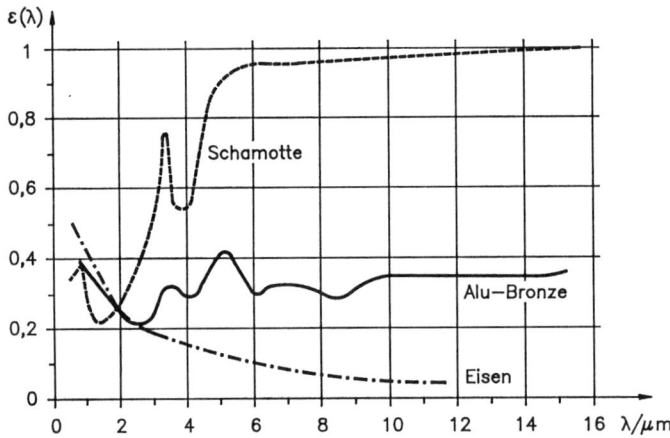

Bild 8.18: Emissionsvermögen ε, abhängig von der Wellenlänge λ [3]

8.3 Berührungslose Temperaturmessung

Es gilt folgende Einteilung:

- schwarzer Körper: $\varepsilon = 1$, $\varepsilon \neq f(\lambda)$,
- grauer Körper: $\varepsilon < 1$, $\varepsilon \neq f(\lambda)$,
- realer Körper: $\varepsilon < 1$, $\varepsilon = f(\lambda)$.

In Bild 8.18 sind einige ε-Werte als Funktion der Wellenlänge aufgetragen. Die Kenntnis des Emissionsvermögens ist ausschlaggebend für die Genauigkeit der Temperaturmessung.

8.3.3 Ausführungsformen

8.3.3.1 Gesamtstrahlungspyrometer

Diese Geräte erfassen den gesamten IR-Bereich. Sie sind mit SK geeicht und ergeben nur bei SK genaue Werte, bei allen anderen Körpern werden zu niedrige Temperaturen angezeigt. Durch die Berücksichtigung eines über den gesamtem IR-Bereich gemittelten Emissionskoeffizienten ε kann die Messung korrigiert werden.

Einige typische Werte handelsüblicher Pyrometer zeigt die folgende Tabelle [2]:

	Gesamtstrahlungspyrometer		Teilstrahlungspyrometer	Farbpyrometer
Sensor	Thermoelementkette		Si-Fotoelement	2 Si-Fotoelem.
Optik	Linse aus ...	Hohlspiegel	Linse	Linse
λ in μm	Glas: 0,4–2,5 Quarz: 0,4–4 Lithiumfluorid: 0,4–10	0,4–10	0,55–1,15	0,888 und 1,034
Meßbereich in °C	400–2000	−40–600	500–1750	700–3100
Anwendungen	Stahlschmelze Hochofen	Kunststoffe Filme	Walzgut	Walzgut Zementofen

8.3.3.2 Teilstrahlungspyrometer

Hier wird aus dem IR-Bereich (0,7–20 μm) ein schmales Band herausgeschnitten. Dies kann durch Filter oder die Wahl eines nur in bestimmtem Bereich empfindlichen Temperatursensors geschehen.

Der Gedanke ist, daß in einem schmalen Wellenband der Emissionsfaktor ε bekannt und konstant ist, also nicht gemittelt werden muß. Ein derartiges Pyrometer ist wegen ε auf sein Meßobjekt genau zugeschnitten, wie z. B. folgende Tabelle zeigt [3]:

Wellenlänge in μm	Anwendung
2,0 –4,5	Metalle
6,65–6,95	Kunststoffolien (PE) ab 0 °C
4,9 –5,5	Glas ab 300 °C
4,13–4,39	CO_2

Die klassische Bauform eines solchen Teilstrahlungspyrometers zeigt Bild 8.19. Dabei wird die Wendel der Glühlampe G als Vergleichsstrahler genauso hell eingestellt wie das Bild des Meßobjektes. Der Strom I der am SK geeichten Glühlampe ist dann ein Maß für die Temperatur.

Bei modernen Geräten werden z. B. über einen Drehspiegel Vergleichsstrahler und Objektbild automatisch verglichen.

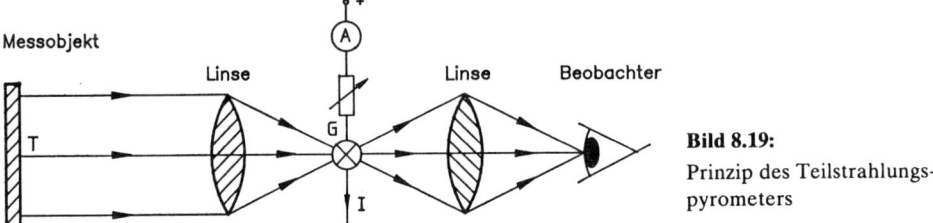

Bild 8.19: Prinzip des Teilstrahlungspyrometers

8.3.3.3 Farbpyrometer

Der Gedanke beim Farbpyrometer ist es, durch zwei Messungen bei zwei benachbarten Wellenlängen (Farben) die Kenntnis von ε entbehrlich zu machen (vorausgesetzt, für beide λ gilt dasselbe ε).

Zum Verständnis dieser Methode ist die Kenntnis des Planckschen Strahlungsgesetzes (Bild 8.20) notwendig. Im Bereich der Pyrometrie kann es in seiner vereinfachten Form (Wiensches Strahlungsgesetz) angewandt werden:

$$P(\lambda) = \frac{a}{\lambda^5} \cdot A \cdot \Delta\lambda \cdot \exp\left[\frac{-b}{\lambda \cdot T}\right]. \tag{3}$$

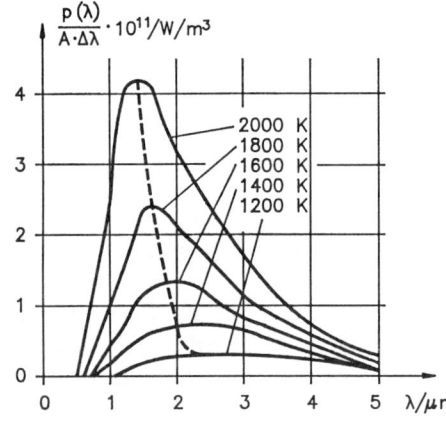

Bild 8.20: Plancksches Strahlungsgesetz

8.3 Berührungslose Temperaturmessung

P(λ) – ausgesandte Strahlungsleistung im Bereich Δλ,
A – Strahlungsfläche,
T – Temperatur des SK in K.

(3) in (2):

$$\frac{a}{\lambda^5} \cdot A \cdot \Delta\lambda \cdot \exp\left[\frac{-b}{\lambda \cdot T_a}\right] = \varepsilon \cdot \frac{a}{\lambda^5} \cdot A \cdot \Delta\lambda \cdot \exp\left[\frac{-b}{\lambda \cdot T_w}\right]. \tag{4}$$

a, b – Konstanten,
T_a – vom Pyrometer angezeigte Temperatur,
T_w – wahre Temperatur des Objekts.

Aus (4) folgt durch Umformung:

$$\frac{1}{T_w} - \frac{1}{T_a} = \frac{\lambda}{b} \cdot \ln(\varepsilon). \tag{5}$$

Da $\varepsilon < 1$, ist $\ln(\varepsilon) < 0$, also ergibt sich aus (5)

$T_w < T_a$.

Das Pyrometer zeigt also stets eine zu niedrige Temperatur T_a an, wenn nicht korrigiert wird.

Zahlenbeispiel:
Anzeige $T_a = 1373$ K, $\lambda = 1$ µm, $\varepsilon = 0{,}6$, $b = 1{,}44 \cdot 10^{-2}$ m·K.

Mit (5) erhält man $T_w = 1443$ K, also zeigt das Pyrometer 70 K zu wenig an.

Macht man zwei Messungen T_{a1} bei λ_1 und T_{a2} bei λ_2, so ergibt die Verhältnisrechnung aus (4) mit $\varepsilon_1 = \varepsilon_2$ für die wahre Temperatur T_w des Meßobjekts

$$T_w = \frac{\dfrac{1}{\lambda_2} - \dfrac{1}{\lambda_1}}{\dfrac{1}{\lambda_2 \cdot T_{a2}} - \dfrac{1}{\lambda_1 \cdot T_{a1}}}. \tag{6}$$

Eine Ausführungsform des Farbpyrometers zeigt Bild 8.21.
Die Strahlung wird vom teildurchlässigen Indiumphosphid-Filter teils durchgelassen ($\lambda_1 > 0{,}9$ µm), teils reflektiert ($\lambda_2 < 0{,}9$ µm). Die Photoelemente setzen die Strahlungen $P(\lambda_1)$ und $P(\lambda_2)$ in zu T_{a1} und T_{a2} proportionale Spannungen um, die gemäß (6) die wahre Temperatur T_w des Objekts ergeben.

Zahlenbeispiel: 1. Messung: $T_{a1} = 1373$ K, $\lambda_1 = 1{,}0$ µm;
                2. Messung: $T_{a2} = 1368$ K, $\lambda_2 = 0{,}8$ µm.

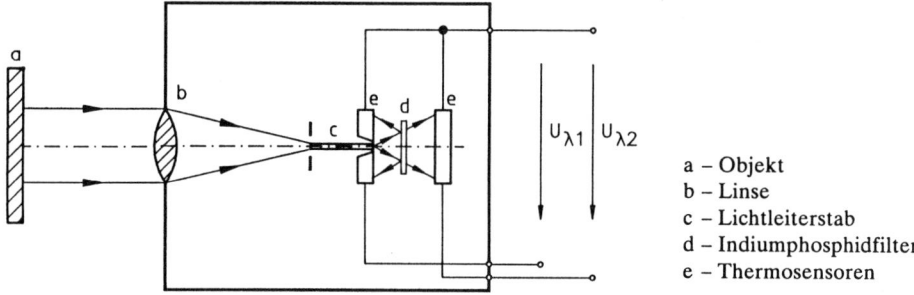

a – Objekt
b – Linse
c – Lichtleiterstab
d – Indiumphosphidfilter
e – Thermosensoren

Bild 8.21: Eine Ausführungsform des Farbpyrometers [2]

Aus (6) folgt für die wahre Temperatur des Meßobjekts:

$T_w = 1443$ K.

Die Kenntnis von ε ist hier nicht erforderlich.

8.3.4 Thermosensoren

Bereits seit langem üblich und bewährt als Thermosensoren sind Thermopaare, die man der erhöhten Empfindlichkeit halber hintereinander schaltet (Thermokette) und Photoelemente (Photozellen) aus Silizium. Daneben sind spezielle Halbleiter im Einsatz, mit denen man ganze Felder von Thermosensoren aufbauen kann. Damit können dann auch Thermokameras gebaut werden.

Die folgende Tabelle gibt einen Überblick.

Art	Effekt	Material
Halbleiter	photovoltaisch (Photoelemente)	Ge, Si, InAs, InSb
	photoresistiv	Ge, Si, PbSe, PbS, HgCdTe
Metalle	thermoelektrisch (Thermopaare)	Fe/Konstantan, usw.
	thermoresistiv	Pt, usw.

Literatur:
[1] Kirsch, N.: Temperaturmessung mit IR-Strahlungssensoren (Bonfig, Bartz, Wolff: Sensoren, Meßumformer, Ehningen, 1988).
[2] Siemens: Messen in der Prozeßtechnik, Karlsruhe 1972.
[3] nach Unterlagen der Fa. Heimann.
[4] Merz, L.: Grundkurs der Meßtechnik, Teil II, München 1973.

9 Verformungssensoren

9.1 Einleitung

Mit Meßaufnehmern auf DMS-Basis (DMS – Dehnungsmeßstreifen) kann man eine Vielzahl mechanischer Größen wie Kraft, Druck, Drehmoment, Dehnung, Schwingung und Beschleunigung messen. Dabei wird in allen Fällen letztendlich die Dehnung eines Körpers, des Aufnehmerkörpers, ermittelt. Wie man von der Reaktion des Aufnehmerkörpers auf die auf ihn ausgeübte mechanische Größe bis zu deren ziffernrichtigen Anzeige am Meßverstärker kommt, das soll im folgenden erklärt werden.

9.2 Mechanische Grundlagen

Nimmt man einen Körper und setzt ihn z. B. einem Druck oder Drehmoment aus, so wird dieser dadurch grundsätzlich in irgendeiner Form mit Kräften belastet. Je nach Belastungsart können eine Vielzahl von überlagerten Zug-, Biege- und Scherspannungen auftreten, was die Ermittlung der Belastungsart und -größe sehr kompliziert gestalten kann. Für den Meßkörper eines Meßwertaufnehmers ist es daher wichtig, daß möglichst eine definierte Spannung bzw. Dehnung vorliegt, die ein eindeutiges Maß für die vorliegende Belastung ist.

Am Beispiel eines einfachen Zug-Druck-Stabes sollen anschließend die für die DMS-Technik wichtigsten mechanischen Grundlagen erläutert werden.

9.2.1 Absolutlängenänderung

Der erwähnte Zug-Druck-Stab ist in Bild 9.1 dargestellt. Greift an diesen Stab eine Zugkraft an, so wird er gedehnt und erfährt eine positive Längenänderung $+\Delta l$. Wirkt eine Druckkraft auf den Stab, so wird dieser gestaucht, und man erhält eine negative Längenänderung $-\Delta l$. Belastet man auf diese Weise nacheinander mehrere Stäbe gleichen Durchmessers, aber unterschiedlicher Länge, so stellt man fest, daß mit abnehmender Basislänge des Stabes l_0 auch die absolute Längenänderung Δl kleiner wird. Die absolute Längenänderung ist also eine Funktion der Basislänge l_0 des Stabes:

$$\Delta l = f(l_0).$$

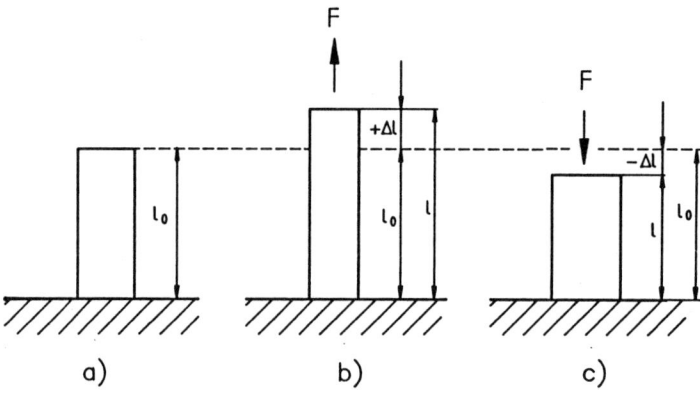

Bild 9.1: Absolute Längenänderungen und ihre Vorzeichen
a) ohne Krafteinwirkung
b) Zugspannung
c) Druckspannung

9.2.2 Relative Längenänderung (Dehnung)

Setzt man die einzelnen Längenänderungen ins Verhältnis zur jweiligen Basislänge, so erhält man in allen Fällen den gleichen Wert:

$$\frac{\Delta l_1}{l_{01}} = \frac{\Delta l_2}{l_{02}} = \frac{\Delta l_n}{l_{0n}}.$$

Dieses Verhältnis von absoluter Längenänderung Δl zur Basislänge l_0 wird „Dehnung" ε genannt:

$$\varepsilon = \frac{\Delta l}{l_0}.$$

Je nach Größe der vorliegenden Dehnung wählt man die Einheit µm/m, mm/m oder cm/m. In der DMS-Aufnehmer-Technik ist wegen der dort auftretenden sehr kleinen Dehnungen die Einheit µm/m gebräuchlich.

9.2.3 Mechanische Spannung

Die mechanische Spannung ist die durch Kräfte verursachte Beanspruchung von Werkstoffen. Spannungen können in einem Bauteil hervorgerufen werden durch Zug, Druck, Biegung und Torsion, aber auch durch mechanische Bearbeitung oder Wärmeeinfluß. Dementsprechend unterscheidet man Zug-, Druck-, Biege-, Torsions-, Eigen- und Wärmespannung. Alle diese Spannungen lassen sich unter zwei Überbegriffen zusammenfassen: Es sind dies die Normalspannungen σ und die Schub- oder Scherspannungen. Normalspannungen σ entstehen durch Zug- oder Druckkräfte (Bild 9.2). Analog zur Dehnung sind sie bei Zug positiv und bei Druck negativ. Ihr Betrag ist um so größer, je

9.2 Mechanische Grundlagen

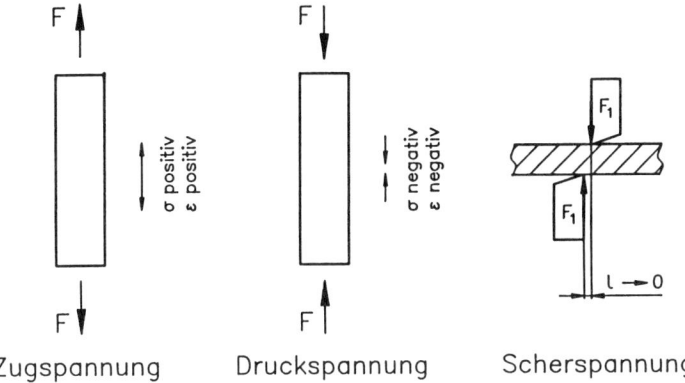

Bild 9.2: Zug-, Druck- und Scherspannungen

größer die Kraft F und je kleiner die zur Kraftwirkungslinie senkrechte Querschnittsfläche A ist. Demnach ergibt sich für die Normalspannung σ die Formel:

$$\sigma = \frac{F}{A}. \tag{1}$$

Bei den Schub- oder Scherspannungen wirken zwei Kräfte, deren parallele Wirkungslinien einen Abstand haben, der gegen Null geht, in entgegengesetzter Richtung auf einen Körper (Bild 9.2). Die zwischen den Wirkungslinien der beiden Kräfte parallel verlaufende Querschnittsfläche des beanspruchten Körpers wird als Scherfläche A_s bezeichnet. Die Schubspannung ist um so höher, je größer die auftretende Kraft und je kleiner die Scherfläche A_s ist. Danach ergibt sich für die Scherspannung τ die Formel:

$$\tau = \frac{F}{A_s}.$$

9.2.4 Elastizitätsmodul

Belastet man einen Stab mit einer Zugkraft und trägt die Kraft F bzw. die zu dieser proportionale Spannung σ in einem Diagramm über der Dehnung ε auf, so findet man bei den sogenannten „linearelastischen" Werkstoffen im elastischen Verformungsbereich, d.h. in dem Bereich, in dem keine bleibende (plastische) Verformung auftritt, einen linearen Anstieg der σ/ε-Kurve (Bild 9.3). Die Steigung dieser Geraden, also das Verhältnis zwischen σ und ε, wird Elastizitätsmodul E genannt und hat die Form:

$$E = \frac{\sigma}{\varepsilon} \ [N/mm^2]. \tag{2}$$

Das Elastizitätsmodul, auch E-Modul genannt, ist ein Werkstoffkennwert und kennzeichnet die Steifigkeit des Werkstoffes.

Aus den Formeln (1) und (2) ergibt sich folgender Zusammenhang:

$$F = E \cdot \varepsilon \cdot A. \tag{3}$$

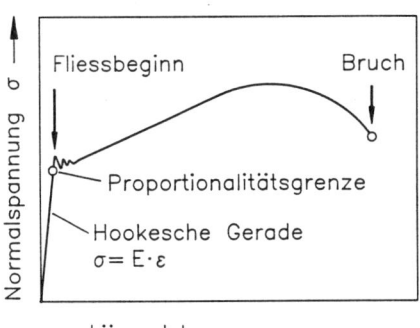

Bild 9.3:
Spannungs-, Dehnungs-Diagramm (schematisch)

Aus (3) wird ersichtlich, daß bei bekanntem Werkstoff bzw. E-Modul und bekanntem beanspruchten Querschnitt des Stabes aus der auftretenden Dehnung unmittelbar die Kraft ermittelt werden kann, die an diesem Stab angreift.

9.3 Aufbau und Wirkungsweise des Dehnungsmeßstreifens (DMS)

Wie im vorhergehenden Kapitel beschrieben, läßt sich die Größe der mechanischen Beanspruchung eines Körpers über die Dehnung desselben ermitteln. Eine Möglichkeit, Kräfte oder Momente zu ermitteln, besteht also darin, die Dehnung zu messen. Wohl das verbreiteste Verfahren, Dehnungen in µm/m-Bereich zu errmitteln, basiert auf der Dehnungsmeßstreifen- oder kurz DMS-Technik.
Der Amerikaner C. Ruge war im Jahre 1938 der erste, der diese Technik anwandte.

9.3.1 Physikalisches Grundprinzip

Das physikalische Grundprinzip, auf dem die DMS-Technik beruht, ist der Tatbestand, daß ein elektrischer Leiter bei mechanischer Beanspruchung (z.B. Zug oder Druck) seinen Widerstand ändert.
Wir betrachten einen metallischen Leiter der Länge l und des Querschnitts A (Bild 9.4). Bekanntlich gilt für einem Widerstand

$$R = \frac{\rho \cdot l}{A},$$

ρ - spezifischer Widerstand.

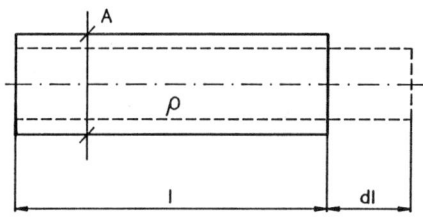

Bild 9.4:
Gedehnter elektrischer Leiter

9.3 Aufbau und Wirkungsweise des Dehnungsmeßstreifens (DMS)

Diese Beziehung wird nun einigen mathematischen Operationen unterzogen. Wir logarithmieren und bilden die einzelnen Differentiale:

$$\frac{d\ln R}{dR} = \frac{d\ln \rho}{dR} + \frac{d\ln l}{dR} - \frac{d\ln A}{dA}.$$

Die rechte Seite wird mit $\frac{d\rho}{d\rho}$, bzw. $\frac{dl}{dl}$, bzw. $\frac{dA}{dA}$ erweitert.

Leitet man jetzt gliedweise ab und erweitert dann mit dR, so ergibt dies:

$$\frac{dR}{R} = \frac{1}{\rho} \cdot d\rho + \frac{1}{l} \cdot dl - \frac{1}{A} \cdot dA. \qquad (4)$$

Wir nehmen jetzt an, daß eine Dehnung keine Änderung des spezifischen Widerstandes bewirkt. Dies gilt bei Metallen gut, bei Halbleitermaterialien dagegen nicht. Unter dieser Voraussetzung verschwindet in (4) der erste Term, da $d\rho = 0$ ist. Wegen $V = A \cdot l$ gilt:

$$dA = \frac{dl \cdot V - dV \cdot l}{l^2}.$$

Da bei der Dehnung keine Volumänderung auftritt ($dV = 0$), vereinfacht sich damit der letzte Term in (4) zu dl/l, und es folgt schließlich

$$\frac{dR}{R} = 2 \cdot \frac{dl}{l} = 2 \cdot \varepsilon = k \cdot \varepsilon. \qquad (5)$$

Die Änderung dR des Widerstandes R ist also der Dehnung ε direkt proportional. Der theoretisch ermittelte Faktor k ist in der Praxis nicht genau 2, wie folgende Tabelle zeigt:

	Konstantan	NiCr	PtW	Si
k	2,05	2,2	4,0	bis 200

Um die Dehnung in einem Bauteil zu bestimmen, muß der elektrische Leiter so auf der Oberfläche dieses Bauteils befestigt werden, daß die Dehnung möglichst verlustfrei vom Bauteil auf den elektrischen Leiter übertragen wird. Dieses geschieht normalerweise durch ein Klebeverfahren mit speziellem Klebstoff.

9.3.2 Metallische DMS

Da die Widerstandsänderung eines metallischen Leiters, hervorgerufen durch mechanische Beanspruchung, nur sehr klein ist, bekommt man mit einem einzelnen Leiter nur sehr kleine Signale. Daher ist es sinnvoll, an der Meßstelle mehrere Leiter anzubringen und die Signale durch Reihenschaltung dieser Widerstände zu addieren. Aus diesen Überlegungen entstand der metallische DMS, der ursprünglich nichts anderes war als

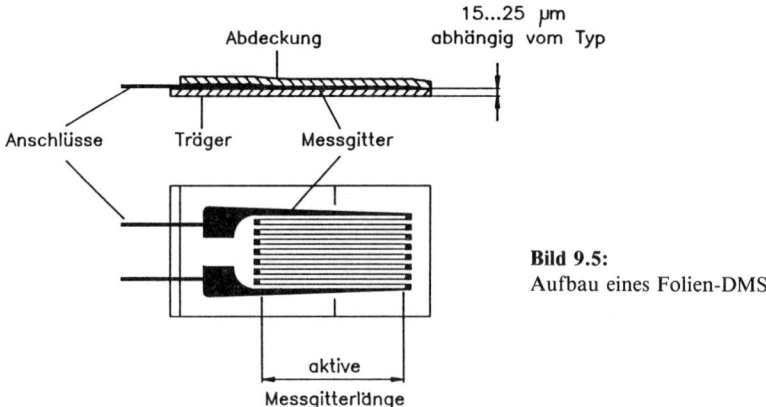

Bild 9.5:
Aufbau eines Folien-DMS

ein mäanderförmiger Draht, der zur einfachen Handhabung auf eine Trägerfolie gebracht und zum Schutz mit einer weiteren Folie von oben abgedeckt wurde.
Dieser Draht-DMS ist mittlerweile zum Folien-DMS weiterentwickelt worden (Bild 9.5), der aus einer dünnen Metallfolie herausgeätzt wird. Diese Folien-DMS werden am häufigsten verwendet.

9.3.3 Aufgedampfte DMS (Dünnfilm-DMS)

Bei der Verwendung aufgedampfter DMS wird, wie die Bezeichnung schon sagt, das messende Element des DMS mittels Aufdampftechnik durch Verdampfen der Legierungsbestandteile unter Vakuum direkt auf den Meßkörper aufgebracht (Bild 9.6). Diese Technik ist daher ausschließlich für den Aufnehmerbau interessant. Die prinzipielle Wirkungsweise von Dünnfilm-DMS ist die gleiche wie bei Folien-DMS.

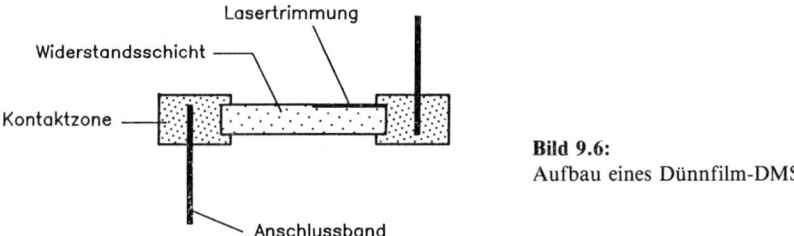

Bild 9.6:
Aufbau eines Dünnfilm-DMS

9.3.4 Halbleiter-DMS

Der Aufbau des Halbleiter-DMS ist dem des Metall-DMS sehr ähnlich. Das messende Element ist ein wenige Zehntel Millimeter breites und einige Hundertstel Millimeter dicker Streifen aus Silizium, der auf einer Trägerfolie befestigt ist (Bild 9.7).

9.4 Die elektrische Beschaltung des DMS

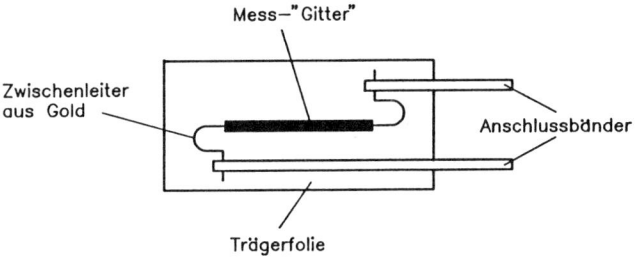

Bild 9.7: Aufbau eines Halbleiter-DMS

Vorteil	Nachteile
ca. 50mal größeres k	nichtlineare Charakteristik temperaturabhängig sprödes Material

9.4 Die elektrische Beschaltung des DMS

Die kleinen Widerstandsänderungen eines DMS werden fast ausnahmslos mit der Wheatstone-Brücke gemessen (Wheatstone, 1843). Bild 9.8 zeigt die Schaltung. U_B ist eine Konstantspannung, meist Gleichspannung. Man verwendet aber auch Wechselspannung. Damit eliminiert man z. B. unerwünschte Thermospannungen. Üblich sind $f = 225$ Hz und $f = 5$ kHz. Wird die Meßspannung U_m nicht belastet, so gilt, wie man leicht nachrechnen kann:

$$U_m = U_B \cdot \frac{R_1 \cdot R_3 - R_2 \cdot R_4}{(R_1 + R_2) \cdot (R_3 + R_4)}. \tag{6}$$

Wir setzen in (6): $R_1 = R + \Delta R_1$, $R_2 = R + \Delta R_2$.
$R_3 = R + \Delta R_3$, $R_4 = R + \Delta R_4$.

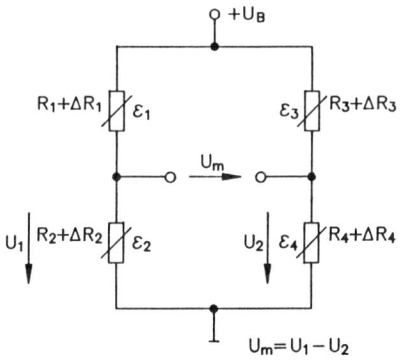

Bild 9.8: Wheatestone-Brücke mit DMS

Multipliziert man aus und berücksichtigt $\Delta R \ll R$, so folgt nach kurzer Zwischenrechnung:

$$U_m \approx \frac{U_B}{4} \cdot \left(\frac{\Delta R_1}{R} - \frac{\Delta R_2}{R} + \frac{\Delta R_3}{R} - \frac{\Delta R_4}{R}\right). \tag{7a}$$

oder, mit (5):

$$U_m \approx \frac{k \cdot U_B}{4} \cdot (\varepsilon_1 - \varepsilon_2 + \varepsilon_3 - \varepsilon_4). \tag{7}$$

Bei Dehnung geht ε positiv, bei Stauchung negativ in (7) ein.
Man unterscheidet Viertel-, Halb- und Vollbrücken. Diese unterscheiden sich in ihrem Temperaturverhalten und ihrer Empfindlichkeit. Die folgende Tabelle zeigt dies:

Brückenart	DMS	U_m nach (7)	Temperaturkomp.
Viertel-	ε_1	$= \dfrac{k \cdot \varepsilon}{4} \cdot U_B$	R_3 quer zur Kraft
Halb-	$\varepsilon_1 - \varepsilon_2 = 2 \cdot \varepsilon$	$= \dfrac{k \cdot \varepsilon}{2} \cdot U_B$	automatisch
Voll-	$\varepsilon_1 - \varepsilon_2 + \varepsilon_3 - \varepsilon_4 = 4 \cdot \varepsilon$	$= k \cdot \varepsilon \cdot U_B$	automatisch

Die optimale Schaltung ist die Vollbrücke. Sie hat die höchste Empfindlichkeit, vorausgesetzt, ε_1 und ε_3 entstehen durch Dehnung, ε_2 und ε_4 durch Stauchung. Die Temperaturgänge der 4 DMS gleichen sich aus.
Kann oder will man 2 DMS applizieren, so ist die Halbbrücke geeignet. Die angegebene Empfindlichkeit ergibt sich, wenn ε_1 durch Dehnung, und ε_2 durch Stauchung entsteht. Die Temperaturgänge der beiden DMS gleichen sich aus.
Eine Viertelbrücke versucht man, wenn möglich, zu vermeiden, da die Empfindlichkeit am geringsten ist. Der Temperaturgang des DMS 1 muß durch einen inaktiven DMS 3 (z. B. quer zur Kraftrichtung aufgeklebt) kompensiert werden.
Als Meßverstärker verwendet man einen Operationsverstärker in Substrahier-Schaltung (Bild 9.9).

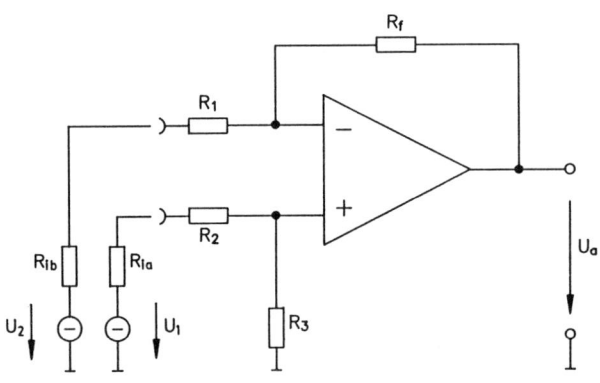

Bild 9.9:
Substrahierverstärker an einer DMS-Brücke

9.5 Beispiel

Wir betrachten einen einseitig eingespannten Biegebalken (Bild 9.10). Er ist das Grundelement einer Wiegevorrichtung.

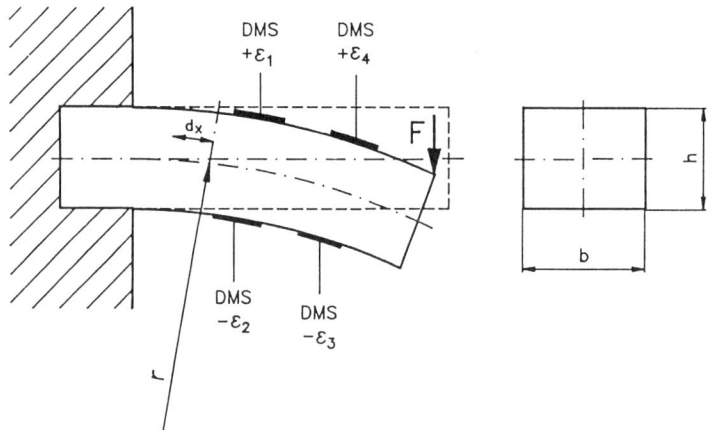

Bild 9.10: Belasteter Biegebalken

Die Mechanik:
Wir nehmen vereinfachend an, die Krümmungslinie sei ein Kreisbogen (exakt: Parabel) mit dem Radius r.
Dafür liefert die Mechanik die Beziehung:

$$r \approx \frac{E \cdot h}{2 \cdot \sigma},$$

σ – Zugspannung,

$E = 20 \cdot 10^6$ N/cm² (Elastizitätsmodul von Stahl).

Es sei dx das durch Dehnung entstandene Wegelement. Dann liest man ab:

$$\frac{x}{r} = \frac{dx}{h/2},$$

x – Länge des Biegebalkens.
Daraus, mit $\varepsilon = dx/x$:

$$\varepsilon = \frac{h}{2 \cdot r} \approx \frac{\sigma}{E}. \qquad (8a)$$

Aus der Lehre der Mechanik folgt für die Zugspannung:

$$\sigma = \frac{M \cdot h/2}{J},$$

wobei das Trägheitsmoment des Biegebalkens

$$J = \frac{b \cdot h^3}{12}$$

und das Biegemoment $M = F \cdot x$ ist.
Setzt man dies in (8a) ein, so folgt:

$$\varepsilon \approx F \cdot x \cdot \frac{6}{E \cdot b \cdot h^2}. \tag{8}$$

Die Elektrik:
Wir setzen eine Vollbrücke ein. Dann ist nach der Tabelle in Abschnitt 9.4 die Brückenspannung:

$$U_m = k \cdot \varepsilon \cdot U_B,$$

mit ε nach (8).
Diese Spannung liegt am Eingang des Substrahierverstärkers gemäß Bild 9.9. Berücksichtigt man die Innenwiderstände R_{ia} und R_{ib} der Brücke

$$R_{ia} = R_1 // R_2$$
$$R_{ib} = R_3 // R_4,$$

so gilt, wie man leicht ableiten kann:

$$U_a = \frac{R_3}{R_3 + R_2 + R_{ia}} \cdot \left(1 + \frac{R_f}{R_1 + R_{ib}}\right) \cdot U_1 - \frac{R_f}{R_1 + R_{ib}} \cdot U_2. \tag{9}$$

Setzt man z. B. die Widerstände $R_1 = R_f = 10$ kΩ, und $R_2 = R_3 = 10$ kΩ, so liefert die Beziehung (9) für $R_{ia,b} = 0$:

$$U_a = 10 \cdot (U_1 - U_2),$$

oder, wegen $U_m = U_1 - U_2$ (vgl. Bild 9.8):

$$U_a = 10 \cdot U_m.$$

Berücksichtigt man jedoch die Brückeninnenwiderstände mit je 600 Ω, so liefert (9):

$$U_a = 9{,}71 \cdot U_m.$$

Es sei beispielsweise die Batteriespannung $U_B = 15$ V, die DMS-Konstante $k = 2$ und die Dehnung $\varepsilon = 0{,}001$. Dann ist die Ausgangsspanung U_a des Substrahierverstärkers

$$U_a = 9{,}71 \cdot 2 \cdot 0{,}001 \cdot 15 \text{ V}$$
$$= 0{,}29 \text{ V}.$$

Literatur:

[1] Merz, L.: Grundkurs der Meßtechnik II, München.
[2] Hofmann, K.: Eine Einführung in die Technik des Messens mit Dehnungsstreifens, Darmstadt 1987

10 Weg- und Winkelsensoren

10.1 Übersicht

Von den vielen möglichen Verfahren der Abstandsmessung werden im folgenden nur einige besprochen. Andere, wie z.B. die Ultraschallsensoren oder die Näherungsschalter, finden sich in entsprechenden Kapiteln dieses Buches. Wir beschränken uns hier auf Sensoren für kleine Abstände im cm-Bereich. Die meisten dieser Sensoren können sowohl zur Weg- als auch zur Winkelmessung verwendet werden. Dies wird der Leser auch ohne unsere expliziten Hinweise erkennen. Generell läßt sich sagen, daß sowohl analoge als auch digitale Weg- und Winkelsensoren ihre optimalen Anwendungsbereiche haben. Beispielsweise sind potentiometrische Sensoren unübertroffen preisgünstig, während digitale Sensoren unübertroffen linear und verschleißfrei sind.

10.2 Analoge Sensoren

10.2.1 Tauchanker

10.2.1.1 Drossel

Eine Luftdrossel besitzt einen verschiebbaren, ferromagnetischen Kern, den Tauchanker (Bild 10.1). Je weiter der Anker eintaucht, desto größer wird die Induktivität der Drossel. Damit können Wege bis 100 mm und mehr gemessen werden, indem man den Anker mit dem sich bewegenden Objekt koppelt. Die Umsetzung der Induktionsänderung in eine Spannungsänderung erfolgt z.B. mit einer Maxwell-Wien-Meßbrücke. Bei etwas anderer geometrischer Anordnung kann das Tauchankerprinzip auch zur Schichtdickenmessung (Lackdichte) eingesetzt werden.

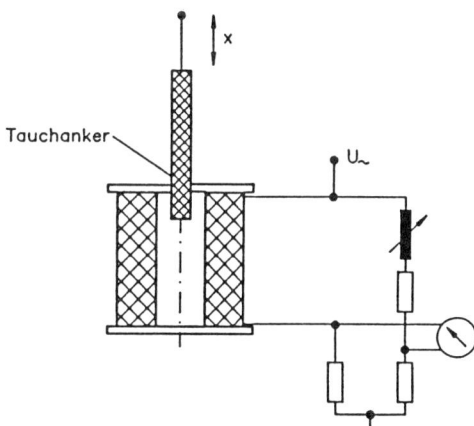

Bild 10.1: Tauchankerprinzip

10.2.1.2 Differentialtransformator

Dieser zylinderförmige Transformator besteht aus einer Primärwicklung und zwei Sekundärwicklungen P_1 und P_2, die über einen verschiebbaren, ferromagnetischen Kern miteinander gekoppelt werden (Bild 10.2). Die Erregung erfolgt mit Wechselspannung von einigen kHz.

In der Mittelstellung heben sich die in S_1 und S_2 induzierten Spannungen gerade auf, da die Wicklungen gegeneinandergeschaltet sind, die resultierende Sekundärspannung U_s ist 0. Bei Verschiebung des Tauchkerns ergibt sich eine zu $x = 0$ symmetrische Spannung $|U_s|$; die Phase φ zwischen U_p und U_s ist punktsymmetrisch zu $x = 0$ (vgl. Bild 10.3). Die Auswertung von U_s erfolgt normalerweise durch einen phasenselektiven Gleichrichter, der ein positionseindeutiges Signal U_{gl} liefert. Die Empfindlichkeit dieser Meßanordnung ist sehr hoch: Man kann Wege von -3 μm bis $+3$ μm auflösen. Die obere Grenze liegt bei einigen cm.

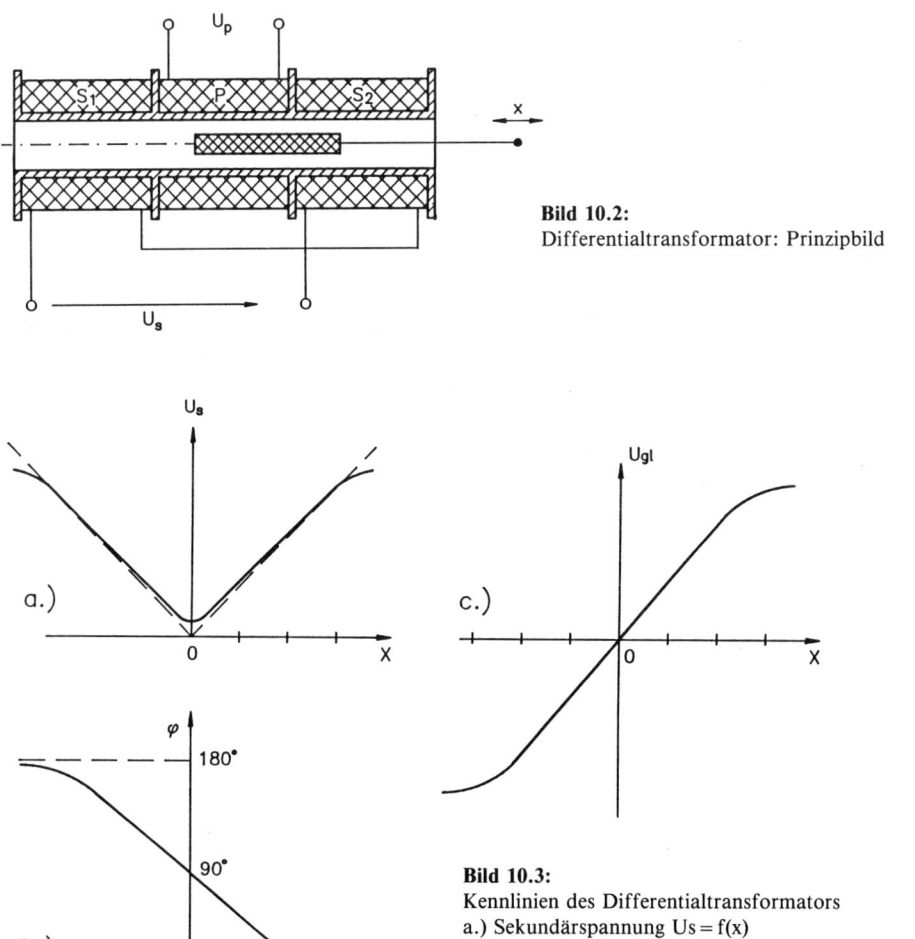

Bild 10.2: Differentialtransformator: Prinzipbild

Bild 10.3:
Kennlinien des Differentialtransformators
a.) Sekundärspannung Us = f(x)
b.) Phase (Up/Us) = g(x)
c.) phasenselektive Gleichrichtung von Us ergibt Ugl

10.2.2 Potentiometer

10.2.2.1 Allgemeines

Potentiometer sind aus dem täglichen Gebrauch als Lautstärkeregler jedermann bekannt. Aus diesem Einsatzfall stammt das negative Vorurteil gegenüber dem Einsatz von Potentiometern in zuverlässigen Regelschaltungen. Moderne Präzisionspotentiometer sind jedoch diesen Konsumprodukten weit überlegen. Sie werden in drei Technologien hergestellt:

1. Drahtgewickelte Widerstandsbahn,
2. leitfähige Kunststoffe als Widerstandsbahn,
3. aufgedampfte Metallschicht als Widerstandsbahn.

Die modernste Technologie ist die sogenannte Leitplastiktechnologie. Damit sind Weg- und Winkelsensoren nicht nur preiswert, sondern auch sehr zuverlässig herzustellen. Sie arbeiten auch unter extremen Umweltbedingungen, z.B. hohen Temperaturen, starken Stößen und Schwingungen, radioaktive Strahlung. Die Schaltung des Potentiometers zeigt Bild 10.4. Der Operationsverstärker dient als Impedanzwandler, der die Krümmung der Kennlinie infolge Belastung verhindert.

10.2.2.2 Linearität

Das wichtigste Gütemerkmal eines Präzisionspotentiometers ist die Linearität. Man unterscheidet dabei die unabhängige Linearität und die absolute Linearität.

Unabhängige Linearität:

Wird an ein Potentiometer nach Bild 10.4 eine Spannung angelegt und der Schleifer in Richtung α (von 0 bis 1) als Winkel oder Weg bewegt und handelt es sich um ein Potentiometer, dessen Ausgangsspannung proportional einer Winkel- oder Wegänderung folgt, so ergibt sich die in Bild 10.5 gezeigte Abhängigkeit der Ausgangsspannung als Funktion der Eingangsgröße.

Dabei ist α der mindestgarantierte elektrische Nutzbereich, m die bei der unabhängigen Linearität nicht vorgegebene Steigung und a der nicht festgelegte Schnittpunkt der Bezugslinie mit der Y-Achse (für $\alpha = 0$). Der Kontaktbereich geht im allgemeinen merklich über den Nutzbereich hinaus und ist in seinem Verlauf nicht definiert. Die maximale Abweichung der Kurve des Potentiometers zu der idealen Geraden ist der Linearitätsfehler. Bei der unabhängigen Linearität dürfen die Werte m und a so gewählt werden, daß sich der Fehler f im garantierten elektrischen Nutzbereich minimiert. Gemessen

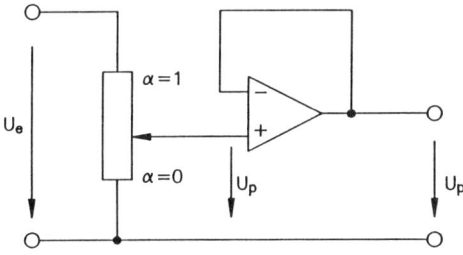

Bild 10.4: Potentiometer mit Impedanzwandler

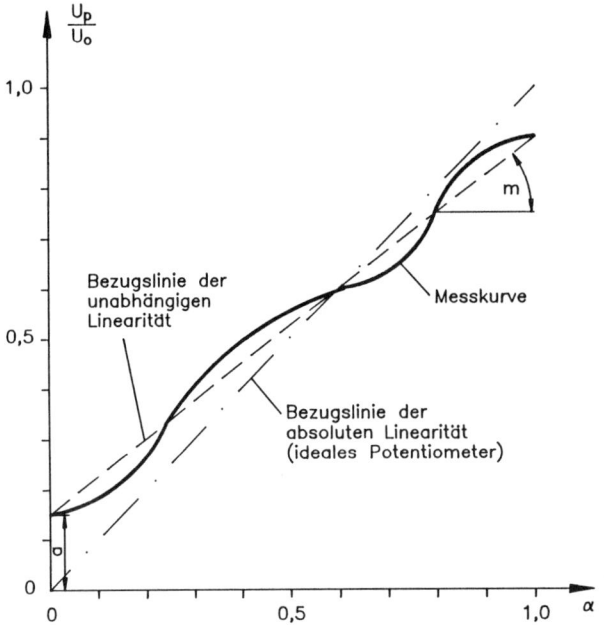

Bild 10.5: Absolute und unabhängige Linearität beim Potentiometer

wird die Linearität im Vergleich zu einem Meister, der normalerweise ein digitaler Winkelaufnehmer ist. Zahlenbeispiel: Die gemessene unabhängige Linearität von Präzisionspotentiometern liegt bei oder unterhalb 0,1%, was bei einem Drehwinkel von 120° ein Fehlwinkel von ±0,12° entspricht.

Absolute Linearität:
Diese bezieht sich auf die ideale Bezugsgerade, die durch 0 und 1/1 geht (vgl. Bild 10.5). Die nach diesem – härteren – Kriterium spezifizierten Potentiometer können im Gegensatz zu dem mit unabhängiger Linearität angegebenen Ausführungen ohne elektrische Empfindlichkeits- und Nulltrimmung eingesetzt werden, eine bei Großserienanwendung häufige Bedingung.

Neben diesen aus Fertigungstoleranzen resultierenden Fehlern, sind noch die Temperaturabhängigkeit der Leiterbahn und der Fehler durch die mechanische Ankopplung des Potentiometers an das zu messende System zu beachten. Eine Fehlerbilanz könnte etwa so aussehen:

absolute Linearität:	0,2%
Temperaturkoeffizient:	0,03%
Fehler durch mechanische Ankopplung	0,1%
Temperaturfehler der Elektronik:	0,07%
Summe der Fehler	0,40%

Das entspricht bei einem Drehwinkel von 120° einem Fehler von ±0,48%.

10.2 Analoge Sensoren

10.2.2.3 Anwendungsbeispiele

Verfahrenstechnik:	Positionsrückmeldung für Servoventile und Schieber, Kraftmessung über Federwege.
Straßen- und Gleisbau:	Neigungswinkelmessung.
Photoindustrie:	Blendensteuerung.
Luftfahrt:	Rückmeldung der Höhen- und Seitenruder, Landeklappenstellung.
Roboter und Handlingsgeräte:	Weg- und Winkelrückkopplung der Servosysteme.
Kfz-Industrie:	Elektrisches Gaspedal, Tachograph, Lenkwinkelsensoren.
Schiffsbau:	Ruderservosysteme.

10.2.3 Induktiver Wegsensor

10.2.3.1 Wirkungsweise

Im Gegensatz zu herkömmlichen induktiven Näherungsschaltern, die die Anwesenheit eines metallischen Objektes nur ab einem bestimmten Schaltabstand S erkennen können (vgl. Kap. 2), erfassen induktive Analogaufnehmer die Position des metallischen Objektes innerhalb ihres gesamten Arbeitsbereichs und geben den Meßwert annähernd proportional zum Abstand in Form eines Stromsignals aus. (Bild 10.6).

Ähnlich wie beim induktiven Näherungsschalter treten beim Analogaufnehmer magnetische Wechselfelder durch die aktive Fläche des Aufnehmers in den Raum aus, die bei Annäherung eines elektrischen leitfähigen Objekts Wirbelströme in dasselbe induzieren. Dieser Energieverlust bewirkt eine Absenkung der Güte der im Sensor befindlichen Spule, wobei die Bedämpfung mit abnehmender Entfernung des Objekts von der aktiven Fläche immer geringer wird. Durch eine spezielle Auslegung des Oszillators wird erreicht, daß die sich ändernde Bedämpfung des Schwingkreises (d.h. die Güteänderung) in ein annähernd lineares Meßsignal umgesetzt wird, das nach der Verstärkung und Korrektur als Strom zur Verfügung steht.

Die Kurven des Bildes 10.6 zeigen, daß der größte Arbeitsbereich sich bei einer ferromagnetischen Bedämpfungsfahne (Stahl 37) ergibt. Bei nicht-ferromagnetischen Metallen ergeben sich daher eingeschränkte Arbeitsbereiche, was etwa den Reduktionsfaktoren

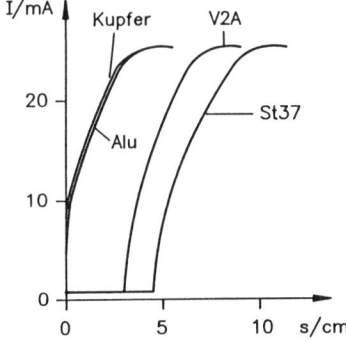

Bild 10.6:
Ausgangssignale von induktiven Analogsensoren bei verschiedenen Materialien

für diese Metalle beim Einsatz mit Näherungsschaltern entspricht. Der Meßbereich dieser analogen Abstandssensoren nach dem induktiven Prinzip liegt, je nach Durchmesser des aktiven Kernes, bei Werten, die die folgende Tabelle zeigt.

Kerndurchmesser	Meßbereich
5 mm	2...5 mm
8 mm	3...8 mm

10.2.3.2 Linearität und Meßfehler

Die Linearität des Ausgangssignals in Abhängigkeit vom Weg ist zwar erwünscht, aber nicht unbedingt erforderlich. Insofern ist eine Abweichung von der Linearität von etwa ±2% bezogen auf den Endwert, wie sie sich bei dem induktiven Verfahren ergibt, in den meisten Fällen akzeptierbar.
Wichtiger als eine vollständige Linearität ist eine gute Reproduzierbarkeit des Meßwertes. Darunter versteht man die Wiederholgenauigkeit des Meßwertes eines unter gleichen Bedingungen mehrmals angefahrenen Meßpunktes (nach Norm EN 50040). Die Reproduzierbarkeit bei induktiven Analogaufnehmern bewegt sich in der Größenordnung von etwa 2 Promille vom Endwert. Auf den jeweiligen Arbeitsbereich umgerechnet erhält man damit Wiederholgenauigkeiten von ca. 5...15 µm. Die prinzipiell unendliche Auflösung analoger Wegaufnehmer reduziert sich damit auf diese Werte.
Zusätzlich zum Linearitätsfehler und der Reproduzierbarkeit weisen induktive Analogaufnehmer noch (wie alle analogen Sensoren) eine Temperaturdrift auf, welche zum Hauptteil durch die Sensorspule bedingt ist. Die dadurch verursachte Temperaturabhängigkeit des Ausgangssignales liegt bei etwa ±1 Promille/K, bezogen auf den Endwert und gemittelt über den gesamten Betriebstemperaturbereich. Nicht als Fehler, aber als wichtige Betriebskenngröße ist die obere Grenzfrequenz des Systems von Interesse, d.h. die Frage wie schnell das Ausgangssignal der Meßgröße, also der Abstand des Objekts, folgen kann. Diese obere Grenzfrequenz liegt bei etwa 190 Hz, d.h. wesentlich höher, als man dies bei normalen mechanischen Bewegungen zu erwarten hat.

10.2.3.3 Anwendungsmöglichkeiten

Ein interessanter Anwendungsfall für Analogaufnehmer findet sich bei der Steuerung von Industrierobotern. Um z.B. eine Roboterhand zu führen, sind je nach Anforderung der Abtastaufgabe zwischen drei und sechs Aufnehmern zur Ermittlung der Geometriedaten erforderlich. Dafür bietet sich der induktive Aufnehmer infolge seiner Kleinheit und Robustheit an. Eine weitere Möglichkeit der Anwendung ist das Zentrieren einer Welle mit Hilfe von 2 Analogaufnehmern. Diese sind, wie Bild 10.7 zeigt, rechtwinklig zueinander angeordnet. Bei Abweichung der Welle aus der Mittellage erhält man unterschiedliche Ausgangssignale der einzelnen Aufnehmer die zur Lagekorrektur benutzt werden können.
Die eigentlich unerwünschte Eigenschaft der Abhängigkeit der Meßkurve vom Material (vgl. Bild 10.6) läßt sich zur Erkennung und Unterscheidung von verschiedenen Metallen ausnützen. Als Beispiel sei die Selektion von Münzen erwähnt. Das deutsche

10.3 Digitale Sensoren

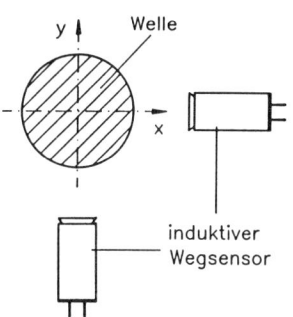

Bild 10.7: Beispiel: Zentrieren einer Welle

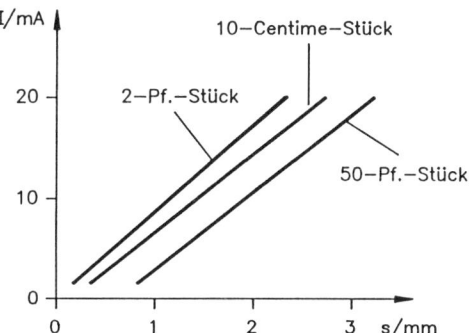

Bild 10.8: Beispiel: Unterscheiden verschiedener Münzen

50-Pfennig-Stück und das französische 10-Centime-Stück unterscheiden sich in ihrer Größe gar nicht und im Gewicht nur sehr wenig (ca. 16%), bestehen aber aus unterschiedlichen Legierungen. Das 2-Pfennig-Stück liegt etwa in derselben Größenordnung (ca. 0,7 mm kleiner). Werden nun diese drei Münzen mit einem Analogaufnehmer abgetastet, so erhält man die Kennlinien des Bildes 10.8.
Bei günstig gewähltem Meßabstand unterscheiden sich 50-Pfennig-Stück und 10-Centime-Stück um etwa 30%, das 2-Pfennig-Stück und 10-Centime-Stück immerhin noch um 10%. Eine einwandfreie Unterscheidung ist also gewährleistet, falls der Objektabstand innerhalb bestimmer Grenzen konstant gehalten wird.

10.3 Digitale Sensoren

Die Meßmethoden zur Bestimmung eines zurückgelegten Weges bzw. Winkels sind bis auf die mechanische Ausführung des Meßwertaufnehmers identisch. Bei der Bestimmung eines Winkels ist eine kreisförmige Codierscheibe auf einer Welle (Winkelcodierer) und im Falle der Wegmessung ist die Codierung auf einem „Meßlineal" aufgebracht. Ebenfalls sind in Verbindung mit Meßrad oder Ritzel und Zahnstange mit einem Winkelcodierer Längen- und Wegmessungen möglich. Die Umwandlung der mechanischen Codierung in proportionale elektrische Signale erfolgt durch Abtasten des Codes durch Schleifdrähte, magnetische Sensoren oder optische Schranken. Im Falle der Abtastung durch Schleifdrähte ist die Codierung durch unterschiedlich leitfähige Segmente realisiert, bei der Abtastung durch magnetische Sensoren ist die Codierung mittels aufeinander folgender Nord-Südpol-Wechsel aufgebracht. Bei dieser Methode besteht der Wandler aus einem speziellen Material, dessen Leitwert sich je nach magnetischer Feldstärke ändert. Diese Leitwertänderung wird in der nachgeschalteten Elektronik ausgewertet. Die am meisten angewandte Methode ist die optische Abtastung einer Segmentscheibe. Hier besteht die Codierung aus Zonen unterschiedlicher Lichtdurchlässigkeit. Bewegt sich die Codierscheibe innerhalb der optischen Schranke, steht an deren Ausgang eine der Bewegung proportionale digitale Information zur Verfügung.

Da die Meßmethode bei der Verwendung einer kreisförmigen Segmentscheibe oder eines Meßlineals identisch ist und die verschiedenen Abtastmethoden das gleiche Meßergebnis bringen, werden nachfolgend die verschiedenen Codiermöglichkeiten am Beispiel der optischen inkrementalen bzw. absoluten Drehimpulsgeber erklärt.

10.3.1 Inkrementale Sensoren

Inkrementale Sensoren, hier Drehimpulsgeber genannt, liefern bei jeder vollständig ausgeführten Umdrehung der Welle eine bestimmte Anzahl von Impulsen. Diese Impulszahl ist abhängig von der Teilung der verwendeten Codescheibe. Sind auf dieser Scheibe beispielsweise 360 Segmente aufgebracht, liefert dieser Drehimpulsgeber 360 Impulse pro Umdrehung, das heißt einen Impuls pro Grad. Moderne Drehimpulsgeber kleiner Bauform haben bis zu 6000 Segmente. Aufwendigere Drehimpulsgeber bieten Auflösungen von bis zu 720000 Impulsen pro Umdrehung.

In der Praxis kommen drei verschiedene Varianten von Drehimpulsgebern zur Anwendung: Einkanal-, Zweikanal- und Dreikanal-Drehimpulsgeber.

Einkanal-Drehimpulsgeber (Bild 10.9a): Die Anzahl der Impulse eines Einkanal-Drehimpulsgebers hängt von der Teilung der verwendeten Codescheibe ab. Diese Drehimpulsgeber haben nur einen Impulsausgang, an dem bei jeder Bewegung der Welle unabhängig der Drehrichtung Impulse anstehen, eine Drehrichtungserkennung ist mit dieser Ausführung nicht möglich. Es können damit nur einfache elektronische Zähler, die nur in einer Richtung zählen müssen, angesteuert werden (elektronische Digitaltachometer).

Zweikanal-Drehimpulsgeber (Bild 10.9a):
Die Zahl der Impulse, die dieser Drehimpulsgeber erzeugt, hängt genau wie bei der einkanaligen Ausführung von der verwendeten Codescheibe ab. Diese Ausführung hat zwei getrennte optische Schrankensysteme, die so angeordnet sind, daß zwei Impulsfolgen generiert werden, die elektrisch um 90 Grad phasenverschoben sind. Aufgrund dieser Phasenverschiebung ist die Erkennung der Drehrichtung möglich: Hat bei steigender Flanke von Kanal A Kanal B bereits 1-Signal, ist die Drehrichtung beispielsweise im Uhrzeigersinn; hat bei steigender Flanke von Kanal A Kanal B aber 0-Signal, ist die Drehrichtung entgegen dem Uhrzeigersinn. Bild 10.9b zeigt eine Schaltung zur Richtungserkennung.
Zweikanal-Drehimpulsgeber liefern demnach nicht nur die Information über die Größe der Bewegung, sondern auch über die Richtung der Bewegung.

Dreikanal-Drehimpulsgeber (Bild 10.9a):
Drehimpulsgeber mit drei Kanälen haben drei komplette optische Abtastsysteme. Zwei dieser Systeme erzeugen wie bei den Zweikanal-Drehimpulsgebern zwei um 90 Grad versetzte Impulsfolgen. Das dritte System tastet eine dritte Spur auf der Codescheibe ab, auf der nur ein schmales Segment aufgebracht ist. Der Ausgang dieses Systems liefert also nur einen kurzen Impuls pro Umdrehung. Dieser Impuls, auch Nullimpuls genannt, wird als Referenzsignal genutzt. Es dient zur Erkennung eines Fixpunktes auf einem Meßweg und kann beispielsweise genutzt werden, um einen nachgeschalteten Zähler extern auf einen gewählten Referenzwert zu setzen. Eine mechanische Erkennung des Nullpunktes kann damit entfallen.

10.3 Digitale Sensoren

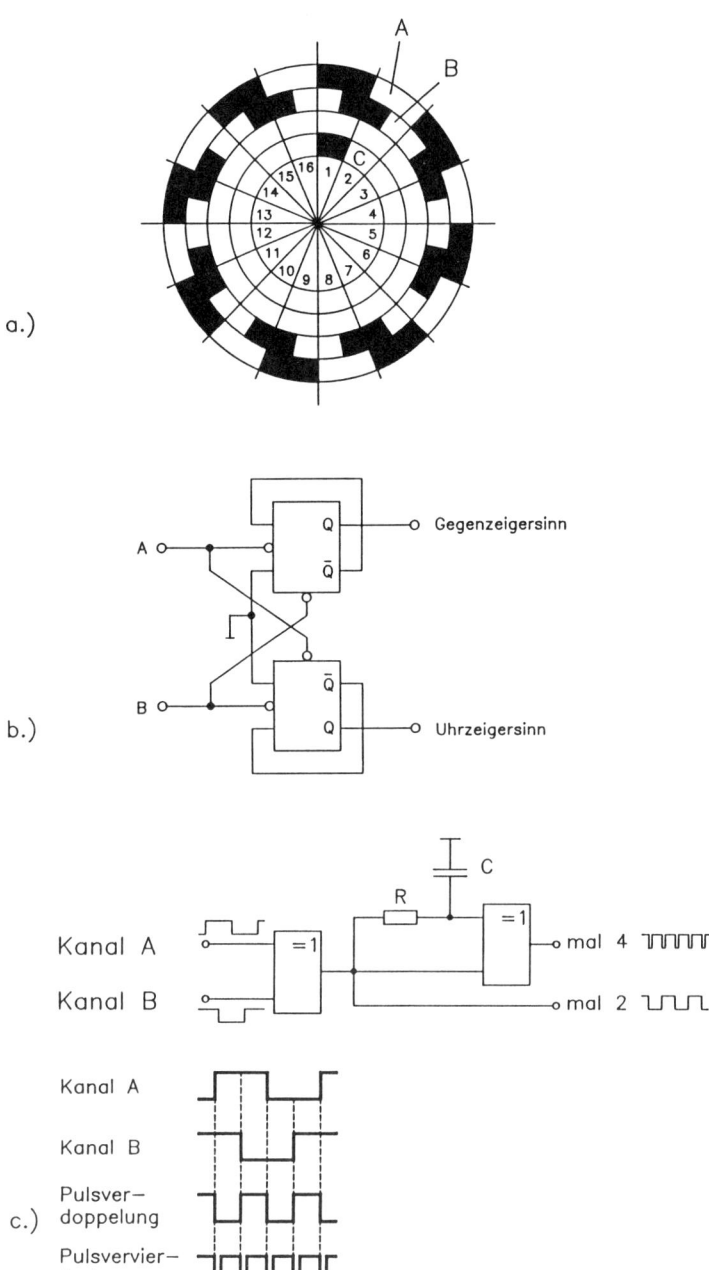

Bild 10.9: Inkrementaler Geber
a.) Codescheibe: einkanalig: A
zweikanalig: A + B
dreikanalig: A + B + C
b.) Richtungserkennung beim Zweikanalgeber
c.) Vergrößerung der Auflösung durch Impulsvervielfachung

Anwendungen von Drehimpulsgebern:
Einkanal-Drehimpulsgeber verfügen über keine Richtungserkennung. Sie liefern bei Drehung der Welle eine kontinuierliche Impulsfolge unabhängig von der Drehrichtung. Sie kommen daher nur dort zum Einsatz, wo Bewegungsgeschwindigkeiten gemessen werden sollen. Ein Einsatzgebiet ist beispielsweise die Drehzahlregelung von Motoren über Tachogenerator. Zweikanal-Drehimpulsgeber ermöglichen die Richtungserkennung. Sie können deshalb z. B. zur Drehrichtungserkennung bei Motoren, usw. eingesetzt werden.
Dreikanal-Drehimpulsgeber erzeugen zusätzlich zu den 90 Grad versetzten Impulsausgängen noch einen Referenzimpuls pro Umdrehung. Da dieser Impuls absolut mechanisch mit der Stellung der Welle verknüpft ist, kann dieser Impuls zur Nullstellungserkennung der Welle genutzt werden. Durch elektronische Mehrfachauswertung der Impulse von Kanal A und B kann die Auflösung eines Drehimpulsgebers verdoppelt oder vervierfacht werden. Die EX-Or-Verknüpfung von A und B ergibt eine Verdoppelung der Impulszahl. Die Auswertung der Impulsflanken dieses Signals durch RC-Glied und EX-Or-Verknüpfung ergibt eine Vervierfachung der Impulszahl (Bild 10.9c).

10.3.2 Absolutsensoren

Absolutsensoren, hier Absolutwertaufnehmer genannt, werden zum Erfassen von Wegen und Winkeln eingesetzt. Sie digitalisieren ihre jeweilige mechanische Position absolut in einen parallelen Code, brauchen also keine Nullreferenz.
Absolut messen heißt, daß die jeweilige mechanische Position des Meßwertaufnehmers eindeutig einer bestimmten Codekombination zugeordnet ist, unabhängig von der Drehrichtung. Daraus ergibt sich ein wichtiger Vorteil des Absolutwertaufnehmers: Im Gegensatz zum inkrementalen Geber ist zur Bestimmung der Position kein nachgeschalteter Zähler notwendig.
Auch Störimpulse sind bei dieser Meßmethode ohne Auswirkungen, während sie bei inkrementalen Sensoren wie gültige Signale mitgezählt werden und damit einen bleibenden falschen Meßwert ergeben. Rotations-Absolutwertaufnehmer erzeugen für jede Winkelstellung eine nur einmal vorkommende Information, so daß jeder Winkelposition eine bestimmte Signalkombination zugeordnet werden kann. Diese Information ist durch ein Codemuster bestimmt, das auf einer kreisförmigen Segmentscheibe in mehreren Codebahnen aufgebracht ist. Die Anzahl der vorhandenen Codebahnen bestimmt die maximale Auflösung des Absolutwertgebers, ausgedrückt in Schritten pro 360 Grad. Da die Codebahnen in Form eines Binär-Codes aufgebracht sind, ist die maximale Auflösung von der Bahnzahl n abhängig:
Auflösung = 2^n.
Bei 10 Codebahnen ist die Auflösung beispielsweise 1024. Die am häufigsten verwendete Codierung ist der Gray-Code. Diese Codierung hat den Vorteil, daß bei einem Übergang von einer Position zur nächsten nur auf einem Ausgangskanal ein Signalwechsel stattfindet. Eine Mehrdeutigkeit der Position durch die nachgeschaltete Auswerteeinheit während eines Positionswechsels ist damit ausgeschlossen (Bild 10.10).
Jede Codebahn wird von einer ihr zugeordneten optischen Schranke abgetastet. Das Ausgangssignal dieser Schranke wird verstärkt und auf eine Ausgangsstufe weitergeleitet.Die Zahl der elektrischen Ausgänge entspricht daher der Zahl der Codebahnen.

10.3 Digitale Sensoren

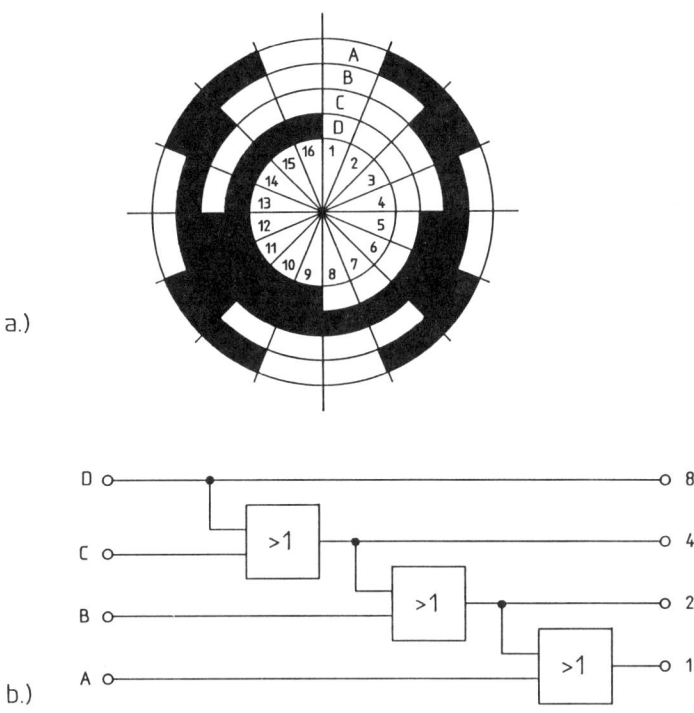

a.)

b.)

Bild 10.10: Absolutwertgeber
a.) Codescheibe mit Gray-Code
b.) Umkodierung Gray - Binär

Ein wichtiger Vorteil dieser parallelen Abtastung ist, daß nach dem Einschalten der Versorgungsspannung, nach der Positionsänderung ohne Versorgungsspannung oder z. B. dem Überschreiten der elektronisch zulässigen Drehzahl, die reale Position sofort verfügbar ist. Bild 10.11 zeigt den Schnitt durch einen handelsüblichen Drehimpulsgeber.

Ist eine Position, z. B. ein Weg zu erfassen der über eine Umdrehung hinausgeht, muß ein MULTITURN-Absolutwertaufnehmer eingesetzt werden. Bei dieser Ausführung werden die Umdrehungen bis zu einer Grenzzahl ebenfalls absolut erfaßt. Dazu besitzt der Geber entweder ein Untersetzungsgetriebe mit angebrachter absoluter Codescheibe, oder einen integrierten Zähler in dem die zurückgelegten Umdrehungen gespeichert werden. Der Zählerstand wird ebenfalls parallel im Graycode ausgegeben. Die maximale Auflösung des Gebers ergibt sich aus der Gesamtzahl seiner parallelen Ausgänge. Stehen beispielsweise 10 Ausgänge (10 Bit) pro Umdrehung und 10 Ausgänge (10 Bit) für die Umdrehungen zur Verfügung, kann eine Wegstrecke mit einer 20 Bit-Auflösung gemessen werden. Das entspricht auf einer Wegstrecke von 10 Metern einer Auflösung von 0,01 mm.

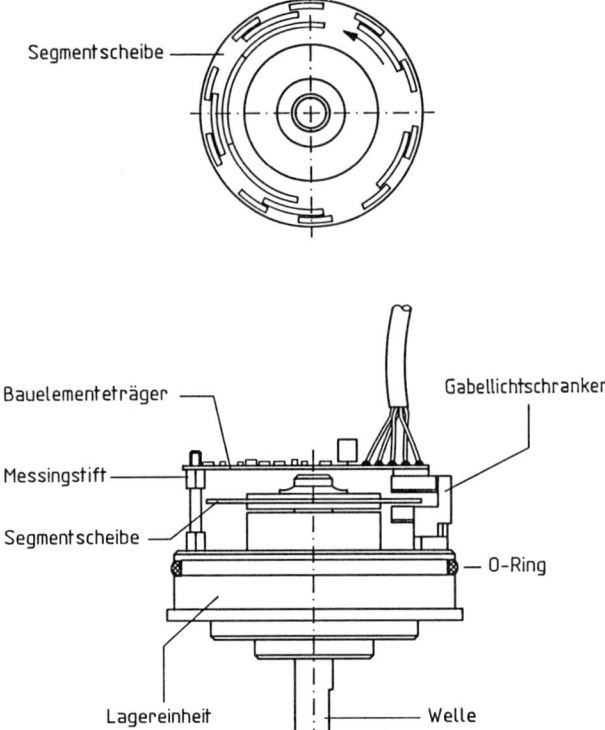

Bild 10.11: Schnitt durch einen handelsüblichen Absolutwertgeber (Werkbild Pepperl+Fuchs GmbH)

10.4 Optische Distanzmessung mittels Triangulation

10.4.1 Einleitung

Die Triangulation ist das älteste und auch heute noch weitverbreitetste Verfahren zur optischen berührungslosen Distanzmessung. Seine Ursprünge gehen bis in die Antike auf Pythagoras zurück. Wie aus der Bezeichnung Triangulation (lat.: triangulum – das Dreieck) hervorgeht, ist es eine geometrische Messung verschiedener Elemente eines oder mehrerer Dreiecke.

Die bekannteste Anwendung aus der Geodäsie beschreibt die einfache, berührungslose Bestimmung der Entfernung zwischen zwei Punkten A und B. Wie aus dem Bild 10.12 hervorgeht, geschieht diese Längenbestimmung aus zwei Winkelmessungen und einer unter Umständen sehr viel kürzeren Längenmessung.

Unter der Bedingung, daß β als 90° rechter Winkel gewählt wird, ergibt sich:

$$AB = a \cdot \tan(\gamma). \tag{1}$$

Dieses Verfahren bietet immer dann Vorteile, wenn sich z.B. die Strecke a leichter bestimmen läßt als die Distanz AB.

10.4 Optische Distanzmessung mittels Triangulation

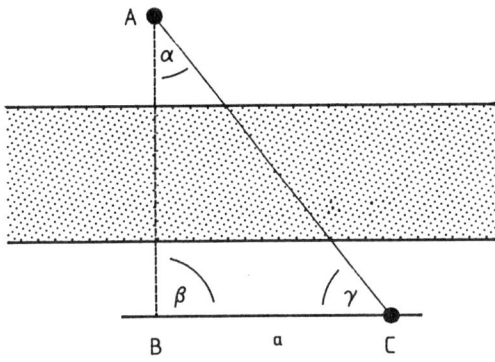

Bild 10.12: Geometrische Triangulation

10.4.2 Optoelektronische Triangulation

Die heute in elektronischen Triangulationssensoren und anderen Geräten, wie „Autofocus"-Kameras, integrierten Systeme bedeuten alle eine Übertragung der vorgestellten geometrischen Triangulation auf optoelektronische Komponenten und Phänomene. Im allgemeinen wird bei der optoelektronischen Triangulation ein fokussierter Lichtstrahl ausgesendet und am Meßobjekt reflektiert. Diese Reflexion kann entweder als ideale Rückstrahlung eines Strahls realisiert werden oder eine möglichst stark gestreute Reflexion in alle Richtungen darstellen.

Im ersten Fall muß das Objekt die Reflexionseigenschaften eines Spiegels aufweisen. Die Messung der Distanz geschieht also gegen ein „kooperierendes" Ziel, dessen Eigenschaften bezüglich Reflexion exakt vorbestimmbar sind. Diese Meßverfahren sind für die häufigsten Anforderungen an die optische Distanzmessung nicht geeignet und werden deshalb nicht weiter betrachtet.

10.4.2.1 Optoelektronische Triangulation mit diffusen Zielen

In der Regel kann man bei natürlichen und industriellen Materialien von einer diffusen Reflexion eines Lichtstrahls ausgehen (vgl. Tabelle). Es gilt allgemein: je kleiner die Wellenlänge, desto diffuser die Reflexion.

Material	Reflexionsgrad/%	Temperatur/°C
Aluminium, poliert	96	20
Aluminium, oxidiert	80	20
Gold, poliert	98	20
Stahlblech, vernickelt	94	20
Stahlblech, verzinkt	75	20
Stahlblech, verrostet	15	20
Ruß	5	20
Platin, poliert	95	20
Platin, poliert	81	1500

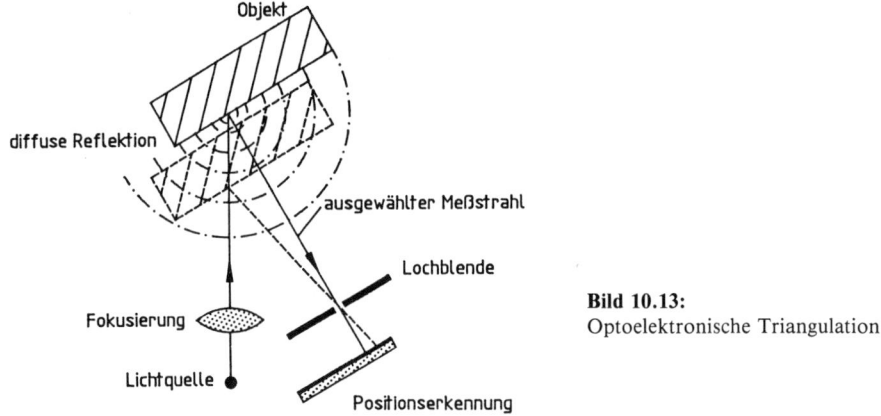

Bild 10.13:
Optoelektronische Triangulation

Wenn das Meßobjekt, wie in Bild 10.13 angedeutet, den Sendelichtstrahl völlig diffus reflektiert, so ist die anschließende Messung auf jeden Fall unabhängig von der Orientierung des Meßobjekts – ein erster großer Vorteil der Triangulation.

10.4.2.2 Erzeugung des Meßstrahls

Stark gebündelte Lichtstrahlen lassen sich auf unterschiedliche Arten herstellen. Gebräuchlich sind heute allerdings nahezu ausschließlich Helium-Neon-LASER, LASER-Dioden und lichtemittierende Dioden (LEDs). He-Ne-LASER werden im allgemeinen überall dort eingesetzt, wo hohe Lichtenergie benötigt wird. Dies kann z.B. bei größeren Meßstrecken oder schlechten (schwarzen) Reflektoren notwendig werden. Im allgemeinen sind diese He-Ne-LASER allerdings nicht augensicher. Trifft ein Meßstrahl ungeschützt das menschliche Auge, so können Verätzungen oder gar Zerstörungen von Netzhaut und Linse auftreten.

LASER-Dioden gibt es heute in einigen Ausführungen, was Wellenlänge, emittierende Fläche und Leistung angeht. Das emittierte Licht ist monochromatisch (sehr eng tolerierte Wellenlänge), weist aber gegenüber den He-Ne-LASERN eine schlechte Kohärenz auf (unterschiedliche Phasenlagen in einem Lichtbündel). Die kleine lichtabstrahlende Fläche erlaubt selbst mit einfachen Linsensystemen eine hochwertige Fokussierung. Je nach Leistung und Wellenlänge sind LASER-Dioden den Schutzklassen 1, 2 oder 3 zuzuordnen.

Leuchtdioden, speziell infrarote Leuchtdioden, bieten vor allem den Vorteil des günstigen Preis-/Leistungsverhältnisses und der absoluten Augensicherheit. Nachteilig sind vor allem die niedrigen Leistungen und die große lichtemittierende Fläche, die die Möglichkeiten der Fokussierung, der Kohärenz, der engen Wellenlängentoleranz stark limitieren.

10.4.2.3 Empfangsgeometrie

Wie aus Bild 10.13 deutlich wird, muß aus dem Bündel diffus reflektierter Strahlen wieder genau ein Meßstrahl gewonnen werden, der zur Triangulationsmessung herangezogen wird. Am einfachsten geschieht dies über eine Lochblende.

10.4 Optische Distanzmessung mittels Triangulation

Im allgemeinen wird man allerdings anstelle der Lochblende eine Linse vorsehen. Der Mittelpunktstrahl der Linse entspricht dem ausgewählten Meßstrahl. Alle weiteren Anteile des Bündels erhöhen die Lichtausbeute.

10.4.3 Anwendung der optoelektronischen Triangulation

Die Flexibilität der Triangulation erlaubt eine Vielzahl verschiedener Anwendungen in Kameras und Konsumelektronik. Hier werden im einzelnen die Anwendungen in der Fabrikautomation betrachtet.

10.4.3.1 Hintergrundausblendung

Eine verbreitete Anwendung der optoelektronischen Triangulation ist die sogenannte Hintergrundausblendung. In aller Regel verwenden optische Schalter heute lediglich die Intensität des rückgestrahlten Lichtes. Befindet sich im Hintergrund ein gut reflektierendes Medium, können weniger gut reflektierende Medien im Vordergrund u. U. nicht über die Intensität unterschieden werden (vgl. Bild 10.14).

Die heute immer häufiger angewandte Hintergrundausblendung ermittelt nicht die Intensität des Lichtes, sondern ermittelt den geometrischen Auftreffpunkt eines ausgewählten Lichtstrahls über eine sogenannte Differentialdiode, wie in Bild 10.15 dargestellt. Die Differentialdiode hat dabei lediglich die Aufgabe, festzustellen, ob der ausge-

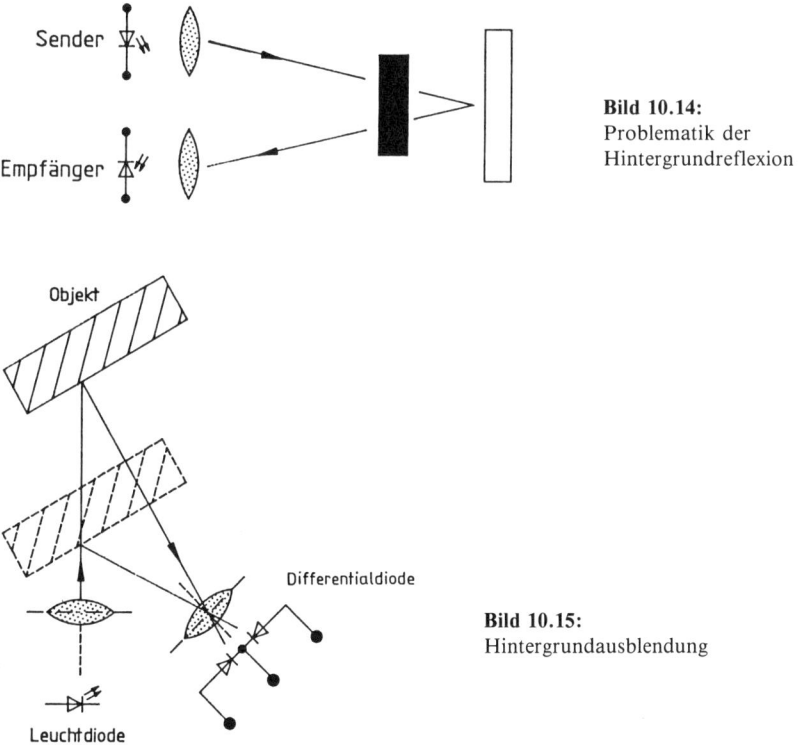

Bild 10.14: Problematik der Hintergrundreflexion

Bild 10.15: Hintergrundausblendung

zeichnete Meßstrahl links oder rechts vom Schaltpunkt auftrifft. Differentialdioden sind zwei gegeneinandergeschaltete Photodioden, deren beider Anoden oder Kathoden verbunden sind. Je nach der auf die einzelne Diodenstrecke eingestrahlten Energie wird einer der beiden Photoströme größer bzw. kleiner sein.

Der Objektabstand, dessen ausgezeichneter Meßstrahl genau gleichmäßig zwischen D1, D2 fällt, kann als Schaltabstand definiert werden.

Hintergrundausblendungssensoren, die einen abgleichbaren (einstellbaren) Schaltabstand erlauben, besitzen im allgemeinen eine mechanisch justierbare Empfangseinheit.

10.4.3.2 Allgemeine lineare Distanzmessung

Versucht man, die optoelektronische Triangulation nicht nur als komfortablen, intensitätsunabhängigen Abstandsschalter, sondern als analogen Distanzsensor zu verwenden, so benötigt man im Empfänger eine Möglichkeit, den veränderlichen Auftreffpunkt des ausgezeichneten Meßstrahls zu bestimmen. Allgemein bekannt sind hier zwei Methoden:

Zeilenkamera als Positionssensor

Naheliegend ist die Verwendung einer Zeilenkamera zur Bestimmung der Position des ausgezeichneten Lichtstrahls im Empfänger. Diese Lösung verlangt allerdings eine aufwendige Informationsverarbeitung und ist im Grunde nur bei hochgenauen Messungen mit LASER-Lichtquellen als Meßstrahl bei relativ großen Entfernungen rentabel einsetzbar.

Positionsempfindlicher Linienhalbleiter

Preiswerter und in der nachfolgenden Elektronik wesentlich weniger aufwendig sind dagegen sogenannte PSDs (*position sensitive devices*). Ein PSD ist ein eindimensional ausgedehnter Silizium-Halbleiterstreifen. Ein Lichtstrahl, der auf diesen Halbleiterstreifen fällt, erzeugt einen Photostrom, der zu beiden Seiten abfließt. Bei gleicher Last an den Enden (Kanten) des Linienhalbleiters teilt sich der Photostrom I_0 in zwei Kantenströme I_1 und I_2 auf, aus denen die Meßposition x bestimmt wird. Eine genaue Beschreibung dieses Elements befindet sich in Kapitel 5.1.3.3.

Dieses Verhalten macht die PSD zur idealen Komponente der linearen Distanzmessung mittels optoelektronischer Triangulation.

10.4.4 Geometrie einer linearen Distanzmessung

Im allgemeinen kann eine optoelektronische Triangulation die verschiedenen Geometrien einnehmen, die meisten lassen sich aus der allgemeinen Darstellung in Bild 10.16 ableiten.

Für diese Geometrie gilt:

$$d = B \cdot \frac{H \cdot \tan\alpha - (x + x_0)}{H + (x + x_0) \cdot \tan\alpha}. \qquad (2)$$

Die Position x wird mittels PSD bestimmt. Die Auswertung kann dann entweder über analoge Dividierer oder mittels Mikroprozessor und Analog-Digitalwandlung erfolgen. Die entsprechende Auswahl hängt ganz wesentlich von der jeweiligen Anwendung ab.

10.4 Optische Distanzmessung mittels Triangulation

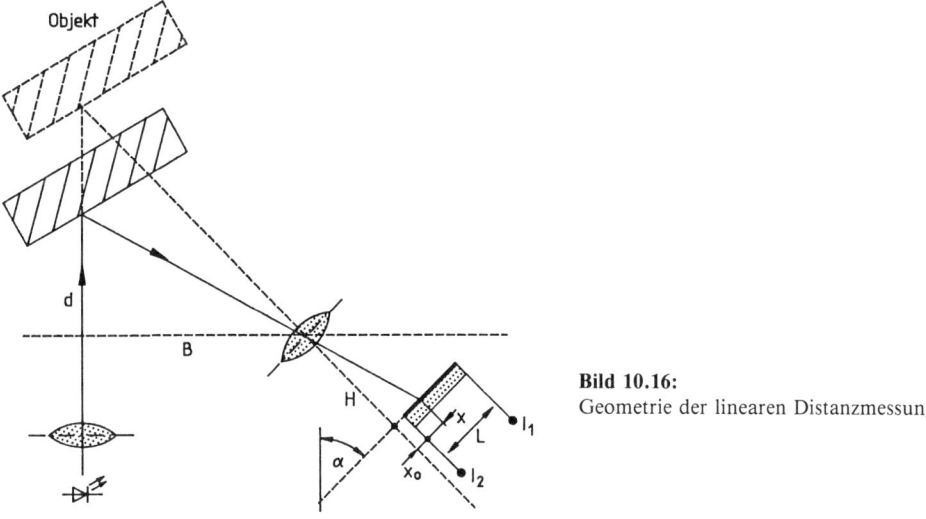

Bild 10.16:
Geometrie der linearen Distanzmessung

Wählt man eine Geometrie so, daß $\alpha = 90°$ und $x_0 = 0$ ist, so ergibt sich aus Gleichung (2):

$$d = H \cdot B \cdot \frac{1}{x}. \tag{2a}$$

Mit dem PSD als Empfangselement erhält man aus (2a):

$$d = \frac{H \cdot B \cdot (I_2 + I_1)}{L \cdot I_1}. \tag{3}$$

Durch Messung der Ströme kann also die Entfernung d bestimmt werden.

10.4.5 Dynamik des Systems

Unvorteilhaft für die Messung mit diffusem Licht wirkt sich im allgemeinen die Tatsache aus, daß die Intensität des empfangenen Lichtes mit dem Quadrat des Abstandes abnimmt. Bedenkt man, daß d zusätzlich noch proportional zu $1/I_1$ ist, so wird

$$d \sim 1/I_1^3.$$

Diese Geometrie weist also eine äußerst ungünstige Signaldynamik auf. (Bei 10fachem Abstand wird nur 1/1000 des Photostromes I_1 empfangen!)
Eine Möglichkeit, diesem Nachteil zu begegnen, ist die Nachregelung der Sendeenergie. Im allgemeinen wird man die Summe der Kantenströme $I_1 + I_2 = I_0$ erfassen und versuchen, dieses I_0 über einen Regler so auf die Sendeenergie zu schalten, daß I_0 = const. wird.
Für die in 10.4.4 dargestellte Geometrie ist allerdings die konstante Regelung des Kantenstroms I_1 günstiger. Mit I_1 = const. = c_2 wird aus (3):

$$d = \frac{H \cdot B}{L} \cdot \left(\frac{I_2}{c_2} + 1\right),$$

bzw.
$$d = c_1 \cdot (I_2 + c_2). \qquad (4)$$

Diese Gleichung (4) läßt sich ideal mittels einfacher Operationsverstärker realisieren. Man erhält $d = f(I_2)$ als einen linearen Zusammenhang, der ohne analogen Dividierer oder Mikroprozessor implementiert werden kann.

10.4.6 Zusammenfassung

Die optoelektronische Triangulation erlaubt u.a. die Realisierung von Tastern mit Hintergrundausblendung und analogen Distanzsensoren. Erreichbare Entfernungen hängen vom gewählten Sendelicht ab und betragen bei der Verwendung von LASER-Dioden und LEDs nicht mehr als 50 cm bis max. 100 cm. Auflösungen im Bereich von 10 µm sind bei kleineren Meßbereichen von einigen Zentimetern möglich. Optoelektronische Triangulationssensoren sind heute von verschiedenen Firmen in unterschiedlichen Meßbereichen, Auflösungen und Lichtquellen verfügbar (vgl. z.B. Bild 10.17).

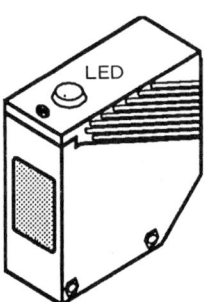

Bild 10.17:
Photo-Triangulationssensor OM200
(Werkbild: Pepperl + Fuchs GmbH, Mannheim)

10.5 Optoelektronische Distanzmessung mittels Phasenbestimmung

10.5.1 Einleitung

Bekannt sind viele Verfahren, die zur Bestimmung einer Distanz die Laufzeit einer physikalischen Welle nutzen. Ist die Ausbreitungsgeschwindigkeit der physikalischen Welle bekannt, so ergibt die Zeit t, die diese hin- und rücklaufende Welle benötigt, um vom Objekt reflektiert zu werden, über eine einfache Formel die Distanz d

$$d = \frac{v_w \cdot t}{2}, \qquad (1)$$

v_w – Wellengeschwindigkeit.

Diese grundlegenden physikalischen Zusammenhänge werden z.B. bei den Ultraschall-Abstandssensoren genutzt.

10.5.2 Laufzeitmessung elektromagnetischer Wellen

Prinzipiell sind elektromagnetische Wellen zur Laufzeitmessung und Distanzbestimmung nur bedingt geeignet.
Zum einen sind nur elektromagnetische Wellen geeignet, die sich in ihrer Abstrahlcharakteristik beeinflussen lassen.
Zum anderen bedeutet die hohe Ausbreitungsgeschwindigkeit vor allem einen enormen Signalverarbeitungsaufwand. Für eine Strecke von 10 m, die im Anwendungsfeld der Fabrikautomation sicherlich bereits ein oberes Grenzmaß der erforderlichen Abstandsinformationen darstellt, benötigt die elektromagnetische Welle in einfacher Richtung nur etwa 33 Nanosekunden. Dieses folgt aus (1) mit

$$v_w = c = 2{,}9979 \cdot 10^8 \text{ m/s}.$$

Die Zeit von 33 Nanosekunden muß dann noch entsprechend fein unterteilt werden, um die gesamte Meßstrecke entsprechend fein genug auflösen zu können.

10.5.2.1 Laufzeitmessung mit Licht

Licht, als elektromagnetische Welle betrachtet, eignet sich für die Distanzbestimmung gut, da sich diese elektromagnetischen Wellen zu feinsten Strahlen bündeln lassen und die Laufzeit in Luft von allen Parametern nur in untergeordneten Größenordnungen abhängt.
Ein gebündelter Meßstrahl ist immer dann erforderlich, wenn nicht nur die Distanz zum nächstliegenden Objekt irgendeiner Richtung gesucht ist, sondern der Objektabstand in einer definierten Vorzugsrichtung gemessen wird. Dabei ist es möglich, Licht über Optiken, aber auch durch magnetische und elektrostatische Felder zu bündeln. Als Lichtquellen dienen heute im wesentlichen Laser und lichtemittierende Halbleiter, wie sie schon in anderen Kapiteln vorgestellt wurden.
Es leuchtet ein, wenn kurze Strecken mittels Lichtlaufzeit bestimmt werden sollen, führt die hohe Lichtgeschwindigkeit c zu enorm kurzen Laufzeiten.
Wie kann die Distanz trotzdem genau genug bestimmt werden? Eine weitgreifende Übersicht dazu ist z. B. in [1] gegeben. Die wichtigsten Verfahren werden kurz erläutert.

10.5.3.1 Große Meßdistanzen

Der naheliegendste Weg ist die Anwendung der Licht-Laufzeitmessung nur bei großen Distanzen, wie sie beispielsweise in der Geodäsie typisch sind. Nachteilig ist hier, daß die Intensität einer sich kugelförmig ausbreitenden Lichtwelle mit Quadrat zur Meßdistanz abnimmt. Ein großer Teil der Lichtenergie geht zusätzlich während der Reflexion an der Oberfläche des Meßobjekts verloren. Für die Geodäsie ist deshalb ein energiereich gebündelter Strahl, der auf ein „kooperatives Ziel" (Spiegel, Tripelreflektor o. ä.) fällt, unerläßlich. Für die Fabrikautomation sind diese Verfahren weniger gut geeignet.

10.5.3.2 Schnelle Zählbausteine

Nimmt man die extrem kurzen Laufzeiten einiger Nanosekunden in Kauf, so stellt sich das Problem, diese Zeiten genau zu messen. In aller Regel mißt man solche Laufzeiten, indem man während der Laufzeit einen digitalen Zähler schrittweise inkrementiert. Das eintreffende Echo beendet diese Zählerinkrementierung. Der Zählerstand ist ein Maß für die Laufzeit.

Soll eine Distanz von maximal 10 m gemessen werden, so muß der Zähler eine Zeit von maximal 66 Nanosekunden zählen. Wenn dabei eine Auflösung von 1 mm erreicht werden soll, so müssen während der Zeit, die das Licht zum Durchlaufen eines Millimeters braucht, mindestens ein Impuls gezählt werden. Der Abstand zwischen zwei Pulsen ist somit maximal

$$\Delta t = 2 \cdot \Delta d / c = 2 \cdot 10^{-3} \text{ m}/3 \cdot 10^8 \text{ m/s} = 6{,}7 \text{ ps}.$$

Die Impulse dürfen also in maximal 6,7 Pikosekunden aufeinanderfolgen. Damit wäre eine Zählfrequenz von 150 GHz erforderlich.

Der notwendige Signalverarbeitungsaufwand ist enorm hoch, so daß dieses Verfahren für die Fabrikautomation nicht unmittelbar geeignet scheint.

10.5.3.3 Mehrfache der modulierten Phasenlängen

Wird das Licht nicht unmoduliert ausgesendet, sondern mit einer veränderlichen Frequenz in der Intensität moduliert, so ergeben sich eine ganze Reihe weiterer Verfahren. Bekannt ist zum einen die Methode, die Modulationsfrequenz f_m kontinuierlich zu verschieben und stets die Nullstellen des reflektierten Signals zu registrieren. Nullstellen entstehen bei monochromatischem, kohärentem Licht, da sich die rücklaufende und hinlaufende Welle unter bestimmten Bedingungen total auslöschen. Die entstehende modulierte Wellenlänge λ muß genau n/2 in die Meßlänge d passen:

$$d = n \cdot \frac{c}{2 \cdot f_m} \qquad n = 1, 2, 3... \qquad (2)$$

Registriert man alle Frequenzen f_m, bei denen eine Totalauslöschung stattfindet, so kann man die gesuchte Meßdistanz bestimmen.

Zahlenbeispiel: Die Meßstrecke ist maximal d = 5 m (n = 1). Aus (2) folgt für die Modulationsfrequenz

$$f_m = \frac{c}{2 \cdot d} = \frac{3 \cdot 10^8 \text{ m/s}}{2 \cdot 5 \text{ m}} = 30 \text{ MHz}.$$

Will man diese Strecke auf 5 mm genau auflösen (n = 1000), so ist die obere Modulationsfrequenz

$$f_m = 30 \text{ MHz} \cdot 1000 = 30 \text{ GHz}.$$

Man wird also von 30 MHz bis 30 GHz die Frequenzen durchfahren und die Anzahl der Auslöschungen zählen.

10.5.3.4 FMCW-Verfahren

Eine weitere Methode ist die als *frequency modulation with constant wave* bekannte Methode, die im wesentlichen aus der Radartechnik bekannt ist. Hier wird dem Licht eine Schwingung konstanter Amplitude und sägezahnförmigen Frequenzanstiegs aufmoduliert. Durch die Laufzeit bedingt, haben ausgesendetes und empfangenes Licht

10.5 Optoelektronische Distanzmessung mittels Phasenbestimmung

immer eine konstante Verschiebung in der Frequenz, die als Maß der Entfernung gemessen wird.

Die Eignung für Licht wird dadurch erschwert, daß sich die Grundfrequenz der Lichtwelle nur schwer beeinflussen läßt.

10.5.3.5 Holographie

Holographische Verfahren oder Interferenzverfahren zur Bestimmung kleiner relativer Distanzen in großen Abständen sind z.B. für die Qualitätskontrolle und Inspektion von Bedeutung, werden hier aber nicht weiter betrachtet.

10.5.3.6 Impulsverlängerung

Ein in [2] dargestelltes Verfahren bezieht sich einfach nur darauf, daß die zur Verfügung stehende Laufzeit in eine proportionale, aber längere Zeit umgewandelt wird (Bild 10.18). Dem Verfahren liegt eine aufwendige analoge, proportionale Impulsverlängerung zugrunde. Im Prinzip wird hier ein Kondensator über einen Widerstand R_1 während der Laufzeit aufgeladen. Die der Laufzeit proportionale Ladung wird dann über einen Widerstand R_2 wieder abgeführt. Die Entladezeit ist somit proportional der Laufzeit (= Ladezeit). Wenn nun $R_2 \gg R_1$, so wird auch die Entladezeit sehr viel größer als die Laufzeit. Diese Entladezeit kann dann mit einfachen Mitteln gemessen werden.

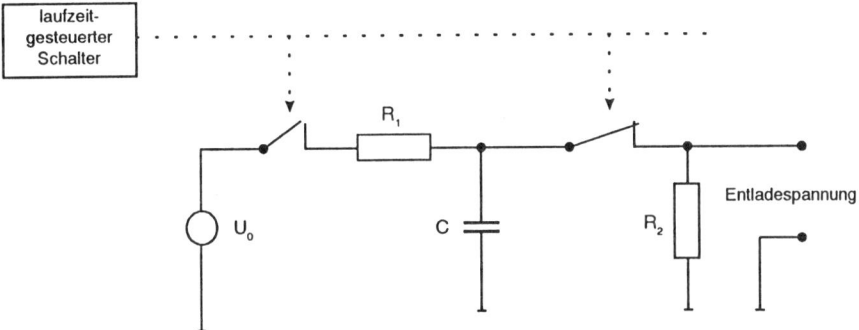

Bild 10.18: Proportionale Impulsverlängerung

10.5.3.7 Laufzeitverfahren mit zwei Phasenlagen

Ein bereits in Geräte für die Fabrikautomation eingesetztes Verfahren wird in [3] beschrieben und geht davon aus, daß über eine erste, relativ niedrige Frequenz aus der Phasenlage auf eine grobe Meßdistanz geschlossen werden kann. Anschließend wird mit einer zweiten Meßfrequenz die exakte Meßdistanz bestimmt. Dieses Verfahren ist eine Erweiterung des Verfahrens, das in Abschnitt 10.5.4 beschrieben wird.

10.5.4 Phasenmessung

10.5.4.1 Phase als Funktion des Abstandes

Für die Erfordernisse der Fabrikautomation scheint vor allem das Verfahren der reinen Phasenmessung geeignet zu sein. Prinzipiell wird hier ein Lichtstrahl, der nicht notwendigerweise monochromatisch oder kohärent sein muß, erzeugt. Dieser Lichtstrahl wird mit einer Frequenz konstanter Amplitude moduliert. Die Frequenz f_m wird dabei so gewählt, daß während der maximalen Laufzeit eine Phasenverschiebung von maximal 180° entsteht. Wir leiten die grundlegende Beziehung ab (Bild 10.19). Allgemein gilt:

$$\omega = \frac{\Delta\varphi}{\Delta t},$$

$$\omega = 2 \cdot \pi \cdot f_m,$$

wobei f_m die Modulationsfrequenz ist.

Die Zeit Δt, die das Licht braucht, um vom Sender S zum Reflektor R und zurück zu laufen, ist

$$\Delta t = \frac{2 \cdot d}{c}.$$

Dies in obige Gleichung eingesetzt, ergibt

$$2 \cdot \pi \cdot f_m = \frac{\Delta\varphi \cdot c}{2 \cdot c},$$

woraus folgt

$$d = \frac{\Delta\varphi \cdot c}{4 \cdot \pi \cdot f_m}. \tag{3}$$

Der Abstand d ist also erwartungsgemäß der Phasenverschiebung $\Delta\varphi$ direkt proportional. Im Grenzfall $\Delta\varphi = \pi$ gilt dann wegen (3):

$$d_{max} = \frac{c}{4 \cdot f_m}. \tag{4}$$

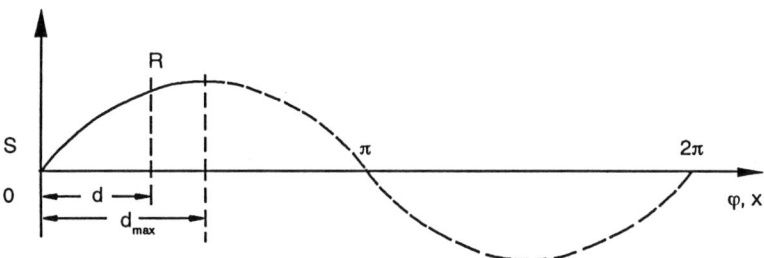

Bild 10.19: Reflexion der Welle

10.5 Optoelektronische Distanzmessung mittels Phasenbestimmung

Zahlenbeispiel:
Der Distanzmesser OM 5000 (Pepperl+Fuchs GmbH, Mannheim) arbeitet mit $f_m = 8$ MHz. Dies ergibt mit (4) eine maximale Meßdistanz von

$$d_{max} = 9,375 \text{ m}.$$

Das Meßverfahren beruht also darauf, die Phasenverschiebung genau zu bestimmen. An dieser Stelle tritt sofort die Frage auf, wie man einen Phasenwinkel bei Frequenzen einiger MHz einfach bestimmen kann.

10.5.4.2 Einführung der Zwischenfrequenz

Ziel der Zwischenfrequenz ist die Verlagerung der Phasenmessung von Frequenzen einiger MHz auf Frequenzen einiger kHz. Für das Verständnis grundlegend ist die dazu notwendige Mischertechnik. Zwei um Δf verschobene Frequenzen

$$f_2 = f_0 + \Delta f/2$$

$$f_1 = f_0 - \Delta f/2$$

treten phasenverschoben um den Winkel φ_0 in einer Schaltung auf.

$$u_2(t) = u_{20} \cdot \sin[2 \cdot \pi \cdot (f_0 + \Delta f/2) \cdot t + \varphi_0/2]$$

$$u_1(t) = u_{10} \cdot \sin[2 \cdot \pi \cdot (f_0 - \Delta f/2) \cdot t - \varphi_0/2]$$

Leitet man beide Signale auf einen Mischer, so ergibt sich eine Spannung $u_m(t)$.

$$u_m(t) = \frac{u_{10} \cdot u_{20}}{2} \cdot [\cos(2 \cdot \pi \cdot \Delta f \cdot t + \varphi_0) - \cos(4 \cdot \pi \cdot f_0 \cdot t)].$$

Befreit man dieses Signal durch einen einfachen Tiefpaß von seinem hochfrequenten Anteil, so entsteht

$$u_m{}'(t) = u_m \cdot \cos((2 \cdot \pi \cdot \Delta f \cdot t) + \varphi_0).$$

Dieses Signal hat als Frequenz genau die Zwischenfrequenz $\Delta f = f_2 - f_1$ und trägt den Original-Phasenwinkel φ_0.

Über diese Mischertechnik ist es sehr einfach, die Phaseninformation von einer schwer meßbaren Frequenz im MHz-Bereich auf eine leicht zu verarbeitende Frequenz in kHz zu übertragen.

10.5.4.3 Meßschaltung

Für das Sensorverfahren ist eine Schaltung notwendig, die in Blockschaltbild Bild 10.20 dargestellt ist.
Oszillator 1 erzeugt ein Referenzsignal, dessen Frequenz f_1 um Δf kleiner ist als die Frequenz von Oszillator 2. Oszillator 2 speist die Sendediode. Das Sendelicht durchläuft die Meßstrecke und gelangt zum Empfänger. Durch die Laufzeit ist das Signal der Frequenz f_2 jetzt um den Phasenwinkel φ_0 verschoben.
Mischer 1 mischt f_1 und f_2 und erhält die Mischfrequenz Δf ohne Phasenverschiebung.

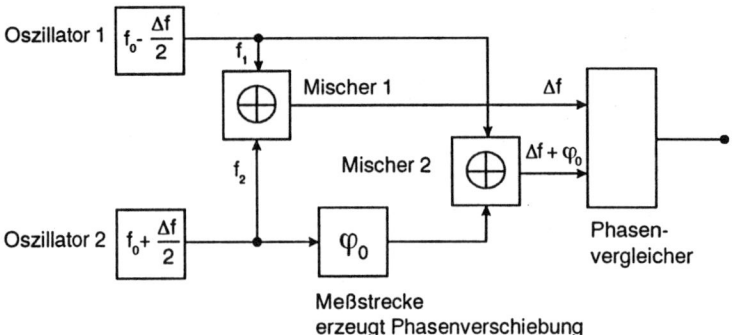

Bild 10.20: Phasenvergleicher

Mischer 2 mischt

$$f_2' \cdot t = (f_0 + \Delta f/2) \cdot t + \varphi_0$$

mit

$$f_1 \cdot t = (f_0 - \Delta f/2) \cdot t$$

und liefert die Zwischenfrequenz Δf mit Phasenverschiebung $+\varphi_0$. Die beiden niederfrequenten Signale gelangen an einen Phasenvergleicher.

Der sehr einfache Phasenvergleicher benutzt eine Triggerstufe, um aus den beiden zueinander phasenverschobenen, niederfrequenten Sinussignalen reine Rechtecksignale zu generieren.
Diese Rechtecksignale werden einem Exklusiv-Oder-Gatter zugeführt (Bild 10.21). Stimmen die Signale exakt überein, was einer Phasenlage von 0 entspricht (siehe Bild 10.22a), wird auch eine Ausgangsspannung von 0 V erzeugt. Eine Phasenlage zwischen 0–180° erzeugt auch eine mittlere Meßspannung (siehe Bild 10.22b). Die maximale Phasenverschiebung von 180° (vgl. Bild 10.22c) erzeugt die maximale Ausgangsspannung

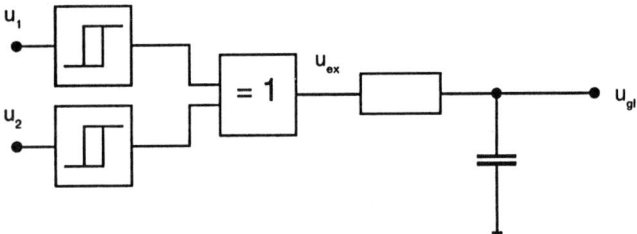

Bild 10.21: Blockschaltbilder Phasenvergleicher

10.5 Optoelektronische Distanzmessung mittels Phasenbestimmung

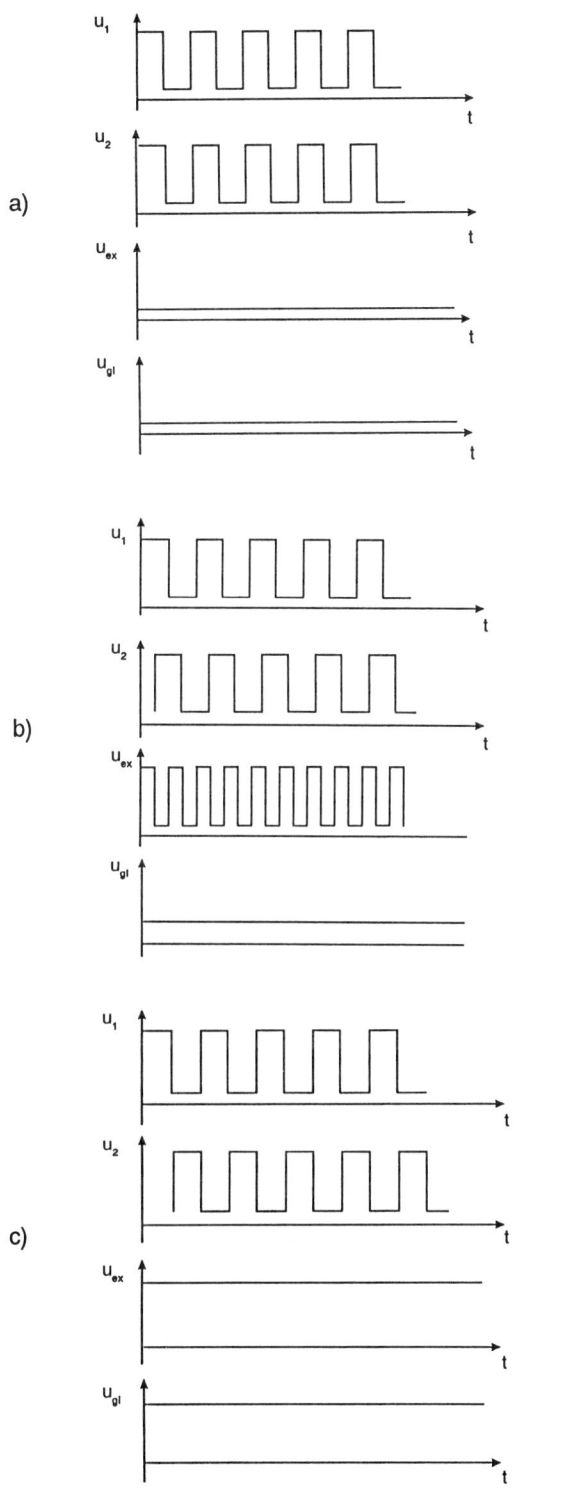

Bild 10.22:
Ausgang des Phasenvergleichers für
a) $\varphi = 0$
b) $\varphi = 90°$
c) $\varphi = 180°$

10.6 Magnetostriktiver Wegsensor

10.6.1 Das magnetostriktive Prinzip

Unter Magnetostriktion versteht man das mechanische Verhalten von ferromagnetischen Werkstoffen in einem externen Magnetfeld. Diese Werkstoffe ändern ihre Geometrie unter dem Einfluß dieses Magnetfeldes.
Die Magnetostriktion spielt auch in den verschiedenen Theorien zur Erklärung der Koezitivfeldstärke eine wichtige Rolle.

10.6.1.1 Längsmagnetostriktion

Verläuft ein Magnetfeld parallel zu einer Stab-, Draht- oder Streifenprobe, so ergibt sich eine Längenänderung Δl im ferromagnetischen Stoff. Diese Längenänderung wächst annähernd quadratisch mit der Magnetisierung. Sättigung der Magnetisierung bedeutet demnach auch Sättigung der Längenänderung. $\Delta l/l$ bewegt sich im Bereich von 10^{-6}.
Diese Änderung ist unabhängig von der Polarisation des Magnetfeldes; sie kann Verlängerung oder Verkürzung bedeuten, das hängt lediglich vom verwendeten Material ab.
In der magnetischen Vorzugsrichtung der FeNi-Legierung mit ca. 40% Ni-Anteil ist die Magnetostriktion negativ. Bei 60% Ni erreicht die Magnetostriktion einen positiven Höchstwert.
Für reines Ni werden beträchtliche negative Werte erreicht.

10.6.1.2 Quer- und Volumenmagnetostriktion

Die Quermagnetostriktion ist der Längsmagnetostriktion im allgemeinen reziprok.
Die aus Längs- und Quermagnetostriktion resultierende Volumenmagnetostriktion ist ihrem Betrag nach sehr klein. Für den hier besprochenen Wegaufnehmer interessiert nur die Längsmagnetostriktion.

10.6.2 Der Wegaufnehmer

Das geschilderte Prinzip, auch Joule-Effekt genannt, liegt einem linearen Wegaufnehmer für den Industrieeinsatz zugrunde.

10.6.2.1 Das Meßprinzip

Führt man z.B. über einen Draht oder ein Röhrchen aus magnetostriktiven Material einen Permanentmagneten, so wird das Material entsprechend dem Joule-Effekt verkürzt oder verlängert. Es wird also magnetisch vorgespannt.
Schickt man nun einen Stromstoß ΔI durch den Draht, so überlagern sich die Magnetfelder des Dauermagneten und des Stromimpulses. Das Magnetfeld des Dauermagneten verläuft parallel zum Draht aus magnetostriktivem Material (im folgenden als Wellenleiter bezeichnet). Das Magnetfeld des Stromimpulses ΔI ist ringförmig (vgl. Bild 10.23).

10.6 Magnetostriktiver Wegsensor

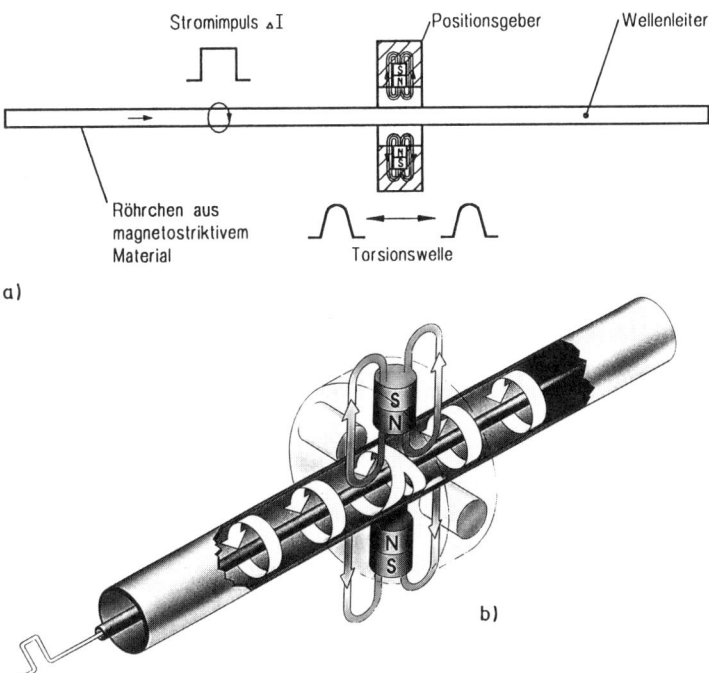

Bild 10.23: Entstehung der Torsionswelle in einem magnetostriktiven Leiter
a) Prinzipbild
b) perspektivische Ansicht

An der Stelle, wo sich die beiden Magnetfelder überlagern, entsteht ein resultierendes Magnetfeld, das so gerichtet ist, daß auf den Wellenleiter ein mechanisches Moment ausgeübt wird. Dieses ruft eine Torsionswelle hervor.
Diese Torsionswelle pflanzt sich mit der Schallgeschwindigkeit in diesem Material von $v_s =$ ca. 2700 m/s fort.
Ihre Frequenz liegt im Ultraschallbereich, weshalb dieser Aufnehmer manchmal auch nicht ganz richtig als Ultraschallgeber bezeichnet wird.
An einem Ende des Wellenleiters wird die Torsionswelle gedämpft, am anderen Ende wird sie wieder in ein elektrisches Signal zurückverwandelt (Bild 10.24).

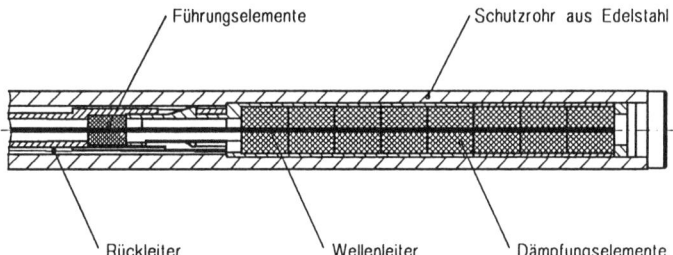

Bild 10.24: Schnitt durch einen magnetostriktiven Wegaufnehmer: Dämpfungszone für die Torsionswelle

Auf die Dämpfung muß besondere Sorgfalt gelegt werden, um störende Reflexionen im Meßsignal zu vermeiden.

Die Zeit zwischen dem Aussenden des Stromimpulses und dem Eintreffen des mechanischen Impulses ist ein Maß für die Stellung s des Dauermagneten (im folgenden als Positionsgeber bezeichnet) über dem Wellenleiter.

Es handelt sich hier also um eine Laufzeitmessung und es gilt

$$s = v_s \cdot t.$$

Der Stromimpuls ΔI wird mit einer Wiederholfrequenz f_w ausgelöst, wobei gilt $f_w < 1/t$. Das System ist absolut messend. Nach $t_{ein} \leq 1/f_w$ nach Einschalten der Betriebsspannung steht der Meßwert zur Verfügung. (Nicht berücksichtigt sind Verzögerungszeiten in der übrigen Elektronik.) Es muß kein Referenzpunkt angefahren werden. Da der Positionsgeber keinen mechanischen Kontakt zu dem Wellenleiter haben muß, arbeitet das System auch verschleißfrei.

Die Wiederholfrequenz f_w ergibt sich aus der Meßlänge s. Je länger der Wellenleiter, um so niedriger muß f_w sein:

$$f_w < v_s/s.$$

Bei einer Länge von 1 m ergibt sich eine maximale Wiederholfrequenz von $f_w \approx 2{,}7$ kHz.

Um einen bestimmten Sicherheitsabstand zu erhalten, der durch die Ausklingzeit der mechanischen Torsionswelle gegeben ist, macht man für diese Meßlänge $f_w = 1$ kHz.

Die Umwandlung der mechanischen Welle in einen elektrischen Impuls am anderen Ende des Wellenleiters geschieht durch Auswertung der Phasenverschiebung des magnetischen Feldes, die durch die Torsionswelle erzeugt wird.

Ein Blockschaltbild der Gesamtanordnung zeigt Bild 10.25.

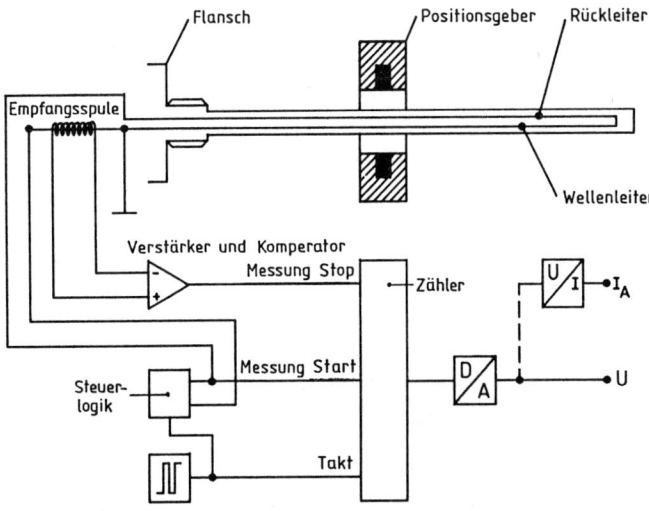

Bild 10.25: Schaltbild des magnetostriktiven Wegsensors

10.6 Magnetostriktiver Wegsensor

10.6.2.2 Mechanischer Aufbau

Das magnetostriktive Röhrchen muß natürlich für einen Einsatz in der Industrie geschützt werden. Verschiedene Ausführungen werden angeboten. Mit Schutzrohr und angebauter Elektronik oder als Profilausführung mit integrierter oder separater Auswerteelektronik. Dabei können die verschiedensten Signalformen von der Auswerteelektronik erzeugt werden: analoge, digital-parallele oder serielle Positionswerte.

Der mechanische Aufbau erfüllt die Anforderungen an ein industrietaugliches System:

- unempfindlich gegen Vibration und Schock
- unempfindlich gegen Verschmutzung
- Schutzart IP 67
- hochdruckfest bis 600 bar
- keine Energiezufuhr für den Positionsgeber
- absolutes Meßsignal
- berührungslos messend

10.6.3 Einsatz und Anwendung

Das Positioniersystem in seinen verschiedenen Ausführungen kann in unterschiedlichen Anwendungen eingesetzt werden. Hier nur zwei Möglichkeiten:

10.6.3.1 Einsatz in Hydraulikzylindern

Wegen seiner Unempfindlichkeit und seiner Druckfestigkeit eignet sich der Wegaufnehmer zum Einbau in Hydraulikzylinder, um die Kolbenstellung kontinuierlich zu melden. Besonders von Vorteil ist hier, daß der Positionsgeber keine Versorgungsspannung benötigt (Bild 10.26).

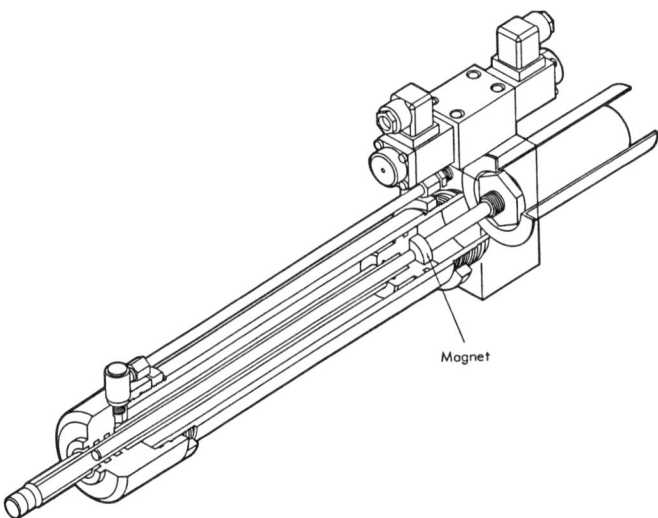

Bild 10.26: Wegaufnehmer am Hydraulikzylinder

10.6.3.2 Einsatz in Spritzgußmaschinen

Besonders die Ausführung im Profilgehäuse eignet sich hierfür, da sie ein Linearpotentiometer direkt ersetzen kann (Bild 10.27).

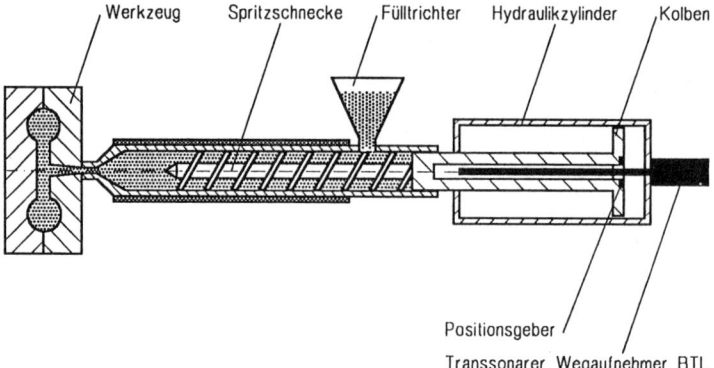

Bild 10.27: Wegaufnehmer an Spritzgußmaschine

Für drei Funktionen werden lineare Wegaufnehmer an Kunststoff-Spritzmaschinen eingesetzt:

- Schließbewegung des Spritzwerkzeuges
- Einspritzen des Materials
- Auswerfen des fertigen Teils

Diese linearen Wegaufnehmer arbeiten direkt mit der Steuerung an der Maschine zusammen.

Literatur:

[1] VDI-Bericht: Optoelektronische Meßsysteme, Lahnstein 1985.
[2] Düllo, B.: Optischer Distanzsensor auf Basis der Lichtlaufzeitmessung, aus: Bonfig, K.W. (Hrsg.): Sensoren und Sensorsysteme, Export-Verlag 1991.
[3] LDRF: Produktinformation der Firma SENTEC, Siegen 1988.
[4] Kohlrausch, F.: Praktische Physik, Band 2, Stuttgart 1956.
[5] Pawlek, Franz: Magnetische Werkstoffe, Heidelberg 1952.
[6] Fischer, Johannes: Abriß der Dauermagnetkunde, Heidelberg 1949.

11 Durchflußmessung

11.1 Magnetisch-induktive Durchflußmessung

11.1.1 Allgemeines

Die erste magnetisch-induktive Durchflußmeßeinrichtung für Flüssigkeiten in geschlossenen Rohren wurde im Jahre 1939 vom Schweizer Erfinder Pater Bonaventura Thürlemann gebaut.
Magnetisch-induktive Durchflußmeßgeräte (kurz: magnetisch-induktive Durchflußmeßgeräte MID) werden seit über 25 Jahren eingesetzt.
Konstruktionsmerkmale und meßtechnische Eigenschaften haben das MID zu einem idealen Gerät für die Flüssigkeitsmessung gemacht.
Inzwischen sind die Vorzüge dieses Meßprinzips so gut bekannt, daß es praktisch keinen Zweig der verfahrenstechnischen Industrie mehr gibt, der sich diese Eigenschaften nicht zunutze macht. Eine konventionelle magnetisch-induktive Durchflußmeßeinrichtung besteht aus einem Meßaufnehmer, der aus der strömenden Flüssigkeit ein Signal abgreift und einem Meßumformer, der dieses Signal in einen normierten Strom oder Impulse pro Volumen- oder Zeiteinheit umwandelt.
Neben den Spitzengeräten mit Meßfehlern um $\pm 0{,}2 \ldots \pm 0{,}5\%$ vom Meßwert bei mittleren Strömungsgeschwindigkeiten, hat sich in den letzten Jahren eine neue Generation von Geräten auf dem Markt etabliert, die sogenannten Kompakten. Bei einer etwas verminderten Meßgenauigket dieser Geräte liegen die Preise typisch um einen Faktor 2 niedriger. Sie kommen damit als Alternative oder Ersatz für Schwebekörpermesser mit Fernübertragung in Frage und liegen preislich nahe bei den Meßblenden. Der Unterschied zwischen Kompakt- und konventionellem MID besteht darin, daß beim Kompaktgerät Meßaufnehmer und Meßumformer eine mechanische Einheit bilden, d.h., das Meßsignal wird direkt bei der Meßstelle in normiertes Strom- oder Impulssignal weiterverarbeitet.

11.1.2 Meßprinzip

Die physikalische Grundlage für die magnetisch-induktive Durchflußmessung (MID) ist die Lorentzfeldstärke **E**.
Bewegt sich ein Leiter mit der Geschwindigkeit **v** in einem Magnetfeld **B**, so wird in diesem Leiter die Lorentzfeldstärke

$$\mathbf{E} = \mathbf{v} \times \mathbf{B}$$

induziert. Wegen $U_e = E \cdot d$ wird daraus, wenn die Richtung der Geschwindigkeit **v** senkrecht zu der Richtung des Feldes **B** ist

$$U_e = B \cdot d \cdot v. \tag{1}$$

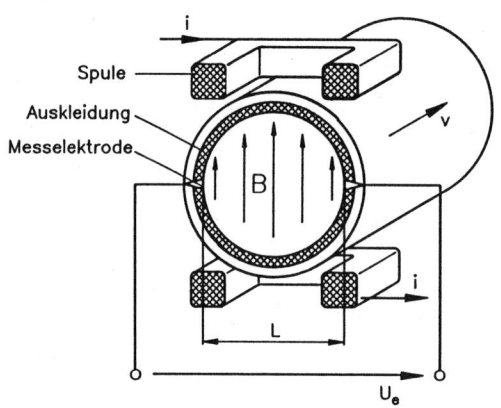

Bild 11.1:
Magnetisch-induktiver Durchflußmesser

Darin sind B Stärke des Magnetfeldes (Flußdichte),
  d Länge des Leiters, hier: Elektrodenabstand,
  v Geschwindigkeit des Leiters, hier: des Mediums.
Bild 11.1 zeigt die Zusammenhänge.

Beim MID ist der Leiter die im Meßaufnehmer fließende elektrisch leitende Flüssigkeit. Die einzelnen Flüssigkeitsteilchen weisen im allgemeinen keine einheitliche Geschwindigkeit auf. Berechnungen wie auch experimentelle Prüfungen ergeben jedoch, daß die Spannung, die zwischen zwei gegenüberliegenden Punkten an der Rohrinnenwand induziert wird, weitgehend unabhängig vom Geschwindigkeitsprofil ist. Deshalb gilt auch für Flüssigkeiten die Formel (1), wenn man für v die mittlere Strömungsgeschwindigkeit einsetzt. Das Magnetfeld wird von zwei Erregerspulen (Feldspulen) erzeugt, die mit Netzwechselspannung oder pulsierender Gleichspannung betrieben werden.

Der Abgriff der induzierten Spannung U_e erfolgt an zwei isoliert angebrachten Elektroden. Die Isolation zwischen Meßstoff und Metallrohr wird durch eine Auskleidung erreicht. Wegen

Durchsatz $Q = v \cdot \pi \cdot d^2 / 4$

wird aus (1) $U_e = \dfrac{4 \cdot B}{R \cdot d} \cdot Q$.

Also ist U_e proportional zum Volumendurchsatz Q.
Die elektrische Leitfähigkeit des Mediums kommt in der Beziehung nicht vor. Sie darf jedoch einen unteren Grenzwert von ca. 1 µS/cm nicht unterschreiten, da sonst bei Belastung des Systems durch den Eingangswiderstand des Meßverstärkers die Meßspannung U_e zusammenbrechen würde.

11.1.3 Sensor und Meßumformer

Ein magnetisch-induktiver Sensor besteht grundsätzlich aus einem nicht ferromagnetischen Rohr mit einer isolierenden Auskleidung gegen das Rohrinnere, einer oder zwei Erregerspulen mit einem Magnetkern und zwei Elektroden.
Das Meßrohr ist meist ein rostfreies Stahlrohr mit Flanschen nach DIN, ASA, BS oder JIS. Es können auch Kunststoffrohre verwendet werden.
Die Auskleidung hat die Funktion, das Meßrohr vom Medium zu isolieren. Sie entfällt beim Kunststoffrohr. Übliche Werkstoffe sind je nach Temperatur und Medium Hart- oder Weichgummi, PUR, PTFE/PFA, Email und Al_2O_3.
Die Elektroden dienen dem Signalabgriff und sind deshalb vom Meßrohr isoliert. Die Elektroden sind mediumberührend. Es müssen deshalb korrosionsfeste Materialien wie rostfreier Stahl, Tantal, Titan, Platin/Iridium, Platin/Rhodium und chargierte Kunststoffe oder Graphit verwendet werden.
Der Meßumformer hat die Aufgabe, die kleinen Meßspannungen von 0,1...20 mV in ein verwertbares Ausgangssignal umzuformen.
Die Art der Signalverarbeitung wird durch die Felderregung (Gleich- oder Wechselfeld) bestimmt. Wechselfelder verhindern eine elektrochemische Polarisation der Elektroden.

11.1.4 Technische Daten

Übliche magnetisch-induktive Durchflußmesser bieten folgende Ausgangssignale:
- Für Momentanwertanzeige Stromausgang 0,4...20 mA, Frequenzausgang normiert oder unnormiert und in Zukunft serielle Schnittstelle.
- Für Volumenanzeige Impulsausgang und in Zukunft serielle Schnittstelle.
- Spezialfunktionen wie Grenzwerte, Meßstoffüberwachung, Durchflußrichtungsanzeige und Störmeldung.
- Für die Signalisation von Spezialfunktionen nach außen (Alarmierung) stehen üblicherweise 1 bis 2 potentialfreie Kontakte zur Verfügung.

Die folgenden Leistungsdaten sollen als typische Werte des MID betrachtet werden:

Hilfsenergie	220/110/24 V 50/60 Hz; 24 V DC
Leistungsaufnahme	5 VA...100 VA abhängig von DN und System
Umgebungstemperatur	typ. −25...60 °C
Mediumstemperatur	typ. −20...180 °C abhängig von Auskleidung und System
Temperaturdrift	typ. 0,02 %/K
Reproduzierbarkeit	typ. 0,1 %
Meßfehler	typ. 1 % vom Meßwert, gute Systeme 0,1 % v.M. +0,1 % v.E.
Meßbereich	etwa 1: 100 bei Endwerten von 0,5...10 m/s

11.1.5 Anwendungsmöglichkeiten

Vorteile	Einsatzgrenzen
- Messung unabhängig von den physikalischen Eigenschaften des Mediums wie Temperatur, Druck, Viskosität. - Keine mechanisch bewegten Teile, dadurch praktisch verschleiß- und wartungsfrei. - Keine Querschnittsverkleinerung, somit kein zusätzlicher Druckabfall. - Geeignet für Flüssigkeiten mit starken Verunreinigungen, Schlämmen, Feststoffen. - Großer Nennweitenbereich. - Gute Linearität über großen Dynamikbereich. - Weitgehende Strömungsprofilunabhängigkeit. - Kurze Ein-/Auslaufstrecken. - Hohe Meßsicherheit.	- Es können nur leitende Flüssigkeiten gemessen werden, Mindestleitfähigkeit $\geq 1\mu S/cm$. - Ablagerungen im Meßrohr führen infolge der Querschnittsverkleinerung zu Meßfehlern. - Temperatur- und Druckbeschränkung.

Mit dem IDM können alle wäßrigen Lösungen, wie Wasser, Abwasser, Klärschlämme, Breie, Pasten, Säfte, Säuren und Laugen mit einer je nach Gerät unterschiedlichen minimalen Leitfähigkeit gemessen werden.

Petrochemikalien, wie Erdöl, Benzin und Dieseltreibstoff, sind nach dem induktiven Prinzip nicht meßbar. Dafür müssen mechanische oder andere Meßmethoden zur Bestimmung des Durchflusses herangezogen werden.

Wo und was wird mit IDM gemessen?
- Chemie: Säuren, Laugen, Lösungsmittel, flüssige Halbfabrikate, Kühlkreisläufe (Glykol)
- Industrie: Wasser, Bier, Wein, Spirituosen, Milch, Joghurt, Weichkäse, Fruchtsaft, Maische, Melasse, Zucker- und Salzlösungen, Blut, Wurstmasse
- Maschinen- und Metallindustrie: Pumpenprüfstände, Kühlwasser (Kokillenkühlung), verbrauchtes Wasser
- Abwasser: Abwasser, Rohschlamm, pasteurisierter Schlamm, Neutralisationschemikalien, Ausfällmittel, Kalkmilch
- Trinkwasser: Versorgungsnetze, Reservoir und Pumpstationen, Endverbraucher
- Spanplattenindustrie: Messung und Dosierung von Leim
- Textilindustrie: Wasser, Chemikalien, Bleichmittel, Textilfarben
- Fotoindustrie: Fotoemulsion
- Kraftwerke: Differenzmessung von Kühlkreisläufen, Wärmemengenmessung (Fernheizungen)
- Futtermittelindustrie: Wasser, Melasse, flüssiges Futtermittel

- Wärme/Kälte-
mengenmessung: In Verbindung mit einem Wärmerechner wird aus dem Produkt von ΔT, Vor-/Rücklauf und Durchflußmenge die verbrauchte oder erzeugte Wärme-/Kältemenge gemessen.

11.2 Thermische Durchflußsensoren

11.2.1 Allgemeines

Will man den Durchsatz von Gasen messen, so versagt vom Meßprinzip her die induktive Durchflußmessung, wie sie oben beschrieben wurde. Die in Kapitel 11.3 noch zu beschreibenden mechanischen Durchflußmeßverfahren sind zwar prinzipiell für die Durchflußmessung bei Gasen geeignet, jedoch haften ihnen einige Nachteile an:
1. Sie sind aufwendig, daher teuer.
2. Sie erzeugen durchweg einen starken Druckabfall, der nicht immer toleriert werden kann.

Sind diese Nachteile nicht akzeptierbar, so greift man auf die Messung des Durchflusses mittels thermischem Verfahren zurück.

11.2.2 Meßprinzip

Ein elektrisch geheizter Widerstand R_s vom Typ PTC befindet sich in einer Strömung (Bild 11.2).
Durch einen eingeprägten Strom I_0 wird ihm die elektrische Leistung

$$P_e = R_s \cdot I_0^2 \tag{2}$$

zugeführt. Diese Leistung verläßt in verschiedener Form den Widerstand, im folgenden Sensor genannt:

1. Freie Konvektion: $P_k \sim T_s - T_n$
2. Wärmeleitung: $P_l \sim T_s - T_n$
3. Strahlung: $P_r \sim T_s^4$ (hier vernachlässigt)
4. Strömung: $P_s \sim (T_s - T_n) \cdot Q^{1/2}$

Dabei ist T_n die Umgebungstemperatur,
 Q der Massendurchsatz.

Die Energiebilanz:

$$P_e = P_k + P_l + P_s + P_r,$$
$$P_e = (T_s - T_n) \cdot (a_1 + a_2 \cdot Q^{1/2}).$$

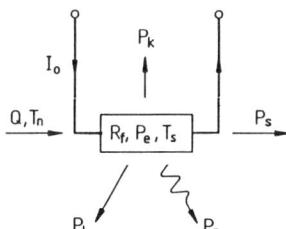

Bild 11.2:
Die Verhältnisse am geheizten Widerstand

Daraus:
$$Q = \left[\frac{R_s \cdot I_0^2}{a_2 \cdot (T_s - T_n)} - \frac{a_1}{a_2}\right]^2. \tag{3}$$

Der zu messende Massendurchsatz kann also auf die Messung des Sensorwiderstandes R_s und der Temperaturen T_s und T_n zurückgeführt werden.

11.2.3 Sensor und Meßumformer

Es gibt verschiedene Möglichkeiten, das geschilderte Meßprinzip zu einem funktionsfähigen Sensor auszubauen. Dazu im folgenden ein Beispiel:
Man ordnet neben dem Meßfühler einen gleichartigen Widerstand R_n an, der die Umgebungstemperatur T_n fühlt (Bild 11.3).
Dann ist

$$R_s = R_0 \cdot (1 + \alpha \cdot (T_s - T_0))$$
$$R_n = R_0 \cdot (1 + \alpha \cdot (T_n - T_0)).$$

Daraus folgt:
$$T_s - T_n = \frac{R_s - R_n}{\alpha \cdot R_0}.$$

Dies in (3):
$$Q = \left[\frac{\alpha \cdot R_0 \cdot I_0^2}{a_2} \cdot \frac{R_s}{R_s - R_n} - \frac{a_1}{a_2}\right]^2. \tag{4}$$

Man hat die Durchflußmessung somit auf die Messung der beiden Widerstände R_s und R_n zurückgeführt.
Ordnet man die Widerstände R_s und R_n an, wie Bild 11.4 es zeigt, so ist die Widerstandsmessung auf eine Spannungsmessung zurückgeführt:

$$\frac{R_s}{R_s - R_n} = \frac{U_a}{U_a - U_b}.$$

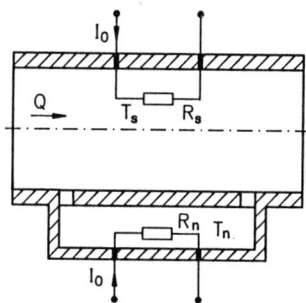

Bild 11.3:
Prinzip der thermischen Strömungsmessung

Diese Rechnung läßt man, wie auch die Berücksichtigung der Konstanten a in (3) und die Radizierung, am einfachsten von einem Mikrocontroller, z. B. 8051, durchführen. Als Meßwiderstände sind sowohl PTC-Widerstände auf Halbleiterbasis in Gebrauch als auch Metallwiderstände, z. B. Pt-100-Widerstände.

11.2 Thermische Durchflußsensoren

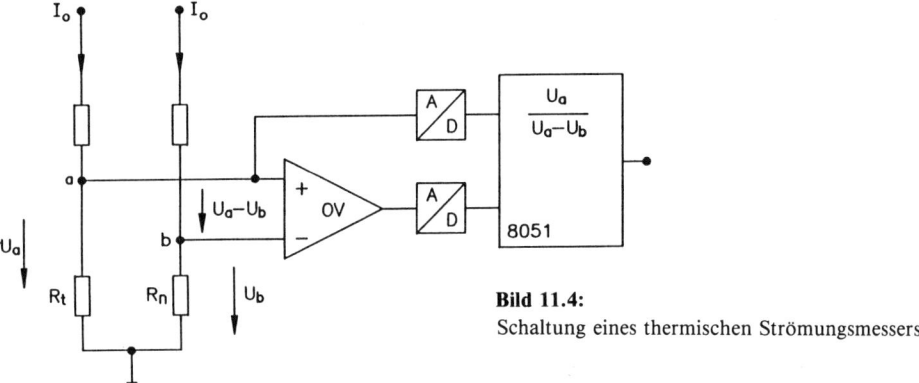

Bild 11.4: Schaltung eines thermischen Strömungsmessers

Vorteile: Geringer Druckverlust an der Meßstelle. Direkte elektrische Anzeige des Meßwertes. Sensor kann sehr empfindlich gebaut werden:
kleinster Volumendurchsatz ca. 1 mm³/s.
Preiswert.

Nachteile: Kalibrierung abhängig vom Medium, (Wärmeleitfähigkeit).
Ansprechzeit im Sekundenbereich.

Im folgenden sind einige charakteristische Werte der thermischen Durchflußmessung aus den Unterlagen der Fa. Robert Bosch GmbH zusammengestellt.

Meßelement	Pt-Hitzdraht Durchmesser 70 µm	Pt-Metallfilm auf Aluoxidkeramik mit Heizwiderstand
Meßprinzip	Regeln auf konstante Temperatur	
Meßmedium	Luft	
Temperaturbereich in °C	$-30 \ldots 110$	
Kennlinie	nichtlinear	
Nenndurchsatz in kg/h	15-950	bis 470
Genauigkeit in %	4	2
Ansprechzeit in ms	<5	12
Empfindlichkeit in mV/kg/h	1	5
Stromaufnahme in A bei 14 V	0,5-1,5	0,25-0,75

11.3 Mechanische Durchflußmessung

11.3.1 Allgemeines

Mechanische Verfahren zur Messung des Durchflusses sind seit langem bekannt und auch im Einsatz. Die Konstruktion ist meist aufwendig und voluminös, so daß man diese Meßgeräte nicht als Sensoren bezeichnen kann. Man wird sie in der Automatisierungstechnik deshalb auch nur dort anwenden, wo die in den vorangegangenen Abschnitten beschriebenen Durchflußverfahren versagen. Der Vollständigkeit halber werden die gängigsten Verfahren in den folgenden Abschnitten beschrieben.
Ihre prinzipiellen Vor- und Nachteile zeigt die nachfolgende Übersicht.

Vorteile: Meßprinzip leicht durchschaubar.
          Einige Verfahren sind kalibrierbar, unabhängig vom Medium.
Nachteile: Meist großer Druckverlust in der Meßstrecke.
          Meßergebnis ist ebenfalls eine mechanische Größe, die erst in eine elektrische Spannung umgesetzt werden muß.
          Meist teure Meßaufnehmer und -umformer.

11.3.2 Differenzdruckverfahren

Bringt man in einem Rohr eine Verengung, z.B. eine Lochblende, an, so mißt man bei strömendem Medium (gasförmig oder flüssig) vor und hinter dem Bereich unterschiedlicher Drücke (Bild 11.5).
Der Druckunterschied Δp ist ein Maß für den Volumendurchsatz:

$$Q \approx 4000 \cdot \alpha \cdot \varepsilon \cdot d^2 \cdot \left[\frac{\Delta p}{\rho}\right]^{1/2} \quad \text{in } \frac{m^3}{h}. \tag{5}$$

Dabei ist
α eine empirische Durchflußzahl,
ε die Expansionszahl, bei Flüssigkeiten $\varepsilon = 1$,
d   der Innendurchmesser der Blende in m,
Δp der Differenzdruck (= Wirkdruck) in N/m^2, (1 kp/m^2 = 9,81 N/m^2),
ρ spezifisches Gewicht in kg/m^3.

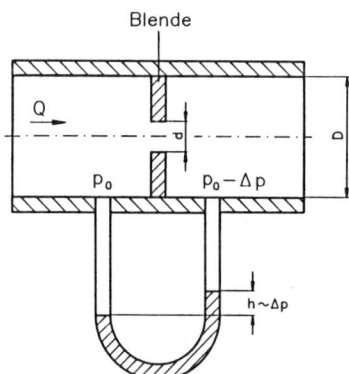

Bild 11.5:
Prinzip des Differenzdruckverfahrens

11.3 Mechanische Durchflußmessung

Die Durchflußzahl α hängt von der Strömungsgeschwindigkeit und der Viskosität des Mediums und dem Rohrdurchmesser ab (DIN 1952).

Zahlenbeispiel:
Es ströme Wasser mit 1 m/s durch ein Rohr mit 10 cm Innendurchmesser. Der Lochblendendurchmesser sei d = 5,45 cm. Dann liefern die einschlägigen Diagramme [1]

$$\alpha = 0,625 \, .$$

Setzt man dies in (5) ein und löst nach Δp auf, so ergibt sich

$$\Delta p = 14,2 \text{ N/m}^2 \, .$$

Dies ist der Differenzdruck vor und hinter der Lochblende. Die Lochblende erzeugt also einen beachtlichen Druckverlust [1].

11.3.3 Verdrängungsverfahren

Durchflußmesser nach dem Verdrängungsprinzip sind solche, bei denen in aufeinanderfolgenden Zyklen genau definierte Hohlräume von dem zu messenden Medium befüllt und dann wieder entleert werden. Die Anzahl der Befüllungen und Entleerungen ist das Maß des Durchsatzes.

Vertreter dieser Gattung sind Zähler mit Ringkolben, Druckkolben, Hubkolben, Taumelscheiben, Treibschiebern und Ovalrädern.
Einen Ovalradzähler zeigt beispielsweise Bild 11.6.
Die beiden Ovalräder sind so dimensioniert, daß ihre Verzahnung immer im Eingriff ist. Dadurch kann im Mittelbereich kein Medium passieren, wohl aber abwechselnd durch die beiden Seitenkammern.
Die Umdrehungen der Ovalräder sind also das Maß des Durchsatzes.

Vorteile: Hohe Genauigkeit.
              Viskosität spielt keine Rolle.
Nachteile: Pulsierende Strömung.
              Großer Druckabfall.
              Verschleiß.
              Bei Defekt Blockieren der Leitung.

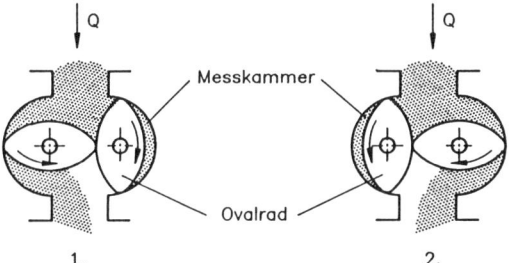

Bild 11.6: Ovalrad-Durchflußmesser

11.3.4 Schwebekörper

Die mit Schwebekörpern arbeitenden Durchflußmesser sind sehr einfach aufgebaut und eignen sich für Gase und Flüssigkeiten, insbesondere bei kleineren Meßbereichen.
Das Gerät besteht aus einem innen konischen, senkrecht aufgestellten Rohr, durch das das Medium von unten nach oben strömt (Bild 11.7).
Im Rohr befindet sich der Schwebekörper. An ihm wirken folgende Kräfte:

Nach unten: Sein Gewicht G.

Nach oben: Sein Auftrieb A und
die durch den Strömungswiderstand ausgeübte Kraft $F \sim Q/h$.

Der Schwebekörper stellt sich auf die durch das Kräftegleichgewicht gegebene Höhe h ein:

$$h \sim \frac{Q}{G-A}. \qquad (6)$$

Die Position des Schwebekörpers ist durch Sichtkontrolle bei einem kalibrierten Glasrohr leicht festzustellen.
Die Umsetzung in ein elektrisches Signal erfolgt bei Grenzwertüberwachung durch einen induktiven Ringsensor.

Vorteile: einfacher, leicht kontrollierbarer Aufbau.
Leicht einstellbare Grenzwerte.

Nachteile: senkrechter Einbau erforderlich.
Meßwertumsetzung mechanisch/elektrisch umständlich.

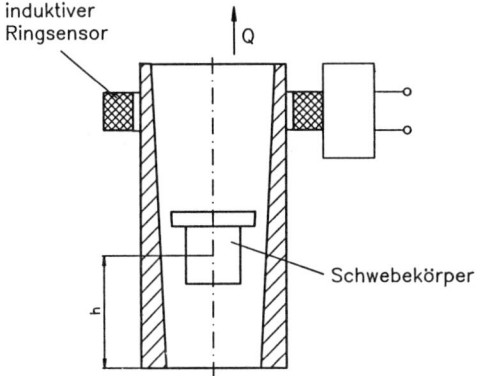

Bild 11.7: Prinzip der Schwebekörperdurchflußmessung

11.3.5 Turbinendurchflußmesser

Bei Turbinendurchflußmessern versetzt die Strömung ein im Meßrohr drehbar gelagertes Turbinenrad in Rotation (Bild 11.8). Die Drehzahl des Turbinenrades ist unter bestimmten Bedingungen proportional zur Strömungsgeschwindigkeit. Die Rotation n des Turbinenrades wird - meist berührungslos - abgenommen und in das gewünschte durchfluß- oder volumenproportionale Meßsignal umgeformt.

11.3 Mechanische Durchflußmessung

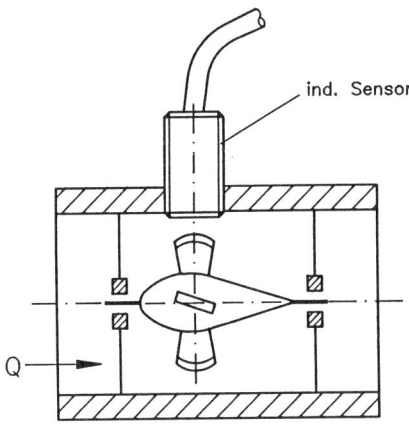

Bild 11.8: Turbinendurchflußmesser

Es gilt:

$$Q = 2 \cdot \pi \cdot r \cdot A \cdot n. \tag{7}$$

Dabei ist:
Q – Volumendurchsatz,
r – mittlerer Turbinenradius,
A – Strömungsquerschnitt.

Im realen Einsatz müssen die hydraulischen Verluste berücksichtigt werden. Sie führen zu einer Abhängigkeit der Messung von der kinematischen Viskosität und vom Meßbereich und werden üblicherweise durch einen K-Faktor berücksichtigt.
Der K-Faktor einer Turbine wird durch die volumetrische Kalibrierung bestimmt.
Der Meßfehler eines Turbinendurchflußmessers wird meist durch den Linearitätsfehler und die Reproduzierbarkeit angegeben. Der Linearitätsfehler ist die Abweichung des maximalen und minimalen K-Faktors vom mittleren K-Faktor für den gewählten Meßbereich. Bei Präzisionsturbinen sind Linearitätsfehler zwischen $\pm 0{,}15\%$ und $\pm 1\%$ erreichbar. Reproduzierbarkeitsfehler zwischen $\pm 0{,}05\%$ v.M. und $0{,}5\%$ v.M. sind realistisch.
Turbinen haben allgemein gute dynamische Eigenschaften, besitzen vernachlässigbar kleine Totzeiten und werden in Nennweiten zwischen 3 und einigen hundert mm hergestellt.
Die verfügbaren Meßbereiche hängen von der Nennweite und der Viskosität der Flüssigkeit ab.

Beispiel: Meßbereichswerte Wasser:
DN   3: min. $0{,}3$ l/min
DN 250: max. 25 m^3/min
DN – Rohrnenndurchmesser.

Vorteile	Nachteile
- Hohe Genauigkeit bei definierten Viskositäten - Temperaturen zulässig von −220 °C bis +350 °C - Messungen unter sehr hohem Druck bis zu 640 bar - Messung elektrisch nichtleitender Flüssigkeiten	- Die Viskosität der Flüssigkeit muß bekannt sein.
	Einsatzgrenzen
	Beruhigungsstrecken von mindestens 10 × DN vor und 5 × DN nach der Turbine müssen eingehalten werden. Turbinen sollen niemals einer Drallströmung (z.B. nach Raumkrümmern) ausgesetzt werden. Die Strömung darf keine Feststoffe – vor allem keine Fasern – enthalten. Die Rohrleitung soll möglichst nicht vibrieren.

11.3.6 Coriolis-Prinzip

Die diesem Meßprinzip zugrundeliegende Corioliskraft ist aus dem Schulversuch her bekannt: Auf einer waagrechten, sich mit der Winkelgeschwindigkeit ω drehenden Scheibe wird eine Kugel mit der Masse m von P nach außen gerollt (Bild 11.9). Ihr Ziel

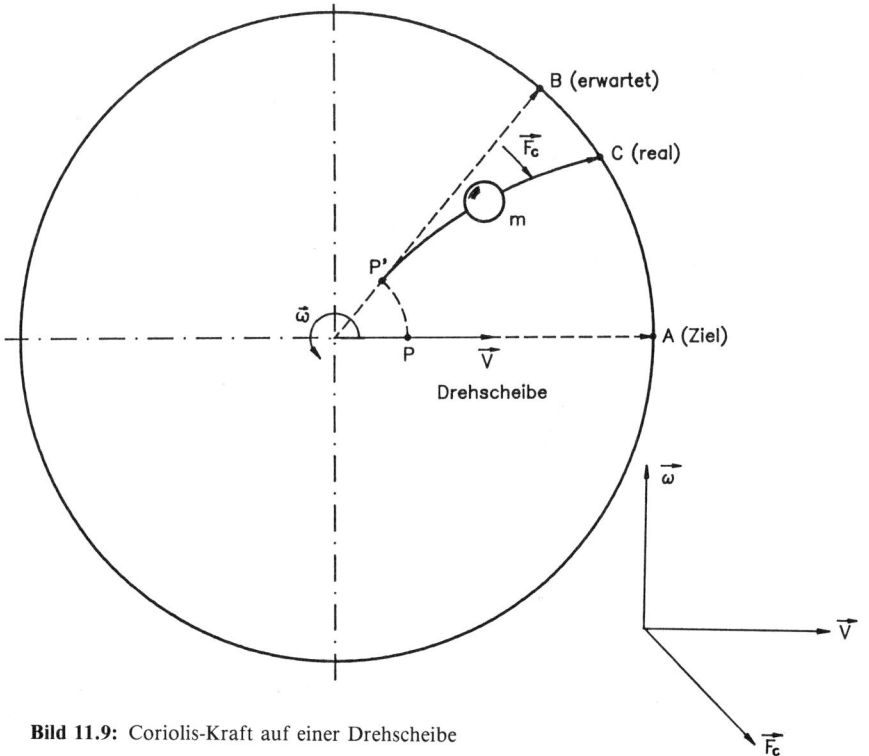

Bild 11.9: Coriolis-Kraft auf einer Drehscheibe

11.3 Mechanische Durchflußmessung

ist A. Da sich A mit der Scheibe dreht, erwartet man die Ankunft der Kugel in B. Tatsächlich kommt sie infolge der Massenträgheit in Punkt C an.

Für den mitdrehenden Beobachter stellt sich der Sachverhalt so dar, als wirke auf die Kugel eine ablenkende Kraft F_c senkrecht zu ihrer Geschwindigkeit v, genannt Corioliskraft:

$$F_c = 2 \cdot m \cdot v \cdot \omega \ . \tag{1}$$

Diese Kraft wird in verschiedenen Geometrien zur Messung des Massedurchsatzes m/t einer Flüssigkeit angewandt. Eine mögliche Ausformung des von der zu messenden Flüssigkeit durchflossenen Rohres zeigt Bild 11.10 [2].

Der mäanderförmige Rohrbügel drehe sich mit der Winkelgeschwindigkeit ω. Die Corioliskräfte nach (1) verwinden den Bügel wie gezeichnet. In Wirklichkeit rotiert der Bügel nicht, sondern er schwingt hin und her. Die auftretende Verwindung wird z.B. mittels magnetoinduktiver Abstandssensoren gemessen (vgl. Kapitel 2.2.6).

Eine andere Variante ist die Ausformung des schwingenden Bügels in U-Form [3].

Der Vorteil dieser Meßmethode ist, daß Schwankungen von Dichte, Temperatur, Druck, Viskosität keinen Einfluß auf das Meßergebnis haben. Die Geräte können in explosionsgefährdeten Bereichen eingesetzt werden und sind eichbar.

Typische technische Daten [2]:

Massedurchsatz (H$_2$O) in kg/min in Meßbereichsmitte	6,15	20,5	41	121	343	417	830
Druckverlust in bar	0,25	0,25	0,2	0,33	0,33	0,15	0,15
Nennweite in mm	10	10	15	25	40	65	100
Rohrform	rechteckige Schleife					Mäander	

Meßgenauigkeit: 0,2 % vom Meßwert.

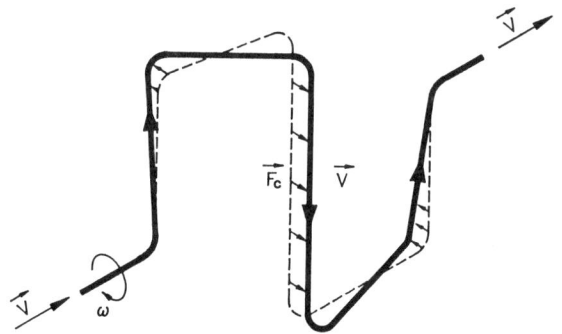

Bild 11.10:
Corioliskräfte auf ein sich drehendes Mäanderrohr

11.3.7 Wirbelfrequenz-Durchflußmesser

Der diesem Meßprinzip zugrundeliegende Strömungseffekt ist dieser: Hinter einem quer zur Strömungsrichtung angeströmten Zylinder als Störkörper bzw. Wirbelkörper lösen sich Wirbel ab, die den Nachlaufstrom durchsetzen (Bild 11.11). Unter bestimmten Bedingungen bilden sich in gleichen Abständen l Wirbel abwechselnd entgegengesetztem Drehsinns, Kármánsche Wirbelstraße genannt. Diese „Straße" ist stabil, wenn das Verhältnis

$$\frac{a}{l} = 0{,}2806 \text{ ist} . \tag{1}$$

a – Breite der „Straße"

Die Ablösung der Wirbel erzeugt im Wirbelkörper eine Biegeschwingung f, die ein Maß für die Strömungsgeschwindigkeit v ist:

$$f = \frac{Sr \cdot v}{b} \tag{2}$$

b – Breite des Wirbelkörpers,
Sr – Strouhalzahl.

Zahlenbeispiel: Die Breite des Wirbelkörpers ist $l = 0{,}02$ m, die Breite der Wirbelstraße sei $a = 2 \cdot b$. Dann ergibt sich aus (2) mit (1) bei $v = 1 \text{m/s}$ mit $v = f \cdot l$ eine theoretische Frequenz $f = 7$ Hz.

Typische technische Daten [4]:

Nennweite in mm	Volumendurchsatz in m³/h	
	Luft	Wasser
25	14– 170	1– 14
40	32– 390	2– 32
80	120–1400	8–120
100	190–2400	13–190
Druckverlust in bar in Meßbereichsmitte	ca. 0,012	ca. 0,09
V_{min}–V_{max} in m/s	6–75	0,4–6

Meßgenauigkeit: 1 % vom Meßwert.

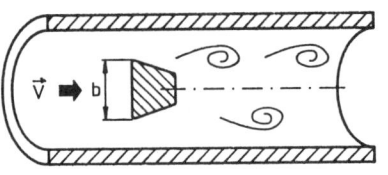 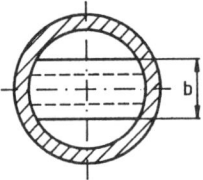

Bild 11.11: Prinzip der Kärmänschen Wirbelstraße [4]

11.4 Durchflußmessung mit Ultraschall

Eine ruhende Schallquelle in einem mit der Geschwindigkeit v sich bewegenden Medium sendet in Fließrichtung des Mediums Schallwellen aus mit der Geschwindigkeit

$v + c$,

c – Schallgeschwindigkeit im ruhenden Medium.

Strahlt die Schallquelle vom äußeren Ort A nach B mit dem Winkel φ ins bewegte Medium, so ist die resultierende Schallgeschwindigkeit (Bild 11.12):

$$v_{AB} = c + v \cdot \cos \varphi .\qquad(1a)$$

Die Laufzeit des Schalls von A nach B ist dann

$$t_{AB} = \frac{1}{v_{AB}} .\qquad(2a)$$

Sendet umgekehrt B nach A, so ist die Laufzeit des Schalls

$$t_{BA} = \frac{1}{v_{BA}}\qquad(2b)$$

mit $\quad v_{BA} = c - v \cdot \cos \varphi .\qquad(1b)$

Aus (2a,b) mit (1a,b) folgt für die Mediumsgeschwindigkeit

$$v = \frac{1}{2} \cdot \cos \varphi \cdot \left(\frac{1}{t_{AB}} - \frac{1}{t_{BA}} \right) .\qquad(3)$$

Mißt man also die beiden Schallaufzeiten t_{AB} und t_{BA}, so kann man daraus die Geschwindigkeit v des Mediums und damit den Volumendurchsatz bestimmen. Näherungsweise, wenn $c \gg v$ ist, kann man sich auf die Messung der Laufzeitdifferenz $\Delta t = t_{AB} - t_{BA}$ beschränken:

$$v \approx \frac{1}{2} \cdot c^2 \cdot \Delta t \cdot 1 \cdot \cos \varphi .\qquad(3a)$$

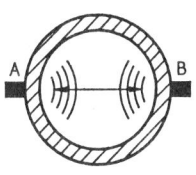
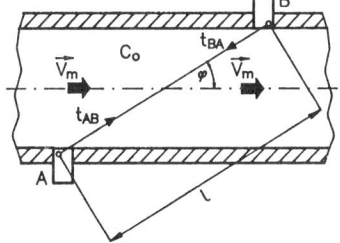

Bild 11.12: Durchflußmessung über Laufzeitmessung mit Ultraschall [4]

Verschiedene Modifikationen dieses Verfahrens sind üblich, z. B. [5]:
Leading-edge-Methode
Die erste Flanke der US-Signale wird direkt zur Laufzeitmessung ausgenutzt.
Impulsfolge-Frequenzmessung
Hier wird anstelle der Messung der einzelnen Laufzeiten eine Frequenzdifferenzmessung (Dopplereffekt) vorgenommen.
Lambda-locked-loop
Anstelle der Laufzeit wird die Phasenverschiebung zweier Dauersignale gemessen. Aus der Phasenverschiebung ergibt sich die Laufzeitdifferenz.

Technische Daten [6]:

	Flüssigkeiten	Gase
Nennweiten in mm	25 bis 3000	50 bis 600
Fließgeschwindigkeiten in m/s	0,25 bis 18	0,5 bis 25

Erreichbare Genauigkeit: 1 % vom Meßwert.

Die Durchflußmessung mittels Ultraschall hat mit der magnetoinduktiven Duchflußmessung MID (vgl. Abschnitt 11.1) als Vorteil gemeinsam, daß sie keinerlei Beeinträchtigung der lichten Weite des Meßrohres erfordert, also druckabfallfrei mißt. Hat man die freie Wahl, so wird man der MID den Vorzug geben. Es gibt aber Fälle, wo die MID versagt bzw. Nachteile hat und die US-Messung zum Ziele führt:

– bei der Messung von Medien ohne Leitfähigkeit (Benzin, Kerosin, Dieselöl und andere Öle, usw.),
– bei der Messung von Gasen (Erdgas, Luft usw.) und
– bei sehr großen Nennweiten (z. B. DN = 3000 mm).

Literatur

[1] Siemens AG: Messen in der Prozeßtechnik, Karlsruhe 1972.
[2] Nach Unterlagen der Fa. Krohne.
[3] Mettlen, D.: Massendurchflußmessung mit Hilfe der Corioliskraft, in: Bonfig, Bartz, Wolff: Sensoren, Meßaufnehmer, Ehningen 1988.
[4] Nach Unterlagen der Fa. Krohne
[5] Bernard, H.: Ultraschall-Durchflußmessung, in: Bonfig, Bartz, Wolff: Sensoren, Meßaufnehmer, Ehningen 1988.

12 Drucksensoren

12.1 Einführung

Die Meßgröße Druck ist definiert durch die Wirkung einer Kraft F auf eine Fläche A:

$$p = \frac{F}{A}. \tag{1}$$

Zur Angabe eines Druckes sind heute die Einheiten Pascal, abgekürzt Pa, sowie bar zugelassen:

$$1\,Pa = 1\,\frac{N}{m^2} = 10^{-5}\,bar.$$

Zur Druckmessung werden fast ausschließlich indirekte Meßverfahren eingesetzt, die nicht direkt auf der Definition des Druckes nach Gl. (1) aufbauen. Hauptsächlich werden zwei Wirkprinzipien eingesetzt. Die Messung der Verformung eines Körpers unter Druck dominiert sowohl bei den mechanischen [1] als auch elektrischen Meßgeräten. Die Nutzung der Druckabhängigkeit intrinsischer Eigenschaften eines Körpers wie z. B. der elektrischen Polarisation ist auf spezielle Meßanforderungen beschränkt.

12.2 Sensoren mit Verformungskörper

Bei der elastischen Verformung eines Körpers unter Einwirkung eines Druckes wird die Meßgröße Druck umgewandelt in eine Dehnung bzw. einen Weg. Dehnung bzw. Weg wiederum werden auf geeignete Weise in einen Zeigerausschlag (Manometer) oder ein elektrisches Signal (Druckmeßumformer) gewandelt (Bild 12.1). Die Meßgenauigkeit ist wesentlich durch Aufbau und Werkstoff des Verformungskörpers bestimmt.
Während die Wegmessung zumeist eine vergleichsweise großvolumige Meßanordnung erfordert, eignen sich Dehnungssensoren deutlich besser für die Fertigung miniaturisierter Sensoren. Durch eine geeignete geometrische Konstruktion lassen sich bei nur geringer Verformung des Körpers lokal große Dehnungen erzeugen, die sich durch miniaturisierte Meßelemente auf der Oberfläche sicher erfassen lassen. Daher wird dieser Sensortyp nachfolgend ausführlich behandelt.

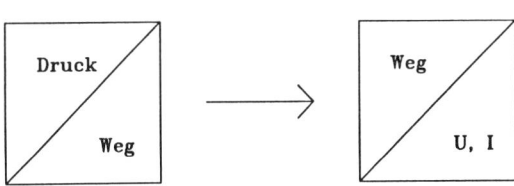

Bild 12.1:
Grundschema eines Sensors mit Verformungskörper

12.2.1 Dehnungssensoren

12.2.1.1 Grundlagen

Zur meßtechnischen Erfassung von Dehnungen wird das Prinzip der Dehnungsmeßstreifen (DMS) angewandt. Dieses Meßprinzip, bei dem 4 Meßwiderstände zu einer Wheatstone'schen Brücke verschaltet sind, ist ausführlich im Kapitel 9 (Verformungssensoren) behandelt. Als Verformungskörper dient eine Membran, deren einfachste Ausführungsform die Kreismembran ist. In Bild 12.2 ist das Schnittbild eines derartigen Verformungskörpers dargestellt.

Bei einseitiger Druckbeaufschlagung erfährt die Membran eine Auslenkung, die proportional zum einwirkenden Druck ist. Die daraus resultierenden Dehnungen sind an den Oberflächen am größten. Durch Meßwiderstände, die auf der Membranoberfläche angeordnet werden, lassen sich diese Dehnungen in ein elektrisches Signal umwandeln.

Die Spannungen an der Membranoberfläche zeigen einen parabelförmigen Verlauf über den Membrandurchmesser (Bild 12.3). In der Mitte wirken Zugspannungen, wobei die radiale und tangentiale Komponente gleich sind. Bei den am Membranrand auftretenden Druckspannungen ist die radiale Komponente deutlich größer als die tangentiale.

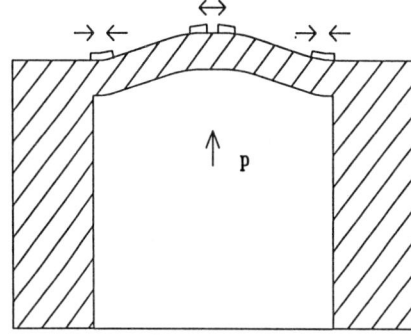

Bild 12.2:
Querschnitt einer Kreismembran unter Druckbelastung

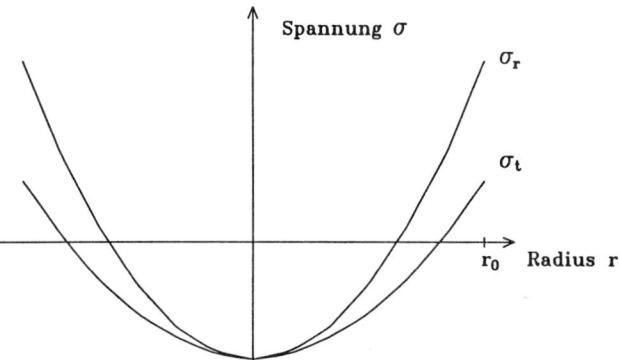

Bild 12.3: Spannungsverlauf an der Oberfläche einer Kreismembran mit dem Radius r_0 (σ_r = Radialspannung, σ_t = Tangentialspannung)

12.2 Sensoren mit Verformungskörper

Die Anordnung der Widerstände am Membranrand muß daher so erfolgen, daß überwiegend die radialen Spannungen ausgenutzt werden.

Durch die Anordnung der Widerstände in den Bereichen maximaler Zug- bzw. Druckspannungen erhält man ein größtmögliches Meßsignal. Sind die 4 Widerstände der Meßbrücke im drucklosen Zustand identisch, so beträgt das Brückensignal U_S (vgl. Kap. 9):

$$U_s = U_v \cdot \left(\frac{d\rho}{\rho} + k \cdot \varepsilon\right) \tag{2}$$

U_V – Versorgungsspannung
ρ – spezifischer Widerstand der Brückenwiderstände R_i
$d\rho$ – Änderung von ρ mit der Dehnung
k – k-Faktor
ε – Dehnung.

Der erste Beitrag zum Brückensignal ($U_V \cdot d\rho/\rho$) wird durch die Abhängigkeit des spezifischen Widerstandes von der Dehnung hervorgerufen, während der zweite ($U_V \cdot k \cdot \varepsilon$) ein reiner Geometrieeffekt ist.

Für nicht zu große Dehnungen erfolgt die Zunahme der Brückenspannung linear mit dem Druck. Mit zunehmender Durchbiegung der Membran tritt – wie beim Aufblasen eines Ballons – eine zusätzliche Dehnung auf, die gleichsinnig auf alle Widerstände wirkt. Der daraus resultierende Linearitätsfehler wächst mit abnehmender Membrandicke, so daß sich die Anwendung der Kreismembran auf größere Membrandicken und damit höhere Druckbereiche beschränkt. Für die niedrigen Druckbereiche wird häufig die Kreisringmembran eingesetzt, die einen deutlich geringeren Linearitätsfehler zeigt (Bild 12.4). Bei dieser Membranform sind die Brückenwiderstände über der inneren bzw. äußeren Biegekante angeordnet.

In technischen Anwendungen werden Dehnungsmeßstreifen sowohl mit Metall- als auch mit Halbleiterwiderständen realisiert. Beide weisen prinzipielle Unterschiede auf, die in den unterschiedlichen physikalischen Eigenschaften der Widerstandsmaterialien begründet liegen.

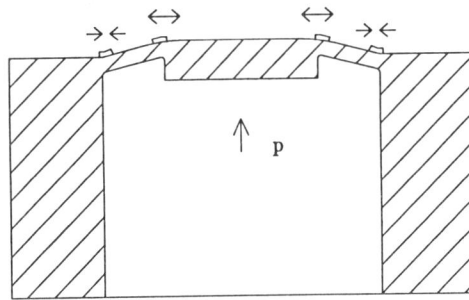

Bild 12.4:
Querschnitt einer Kreisringmembran unter Druckbelastung

12.2.1.2 Sensoren mit Dünnfilm-DMS

Metallwiderstände weisen einen geringen spezifischen Widerstand auf, der nahezu keine Dehnungsabhängigkeit zeigt. Damit vereinfacht sich Gleichung (2) zu:

$$U_S = U_V \cdot k \cdot \varepsilon. \tag{2a}$$

12.2.1.2.1 Aufbau

Metall-DMS werden üblicherweise in Dünnfilmtechnik auf die Membran aufgebracht. Als Substrat wird ein Verformungskörper aus einem metallischen Werkstoff verwandt, der eine geringe Verformungshysterese aufweist. Durch geeignete mechanische Bearbeitungsverfahren kann die Dicke der Membran in weiten Grenzen gezielt eingestellt werden.

Auf die polierte Membranoberfläche wird eine dünne Isolationsschicht aufgebracht. Darauf wird in einem Plasmabeschichtungsprozeß zunächst das Widerstandsmaterial sowie ein niederohmiges Metall für die übrigen Leiterbahnen abgeschieden. Aufgrund des geringen spezifischen Widerstandes der verwandten Widerstandsmetalle werden die Brückenwiderstände in Mäanderform ausgeführt. Die Strukturierung dieser Mäander sowie der Leiterbahnen erfolgt fotolithografisch mit einem nachfolgenden Ätzprozeß. Da die radialen Spannungen am Sensorrand höher sind als die tangentialen, werden die äußeren Widerstandsmäander so ausgeführt, daß sich eine möglichst große Länge der Widerstandsbahnen in radialer Richtung ergibt. Eine typische Anordnung der Brückenwiderstände zeigt Bild 12.5.

Der metallische Membrankörper wird zur druckdichten Ankopplung an das Druckmedium spannungsfrei auf einen Druckanschluß geschweißt.

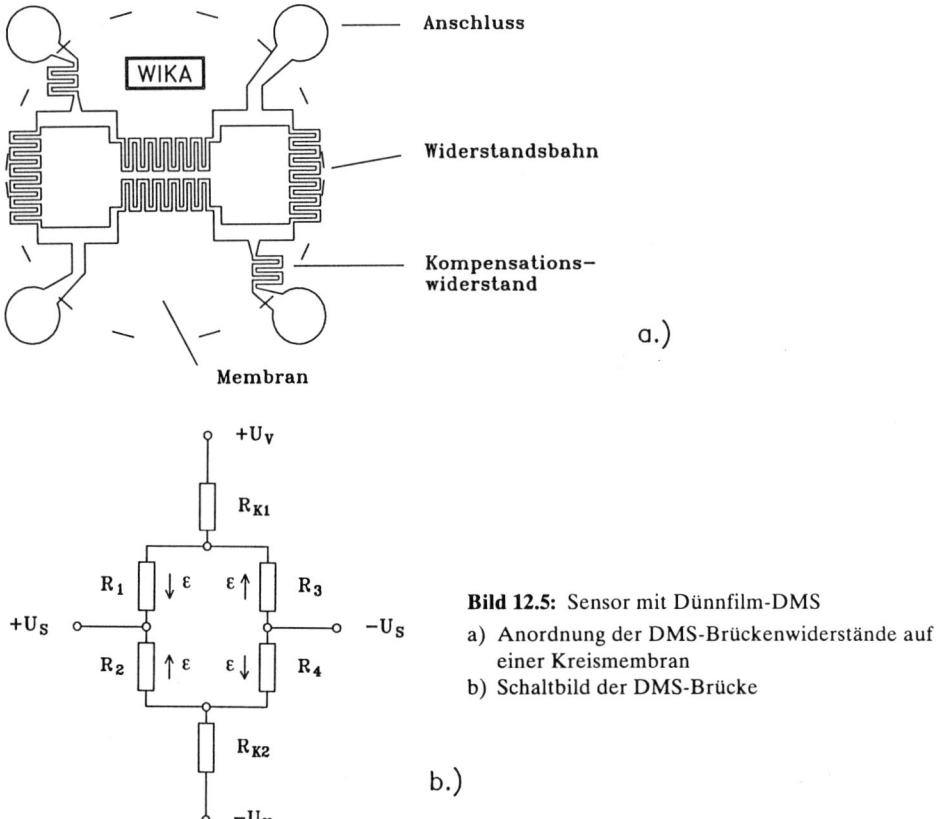

Bild 12.5: Sensor mit Dünnfilm-DMS
a) Anordnung der DMS-Brückenwiderstände auf einer Kreismembran
b) Schaltbild der DMS-Brücke

12.2 Sensoren mit Verformungskörper

12.2.1.2.2 Meßeigenschaften

Das Ausgangssignal der Widerstandsbrücke ist verschiedenen Temperatureinflüssen unterworfen. Von besonderer Bedeutung sind dabei der Temperaturfehler des Nullsignales und der Ausgangsspanne. Unter dem Nullsignal eines Sensors versteht man nach der DIN 16086 sein Ausgangssignal am Meßbereichsanfang. Die Ausgangsspanne oder kurz Spanne ist die Differenz des Ausgangssignales zwischen Meßbereichsanfang und -ende.

Der Temperaturfehler des Nullsignals kann durch Eigenspannungen in der Membran sowie durch eine inhomogene Temperaturabhängigkeit der Brückenwiderstände bzw. der Zuleitungen hervorgerufen werden. Durch die Beherrschung der Fertigungstechnologie wird dieser Fehler soweit reduziert, daß keine Maßnahmen zu seiner Kompensation erforderlich sind.

Der Temperaturfehler der Spanne wird durch die Temperaturabhängigkeit des Elastizitätsmoduls E des Membranwerkstoffes sowie die des k-Faktors bestimmt. Nach Gleichung (2a) und unter Berücksichtigung des Hookeschen Gesetzes $\sigma = \varepsilon \cdot E$ erhält man die Temperaturabhängigkeit der Ausgangsspanne:

$$\frac{1}{U_S} \cdot \frac{dU_S}{dT} = \frac{1}{k} \cdot \frac{dk}{dT} - \frac{1}{E} \cdot \frac{dE}{dT}, \tag{3}$$

E – Elektrizitätsmodul.

Die relative Änderung einer Meßgröße mit der Temperatur wird auch als Temperaturkoeffizient (TK) bezeichnet; sie wird in der Praxis in %/10 K angegeben:

$$TK_S = TK_k - TK_E. \tag{3a}$$

Eine einfache Kompensation dieses Temperaturfehlers ist durch eine zusätzliche Beschaltung der Brücke möglich. Dazu wird in Reihe zur Brücke ein Widerstand geschaltet, dessen Widerstands-TK das gleiche Vorzeichen aufweist wie der TK_S. Unter Berücksichtigung dieses Kompensationswiderstandes R_K ändert sich die Gleichung (2a):

$$U_S = \frac{U_V \cdot k \cdot \varepsilon \cdot R_B}{R_B + R_K} \tag{4}$$

und damit auch Gleichung (3a):

$$TK_S = TK_k - TK_E + (TK_{RB} - TK_{RK}) \cdot \frac{R_K}{R_B + R_K}, \tag{5}$$

wobei R_K und R_B nach Bild 12.5b definiert sind als:

$$R_K = R_{K1} + R_{K2}$$

$$R_B = \frac{(R_1 + R_2) \cdot (R_3 + R_4)}{R_1 + R_2 + R_3 + R_4}.$$

Aus Gleichung (5) läßt sich die Größe des Kompensationswiderstandes für die ideale Kompensation des TK_S bestimmen.
Mit $TK_S = 0$ ergibt sich R_K zu:

$$R_K = R_B \cdot \frac{TK_K - TK_E}{TK_{RK} - TK_{RB} - TK_K + TK_E}. \tag{5a}$$

Nach Gleichung (4) verringert sich das Brückensignal durch die Reihenschaltung des Kompensationswiderstandes. Um diesen Widerstand gering zu halten, muß sein TK möglichst groß sein; in der praktischen Anwendung werden Widerstandsmaterialien mit einem TK von 4-5 ‰/10 K eingesetzt. Das Widerstandsmaterial für die Brückenwiderstände wird so gewählt, daß der zugehörige TK gegen den des Kompensationswiderstandes vernachlässigt werden kann. Bei einem Metall-DMS ist die Temperaturabhängigkeit des E-Moduls des Membranwerkstoffes (typisch $-0,3$ ‰/10 K) dem Betrag nach deutlich größer als die des k-Faktors.

Da beide Größen sehr stabil sind, unterliegt der TK_S des unkompensierten Sensorelementes nur geringen Schwankungen. Dies eröffnet die Möglichkeit, den Kompensationswiderstand in die Brückenschaltung auf der Membran zu integrieren (Bild 12.5a). Da die Temperaturabhängigkeiten von Spanne und Kompensationswiderstand nur geringe Nichtlinearitäten aufweisen, zeigen diese Sensoren über einen weiten Temperaturbereich einen kleinen Restfehler.

Von Vorteil ist eine enge räumliche Anordnung von Meßbrücke und Kompensationswiderstand auf der Membran, wie sie bei Dünnfilm- und teilweise auch bei piezoresistiven Sensoren vorgenommen wird. Treten Temperatursprünge im Druckmedium auf, bleiben Brücke und Widerstand nahezu im thermischen Gleichgewicht. Ist der Kompensationswiderstand jedoch auf der Verstärkerplatine untergebracht, führen die resultierenden Temperaturunterschiede zu einem zeitweiligen Abweichen des Brückensignales vom Sollwert.

Die Aufgabe der Auswerteelektronik eines Sensors ist es, ein normiertes Ausgangssignal zu liefern. In der Automatisierungstechnik dominiert eine Verstärkerschaltung in Zweileitertechnik mit Stromausgang von 4 bis 20 mA, wobei Speisestrom und Meßsignal über die gleichen Leitungen übertragen werden.

Bild 12.6 zeigt als weiteres Beispiel einer Verstärkerschaltung den Instrumentenverstärker mit Spannungsausgang. Die Schaltung arbeitet als Differenzverstärker, dem zwei Impedanzwandler vorgeschaltet sind. Die Ausgangsspannung beträgt

$$U_A = \frac{R_5}{R_4} \cdot \left(1 + \frac{R_2}{R_1} + \frac{R_3}{R_1}\right) \cdot (U_2 - U_1),$$

wobei die Differenz $U_2 - U_1$ der Brückenspannung U_S entspricht.

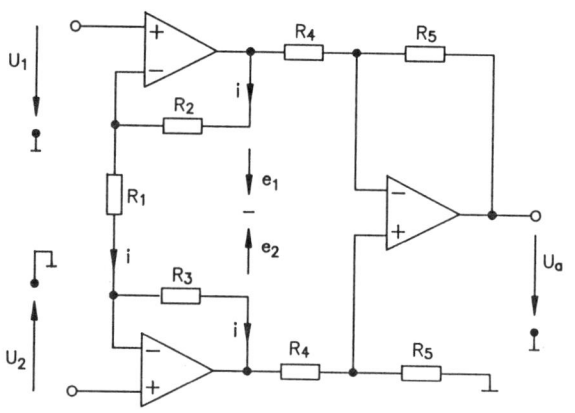

Bild 12.6:
Instrumentenverstärker

12.2 Sensoren mit Verformungskörper

Zur Erzielung des normierten Ausgangssignales werden durch geeignete Verstärkervarianten Abweichungen aller Meßgrößen des Sensorelementes von ihren Sollwerten kompensiert. Da das Brückensignal der Metall-DMS bereits temperaturkompensiert ist, ist nur der Feinabgleich von Nullsignal, Spanne sowie Linearitätsfehler erforderlich. Der Linearitätsfehler unterliegt aufgrund der eng tolerierten Membrandicke nur geringen Schwankungen, so daß nur für das Nullsignal und die Spanne ein individueller Abgleich erforderlich ist. Zu berücksichtigen ist allerdings, daß auch der Verstärker selbst zum Meßfehler beitragen kann.

Die durchgängige Verwendung metallischer Materialien macht die Sensoren mit Metallmembran unempfindlich gegen hohe Überlastdrücke sowie schnelle Druckänderungen. Sie finden daher in Hydraulik-Systemen eine breite Anwendung. Die Sensoren werden für Druckbereiche bis weit über 1000 bar eingesetzt. Für spezielle Meßaufgaben stehen auch Sonderwerkstoffe für den Verformungskörper zur Verfügung. Für Sensorelemente mit erhöhter Meßgenauigkeit werden besonders hysteresearme Werkstoffe eingesetzt. Bei aggressiven oder hochreinen Druckmedien stehen korrosionsbeständige Legierungen zur Verfügung.

12.2.1.3 Piezoresistive Sensoren

12.2.1.3.1 Grundlagen

Halbleiterwiderstände weisen im Gegensatz zu Metallwiderständen eine starke Dehnungsabhängigkeit des spezifischen Widerstandes auf, die den Geometrieeffekt um ein bis zwei Größenordnungen übersteigt. Durch diesen sogenannten piezoresistiven Effekt ergibt sich bei gleicher Dehnung ein wesentlich höheres Brückensignal. Durch den deutlich höheren spezifischen Widerstand der Halbleiter ist außerdem keine Mäanderstruktur der Brückenwiderstände erforderlich (Bild 12.7).

Im Gegensatz zum Geometrieeffekt tritt der piezoresistive Effekt nicht nur bei Längs- sondern auch bei Querdehnung – bezogen auf die Stromrichtung – auf. Da Längs- und Quereffekt gegenläufige Widerstandsänderungen verursachen, ist bei den piezoresistiven Sensorelementen auch eine Anordnung aller Widerstände im Randbereich der Membran möglich.

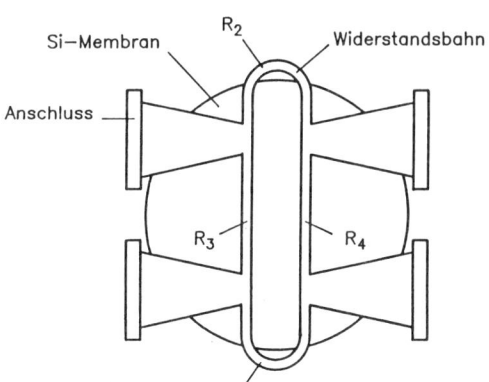

Bild 12.7:
Aufsicht auf einen piezoresistiven Aufnehmer mit Siliziummembran (Siemens)

12.2.1.3.2 Aufbau des Sensorelementes

Bei den piezoresistiven Sensorelementen wird einkristallines Silizium als Werkstoff für den Verformungskörper verwandt (Bild 12.8). Die Brückenwiderstände werden in die Oberfläche eindiffundiert oder ionenimplantiert. Die Isolation der Brückenwiderstände durch einen pn-Übergang begrenzt die obere Einsatztemperatur auf etwa 100 °C. Die Kontaktierung der Widerstände erfolgt durch Leiterbahnen aus Aluminium. Die Membran selbst wird durch isotrope oder anisotrope Ätzprozesse hergestellt. Bei geeigneter Wahl der Silizium-Kristallachsen läßt sich eine Angleichung von Längs- und Quereffekt erreichen, so daß ein symmetrischer Meßeffekt auftritt.

Der Membrankörper wird vakuumdicht mit einer Trägerscheibe verbunden. Diese Bauform wird für Absolutdrucksensoren angewandt. Durch eine Bohrung in der Trägerscheibe sind auch Relativ- und Differenzdruckmessungen möglich. Zum weiteren Aufbau des Drucksensors wird der Sensor-Chip auf einem Header montiert und elektrisch kontaktiert.

Silizium als Membranwerkstoff zeigt ein nahezu hysteresefreies Verhalten bis fast an die Bruchgrenze. Die in der Halbleitertechnik weit entwickelten Verfahren zur mikromechanischen Strukturierung von Membranen erlauben die Fertigung von Sensorelementen bis in den mbar-Bereich. Durch die Integration von Verformungskörper und Meßelement ist eine kostengünstige Massenfertigung von miniaturisierten Sensorelementen möglich.

Eine direkte Einwirkung des Druckmediums auf das piezoresistive Sensorelement ist nur möglich für trockene Gase, da durch Diffusion von Bestandteilen des Druckmediums in den Membrankörper die elektrischen Eigenschaften des Meßelementes beeinträchtigt werden können. Für feuchte und aggressive Medien wird daher dem Sensorelement ein Druckmittler, bestehend aus Trennmembran und einer Druckübertragungsflüssigkeit, vorgeschaltet, um das Druckmedium vom Sensorelement fernzuhalten.

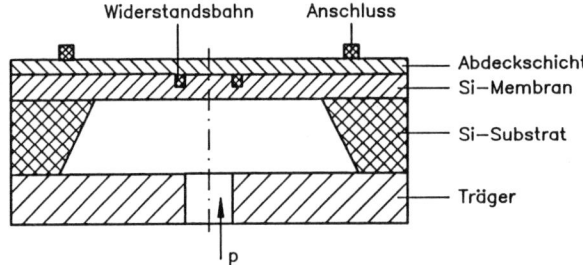

Bild 12.8: Schnitt durch einen piezoresistiven Aufnehmer mit Siliziummembran (Siemens)

12.2.1.3.3 Meßeigenschaften

Der hohen Empfindlichkeit des piezoresistiven Effektes steht seine große Temperaturabhängigkeit gegenüber, so daß der Temperaturkoeffizient der Spanne etwa eine Größenordnung höher ist als beim Metall-DMS. Eine deutliche Verminderung des Fehlers erreicht man bei Speisung der Brücke mit konstantem Strom, da die Abnahme des piezoresistiven Effektes mit steigender Temperatur durch die Zunahme des Widerstandes teilkompensiert wird. Der verbleibende Temperaturfehler wird durch die geeignete Beschaltung der Brücke mit einem Kompensationswiderstand abgeglichen.

12.2 Sensoren mit Verformungskörper

Der Temperaturfehler sowohl des Nullsignales als auch der Spanne zeigt große Schwankungen, so daß im Gegensatz zu den Metall-DMS-Sensoren eine individuelle Kompensation erforderlich ist. Zudem ist aufgrund der größeren Nichtlinearität der Temperaturfehler eine gute Kompensation nur in einem begrenzten Temperaturbereich möglich. Piezoresistive Sensoren werden überwiegend für Niederdruck-Anwendungen eingesetzt, da die Mikrostrukturierung des Silizium die Herstellung sehr dünner und geeignet strukturierter Membranen erlaubt. Durch die Wahl des Werkstoffes der Trennmembran des Druckmittlers lassen sie sich an vielfältige Aufgaben in der Meßtechnik anpassen.

12.2.2 Sensoren mit Wegmessung

12.2.2.1 Kapazitive Sensoren

12.2.2.1.1 Meßprinzip

Das kapazitive Meßprinzip, bei dem die Wegänderung eines Verformungskörpers in eine Kapazitätsänderung umgewandelt wird, stellt eine sehr empfindliche Meßmethode dar. Einer Membran steht eine Elektrode der Fläche A gegenüber, die gegen die Membran elektrisch isoliert ist. Beide gemeinsam bilden einen Kondensator, dessen Kapazität C sich reziprok zum Abstand d zwischen Membran und Elektrode verhält:

$$C = \frac{\varepsilon \cdot A}{d}, \tag{6}$$

ε - Dielektrizitätskonstante.

Bei nicht zu großen Membranauslenkungen ändert sich die Kapazität linear mit dem Druck. Störend wirken sich jedoch parasitäre Kapazitäten der Zuleitungen aus, die sich der Meßkapazität überlagern.

Die Möglichkeit, die Auswirkung parasitärer Kapazitäten aber auch von Temperatureinflüssen zu reduzieren, ergibt sich durch die Konstruktion eines Differentialkondensators (Bild 12.9). Dazu wird die Gegenelektrode als Doppelelektrode ausgeführt mit einer kreisförmigen Mittelelektrode sowie einer konzentrischen Ringelektrode. Die beiden Teilelektroden weisen gleiche Flächen auf, so daß mit der Membran zwei Kondensatoren gleicher Kapazität gebildet werden. Bei Druckbeaufschlagung ändert sich der Ab-

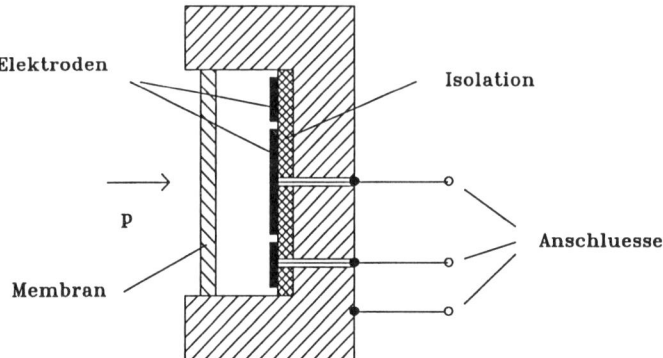

Bild 12.9: Aufbau eines kapazitiven Sensors mit Differentialkondensator

stand der Membran zur mittleren Gegenelektrode stärker als zur äußeren. Das Signal wird mit einer Kapazitätsmeßbrücke gewonnen, die die Differenz der Kapazitäten erfaßt [2].

Bei einem Absolutdruck-Sensor ist der Raum zwischen Membran und Gegenelektroden evakuiert. Durch eine Belüftungsbohrung im Gehäuse ist auch die Messung von Relativdrücken möglich. Allerdings ist zu berücksichtigen, daß über die Umgebungsluft Feuchtigkeit in die Meßkammer gelangen kann. Die damit verbundene Änderung der Dielektrizitätskonstanten verursacht Meßfehler, die beim Absolutdruck-Sensor nicht auftreten. Der Einsatz eines Relativdruck-Sensors ist daher auf trockene Umgebungsmedien beschränkt.

12.2.2.1.2 Differenzdruck-Sensor

Für Differenzdruck-Anwendungen wird ein symmetrischer Aufbau gewählt; ein Beispiel dafür ist in Bild 12.10 gezeigt. Die Meßmembran befindet sich mittig zwischen zwei auf konkaven Flächen angeordneten Elektroden, die wiederum die Gegenelektroden darstellen. Die Mediendrücke belasten zwei Trennmembranen, die über ein Druckübertragungsmedium auf die Meßmembran wirken. Das Signal wird über die Differenzmessung der Kapazitäten gewonnen. Gegenüber der Absolutdruck- bzw. Relativdruck-Anordnung wird jedoch eine höhere Empfindlichkeit erzielt, da sich die Kapazitäten gegenläufig verändern.

Die Konstruktion weist zwei für die Differenzdruckmessung bedeutsame Vorteile auf. Durch den symmetrischen Aufbau werden gleiche Empfindlichkeiten für beide Meßseiten erreicht. Eine hohe Überlastsicherheit ist gegeben durch eine Form der Stirnflächen des Sensorkörpers, die der der Trennmembranen angepaßt ist. Bei einseitigem Überdruck legt sich die jeweilige Trennmembran an den Sensorkörper an und verhindert damit eine weitere Verformung der Meßmembran. Da der Differenzdruck oft um Größenordnungen kleiner ist als der absolute Druck der beiden Medien, ist eine hohe Überlastsicherheit gefordert, um bei einseitiger Druckbelastung eine Zerstörung des Sensors zu verhindern.

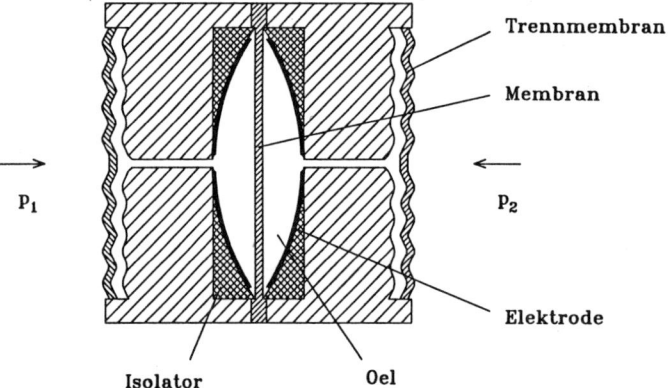

Bild 12.10: Aufbau eines kapazitiven Differenzdruck-Sensors

12.3 Drucksensoren mit intrinsischem Meßprinzip

Der Aufbau kapazitiver Sensoren ist sehr aufwendig, da geringe Fertigungstoleranzen gefordert sind. Sie werden daher insbesondere bei der Differenzdruck-Messung eingesetzt, wo sie anderen Sensorprinzipien überlegen sind.

12.2.2.2 Weitere Wegmeßprinzipien

Neben dem kapazitiven Sensor gibt es eine Reihe weiterer Sensortypen, die auf einer Druck-Weg-Wandlung basieren. Der induktive Sensor, der die Verformung mit Hilfe eines Differentialtransformators erfaßt, wird zunehmend von den Dehnungssensoren verdrängt. Neue Prinzipien wie eine interferometrische Messung mit integriert-optischen Sensoren haben noch keine Marktreife erlangt.
Bei Sensoren nach dem Kompensationsprinzip wirkt eine dem Meßdruck entgegenwirkende Kraft derart auf den Verformungskörper, daß er in seiner Ausgangslage bleibt. Die für die Erzeugung der Gegenkraft charakteristische Größe stellt das Meßsignal dar. Dieses aufwendige Verfahren ermöglicht hochgenaue Messungen, da Linearitätsfehler, Hystereseeinflüsse sowie Krieheffekte vernachlässigbar sind. Als Beispiel für das Kompensationsverfahren sei das Quarzwendelmanometer genannt, mit dem Meßgenauigkeiten unter 0,01% erreicht werden.

12.3 Drucksensoren mit intrinsischem Meßprinzip

Eine weitere Möglichkeit der Druckmessung besteht darin, die Abhängigkeit einer intrinsischen Eigenschaft eines Körpers wie des spezifischen Widerstandes, der Eigenschwingungsfrequenz oder des Brechungsindex von hydrostatischem oder axialem Druck direkt zu erfassen. Hier wird nicht, wie bei den Verformungssensoren, der Umweg über die Wandlung des Druckes in eine Dehnung gewählt. Diese Sensoren werden daher auch als unmittelbare Sensoren bezeichnet. Da die Änderungen der intrinsischen Größen dem äußeren Druck nahezu direkt folgen, eignen sich diese Sensoren für hohe Meßfrequenzen. Sie weisen jedoch den Nachteil einer großen Temperaturempfindlichkeit auf.
Ein Beispiel stellen Resonanz-Sensoren dar, die die Druckabhängigkeit der Eigenfrequenz eines Schwingquarzes ausnutzen. Sie werden aufgrund ihrer großen Empfindlichkeit, aber auch wegen der aufwendigen Auswerteelektronik vorwiegend für Präzisionsmessungen eingesetzt. Um die hohe Temperaturabhängigkeit der Eigenfrequenz zu kompensieren, enthalten diese Sensoren neben dem Schwingquarz für die eigentliche Druckmessung einen identischen Quarz, der den Temperatureffekt erfaßt.
Ein intrinsisches Meßprinzip, das eine größere Marktbedeutung erlangt hat, ist der piezoelektrische Effekt.

12.3.1 Piezoelektrische Sensoren

12.3.1.1 Der piezoelektrische Effekt

Bestimmte Kristalle zeigen elektrische Aufladungen an ihrer Oberfläche, wenn sie einem axialen Druck ausgesetzt sind. Dieser piezoelektrische Effekt tritt nur bei Kristallen auf, die eine polare Achse aufweisen. Die an der Oberfläche gebildete Ladung Q ist direkt proportional zum Druck p und der Fläche A, auf die er einwirkt:

$$Q = k \cdot A \cdot p, \tag{7}$$

k - piezoelektrischer Koeffizient.

Je nach Orientierung der Druckachse zur polaren Achse des Kristalles unterscheidet man den longitudinalen und den transversalen Effekt (Bild 12.11). Praktische Anwendung findet vor allem der transversale Effekt. Da es sich um eine nahezu weglose Meßmethode handelt, sind Hysterese- und Kriecheffekte vernachlässigbar.

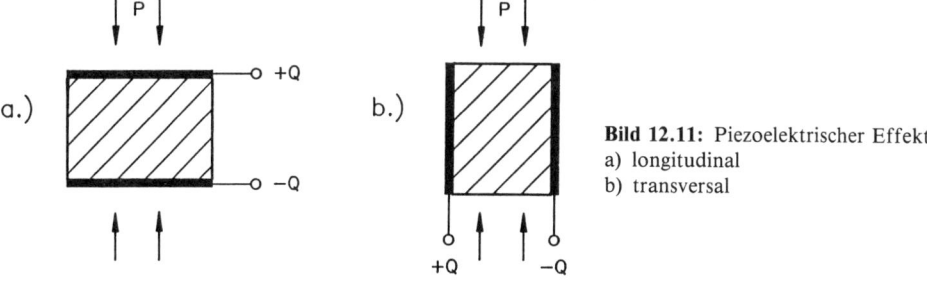

Bild 12.11: Piezoelektrischer Effekt
a) longitudinal
b) transversal

12.3.1.2 Beschaltung von piezoelektrischen Kristallen

Die Umwandlung der druckinduzierten Ladung in ein geeignetes Ausgangssignal wird mit einem Ladungsverstärker durchgeführt (Bild 12.12). Dieser Verstärker arbeitet nach dem Kompensationsverfahren. Dabei wird der Gegenkopplungskondensator C_f stets so aufgeladen, daß zwischen den Elektroden des Piezokristalls keine Spannung anliegt. Als Folge ist die Ladung am Kondensator stets gleich der druckinduzierten Ladung am Kristall. Unter der Voraussetzung, daß die Eingänge des Operationsverstärkers auf gleichem Potential liegen, gilt:

$$U_2 + U_c = 0$$

bzw.

$$U_2 = -\frac{Q}{C_f} = -\frac{k \cdot A \cdot p}{C_f}. \tag{8}$$

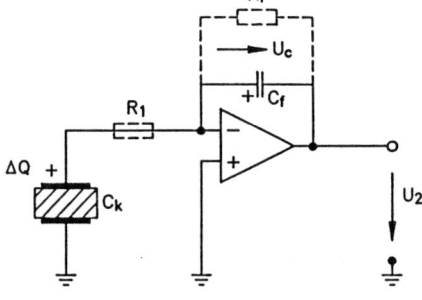

Bild 12.12:
Piezoelektrischer Sensor mit Ladungsverstärker

Durch die stromlose Messung rufen parasitäre Kapazitäten keine Meßfehler hervor. Durch endliche Isolationswiderstände wird jedoch ein Abfließen der Ladungen verursacht, so daß die Messung statischer Drücke nicht möglich ist. Die Widerstände R_f und R_i werden aus Stabilitätsgründen in die Schaltung eingefügt.

12.3.1.3 Materialien und Anwendungen

Polare Kristalle, die für piezoelektrische Sensoren angewandt werden, sind Quarz und Turmalin, ein Aluminiumborsilikat. Daneben werden auch keramische Materialien wie Bleizirkonat und -titanat eingesetzt.

Gegenüber dem Quarz weisen die Piezokeramiken einen deutlich größeren Piezoeffekt auf, der allerdings auch eine höhere Temperaturempfindlichkeit zeigt. Neben Kriecheffekten weisen sie als weiteren Nachteil den pyroelektrischen Effekt auf, durch den Aufladungen auch bei Temperaturunterschieden in der Piezokeramik auftreten.

Für die Messung von statischen Drücken sind piezoelektrische Sensoren ungeeignet. Sie werden daher überwiegend für dynamische Messungen verwandt, bei denen eine hohe Meßfrequenz gewünscht ist. In Verbindung mit der hohen oberen Einsatztemperatur werden piezoelektrische Sensoren für Druckmessungen in Verbrennungsmotoren sowie für weitere Hochtemperaturanwendungen eingesetzt. Quarz wird aufgrund der geringen Temperaturabhängigkeit seines piezoelektrischen Koeffizienten eingesetzt, wenn hohe Meßgenauigkeiten gefordert sind.

12.4 Sensoren für spezielle Anwendungen

Bei extremen Meßanforderungen ist häufig ein Sensor für Standardanwendungen nicht einsetzbar. Zur Anpassung an die jeweiligen Einsatzbedingungen stehen jedoch vielfältige Sensorlösungen zur Verfügung.

Sind die Anforderungen durch das Druckmedium bedingt, werden Sensoren in Verbindung mit einem an die Meßaufgabe angepaßten Druckmittler eingesetzt. Ist bei viskosen, entmischenden oder strömenden Medien ein Sensor ohne Totraum gefordert, so werden z. B. vom Medium durchströmte Druckmittler verwandt, bei denen die Zylinderwandung als Trennmembran ausgeführt ist. Bei der Messung statischer Drücke bei hohen Medientemperaturen läßt sich der Druck über eine Kapillarleitung zum Sensor übertragen.

Für explosionsgefährdete Bereiche werden Sensoren derart aufgebaut, daß die erforderliche Zündenergie nicht aufgebracht werden kann. In elektrischen und elektromagnetischen Störfeldern wird eine Auswerteelektronik eingesetzt, bei der besondere Maßnahmen zur Unterdrückung eingestrahlter Störungen getroffen wurden.

Literatur:

[1] WIKA: Handbuch der Druckmeßtechnik mit federelastischen Meßgliedern, 1985
[2] Pfeifer, G.; Werthschützky, R.: Drucksensoren, Berlin 1989, S. 180 - 187

13 Füllstandsmeßsensoren

13.1 Einführung und Übersicht

Es ist kaum ein physikalischer Effekt bekannt, der nicht als Füllstandsmeßprinzip verwendet werden kann. Physikalische und chemische Eigenschaften des zu messenden Mediums (Viskosität, Aggressivität, Temperatur usw.) und auch die Bauform der Behälter bestimmen die Auswahl des Meßprinzips.
Die klassischen Methoden der Füllstandserfassungen sind die mit Schauglas, Peilstab oder mit Schwimmkörpern.
Die Verschiedenartigkeit der Stoffe, die unter zum Teil extremen Prozeßbedingungen gemessen werden müssen, macht die Auswahl zwischen unterschiedlichen Meßprinzipien nötig (Bild 13.1).

Methode	Gerät	Anwendungsbeispiele
Sicht-/optisch	Peilstab	Flüssigkeiten in der chemischen und Lebensmittelindustrie Öle, Brenn- und Treibstoffe
	Schauglas	
	Lichtl./Prisma	
Schwimmer	Schwimmkörper	
	Schwimmschalter	
	Verdränger	
Elektromech.	Lot-System	Flüssigkeiten, Schüttgüter
	Waage	
	Schwinggabel	flüssige, feinkörnige Stoffe
	Schwingrohr	feinkörnige bis pulverisierte Stoffe
Druck	Staudruck	flüssiges bis pasteuses Füllgut in der chemischen und Lebensmittelindustrie
	Hydrostatisch	
	Einperl-Rohr	Wasser/Abwasser in offenen Gräben
Konduktiv	Sonde	elektrisch leitende Flüssigkeiten
Kapazitiv	Sonde	universal für flüssige, körnige bis staubartige Stoffe, auch unter extremem Druck und Temperatur
Absorption	Mikrowellen	Flüssigkeiten, Pasten, Schlamm in Metallbehältern
	Gammastrahlen	grobkörnige Schüttgüter, klebrige Massen, chemisch aggressive Flüssigkeiten mit Staub- und Dampfbildung, auch unter hohem Druck, in Metallbehältern
Reflexion	Radar	
	Infrarotlaser	flüssige, körnige Medien mit gut reflektierenden Oberflächen
	Ultraschall	

Bild 13.1: Füllstandsmeßmethoden und die damit erfaßbaren Medien

13.1 Einführung und Übersicht

Die Praxis der Füllstandserfassung unterscheidet verschiedene Fälle:
- Grenzwerterfassung
  Standgrenzschalter signalisieren oder alarmieren, wenn das zu überwachende Medium ein vorher festgelegtes Niveau erreicht hat bzw. über- oder unterschreitet. Diese Meßfühler liefern binäre Ausgänge.
- Kontinuierliche Messung
  Die Standaufnehmer bestimmen die genaue momentane Füllhöhe und liefern eine
  - direkt ablesbare Anzeige oder/und
  - analoge Ausgänge, z.B.
      0–20 mA/4–20 mA Stromausgang,
      0–10 V/0–5 V Spannungsausgang,
- digitale Ausgabe

Die Ausgangssignale können im einfachsten Fall zur Anzeige über Signallampen bzw. Anzeigegeräte benutzt, zur Auswertung in einer SPS verwendet oder aber als Führungsgröße Steuer- und Regelkreisen zugeführt werden.

Methode	Gerät	kontinuierlich		Grenzstand		Bereich
		Flüssigkeit	Schüttgut	Flüssigkeit	Schüttgut	
Sicht-/optisch	Peilstab	●				0,1 - 5 m
	Schauglas	●				0,3 - 5 m
	Lichtl./Prisma			●		Einbauhöhe
Schwimmer	Schwimmkörper	●		●		0,5 - 12 m
	Schwimmschalter			●		Einbauhöhe
	Verdränger	●				0,3 - 6 m
Elektromech.	Lot-System	●	●			10 - 70 m
	Waage	●	●			---
	Schwinggabel			●		Einbauhöhe
	Schwingrohr				●	Einbauhöhe
Druck	Staudruck			●		Einbauhöhe
	Hydrostatisch	●				0,3 - 10 m
	Einperl-Rohr	●				0,5 - 10 m
Konduktiv	Sonde			●		Einbauhöhe
Kapazitiv	Sonde	●	●	●	●	0,3 - 20 m
Absorption	Mikrowellen			●	●	Einbauhöhe
	Gammastrahlen	●	●	●	●	0 - 10 m
Reflexion	Infrarotlaser	●	●			1 - 20 m
	Radar	●	●			0 - 20 m
	Ultraschall	●	●	●	●	0,1 - 6 m

Bild 13.2: Methoden der kontinuierlichen Füllstandsmessung und Grenzstanderfassung

Unabhängig vom prozeßbedingten Verfahren kann vom Gesetzgeber eine Überfüllsicherung vorgeschrieben werden. Oder eine Pumpensteuerung muß mittels Alarm beim Unterschreiten eines unteren Sicherheitspegels gegen Trockenlauf geschützt werden. Dann können Kombinationen von kontinuierlicher Messung mit Standgrenzsignalisierung entstehen. Alle Fälle, bei denen kontinuierliche Meßsignale in weiteren Auswerte- oder Ausgabegeräten verarbeitet werden, ermöglichen grundsätzlich auch die Auswertung für Standgrenzsignalisierung.

Die Eignung verschiedener physikalischer Verfahren für Standgrenzerfassung und/oder kontinuierlicher Füllstandsmessung zeigt die Tabelle in Bild 13.2.

13.2 Sicht-/optische Füllhöhenbestimmung

13.2.1 Schauglas

Bei Flüssigkeiten ist diese einfache optische Füllstandsanzeige möglich, wenn die Behälter oder Teile der Behälterwandung aus durchsichtigem Material bestehen.

Üblich ist die Montage eines Schauglases über Umgehungsleitung (Bypass) und Zwischenventile nach dem Prinzip der kommunizierenden Gefäße.

Durch Einsatz eines Schwimmers S mit Metalleinsatz oder Dauermagnet und z.B. eines induktiven Ringinitiators R (vgl. Kapitel 2.2.3) oder angeklemmten einzelnen Reedkontakten können auch Grenzwerte gemeldet werden (Bild 13.3). Mit einer Reedkontakt-Widerstandskette (vgl. Magnettauchsonde) werden kontinuierliche Werte gemessen.

Vorteil: Einfach, kostengünstig, übersichtlich.
Nachteil: Schlecht geeignet für unsaubere Medien (häufige Reinigung).

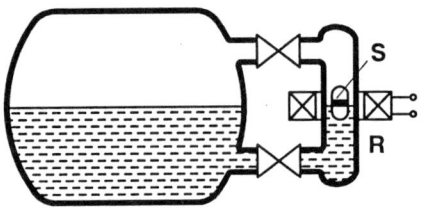

Bild 13.3:
Schauglas mit Schwimmer S und Ringinitiator R

13.2.2 Lichtleiter/Prisma

Licht aus einer Leuchtdiode wird über einen Lichtwellenleiter einem Glasprisma zugeführt (Bild 13.4). Das Prisma reflektiert das Licht in einen zweiten Lichtwellenleiter, an dem eine Auswerteelektronik angeschlossen ist. Ist das Sensorprisma von einer Flüssigkeit umgeben, dann ändert sich der Brechungswinkel und ein Teil des Lichtes wird ausgekoppelt. Die Auswerteelektronik erfaßt die verminderte Lichtintensität und betätigt einen Schaltausgang.

Vorteil: Keine elektrischen Betriebsmittel an der Meßstelle, einfach, preiswert.
Nachteil: Durch Anhaftungen und Verschmutzungen kann der Grenzwertschalter ausfallen.

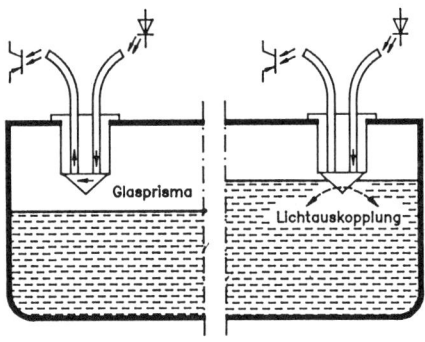

Bild 13.4:
Standmeldung über Lichtauskopplung am Prisma

13.3. Füllhöhe über Schwimmer

13.3.1 Schwimmkörper

Ist das spezifische Gewicht eines Körpers kleiner als das einer Flüssigkeit, dann schwimmt er auf der Flüssigkeitsoberfläche. Die klassische Füllstandsmessung mit Schwimmkörpern nutzt dieses physikalische Gesetz. Schwimmer verschiedenster Bauform schwimmen auf den zu messenden Medien und lösen im einfachsten Fall mechanisch die Anzeige der Schwimmhöhe aus.

Die moderne industrielle Schwimmermessung benutzt an einem Sondenrohr geführte Hohlkörper als Schwimmer. Die vertikale Schwimmerbewegung muß in geeigneter Form auf eine Auswerteeinheit übertragen werden. Eine Möglichkeit ist die magnetische Kopplung eines Dauermagneten im Schwimmer an ein Übertragungssystem außerhalb des Produktraumes. Dieses besteht aus Folgemagnet, Seilzug, Gegengewicht im Sondenrohr und der Meßtrommel als Umlenkrolle. Die Drehbewegung der Trommel meldet über ein Zeigersystem direkt die Füllhöhe und bildet ein elektrisches Ausgangssignal.

Ohne aufwendiges mechanisches Übertragungssystem arbeitet folgende Magnettauchsonde (Bild 13.5):
Der im Schwimmer befestigte ringförmige Dauermagnet betätigt über sein Magnetfeld die Kontakte einer Reedkontaktkette im Innern des Sondenrohrs. Diese Kontakte greifen bei Betätigung eine Spannung an einer Widerstandskette ab, die ebenfalls im Sondenrohr eingebaut ist.

Durch den geometrischen Zusammenhang zwischen Füllstand, Schwimmer, geschaltetem Kontakt und damit aktivierten Teil des Spannungsteilers wird eine dem Füllstand proportionale Ausgangsspannung gebildet.

Die Auflösung entspricht dem Abstand der Kontakte voneinander. Bei sehr kleinen Abständen ist eine quasi-kontinuierliche Messung möglich. In der Praxis gewährleistet der Abstand von 10 mm von Kontakt zu Kontakt eine ausreichend hohe Auflösung.

Wird die Signalisierung von Grenzständen gewünscht, dann werden einzelne Kontakte im Sondenrohr befestigt.

Vorteile: Relativ unkompliziert, sehr genau, geeignet für fast alle Flüssigkeiten, unabhängig von Dielektrizitätskonstante und Flüssigkeitswiderstand, Druck und

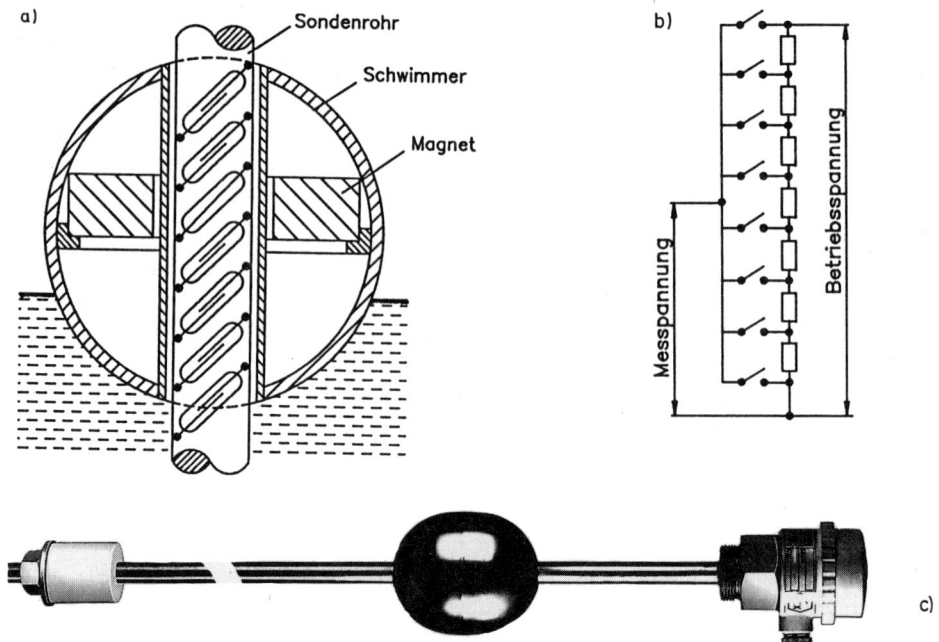

Bild 13.5: Füllstandsmessung mit Schwimmkörper
a) Magnettauchsonde mit Reedkontakten
b) Widerstandskette
c) Ausführungsform
(Werkbild: Pepperl + Fuchs Füllstandstechnik)

Temperatur, leicht prüfbar. Einsatz auch unter strengen Sicherheitsbestimmungen möglich.
Nachteile: Auflösung durch Anzahl der Kontakte begrenzt, Mechanik nicht verschleißfrei, relativ großer Platzbedarf.

13.3.2 Schwimmschalter

Der Schwimmschalter ist eine Variante der Schwimmermessung zur Niveaukontrolle von Flüssigkeiten. Er ist durch seine Befestigung auf ein dem Prozeß angepaßtes Niveau fixiert, wird von der Flüssigkeitsoberfläche mitgenommen und schaltet bei dem vorgegebenen Füllstand (Bild 13.6).
Für das Umsetzen des Auf- und Abschwimmens des Schwimmkörpers in einen Schaltvorgang gibt es eine Vielzahl technischer Lösungen, z. B.:
- Schalter im mit Befestigungskabel fixierten Schwimmergehäuse, Kippbewegung wird zum Schalten genutzt,
- Schalter außerhalb des Produktraumes, Schwimmerbewegung wird mittels Magnetkupplung, Torsionsrohr oder Biegeplatte übertragen.

Als Schaltelemente dienen Näherungsschalter, Reedkontakte, Mikrokontakte, Quecksilberschalter usw..
Letztere werden zunehmend durch elektronische Schalter ersetzt. Bei diesen verändern bewegliche Schaltgewichte (Stahlkugel, Kunststoffzylinder) durch die Kippbewegung

13.3 Füllhöhe über Schwimmer

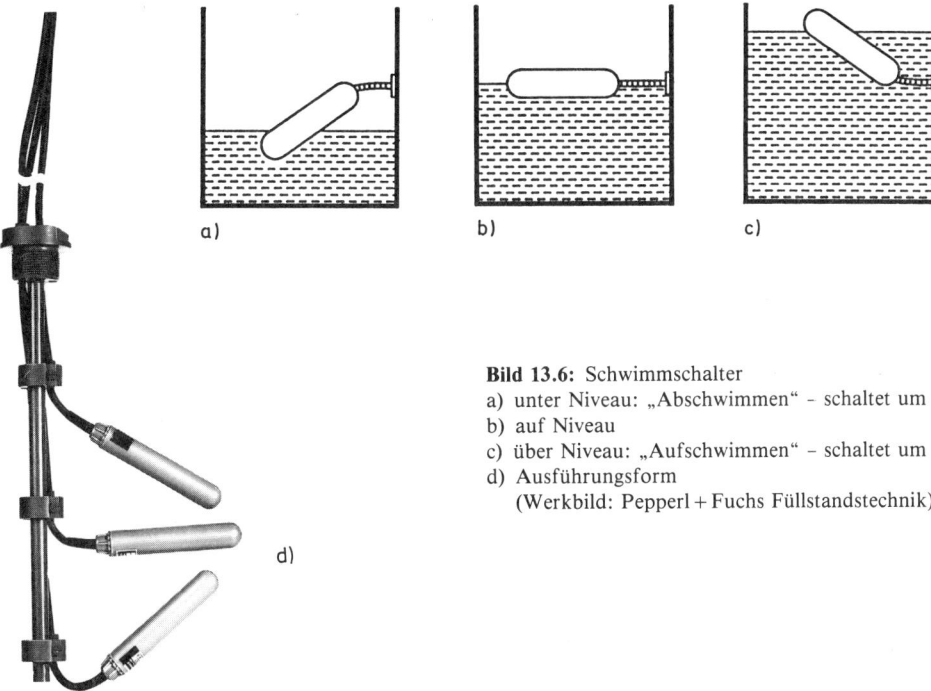

Bild 13.6: Schwimmschalter
a) unter Niveau: „Abschwimmen" – schaltet um
b) auf Niveau
c) über Niveau: „Aufschwimmen" – schaltet um
d) Ausführungsform
(Werkbild: Pepperl + Fuchs Füllstandstechnik)

z. B. am Kabel fixierter Schwimmschalter ihre Lage. Die Lageänderung wird elektronisch abgetastet.

Vorteil: Einfach, robust, sicher, kostengünstig, überschaubar, prüfbar.
Nachteil: Nicht geeignet für anhaftende verkrustende Medien und unruhige Oberfläche.

13.3.3 Verdränger

Nach dem Gesetz des Archimedes erfährt ein Körper (Verdränger) in einer Flüssigkeit eine Auftriebkraft. Die Auftriebskraft ist gleich dem Gewicht der verdrängten Flüssigkeitsmasse.

$$\Delta G = G - A = (\rho_2 \cdot l - \rho_1 \cdot h) \cdot Q \cdot g$$

Q – Querschnitt des zylindrischen Verdrängers
g = 9,81 m/s²

Die Meßmethode beruht auf dem Unterschied ΔG zwischen dem Gewicht G des Verdrängers und der auf ihn wirkenden Auftriebskraft A.
Die Differenz $\Delta G(h)$ wird mit einem elektrischen Kraftaufnehmer am schweren, ins Medium eingetauchten Verdränger gemessen (Bild 13.7).

Vorteil: Genau, auch bei hohen oder tiefen Temperaturen und großem Druck.
Nachteil: Abhängig vom spezifischen Gewicht ρ_1 des Meßmediums. Anhaftungen oder Kristallisationen am Verdränger verfälschen die Messung.

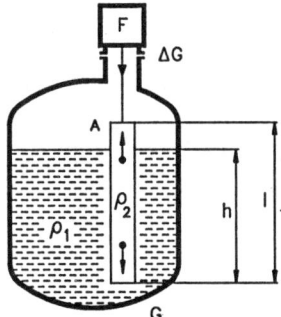

Bild 13.7:
Füllstandsermittlung durch Kraftmessung

13.4 Elektromechanische Füllhöhenbestimmung

13.4.1 Lotsystem

Bei diesem bewährten Meßprinzip wird durch einen Elektromotor ein Tastgewicht G über eine Band- oder Seilrolle in den Behälter abgespult (Bild 13.8). Die Entlastung des Seiles beim Berühren des Füllgutes führt zur Laufrichtungsumschaltung für den Motor. Die Länge des abgespulten Seiles ist das Maß für die Füllstandshöhe. Je nach zu messenden Produkt kann ein angepaßtes Lotgewicht gewählt werden, z. B. Stahlgewicht, Schwimmer, Leinensack usw..

Vorteil: Hohe Genauigkeit, für unterschiedlichste Produkte geeignet, auch für sehr hohe Silos bzw. Tanks.

Nachteil: Zeitlich diskontinuierliche Meßwertabgabe; durch z. B. Nachlaufsteuerung auch kontinuierliche Signale. Grenzwertsignalisierung wegen der hohen Kosten nicht üblich.

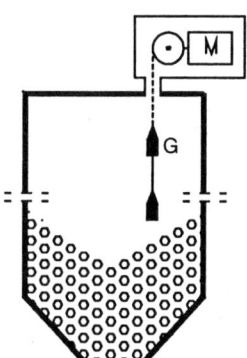

Bild 13.8:
Lotsystem für flüssige und feste Medien

13.4.2 Waage

Bei dieser indirekten Füllstandserfassung wird primär die Gewichtskraft von Medium und Behälter gemessen. Diese ist ein Maß für die Menge (Masse, Volumen). Bei gegebe-

13.4 Elektromechanische Füllhöhenbestimmung

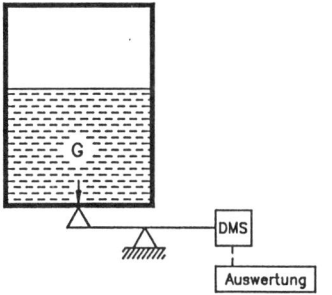

Bild 13.9:
Behälter auf Wägezellen zur Füllstandsermittlung

ner Behälterform kann daraus die Füllhöhe ermittelt werden. Kleinere Behälter werden auf Bodenwaagen gesetzt (Bild 13.9), große auf Auflager mit Wägezellen, in denen die Messungen in der Regel mit Dehnungsmeßstreifen erfolgen (vgl. Kapitel 12).

Vorteil: Für alle Medien geeignet, sehr genau bei konstantem spezifischen Gewicht.
Nachteil: Nachrüstung ist kompliziert und teuer.

13.4.3 Schwinggabel/Schwingrohr

Piezoelektrisch oder elektromagnetisch angeregte schwingfähige mechanische Systeme ändern ihre Eigenschaften, wenn das ansteigende Medium sie umgibt. Die Schwingungsänderung wird durch einen mit dem System gekoppelten Umformer erfaßt und der Schaltvorgang ausgelöst (Bild 13.10).
Es können nur Grenzstände erfaßt werden.

Vorteil: Universell anwendbar bei Flüssigkeiten und pulvrigen bis feinkörnigen Schüttgütern.
Nachteil: Nicht geeignet bei klebrigem, stark anhaftendem Meßgut.

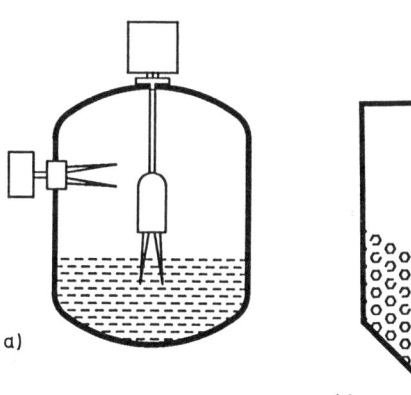
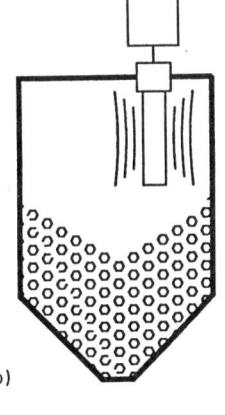

Bild 13.10:
Schwingsonden
a) Schwinggabel für flüssige Medien
b) Schwingrohr für Schüttgut

13.5 Füllhöhe über Druck

13.5.1 Pneumatischer Staudruckschalter

Durch die ansteigende Flüssigkeit wird die Luft in einem Sondenrohr komprimiert (Bild 13.11). Der Staudruck wirkt auf einen Membranschalter. Die Schaltstellung bleibt erhalten, bis durch Absinken des Mediums der Luftdruck geringer wird.

Vorteil: Einfacher Aufbau.
Nachteil: Einsatz nur als Minimal- bzw. Maximalstandsmelder für Flüssigkeiten in drucklosen Behältern.

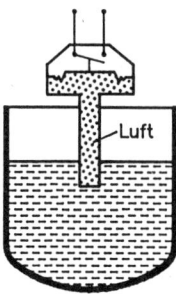

Bild 13.11:
Pneumatischer Staudruckschalter

13.5.2 Hydrostatische Füllstandssonde

Bei gleichbleibender Flüssigkeitsart ist die Füllhöhe dem erzeugten Druck proportional:

$$P_F = h \cdot \rho \cdot g$$

P_F – hydrostatischer Druck,
ρ – Dichte,
$g = 9{,}81 \text{ m/s}^2$

Damit ist der in einer Flüssigkeit gemessene Druck ein direktes Maß für die Höhe der Flüssigkeitssäule an der Sondenmembrane S (Bild 13.12). Die Meßwertaufnehmer werden so tief als möglich und fest im Tank eingebaut.

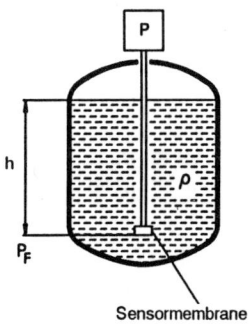

Bild 13.12:
Hydrostatische Füllstandssonde

Die hydrostatische Füllstandsmessung ist eine „weglose" Druckmessung. Die Meßgröße Druck wird durch die Auslenkung einer Membrane erfaßt. Die Auswertung erfolgt kapazitiv, induktiv oder mit Dehnungsmeßstreifen (vgl. Kapitel 12).
Bei Messungen in drucklosen Behältern ist die andere Seite der Meßzelle mit der Atmosphäre verbunden.
Für extreme Anwendungen stehen korrosionsfeste Keramikdruckaufnehmer zur Verfügung.

Vorteil: Verschleißfrei, hohe Genauigkeit, bequemer Einbau.
Nachteil: Abhängig vom spezifischen Gewicht, Differenzdruckmessung bei Überdruck relativ aufwendig, strömungs- und turbulenzempfindlich.

13.5.3 Einperlrohr

Hier wird der Flüssigkeitsdruck nicht direkt gemessen, sondern indirekt über eine Luftdruckmessung. Der Luftdruck, der in der Lage ist, Luftblasen in das Medium einperlen zu lassen, ist das Maß für die Höhe der Flüssigkeitssäule über der Sondenöffnung (Bild 13.13). Der Luftdruck wird mit Meßwertaufnehmern in elektrische Signale umgewandelt. Als Einperlsonden werden starre Rohre oder flexible Schläuche verwendet.

Klassisches Einsatzgebiet: Wasser-/Abwasser-Bereich, z. B.
- Venturikanäle
- Rechensteuerung

Vorteil: Einfache Montage, unempfindlich gegen Verschmutzungen und Ankrustungen, geeignet für hohe Temperaturen und aggressive Medien, Selbstreinigungseffekt.
Nachteil: Kontinuierliche Druckluftversorgung notwendig.

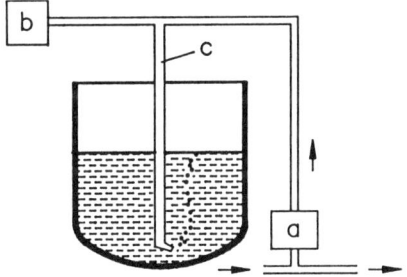

Bild 13.13:
Füllstandsmessung mit Einperlrohr
a – Durchflußmesser mit Druckminderventil
b – Druckmesser
c – Einperlrohr

13.6 Konduktive Füllhöhenerfassung

Diese preiswerte Methode ist nur für die Grenzstanderfassung von Flüssigkeiten einsetzbar.
Voraussetzung ist eine Mindestleitfähigkeit ($\kappa \geq 1\ \mu S/cm$) des Mediums und zwei elektrisch leitende Pole. Als Pole können dienen:
Elektrode – Behälterwand
Elektrode – Elektrode
Elektrode – Schutzrohr

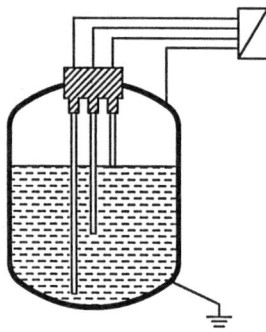

Bild 13.14:
Konduktive Schaltsonde
(Werkbild: Pepperl + Fuchs Füllstandstechnik)

Beim Kontakt der Flüssigkeit mit der Elektrode wird der Stromkreis geschlossen und der Schaltvorgang ausgelöst (Bild 13.14). Um einen galvanischen Abbau der Elektroden und Produktbeeinflussung zu vermeiden, wird eine gleichspannungsfreie Wechselspannung angelegt.

Der Einsatz von Mehrfachelektroden ermöglicht eine Steuerung mit mehreren Schaltpunkten.

Vorteil: Einfach, preiswert. Schwankende Leitfähigkeit wird durch den großen Toleranzbereich kompensiert.
Nachteil: Isolierende Ablagerungen beeiflussen die Messung.

13.7 Kapazitive Füllhöhenbestimmung

Diese Meßmethode beruht auf der Kapazitätsänderung eines Kondensators und eignet sich zur Grenzstanderfassung und zur kontinuierlichen Füllstandsmessung.

13.7.1 Schaltsonde

Mit der Anordnung einer zylindrischen Abschirmung um die zentrische Elektrodenscheibe (Bild 13.15) wird ein Kondensator gebildet, dessen Kapazität von außen beein-

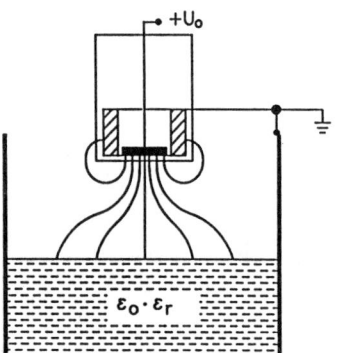

Bild 13.15:
Kapazitive Schaltsonde
(Werkbild: Pepperl + Fuchs Füllstandstechnik)

13.7 Kapazitive Füllhöhenbestimmung

flußbar ist. Durch Näherung des ansteigenden Mediums an die Stirnfläche des Sensors erhöht sich die Kapazität (vgl. Kapitel 3). Die Kapazitätsänderung des Kondensators wird elektronisch (z. B. mit einem RC-Generator) zum Schalten ausgewertet.

13.7.2 Kontinuierlich messende Sonde

Durch Einbau einer Elektrode in einen runden Metallbehälter entsteht ein Zylinderkondensator mit den Teilkapazitäten C_m und C_g (Bild 13.16).

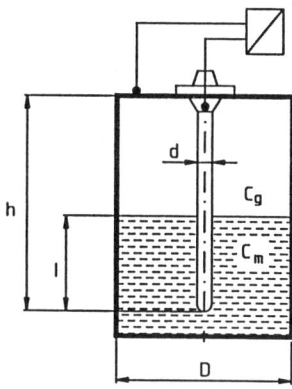

Bild 13.16:
Kontinuierlich messende kapazitive Sonde
(Werkbild: Pepperl + Fuchs Füllstandstechnik)

Aus der Beziehung für den Zylinderkondensator

$$C = l \cdot \frac{2 \cdot \pi \cdot \varepsilon}{\ln \frac{D}{d}}$$

ergibt sich hierfür die Gesamtkapazität

$$C_{ges} = C_m + C_g,$$

$$C_{ges} = \frac{2 \cdot \pi}{\ln \frac{D}{d}} \cdot (l \cdot \varepsilon_m + (h - l) \cdot \varepsilon_g).$$

C_m – Kapazität des Mediums,
C_g – Kapazität des überlagernden Gases,
ε – Dielektrizitätskonstante.

Über die gemessene Gesamtkapazität C_{ges} läßt sich die Füllstandshöhe l ermitteln.
Es können leitende und nichtleitende Medien gemessen werden. Für leitende Stoffe muß die Meßsonde vollisoliert sein.
Für nichtmetallische Behälter werden Gegenelektroden und/oder metallische Schutzrohre angeboten.

Vorteil: Universell einsetzbar für Flüssigkeiten und Granulate, auch in aggressiven Medien, bei hohen Temperaturen und Drücken. Zur Ermittlung von Trennschichten zwischen zwei Stoffen geeignet.
Nachteil: Beschränkt anwendbar, wenn Mischungsverhältnis und Feuchte des Füllgut wechseln.

13.8 Füllhöhe über Absorption

Diese Verfahren basieren auf der Absorption von Wellen- oder Strahlenenergie im flüssigen bzw. festen Füllgut. Möglich ist der Einsatz von Schall-, Ultraschall-, Mikrowellen, Gammastrahlen oder Lichtwellen.
Bei all diesen Systemen bilden seitlich am Behälter montierte Sender mit gegenüberliegenden Empfängern Signalschranken, die durch das ansteigende Medium unterbrochen werden (Bild 13.17).
Mit dieser Anordnung ist nur die Grenzstandsignalisierung möglich.
In der Regel müssen Fenster (außer bei Gammastrahlen) in die Behälterwand eingelassen werden.

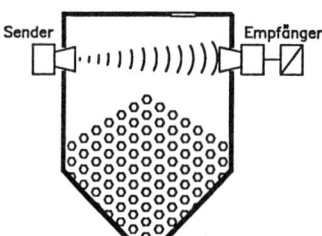

Bild 13.17:
Signalschranke, Sender und Empfänger getrennt

13.8.1 Mikrowellen-Signalschranke

Mikrowellen werden nur von bestimmten Medien beachtlich absorbiert. Dazu gehören feuchte und elektrisch leitende Substanzen. Verschiedene Kunststoffe, wie z.B. Plexiglas, stellen kein wesentliches Hindernis dar und können als Fenster oder Behälterwände verwendet werden.

Vorteil: Berührungslose Messung, benötigt keine Einbauten, geeignet für unterschiedliche Produkte.
Nachteil: Erfordert bei Metallbehältern seitliche Anbringung von Fenstern.

13.8.2 Gammastrahlen (radiometrisch)

Die Absorption von Gammastrahlen durch das Füllgut wird zur Grenzstandsignalisierung oder zur kontinuierlichen Messung benutzt. Bei Signalschranken werden in der Regel Geiger-Müller-Zählrohre zur Erfassung der veränderten Strahlungsintensität eingesetzt. Für die kontinuierliche Messung eignen sich empfindlichere Szintillationszähler. Die Anordnung nach Bild 13.18 hat eine nichtlineare Meßgeometrie, da in den verschiedenen Meßhöhen die partiellen Abstände und die durchstrahlten Behälterwandungen unterschiedlich lang sind.
Durch einen stabförmigen Strahler mit unterschiedlicher Aktivitätsverteilung, der auf einen punktförmigen Detektor wirkt, kann die Auswertung linearisiert werden.

Vorteil: Mißt chemisch aggressive Stoffe unter extremen Prozeßbedingungen (Druck, Temperatur), erfordert keine Einbauten in den Behälter, Nachrüstung leicht möglich.
Nachteil: Spezielle Genehmigungen und Sicherheitsmaßnahmen sind erforderlich.

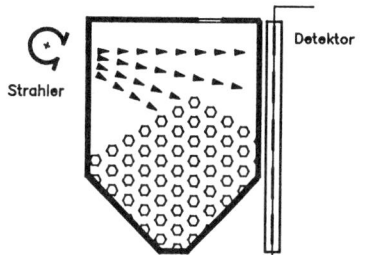

Bild 13.18:
Radiometrische Messung

13.9 Füllhöhe über Reflexion

Reflexions- bzw. Echomessungen beruhen auf der Laufzeit- oder Phasenmessung der von einem Sensor ausgesandten Signale.
Je nach Hersteller und technischer Notwendigkeit finden Infrarotlaser-, Mikrowellen- oder Ultraschall-Impulse Anwendung.
Bei Licht oder elektromagnetischen Wellen ist die Laufzeit für genaue Messungen sehr kurz (ca. 10 ns für 1,5 m Distanz). Man moduliert deshalb den Träger und mißt die Phasenverschiebung zwischen ausgesandtem und reflektiertem Signal.
In der Regel ist der Sensor als Einheit von Sender und Empfänger ausgeführt und oberhalb der Mediumoberfläche montiert.

13.9.1 Infrarotimpulslaser

Infrarotimpulslaser werden für kontinuierliche Messungen fester und flüssiger Güter eingesetzt. Die starke Bündelung des Laserstrahls ermöglicht das Messen auch in engen Behältern oder in geringem Abstand zur Wandung.

Vorteil: Berührungsloses Messen durch Sichtfenster von außen möglich, geeignet bei extremen Prozeßbedingungen.
Nachteil: Für schwarze, nichtglänzende Stoffe sowie durchsichtige Flüssigkeiten weniger geeignet.

13.9.2 Ultraschallimpulse

Eine piezoelektrisch angeregte Membran erzeugt Ultraschallpulse, die an der Mediumoberfläche reflektiert werden und zum Schallwandler zurücklaufen (Bild 13.19a). Der Schallwandler arbeitet abwechselnd als Sender und Empfänger und registriert die Zeit zwischen Sendepuls und Echopuls, die ein Maß für die Entfernung Sensor/Oberfläche ist.
In Flüssigkeitsbehältern kann der Ultraschallsensor auch am Gefäßboden installiert werden. Hier werden die Impulse von unten an der Flüssigkeitsoberfläche reflektiert. Damit sind Störungen durch Schäume, Dämpfe, Kondensat über dem Medium usw. ausgeschlossen (Bild 13.19b).

Vorteil: Universell für grobkörnige Schüttgütern als auch für aggressive Flüssigkeiten anwendbar.
Nachteil: Genaue Messungen erfordern Temperaturkompensation.

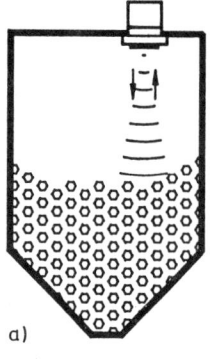 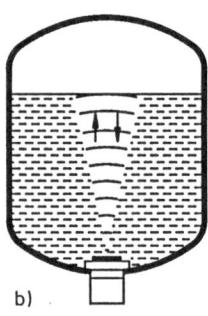

Bild 13.19:
Ultraschallmessung
a) für Schüttgut
b) in Flüssigkeiten

13.9.3 Mikrowellensensor

Oftmals führen Rührwerke, Zu- und Abläufe oder andere Einbauten in Tanks zu großen Problemen bei der berührungslosen Füllstandsmessung. Die von ihnen ausgehenden Echos können im Auswertegerät nicht vom eigentlichen Füllstandsecho unterschieden werden und führen somit zu falschen Meßwerten. Hier kann das FM-CW-Mikrowellenmeßverfahren mit einer geeigneten Signalauswertung Abhilfe schaffen. Darüber hinaus wird die Mikrowellenausbreitung nur in äußerst geringem Maße durch externe Effekte wie Temperatur, Gase usw. gestört, so daß ein äußerst zuverlässiger Betrieb gewährleistet ist.

Bild 13.20 zeigt den Meßaufbau in einem Tank mit Rührwerk. Die vom Mikrowellensensor ausgesendete Welle wird sowohl an der Flüssigkeit im Tank als auch an Teilen des Rührwerks reflektiert. Aufgrund der Ausbreitung von Mikrowellen mit Lichtgeschwindigkeit und der daraus resultierenden kurzen Laufzeiten ist eine direkte Messung der Echolaufzeit nicht möglich. Darum findet das in Bild 13.21 skizzierte FM-CW-

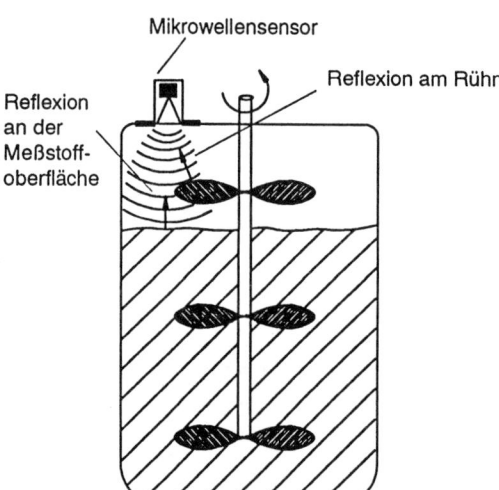

Bild 13.20:
Füllstandsmessung mit Mikrowellensensorik: Messung im Tank

13.9 Füllhöhe über Reflexion

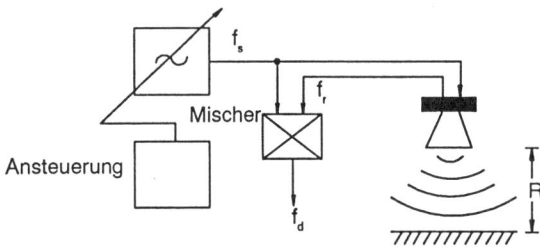

Bild 13.21:
Füllstandsmessung mit Mikrowellensensorik: Prinzipschaltbild

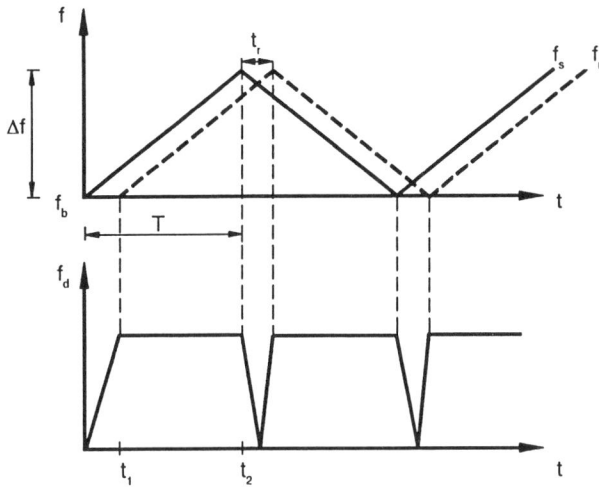

Bild 13.22: Frequenzverlauf von Sendesignal (f_s), Empfangssignal (f_r) und Signal an der Mischerdiode (f_d)

Prinzip (frequenzmoduliertes Dauerstrichverfahren) Verwendung. Die ausgesendete Mikrowelle $f_s(t)$ wird über eine entsprechende Ansteuerung mit einem Dreieck frequenzmoduliert (Bild 13.22). Aufgrund der Laufzeit t_r zwischen Mikrowellenantenne und Füllstand ergibt sich eine empfangene Frequenz $f_r(t) = f_s(t - t_r)$ für den Zeitraum von t_1 bis t_2, in dem Sende- und Empfangsfrequenz linear ansteigen. Wie aus Bild 13.22 hervorgeht, kann die Sendefrequenz in diesem Zeitraum durch

$$f_s(t) = f_b + \frac{\Delta f}{T} \cdot t, \tag{1}$$

f_b – Basisfrequenz
Δf – Frequenzhub

exakt beschrieben werden. Somit ergibt sich

$$f_d = f_s - f_r = \frac{\Delta f}{T} \cdot t_r \tag{2}$$

als Differenzfrequenz am Mischer. Da t_r aufgrund der Ausbreitung von Mikrowellen mit Lichtgeschwindigkeit c_0 direkt proportional zur Entfernung R zwischen Antenne und Füllstand ist, also

$$t_r = \frac{2 \cdot R}{c_0}, \tag{3}$$

kann mit (2) und (3) aus der Mischerfrequenz unmittelbar die gesuchte Entfernung berechnet werden:

$$R = \frac{f_d \cdot T \cdot c_0}{2 \cdot \Delta f} \tag{4}$$

Erinnern wir uns nun an das Bild 13.20, so erkennen wir, daß das Signal am Mischer für den gezeigten Fall sowohl durch das Echo am Füllstand als auch durch das Echo am Rührwerk bestimmt wird. Aufgrund der unterschiedlichen Laufzeiten ergibt sich ein Frequenzgemisch von zwei unterschiedlichen Frequenzen. Bei komplexeren Anordnungen können auch noch mehr Frequenzanteile im Mischersignal enthalten sein, so daß eine Auswertung im Zeitbereich praktisch nicht möglich ist. Deshalb wird das Mischersignal mit Hilfe der Fourieranalyse im Frequenzbereich untersucht und auf diesem Wege die einzelnen Frequenzanteile getrennt.

Da das zu untersuchende Mischersignal f_d periodisch mit T ist (Bild 13.22) ergibt sich ein diskretes Fourierspektrum. Da ein kontinuierliches Frequenzspektrum nur für den Zeitraum $t_2 - t_1 < T$ zur Verfügung steht und nach dem Abtasttheorem pro Periode mindestens zwei Abtastwerte bestimmt werden müssen, ist die minimale Frequenz, die erkannt werden kann

$$f_{d,min} = \frac{1}{T}. \tag{5}$$

Setzt man (5) in (4) ein, so ergibt sich die Auflösungsgrenze ΔR zu

$$\Delta R = \frac{c_0}{2 \cdot \Delta f}. \tag{6}$$

Damit ist der minimale Linienabstand im Fourierspektrum gegeben. Die Meßgenauigkeit ist somit umgekehrt proportional zum zur Verfügung stehenden Frequenzhub Δf. Die Gleichung (6) wird auch als Radargleichung bezeichnet. Nimmt als Beispiel eine Anwendung im frei zugänglichen IMS (Industrial, Medical and Scientific)-Band von 24,000 GHz bis 24,250 GHz, so steht lediglich ein Frequenzhub von 250 MHz zur Verfügung, was einer Entfernungsauflösung von $\Delta R = 60$ cm entspricht. Die Verwendung größerer Frequenzhübe ist lediglich innerhalb von Metallbehältern zulässig, da nur hier eine vollständige Abschirmung gegenüber der Umwelt gegeben ist.

Die Analyse des Mischersignals im Frequenzbereich eröffnet neben der sauberen Trennung von Signalanteilen unterschiedlicher Reflektoren auch die Möglichkeit, konstante Störechos zu kompensieren. Das Fourierspektrum, das sich durch die Reflexion der drei Rührschaufeln in Bild 13.20 ergibt, kann z.B. nach Betrag und Phasenlage für einen leeren Tank gemessen und dann bei jeder Messung vom aktuellen Spektrum subtrahiert werden, da sich die verschiedenen Echos linear superponieren. Innerhalb des resultierenden Spektrums wird die Frequenzlinie mit der größten Leistung gesucht. Durch

13.9 Füllhöhe über Reflexion 239

Schwerpunktberechung über mehrere benachbarte Frequenzlinien ergibt sich ein Frequenzwert für f_d, der nach Gleichung (4) in den gesuchten Füllstand umgerechnet werden kann. Bild 13.23 zeigt das sich unmittelbar am Mischer ergebende Frequenzspektrum für die Anordnung aus Bild 13.20. Man erkennt deutlich zwei Maxima im Frequenzspektrum, die vom Rührwerk und der Meßstoffoberfläche resultieren. Eine Ausblendung der Reflexion am Rührwerk ist somit einfach möglich.

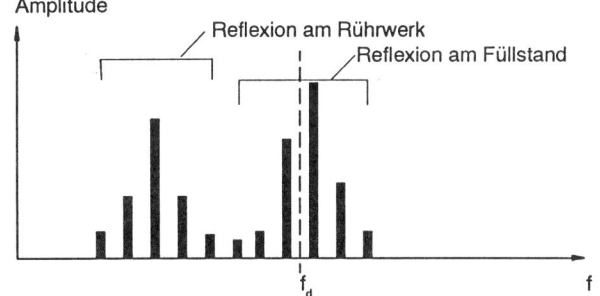

Bild 13.23:
Frequenzspektrum für die Anordnung aus Bild 13.20

14 Chemische Sensoren

14.1 Übersicht

Unter einem chemischen Sensor wollen wir im Rahmen dieses Beitrags einen Sensor verstehen, der physikalisch-chemische Stoffgrößen von Gasen und Flüssigkeiten erfaßt und in ein verwertbares elektrisches Signal - im allgemeinen zum Zweck der Analyse der Stoffzusammensetzung - umwandelt. In der betrieblichen Praxis und in der Normung ist hierfür nach wie vor der Begriff Aufnehmer (in speziellen Fällen auch Sonde, Detektor oder Elektrode, seltener Geber oder Fühler) gebräuchlich. Der chemische Sensor bildet zusammen mit einer geeigneten Elektronik (auch Meßumformer) eine Analysenmeßeinrichtung, die auch Analysator, Analysengerät oder Monitor genannt wird. Detailliert behandelt werden nur solche Sensoren, die kommerziell erhältlich sind; es werden aber an der einen oder anderen Stelle auch Hinweise auf vorhandene Entwicklungstrends gegeben. Die Signalverarbeitung (Elektronik) der Sensoren gehört nicht in den Rahmen dieses Beitrags; dagegen wird auf Zusatzeinrichtungen, die unbedingt zum störungsfreien Betrieb chemischer Sensoren gehören, im Rahmen der angesprochenen Applikationen hingewiesen. Ebenfalls sollen in einem abschließenden Kapitel einige wichtige Analysenverfahren behandelt werden, bei denen chemische Sensoren als integrale Bestandteile eingesetzt sind.

Sensoren für industrielle Anwendungen - speziell in der Automatisierungstechnik [1, 2, 3, 4] - haben besondere Anforderungen zu erfüllen. Ihre Aufgabe ist nicht selten die Überwachung der Produktqualität, die Optimierung eines Prozesses, die Überwachung der Sicherheit einer Anlage aber auch die Kontrolle von Schutzmaßnahmen für das Betriebspersonal und die Umwelt. Ganz oben in der Anforderungsliste an chemische Sensoren steht die Selektivität, worunter das Vermögen zu verstehen ist, nur auf eine ganz bestimmte Stoffkomponente (die Meßkomponente) ohne Beeinflussung durch andere ebenfalls vorhandene Komponenten anzusprechen. Der Praktiker benutzt für den Einfluß einer Störkomponente auf die Messung den Begriff „Querempfindlichkeit". An zweiter Stelle in den Anforderungen ist die Stabilität des gesamten Meßsystems zu nennen. Das System darf weder immanente Drifterscheinungen bezüglich seiner Kenngrößen - wie z. B. Nullpunkt oder Empfindlichkeit - zeigen, noch darf der Einfluß der Umgebungsbedingungen wie Temperatur, Luftdruck, Luftfeuchte usw. vorgegebene Grenzwerte überschreiten. Das setzt zum Teil wiederum zusätzliche Bausteine zur Kompensation solcher Einflüsse und ein entsprechend robustes Gehäuse für die komplette Meßeinrichtung voraus.

Die Einsatzgebiete für mit chemischen Sensoren ausgerüstete Analysengeräte sind die chemische Prozeßtechnik einschließlich der Biotechnologie, die Kraftwerkstechnik einschließlich Emissionsmessungen für den Umweltschutz, die Überwachung von Arbeitsplatz und Ex-Schutz, die Abwasseranalytik in Kläranlagen, die Klima- und Lebensmitteltechnik sowie der Kfz-Bereich. Als Beispiel für die Komplexität einer analysentechnischen Meßeinrichtung kann ein Probenhandhabungssystem für eine NO_x-Messung im

Rauchgas einer Feuerungsanlage dienen, bei dem der eigentliche gassensitive Sensor in einem Gasanalysator enthalten ist [5]. Die Einrichtung dient dazu, störenden Staub vom Analysator fernzuhalten, das NO_2 in einem katalytischen Konverter zu NO, das allein von dem Analysator erfaßt werden kann, umzusetzen, das Kondensat in einem Probegaskühler abzufangen und den Probegasstrom mit einem Durchflußmesser zu überwachen. Mit diesem Beispiel wird hinreichend klar, daß der chemische Sensor nur ein Teil und zwar der die Selektivität bestimmende Teil eines Sensorsystems ist.

14.2 Wirkungsweise chemischer Sensoren

Wir werden im folgenden drei Gruppen von chemischen Sensoren mit prinzipiell unterschiedlicher Wirkungsweise behandeln (Bild 14.1). Der Unterschied liegt in der Art der Wechselwirkung des Sensors mit dem Meßmedium. Bei den physikalisch wirkenden Sensoren ist diese Wechselwirkung mit den Molekülen des Meßmediums rein kinetisch, d. h. es sind keine inneren Freiheitsgrade der Moleküle bei dieser Wechselwirkung im Spiel. Die zweite Gruppe wollen wir mit physikalisch-chemisch wirkende Sensoren bezeichnen. Hier findet eine Wechselwirkung mit dem Elektronensystem der Moleküle in Form von Elektronenanregung oder Elektronenaustausch bis hin zur chemischen Umwandlung der Moleküle statt.

Wirkungsweise chemischer Sensoren		
Sensorgruppe	Wechselwirkung	Sensorart
Physikalisch wirkend	kinetisch, ohne Anregung innerer Freiheitsgrade	Schwingquarz Oberflächenwellen Wärmeleitfähigkeit Paramagnetisch elektrol. Leitfähigkeit
Physikalisch/chemisch wirkend	elektronisch ionisch katalytisch	Halbleiter elektrochemisch Ionisation CLD Wärmetönung
optisch wirkend	elektromagnetisch Anregung Elektronenhülle oder Molekülschwingungen	NDIR, NDUV Filterfotometer Laser, Faseroptik

Bild 14.1: Wirkungsweise chemischer Sensoren

Die dritte Gruppe schließlich sind die optisch wirkenden Sensoren. Bei diesen gibt es eine Wechselwirkung zwischen elektromagnetischen Strahlungsfeldern und den Molekülen des Meßmediums. Die dabei angeregten inneren Freiheitsgrade können Anregungszustände des Elektronensystems im UV- und sichtbaren Bereich der Strahlung oder Molekülschwingungen im infraroten Bereich sein.

Die Selektivität der Sensoren innerhalb einer Gruppe nimmt in der genannten Reihenfolge, von Ausnahmen abgesehen, zu. Die physikalisch wirkenden Sensoren haben die geringste Selektivität, da die gemessene Stoffgröße nur bei zweikomponentigen Gemischen eine eindeutige Analyse erlaubt. Ausnahme ist hier die paramagnetische Sauerstoffmessung. Bei den physikalisch-chemisch wirkenden Sensoren spielen chemische Gleichgewichte eine Rolle, wobei konkurrierende chemische Reaktionen Querempfindlichkeiten hervorrufen können. Verbesserungen können hier häufig durch Katalyse erzielt werden.

Die größte Selektivität besitzen die optisch wirkenden Sensoren, da das elektromagnetische Absorptionsspektrum eines Moleküls speziell in gasförmigem Zustand einen eindeutigen „Fingerabdruck" für das Molekül darstellt und eine eindeutige Identifizierung des Moleküls bei Anwesenheit von anderen gestattet.

14.3 Physikalisch wirkende Sensoren

Es gibt eine Reihe von Stoffgrößen, deren meßtechnische Erfassung eine Analyse binärer oder quasibinärer (die Stoffgröße für die zu bestimmende Komponente besitzt einen extrem unterschiedlichen Wert verglichen mit dem Wert für die anderen Komponenten) Gas- oder Flüssigkeitsgemischen gestattet. Es sind dies die Dichte ρ, der Adiabatenexponent $\varkappa = C_p/C_V$, die Schallgeschwindigkeit c, die Wärmeleitfähigkeit λ, die Viskosität η, die Dielektrizitätskonstante ε, der Brechungsindex n, die magnetische Suszeptibilität $\varkappa$, und die elektrolytische Leitfähigkeit $\varkappa$. Im Falle homogener Phasen, z.B. Gasen oder Lösungen, stellt sich stets ein nach einer Mischungsformel berechenbarer Wert für das Gemisch ein. Einige physikalisch wirkende Sensoren haben eine größere Bedeutung erlangt und sollen im folgenden behandelt werden.

14.3.1 Massesensoren

Überzieht man einen Schwingquarz mit einer Schicht, die in der Lage ist, reversibel ein bestimmtes Gas zu adsorbieren, dann wird sich die Schwingfrequenz des Quarzes in Abhängigkeit von der Gaskonzentration der Komponente in einer den Quarz enthaltenden Meßkammer verändern. Die Fa. Dupont benutzt dieses Meßprinzip z.B. für einen Feuchteanalysator. Hier wird der Quarzkristall mit einem hygroskopischen Material überzogen und abwechselnd dem Meßgas, dessen Feuchte bestimmt werden soll und einer trockenen Gasprobe ausgesetzt. Das Gleichgewicht stellt sich in jeweils 30 s ein, so daß ein Meß- und ein Referenzwert pro Minute anfallen. In Fortentwicklung dieses masseabhängigen Meßprinzips wird in der Forschung heute an sog. akustischen Oberflächenwellen-Sensoren gearbeitet. Hierzu benutzt man piezoelektrische Kristalle, in die über mit Hochfrequenz angeregte kammförmige Elektroden akustische Oberflächenwellen eingeleitet werden (Bild 14.2 oben). Im Bild 14.2 unten ist die gesamte Meßan-

14.3 Physikalisch wirkende Sensoren

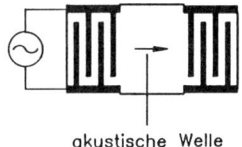

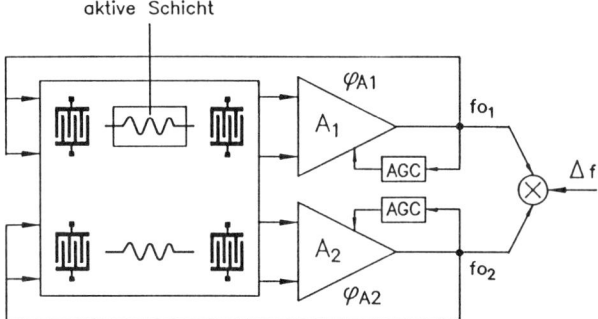

Bild 14.2: Oberflächenwellen-Sensor.
oben: Anregung akustischer Wellen in Piezoschicht nach [7]
unten: Schematischer Aufbau des Sensors nach [6]

ordnung schematisch dargestellt [6,7]. Sie besteht aus zwei parallelen Strecken für die Oberflächenwellen, wovon die eine mit der aktiven, adsorbierenden Schicht versehen ist. Adsorbierte Gasmoleküle in dieser Schicht verändern die Masse und die elektrische Leitfähigkeit der Schicht. Beide Stoffgrößen haben einen Einfluß auf die akustische Welle, die eine Phasenverschiebung erfährt. Läßt man die Anordnung über einen Verstärker und eine Rückkopplung frei schwingen, dann führt eine solche Phasenverschiebung zu einer Frequenzänderung des Oszillators. Bei Verwendung von Phthalocyaninen als sensitive Schicht konnte eine Empfindlichkeit dieser Anordnung von etwa 100 Hz/ppm NO_2 erreicht werden.

14.3.2 Wärmeleitfähigkeit

Die Messung der Wärmeleitfähigkeit gehört zu den ältesten Methoden der physikalischen Gasanalyse. Nach der kinetischen Gastheorie ist die Wärmeleitfähigkeit proportional der Wurzel aus der absoluten Temperatur und umgekehrt proportional der Wurzel aus dem Molekulargewicht. Die Wärmeleitfähigkeit ist druckunabhängig bis in das Gebiet des Grobvakuums, wo die freie Weglänge in die Dimensionen der Meßkammer kommt. Die klassische Meßanordnung besteht aus einer aus vier Hitzdrähten als Wärmequelle bestehenden Wheatstoneschen Brücke (Bild 14.3). Je zwei gegenüberliegende Hitzdrähte sind in einem Kammersystem vom Meßgas MG, die beiden anderen Drähte vom Vergleichsgas VG umgeben. Die die Wärmesenke darstellenden Kammerwände befinden sich auf konstanter Temperatur. Es stellt sich eine von der Wärmeleitfähigkeit des jeweiligen Gases in der Kammer abhängige Drahttemperatur ein, die über das Brückengleichgewicht zur Anzeige gebracht werden kann.

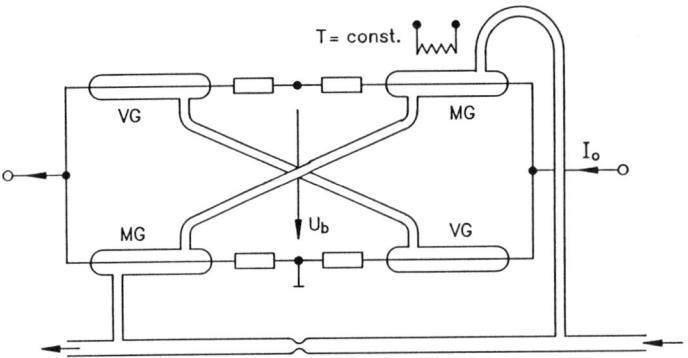

Bild 14.3: Wärmeleitfähigkeits-Meßbrücke. (MG = Meßgas, VG = Vergleichsgas)

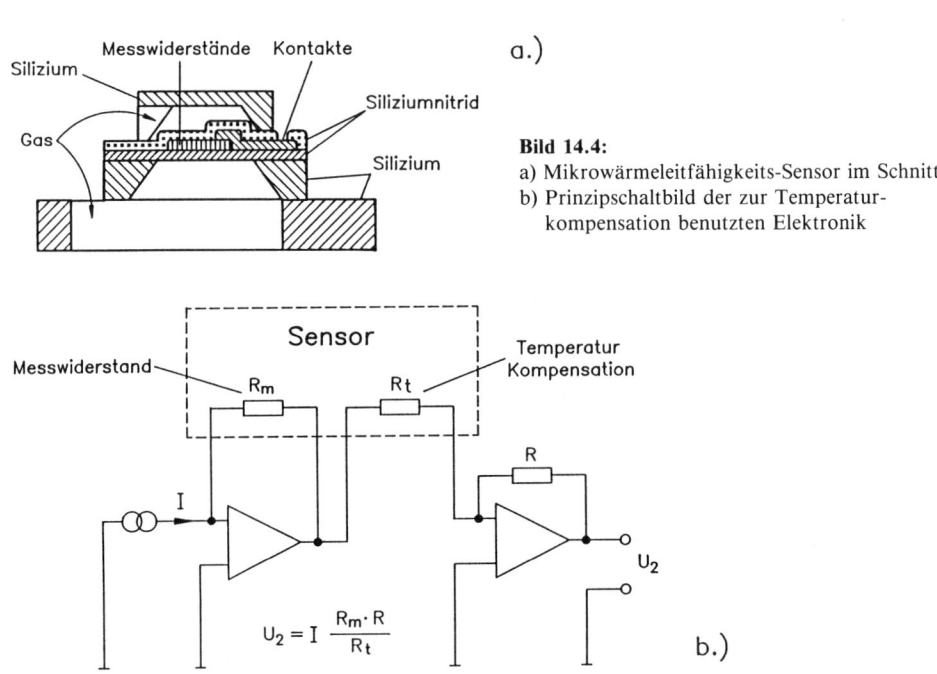

Bild 14.4:
a) Mikrowärmeleitfähigkeits-Sensor im Schnitt
b) Prinzipschaltbild der zur Temperaturkompensation benutzten Elektronik

$$U_2 = I \frac{R_m \cdot R}{R_t}$$

Die Fa. Hartmann & Braun stellt seit kurzer Zeit einen Wärmeleitfähigkeitssensor in Silizium-Mikromechanik-Ausführung her, bei dem auf das Vergleichsgas und die Thermostatisierung ganz verzichtet werden kann. Wärmequelle und Meßwiderstand befinden sich in Form von Dünnfilm-Nickelwiderständen auf einer dünn geätzten Si-Nitrid-Membran mit extrem kleiner Wärmekapazität (Bild 14.4a). Auf dem gleichen Si-Substrat, aber nicht auf der Membran, befinden sich ebenfalls Dünnfilmwiderstände, die zur Temperaturmessung dienen. Die sensornahe Elektronik gestattet eine Quotientenmessung aus den Meßwiderständen auf der Membran und dem Substrat (Bild 14.4b).

14.3 Physikalisch wirkende Sensoren

Zur definierten Einstellung eines Temperaturgradienten befindet sich oberhalb der Membran ein Deckel ebenfalls aus Silizium, der einen Schlitz für die Diffusion des Meßgases in den Raum zwischen Membran und Deckel besitzt. Der Sensor hat Dank seiner geringen Abmessungen eine Leistungsaufnahme von nur rund 5 mW, eine thermische Zeitkonstante < 5 ms und eine Zeitkonstante für den Gasaustausch von 100 ms. Der Temperatureinfluß beträgt 10^{-3}/K ohne Verwendung eines Referenzsensors. Die kleine thermische Zeitkonstante gestattet eine Modulation der Temperatur der Wärmequelle und damit z. B. die Messung der Wärmeleitfähigkeit sequenziell bei zwei verschiedenen Temperaturen, womit auch ternäre Gasgemische analysiert werden können. Das erschließt für die Methode der Wärmeleitfähigkeitsmessung neue Anwendungsgebiete wie z. B. die CO_2-Überwachung in der Nahrungsmittelindustrie oder in Brutschränken, wo sich der Einfluß der Luftfeuchte mit dem eben beschriebenen Verfahren kompensieren läßt.

14.3.3 Paramagnetische Sauerstoffmessung

Im Gegensatz zu den meisten anderen Gasen ist Sauerstoff paramagnetisch. Die Elektronenhülle des O_2-Moleküls besitzt ein nicht kompensiertes Drehmoment und damit ein magnetisches Dipolmomemt. Im Magnetfeld findet eine temperaturabhängige Ausrichtung der Dipole statt; paramagnetische Körper erfahren eine Kraftwirkung in Richtung zunehmender Feldstärke. Ein Maß für diese Kraftwirkung ist die magnetische Suszeptibilität κ, die nach dem Curie'schen Gesetz positiv und der absoluten Temperatur umgekehrt proportional ist. Im Gegensatz hierzu werden diamagnetische Körper in Richtung abnehmender Feldstärke beschleunigt; ihre Suszeptibilität ist negativ und von der Temperatur unabhängig.

Bild 14.5 zeigt schematisch einen Probekörper, dessen linkes Teil in den homogenen Bereich eines permanenten Magnetfeldes hineinragt und dessen rechtes Teil sich im feldfreien Raum außerhalb des Magneten befindet. Beträgt die Suszeptibilität des Probekörpers κ_2 und die Suszeptibilität des den übrigen Raum ausfüllenden Gases κ_1, dann wirkt auf den Probekörper eine aus dem Feld heraustreibende Kraft vom Betrag F, die

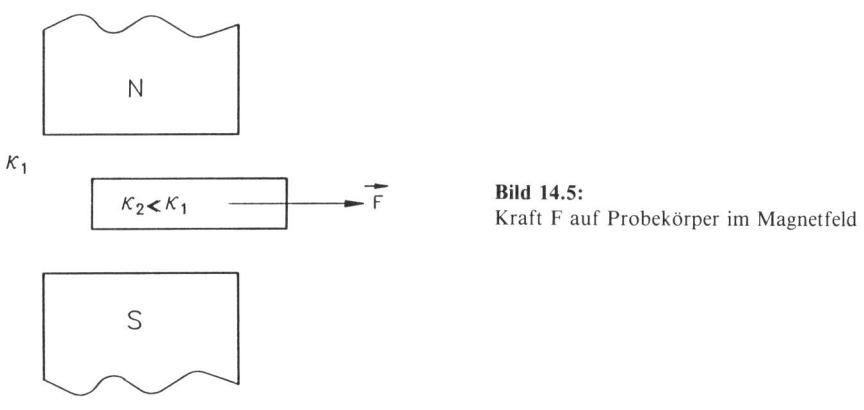

Bild 14.5:
Kraft F auf Probekörper im Magnetfeld

der Differenz der Suszeptibilitäten $\kappa_1 - \kappa_2$ und dem Produkt aus der magnetischen Flußdichte B und der magnetischen Feldstärke H proportional ist:

$$F = \frac{\kappa_1 - \kappa_2}{2} \cdot B \cdot H \cdot b \cdot t . \qquad (14\text{-}1)$$

b – Breite des Probekörpers,
t – Tiefe des Probekörpers.

Die genannte Kraftwirkung läßt sich zur Messung gasförmigen Sauerstoffs ausnutzen. Es sollen zwei verschiedene Meßanordnungen vorgestellt werden. Bild 14.6 zeigt ein hantelförmiges Meßsystem aus zwei mit Stickstoff gefüllten Quarzkörpern, das an einem Spannband beidseitig zwischen den Polen eines Permanentmagneten aufgehängt ist. Befindet sich in dem die Hantelkörper umgebenden Gas paramagnetischer Sauerstoff, dann erfahren die diamagnetischen Körper eine Kraftwirkung aus dem Feld heraus. Es wirkt also ein Drehmoment auf das ganze Hantelsystem. Zur Erfassung einer Auslenkung dient ein aus einer Infrarotdiode, einem Spiegel auf dem Hantelsystem und zwei Silizium-Fotoelementen bestehendes Abtastsystem. Dieses Abtastsystem treibt einen Kompensationsstrom I durch eine Leiterschleife, die um jeden Hantelkörper gelegt ist und ruft ein dem ursprünglichen Drehmoment entgegengesetztes Drehmoment auf das Hantelsystem hervor. Das System kommt im Kompensationspunkt zur Ruhe, wobei der fließende Strom ein Maß für die Sauerstoffkonzentration ist.

Ausgehend von Gleichung (14-1) läßt sich das Kräftegleichgewicht an jedem der beiden Hantelkörper durch die folgende Gleichung (14-2) darstellen:

$$\frac{\kappa_1 - \kappa_2}{2} \cdot B \cdot H \cdot b \cdot t = B \cdot I \cdot t , \qquad (14\text{-}2)$$

oder

$$I = \frac{\kappa_1 - \kappa_2}{2} \cdot H \cdot b . \qquad (14\text{-}3)$$

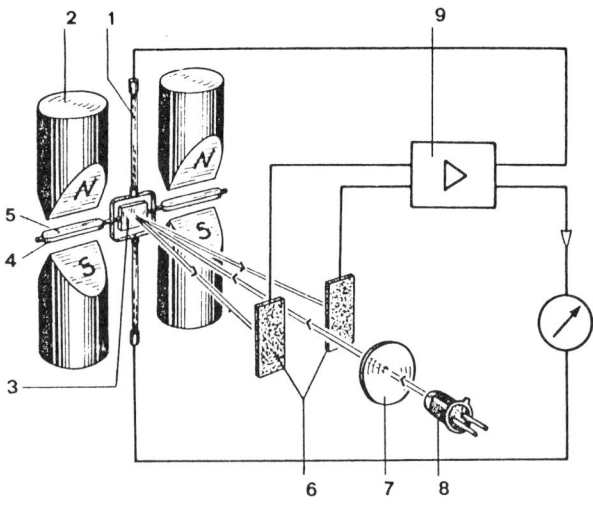

Bild 14.6:
Messung des Sauerstoffanteils nach Magnos 3-Prinzip (Hartmann & Braun)
1 Spannband
2 Magnetpole
3 Spiegel
4 Kompensationsschleife
5 Hantel
6 Si-Fotoelemente
7 Bikonvexlinse
8 Infrarot-Diode
9 Regelverstärker

14.3 Physikalisch wirkende Sensoren

Der Kompensationsstrom für ein Gemisch aus 1% O_2 und 99% N_2 ($\kappa_0 = 1,5 \cdot 10^{-8}$) unter den Annahmen

$\kappa_N \ll \kappa_0$,

$H = 10^6$ A/m ($B = 1,26$ T)
$b = 2$ mm

beträgt nach (14-3):

$I = 15$ µA/% O_2.

Eine andere Meßanordnung (Oximat der Fa. Siemens) zeigt Bild 14.7. Hier wird von rechts ein Vergleichsgas VG über zwei Drosseln in das Meßsystem geleitet. Das Meßgas MG strömt in der Mitte der Figur zu. Beide Gase mischen sich im homogenen Teil eines senkrecht zur Zeichenebene stehenden kreisförmigen Magnetfeldes. Das Magnetfeld wechselt mit 8,33 Hz seine Richtung. Haben Meß- und Vergleichsgas unterschiedliche magnetische Suszeptibilitäten, dann baut sich in beiden Gasen am Rande des Magnetfelds ein unterschiedlicher Druckgradient auf, der mit einem Mikroströmungsfühler mit der doppelten Frequenz des Wechselfeldes erfaßt werden kann. Der empfindliche Mikroströmungsfühler kommt nur mit dem inerten Vergleichsgas und nicht mit dem Meßgas in Berührung. Quantitativ läßt sich der Druckgradient wieder aus Gleichung (14-1) berechnen. Dabei wird der Probekörper durch das Vergleichsgas ersetzt. Unter den gleichen Annahmen wie nach Gleichung (14-3) ergibt sich:

$$\Delta p = \frac{F}{b \cdot t} = \frac{\kappa_1 - \kappa_2}{2} \cdot B \cdot H = 10^{-2} \text{ Pa} = 0,1 \text{ µbar}.$$

Weitere Hersteller von paramagnetischen Sauerstoffmessern sind z.B. Rosemount, Maihak, Servomex.

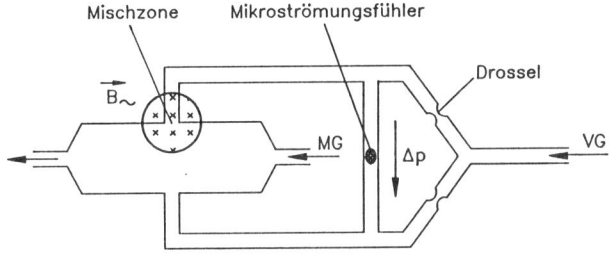

Bild 14.7: Prinzipschema des Oxymat (MG-Meßgas, VG-Vergleichsgas)

14.3.4 Elektrolytische Leitfähigkeit (Konduktometrie)

Die elektrolytische oder Ionenleitfähigkeit einer Lösung ist trotz ihrer Unselektivität eine der verbreitetsten Methoden der Flüssigkeitsanalyse. In die Ionenleitfähigkeit gehen neben den Ionenkonzentrationen auch die Ionenbeweglichkeiten ein. Insofern erhält man also eindeutige Aussagen über Ionenkonzentrationen nur in gut definierten

Lösungen, d. h. wenn im wesentlichen nur eine Ionenart zu berücksichtigen ist. Hauptsächliche Einsatzgebiete sind die Überwachung von Entsalzungsanlagen und Spülwässern sowie die Konzentrationsbestimmungen von Säuren und Laugen in verfahrenstechnischen Anlagen.

Für die Leitfähigkeitsmeßtechnik [8] gibt es eine IEC-Norm [9], in der Begriffe, festzulegende technische Angaben und deren Nachprüfung sowie einzusetzende Kalibrier- und Prüflösungen festgelegt sind. Zur Vermeidung von Fehlern, die durch Polarisationserscheinungen an den Elektrodenoberflächen auftreten und die gemessene Größe beeinflussen, werden in der Praxis drei Maßnahmen getroffen:

1. Wechselstrom mit einer Frequenz, die hoch genug ist, um Polarisationseffekte zu vermeiden.
2. Vier-Elektrodenmessungen mit getrennten stromführenden und Spannungsmeßelektroden.
3. Induktive[*] oder kapazitive Messungen durch nicht galvanische Kopplung zwischen dem elektrolytischen Leiter und dem elektrischen Meßkreis über nicht leitende Medien (Bild 14.8).

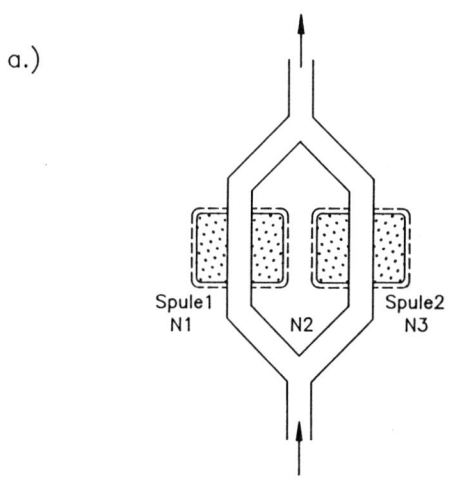

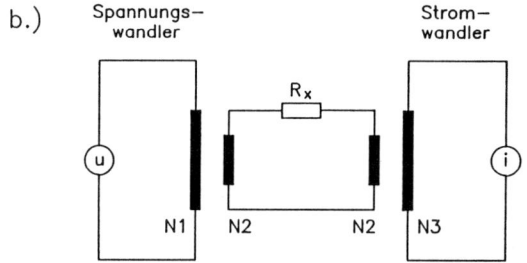

Bild 14.8:
Induktive Leitfähigkeitsmessung nach [8]
a) prinzipieller Aufbau
b) Ersatzschaltbild

[*] Hersteller: z. B. Conducta, Knick, Lang Apparatebau, WTW

14.4 Physikalisch-chemisch wirkende Sensoren

Eine wichtige Größe ist die Zellkonstante K, die durch die Geometrie der Meßzelle bestimmt ist und die für die realisierbaren Meßbereiche maßgebend ist. Sie ist definiert als das Verhältnis der elektrolytischen Leitfähigkeit κ zum elektrolytischen Leitwert G:

$$K = \kappa/G \tag{14-4}$$

Nun ist aber:

$$G = I/U \; [S] \tag{14-5}$$

und

$$\kappa = j/E \; [S/mm]. \tag{14-6}$$

Damit wird

$$K = \frac{j \cdot U}{I \cdot E} \; [m^{-1}]. \tag{14-7}$$

Für einen Leiter mit konstantem Querschnitt A und der Länge l wird z. B.

$$K = l/A. \tag{14-8}$$

Für die Flüssigkeitsanalyse bedeutend ist noch die Brechzahlmessung. Sie soll hier nicht näher behandelt werden.

14.4 Physikalisch-chemisch wirkende Sensoren

14.4.1 Halbleitersensoren

Oxydische Halbleitersensoren spielen heute eine große Rolle für den Nachweis von oxydierenden oder reduzierenden Gasen. Sie zeichnen sich vor allem durch ihren sehr einfachen Aufbau und damit durch niedrigste Preise aus. Man unterscheidet zwischen oberflächensensitiven und volumensensitiven Halbleitersensoren [10]. Die wichtigsten Materialien für oberflächensensitive Sensoren sind SnO_2 und ZnO. Werden Gase an der Oberfläche dieser Halbleiter adsorbiert, dann findet im Falle reduzierender Gase eine Elektronenanreicherung und im Falle oxydierender Gase eine Elektronenverarmung an der Oberfläche statt. Handelt es sich um einen n-Halbleiter, dann wird der Oberflächenwiderstand durch reduzierende Gase wie H_2, CO, CH_4, Kohlenwasserstoffe, Alkohole erniedrigt und durch oxydierende Gase wie O_2, NO_2, Cl_2 erhöht [19].
Den typischen Aufbau eines Halbleitersensors, hergestellt von der Firma Figaro in Japan [11] zeigt Bild 14.9. Der Sensor besteht aus einem Aluminiumoxydröhrchen, auf das der Halbleiter aufgebracht ist. Die Kontaktierung an beiden Enden geschieht über Goldelektroden. Im Innern des Röhrchens befindet sich ein Heizdraht. Eine Teilselektivierung z. B. auf CO läßt sich durch Wahl der Halbleiterstruktur, durch eine Dotierung oder die eingestellte Arbeitstemperatur erzielen. Die Sensoren eignen sich wenig für batteriebetriebene Geräte, da sie beim Wiedereinschalten nach längerer Abschaltzeit mehrere Tage bis zur endgültigen Stabilisierung benötigen. Weitere Bezugsquelle: Bernt (Hersteller General Monitors)

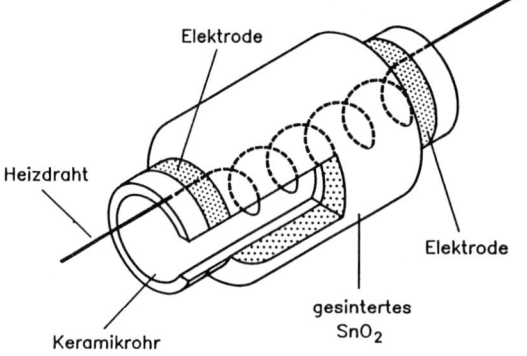

Bild 14.9:
Figaro-Halbleitersensor

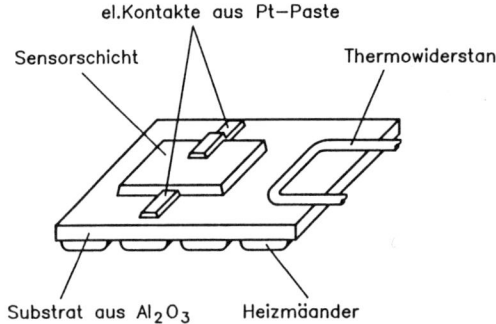

Bild 14.10:
Sensoreinheit, bestehend aus Substrat, Heizung, Dickschichtsensor und Widerstandsdraht [12]

Volumensensitive Halbleitersensoren aus Titanoxyd oder auch Barium- bzw. Strontiumtitanat verändern in Abhängigkeit vom Sauerstoffpartialdruck ihre stöchiometrische Zusammensetzung. Das O_2-abhängige Sauerstoffdefizit im Gitter bewirkt eine Leitfähigkeitsänderung, die in einer einfachen Meßanordnung erfaßt werden kann. Bild 14.10 zeigt einen an der Universität Karlsruhe entwickelten Sauerstoffsensor in Dickschichttechnik [12]. Er kann bei Temperaturen bis 1300 °C betrieben werden.

14.4.2 Elektrochemische Sensoren

Diese Gruppe von Sensoren hat eine große Bedeutung sowohl für die Flüssigkeitsanalyse als auch für die Gasanalyse. Die grundsätzliche Wirkungsweise beruht auf elektrochemischen Reaktionen, die an geeigneten Elektroden in geeigneten Elektrolyten stattfinden. Der Ort dieser Reaktion ist demnach eine Drei-Phasen-Grenze zwischen dem Meßmedium, also einem Gas oder einer Flüssigkeit, der metallischen Elektrode und dem flüssigen oder auch festen Elektrolyten. Die Elektrode ist mit dem äußeren Meßkreis verbunden; es findet eine anodische Oxidation oder eine kathodische Reduktion, also eine Abführung oder Zuführung von Elektronen statt. Diese Reaktion kann durch

14.4 Physikalisch-chemisch wirkende Sensoren

Wahl der Elektrode, des Elektrolyten und des Elektrodenpotentials mehr oder weniger stoffspezifisch eingestellt werden. Je nach äußerer Beschaltung der kompletten aus zwei oder drei Elektroden bestehenden Meßzelle hat man nun zwischen der potentiometrischen oder der amperometrischen Betriebsart zu unterscheiden. Bei der potentiometrischen Betriebsart wird hochohmig die Potentialdifferenz zwischen zwei Elektroden erfaßt, bei der amperometrischen wird in einem niederohmigen Meßkreis der durch die Zelle fließende Strom gemessen.

Potentiometrische Sensoren benötigen neben der Meßelektrode eine gleichartige Referenzelektrode mit definiertem elektrochemischem Gleichgewicht, d. h. mit fest vorgegebener Konzentration oder Aktivität elektrochemisch relevanter Komponenten. Referenzsystem, Referenzelektrode, Elektrolyt, Meßelektrode und Meßkomponente bilden also eine Konzentrationskette. Die Kettenspannung, also der Potentialunterschied zwischen Referenzelektrode (1) und Meßelektrode (2) setzt sich aus der Summe der Beiträge elektrochemischer Reaktionen in der Kette zusammen:

$$U = -\frac{1}{F} \cdot \int_1^2 \sum_i \frac{t_i}{n_i} d\mu_i \qquad (14\text{-}9)$$

mit

$$\mu_i - \mu_{i0} = R \cdot T \cdot \ln \frac{a_i}{a_{i0}} = R \cdot T \cdot \ln \frac{p_i}{p_{i0}} . \qquad (14\text{-}10)$$

μ_i – chemisches Potential
μ_{i0} – chemisches Potential bei Normbedingungen
a_i – Ionenaktivität
a_{i0} – Ionenaktivität bei Normbedingungen
p_i – Gas-Partialdruck
p_{i0} – Gas-Partialdruck bei Normbedingungen
R – Gaskonstante
F – Faraday-Konstante
n_i – Wertigkeit des Ions
t_i – Überführungszahl

Der rechte Teil der Gleichung (14-10) gilt speziell für Gasreaktionen. Setzt man im Idealfall $t_i = 1$, dann geht Gleichung (14-9) über in die bekannte Nernst-Gleichung:

$$U = -\frac{R \cdot T}{n \cdot F} \cdot \ln \frac{a_2}{a_1} = -\frac{R \cdot T}{n \cdot F} \cdot \ln \frac{p_2}{p_1} \qquad (14\text{-}11)$$

Diese zeigt eine logarithmische Abhängigkeit der Kettenspannung von der Aktivität. Nun ist aber auch der pH-Wert als Logarithmus der Wasserstoffionenaktivität definiert. Damit liefert die potentiometrische Methode eine lineare pH-Wert-Skale mit der theoretischen Steilheit:

$$k = -\frac{\Delta U}{\Delta pH} = 2{,}3036 \cdot R \cdot T/F , \qquad (14\text{-}12)$$

$k \approx 58$ mV bei $t = 20\,°C$.

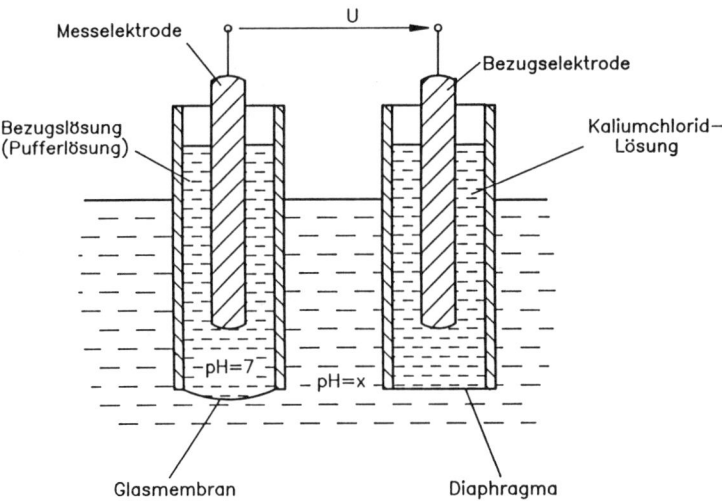

Bild 14.11: pH-Meßkette, schematisch

Bild 14.11 zeigt schematisch eine aus Meßelektrode und Bezugselektrode bestehende pH-Meßkette. Das pH-Wert-abhängige Meßpotential baut sich über einer hauchdünnen Silikat-Glasmembran, die die Meßlösung von einer im Innern der Meßelektrode befindlichen Pufferlösung mit festgelegtem pH-Wert trennt, auf. Alle anderen Potentiale der Meßkette besitzen einen konstanten, vom pH-Wert der Meßlösung unabhängigen Wert. Die Elektrolytbrücke wird durch eine über ein Diaphragma der Bezugselektrode auslaufende Kaliumchloridlösung hergestellt. Üblich sind heute auch Einstabmeßketten, bei denen Meß- und Bezugselektrode im gleichen Glasschaft untergebracht sind.
Neben pH-Elektroden mit pH-empfindlichen Glasmembranen gibt es eine Reihe von anderen sogenannten ionensensitiven Elektroden [13], die auf andere Ionen wie z. B. Na^+, Ca^{2+}, K^+, Cl^-, F^-, NH_4^+, NO_3^- empfindlich sind. Neben Glasmembranen werden hierbei auch andere Festkörpermembranen wie Kristalle oder Preßlinge aber auch mit Flüssigkeiten getränkte poröse Träger oder Gelmembranen eingesetzt. Zum Erreichen einer ausreichenden Selektivität muß in vielen Fällen die Meßlösung in geeigneter Weise z. B. durch Einstellung eines bestimmten pH-Wert-Bereiches konditioniert werden, was zu komplexer aufgebauten Sensorsystemen führt*).
Neuere Entwicklungen beschäftigen sich mit festen Ableitsystemen (Hersteller z. B. Orion) und der direkten Ankopplung der ionensensitiven Membran an die Gate-Elektrode eines Feldeffekttransistors (ionensensitiver Feldeffekttransistor = ISFET, Bild 14.12).
Verglichen mit den bisher beschriebenen Elektrodensystemen zur Erfassung von Ionenkonzentrationen in Flüssigkeiten sind potentiometrisch arbeitende Gassensoren einfacher aufgebaut. Das wichtigste Beispiel ist die Sauerstoffmessung mit Zirkondioxyd-Festelektrolyten. Polykristallines ZrO_2, dessen Gitter z. B. mit Y_2O_3 stabilisiert ist, be-

---

*) Beispiel: Sensimeter G der Firma Bran & Lübbe zur Emissionsmessung von HCl und HF

14.4 Physikalisch-chemisch wirkende Sensoren

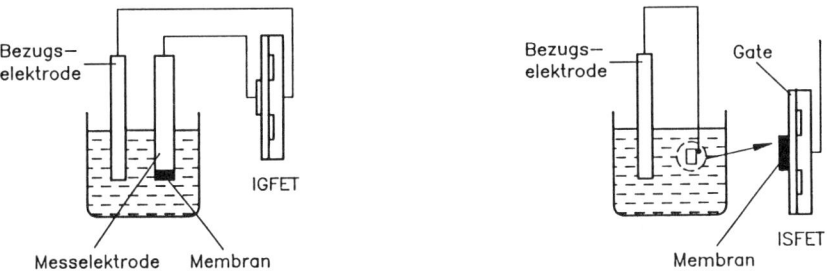

Bild 14.12: pH-Meßanordnung mit Insulated Gate Field Effect Transistor IGFET (links), Ion Selective Field Effect Transistor ISFET (rechts)

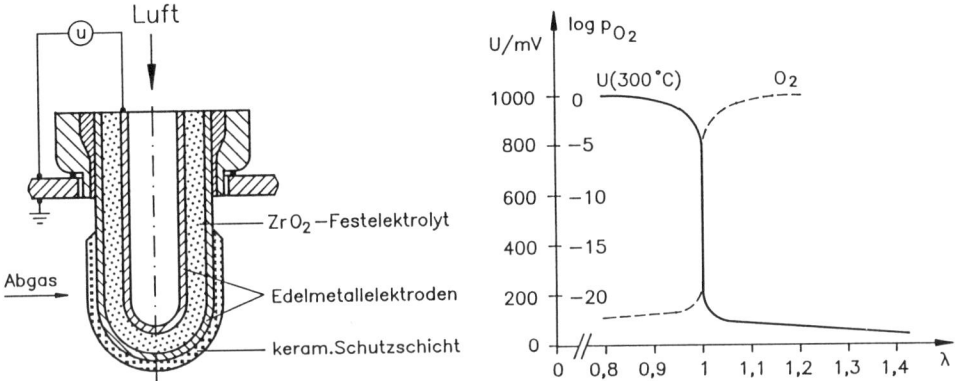

Bild 14.13: Schema einer λ-Sonde (links) und Zusammenhang zwischen Sondenspannung und Sauerstoffpartialdruck (rechts) nach [28]

sitzt bei Temperaturen oberhalb etwa 650 °C eine gute Leitfähigkeit für zweiwertige Sauerstoffionen, die sich frei im Gitter bewegen können. Der komplette Sensor besitzt zwei Platinelektroden mit dem dazwischenliegenden Festelektrolyten; die Meßelektrode ist mit dem Meßgas, die Referenzelektrode mit einem Referenzgas, i. a. Luft, in Kontakt. Weite Verbreitung hat dieser Sensor als sogenannte Lambda-Sonde für die Messung des Restsauerstoffgehaltes im Abgas gefunden (Bild 14.13). Mit Lambda wird hier das Luft zu Brennstoff-Verhältnis - normiert auf Lambda = 1 für das stöchiometrische Verhältnis - bezeichnet. Bild 14.13 zeigt den steilen Anstieg der Sauerstoffkonzentration um beinahe zwanzig Größenordnungen und den damit verbundenen Abfall der von der Lambda-Sonde abgegebenen Spannung bei Lambda = 1.

Lieferfirmen für ZrO_2-Sonden sind z. B.: ABB, Bosch, Hartmann & Braun, Servomex, Westinghouse.

Durch einen einfachen Trick läßt sich die Lambda-Sonde auch zu einem amperometrischen Sensor umwandeln. Zu diesem Zweck wird die Meßelektrode mit einem Deckel, der lediglich ein kleines Diffusionsloch besitzt, verschlossen (Bild 14.14). Legt man nun eine konstante Spannung an die Zelle, dann wirkt sie als Sauerstoffpumpe. Der durch die Öffnung eindiffundierende Sauerstoff wird an der Meßelektrode katalytisch in die Ionenform überführt und durch den Elektrolyten transportiert. Der fließende Strom

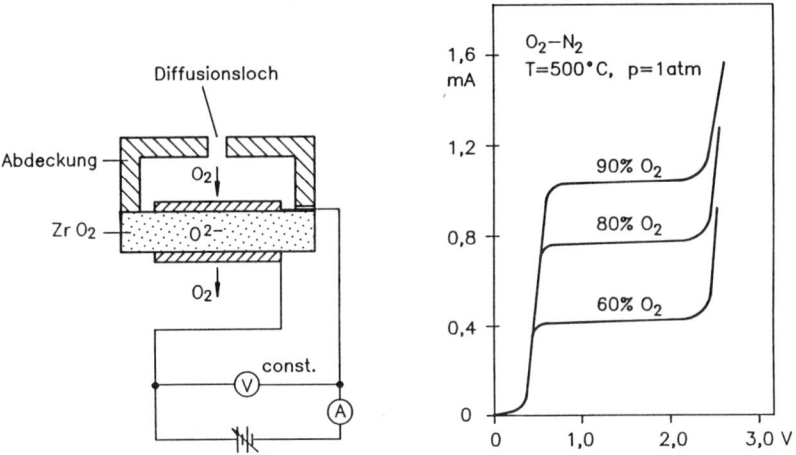

Bild 14.14: Prinzipbild (links) und Strom-Spannungscharakteristik des Fujikura-O2-Sensors (rechts)

hängt von der Sauerstoffkonzentration des Meßgases ab. Dieser einfache, von der Firma Fujikura hergestellte Sensor arbeitet bereits bei 400 °C, benötigt kein Referenzgas und ist im oberen Konzentrationsbereich, also oberhalb 80 % Sauerstoff, besonders empfindlich. Seine Kennlinie ist stark nicht-linear, was mit der fehlenden Referenz zusammenhängt. Einen linearen Ausgang erhält man, wenn man die O_2-Konzentration an der Meßelektrode auf einen konstanten Wert regelt. Hierzu wird ein zweiter integrierter Sensor mit einer Pd/ PdO-Feststoffreferenz benötigt [14]. Amperometrische Sensoren [15] werden auch zur Messung des in Wasser gelösten Sauerstoffs eingesetzt. Hier gibt es zwei prinzipiell unterschiedliche Meßanordnungen. Die erste geht auf Tödt zurück. Eine edle und eine unedle Elektrode tauchen in die Probe; an der edlen, polarisierbaren Elektrode wird der Sauerstoff kathodisch reduziert, die unedle Anode geht äquivalent in Lösung. Der fließende Strom dieser „Brennstoffzelle" ist ein Maß für die Sauerstoffkonzentration. Meist wird heute eine dritte Bezugselektrode verwendet und über einen Potentiostaten das Potential der Meßelektrode definiert eingestellt (Bild 14.15). Ähnliche Meßzellen gibt es für die Messung von gelöstem Cl_2, O_3, Zyanid und Hydrazin (Hersteller: Pennwalt, Thiedig, Wallace and Tiernan).

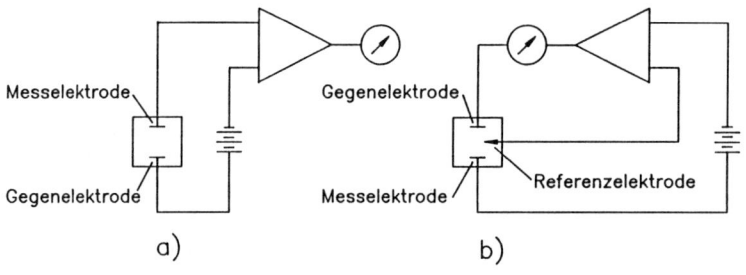

Bild 14.15: Schaltung einer amperometrischen 2-Elektroden-Meßzelle (links) und einer potentiostatischen 3-Elektroden-Meßzelle (rechts)

14.4 Physikalisch-chemisch wirkende Sensoren

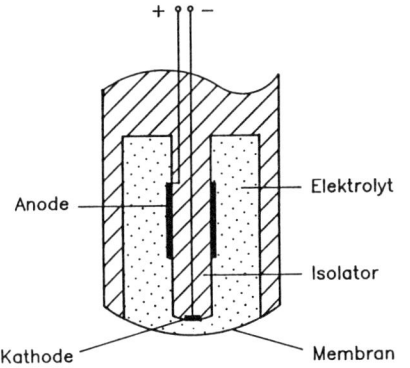

Bild 14.16:
Prinzip eines herkömmlichen Clark-Sensors

Die zweite, heute gebräuchlichere Methode, geht auf Clark zurück. Hier wird die aus Gold, Silber oder Platin bestehende Kathode mit einer geeigneten polymeren, diffusionsbegrenzenden Membran abgedeckt (Bild 14.16). Diese Membran trennt das Meßmedium von dem Elektrolyten. Die Anode besteht wieder aus einem unedleren Metall, z. B. Silber oder Blei. Clark-Zellen können mit oder ohne Polarisationsspannung oder mit einer dritten Elektrode auch potentiostatisch betrieben werden. (Hersteller u. a. Conducta, Oribisphere, Schott, WTW.)

Amperometrische Sensoren werden heute von einer Reihe von Herstellern[*)] für den Einsatz in tragbaren Handmeßgeräten oder stationären Gaswarnanlagen zur Arbeitsplatz-

Tab. 1: Gasmessung mit elektrochemischen Sensoren

Gaskomponente	Anode	Kathode	Reaktion
O_2	Pb	Au	Reduktion an Kathode
CO	Pt	C	Oxidation an Anode
H_2S	Ag	Ag	Oxidation an Anode
SO_2	Au	Pt	Oxidation an Anode
NO_2	C	Au	Reduktion an Kathode
Cl_2	Pt	Au	Oxidation an Anode
HCN	Ag	Ag	Oxidation an Anode
$COCl_2$	Ag	Ag	Oxidation an Anode

[*)] z.B.: AEG, Bayer Diagnostic & Electronic, City Technology, Dräger, GfG, Monicon (Lieferant Bernt), MST (Lieferant Sieger), ProMinent, Winter

überwachung gegen gasförmige Gefahrstoffe angeboten [16]. Ihr Aufbau entspricht dem Aufbau einer Clark-Zelle mit zwei oder drei Elektroden, einem Elektrolyten und einer die Gasdiffusion bestimmenden Membran. Statt der Membran kann auch eine Kapillare, statt des wäßrigen Elektrolyten ein organischer Gelelektroloyt verwendet werden. Die Zellen können durch Wahl des Elektrodenmaterials, des Elektrolyten, der gewählten Polarisationsspannung an der Meßelektrode und der Membran mehr oder weniger selektiv für eine bestimmte Gaskomponente eingestellt werden. Tabelle 1 zeigt eine Reihe von Gaskomponenten mit dazugehörigen Anoden- und Kathoden-Materialien sowie den an der Anode oder der Kathode stattfindenden elektrochemischen Reaktionen.

14.4.3 Ionisationsverfahren

Bei zwei Methoden der Gasanalyse werden Gasmoleküle bei Atmosphärendruck in definierter Weise ionisiert und der Ionenstrom zur Messung genutzt. Das Verfahren der Flammenionisationsmessung ist ursprünglich als Detektorverfahren für die Gaschromatographie entwickelt worden. Setzt man einer Wasserstoffflamme Spuren von Kohlenwasserstoffen zu, dann steigt die Ionisierung der darüber befindlichen Luft um Größenordnungen an. Die entstehende Ionenwolke wird in einer Ionisationskammer durch Anlegen eines elektrischen Feldes über Elektroden abgesaugt und erzeugt einen elektrischen Strom, der über viele Größenordnungen annähernd proportional dem zugeführten Massenstrom organisch gebundener Kohlenstoffatome ist. Bild 14.17 zeigt die Meßanordnung schematisch. Der Wasserstoffflamme wird außer dem Brenngas (H_2) das Probegas und über einen Ringspalt um die Brenndüse herum Luftsauerstoff zugeführt. Alle drei Gasströme müssen exakt konstant geregelt werden. Meist wird die Brenndüse selbst als eine Elektrode in der Ionisationskammer verwendet. (Hersteller z.B. Rosemount, Hartmann & Braun, J.U.M., Monitor Labs, Ratfisch, Siemens.)

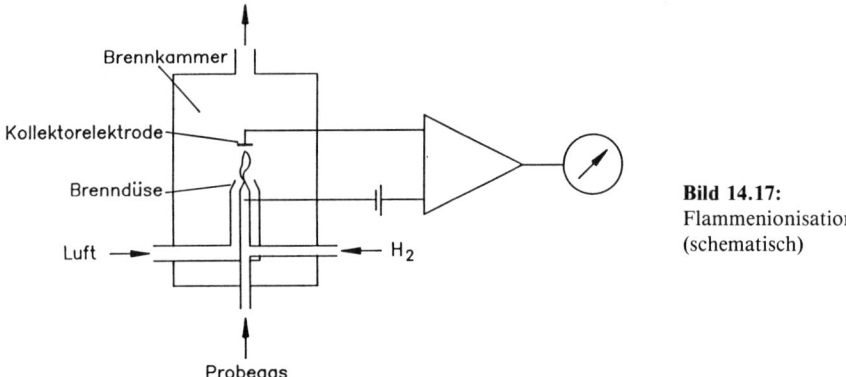

Bild 14.17: Flammenionisationsdetektor (schematisch)

14.4 Physikalisch-chemisch wirkende Sensoren

Um mehr als den Faktor 10 empfindlicher als der Flammenionisationsdetektor ist der Fotoionisationsdetektor, bei dem die Ionisierung durch eine UV-Lichtquelle erfolgt. Erfaßt werden alle Moleküle, deren Ionisationspotential abhängig von der Lampe niedriger als 9,5 eV, 10,2 eV oder 11,7 eV ist. (Hersteller: HNU, Monitor Labs)

14.4.4 Chemilumineszenz-Detektoren

Bei dem Chemilumineszenzverfahren [17], das zur Bestimmung der NO-Konzentration in Gasen eingesetzt wird, findet in einer Reaktionskammer eine Oxydation der NO-Moleküle zu NO_2 statt. Als Oxydationsmittel dient mit Ozon angereicherte Luft, die zu diesem Zweck über einen Ozonisator geleitet wird. Die NO-Moleküle befinden sich nach der Reaktion in einem angeregten Energiezustand und senden eine charakteristische Chemilumineszenzstrahlung bei 1,2 µm Wellenlänge aus. Wie Bild 14.18 zeigt, kann dieses Meßverfahren auch zur Bestimmung der Summe von NO und NO_2 benutzt werden. Für die Betriebsweise als NO_x-Analysator wird das Probegas vor der Analyse durch einen thermokatalytischen Konverter geleitet, der NO_2 zu NO reduziert. (Hersteller u. a.: Rosemount, Tecan)

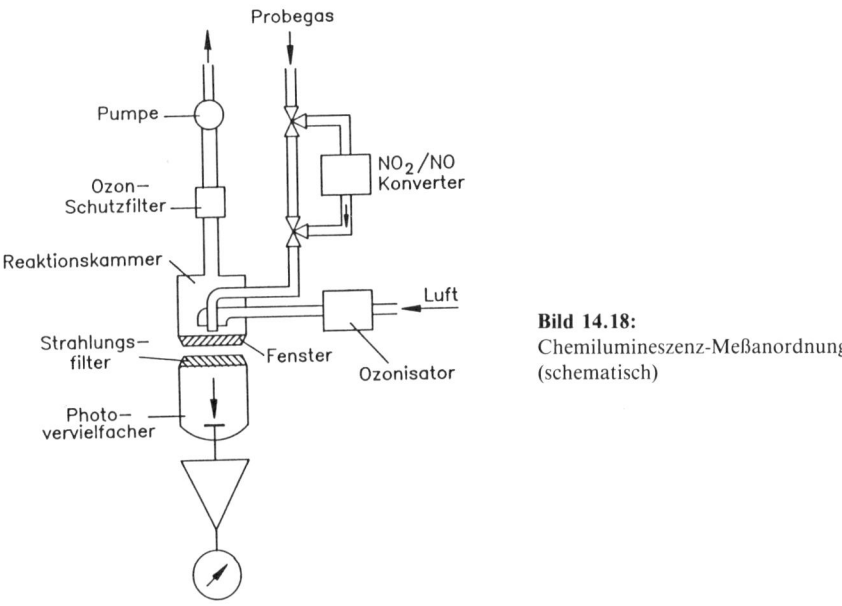

Bild 14.18: Chemilumineszenz-Meßanordnung (schematisch)

14.4.5 Katalytische Sensoren (Pellistoren)

Dem primären Explosionsschutz dienen Gaswarngeräte, die innerhalb einer vorbestimmten Zeitspanne ein Grenzsignal abgeben, wenn am Aufstellungsort die Konzentration brennbarer Gase einen vorher festgelegten Wert, z.B. 10 % der unteren Explosionsgrenze, überschreitet. Als sensitives Element in solchen Gaswarngeräten wird eine

Widerstandsmeßbrücke verwendet, in deren einem Brückenzweig sich ein auf etwa 500 °C aufgeheizter Platinwiderstand in einer Perle befindet, die außen von einem Katalysator überzogen ist. Der Vorteil des Meßverfahrens ist, daß die Kalibrierung für brennbare Gase größenordnungsmäßig übereinstimmt, weil die Wärmetönung der meisten brennbaren Gase und Dämpfe grob umgekehrt proportional ihrer unteren Zündgrenze ist. Nachteilig ist die Vergiftung des Katalysators durch Verunreinigungen wie Blei, Silizium oder organische Phosphate.

14.5 Optisch wirkende Sensoren

Grundlage optisch wirkender Sensoren ist die direkte Wechselwirkung elektromagnetischer Strahlung mit den nachzuweisenden Molekülen mit dem Ergebnis einer Strahlungsabsorption. Der physikalische Hintergrund der Wechselwirkung hängt von dem benutzten Wellenlängenbereich ab. Im UV- und im kurzwelligen sichtbaren Bereich liegen die Elektronenspektren der Moleküle, die absorbierte Energie wird zur Anregung der Elektronenhülle benutzt. Im IR liegen die Rotationsschwingungsspektren der Moleküle; die absorbierte Energie dient der Anregung innermolekularer Schwingungen. Für die Flüssigkeitsanalyse wird speziell der nahe IR-Bereich verwendet, in dem die Oberschwingungen der Moleküle angeregt werden.

Der einfachste optisch wirkende Sensor besteht aus einer Strahlenquelle, einer Selektivierungseinrichtung, z. B. einem optischen Filter, einer von dem Meßmedium durchströmten Meßküvette, einem Strahlungsempfänger und einer elektronischen Signalverarbeitung (Bild 14.19). Die Absorption A in der Meßküvette folgt dem Lambert-Beerschen Absorptionsgesetz:

$$I_2 = I_1 \cdot \exp(-\varepsilon \cdot c \cdot l) , \qquad (14\text{-}13)$$

$$A = \frac{I_1 - I_2}{I_1} = 1 - \exp(-\varepsilon \cdot c \cdot l) . \qquad (14\text{-}14)$$

c = Konzentration der Meßkomponente
ε = Extinktionskoeffizient (wellenlängenabhängig)

Die Absorption A ist also exponentiell von der Konzentration c der Meßkomponente abhängig.

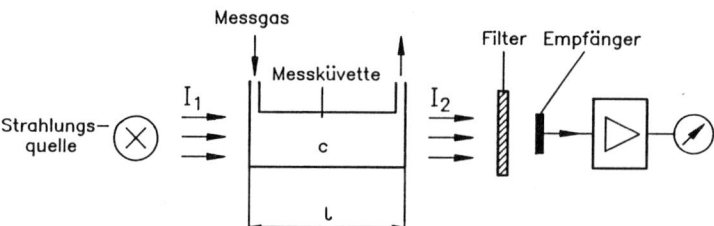

Bild 14.19: Einfachster Sensor zur photometrischen Absorptionsmessung

14.5 Optisch wirkende Sensoren

Diese Nichtlinearität führt dazu, daß die Küvettenlänge dem jeweiligen Konzentrationsmeßbereich angepaßt werden muß. Zum anderen läßt sich nur ein Bruchteil der absorbierbaren Strahlungsenergie für die Messung nutzen, so daß bereits kleine Änderungen der gesamten Strahlungsenergie zu Nullpunktsverschiebungen führen. Zur Vermeidung dieser Driften wird daher entweder ein zweiter Strahlengang mit einem Referenzmedium oder die getrennte Erfassung der Absorption bei einer Meß- und einer Referenzstrahlung angewendet.

Zur Sensiblilisierung eines optisch wirkenden Sensors auf eine ausgewählte Meßkomponente gibt es verschiedene Möglichkeiten [18]. Bei Verwendung von spektral breitbandigen Strahlungsquellen geschieht die Sensibilisierung oder Selektivierung entweder mit einer Einrichtung zur spektralen Zerlegung der Strahlung, wie z.B. einem optischen Gitter oder einem Interferenzfilter. Dieses Selektivierungsverfahren nennt man dispersiv. Im Gegensatz hierzu geschieht die Selektivierung bei den nicht-dispersiven Verfahren dadurch, daß man die Meßkomponente selbst in geeigneter Form im Meßgerät speichert und beim Meßvorgang das Absorptionsspektrum des unbekannten Gases mit dem Spektrum des Selektivierungsgases vergleicht. Schließlich besteht auch die Möglichkeit, eine spektral reine Strahlungsquelle wie z.B. einen Laser zu verwenden.

14.5.1 Nicht-dispersive Verfahren

Das in der Gasmeßtechnik verbreitetste Verfahren ist das NDIR-Verfahren, das, wie der Name sagt, im infraroten Spektralbereich arbeitet. Bild 14.20 zeigt ein Zweistrahlfotometer mit Meß- und Vergleichsküvette (Referenzmedium). Die Meßkomponente ist im Gasdetektor gespeichert und sorgt für Selektivität. Der Gasdetektor besteht aus mindestens zwei Kammern (in Bild 14.20 nicht gezeigt), die mit infrarotdurchlässigen Fenstern zum Strahldurchtritt abgeschlossen sind. Die Strahlung wird nur in den Absorp-

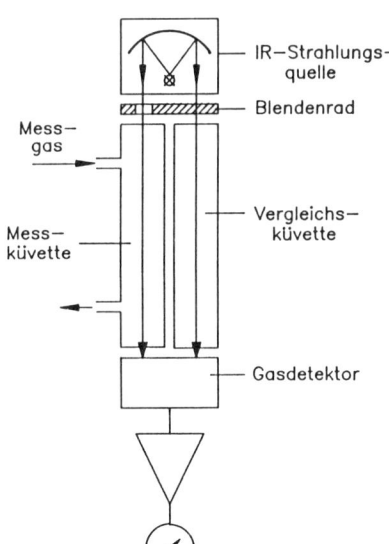

Bild 14.20:
NDIR-Meßanordnung,
(schematisch)

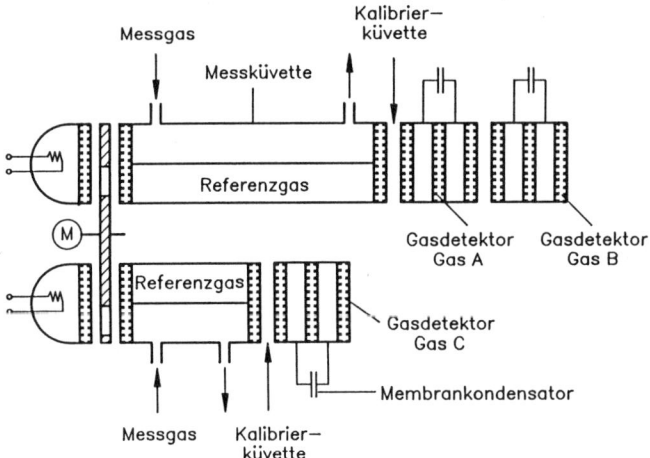

Bild 14.21: Schema des URAS 10 zur simultanen Erfassung von 3 Meßkomponenten A, B und C. (Zur Vereinfachung ist die Kalibrierküvette nicht zeichnerisch dargestellt.)

tionsbanden des eingeschlossenen Gases, also bei selektierten Wellenlängen, absorbiert und führt wegen der Modulation der Strahlung zur periodischen Erwärmung der jeweiligen Empfängerkammer. Auf diese Weise entstehen Druckpulsationen in den Empfängerkammern, die durch die Vorabsorption entsprechend der Konzentration der Meßkomponente in der Meßküvette beeinflußt werden. Die Erfassung der Druckpulsation erfolgt bei Geräten nach dem URAS-[1] und UNOR-[2] Prinzip durch einen Membrankondensator, bei Geräten nach dem ULTRAMAT-[3] und BINOS-[4] Prinzip durch einen Mikroströmungsdetektor, der die Druckausgleichsströmung zwischen je zwei Empfängerkammern erfaßt. Es können auch je zwei Empfängerkammern in beiden Strahlengängen hintereinander angeordnet und durch Fenster voneinander getrennt werden. Wegen der Nichtlinearität des Lambert-Beer-Gesetzes ist die Strahlung in den vorderen und hinteren Kammern spektral unterschiedlich. In der hinteren Kammer wird eine Referenzstrahlung erfaßt, was zu einer Selektivitätssteigerung führt. Ebenfalls können mit verschiedenen Gasen gefüllte Empfänger im Strahlengang hintereinander geschaltet werden, aber auch zwei komplette Zweistrahlfotometer parallel unter Benutzung nur einer Blendenradscheibe zur Modulation der Strahlung aufgebaut werden. Bild 14.21 zeigt als Beispiel den URAS 10 in einer Konfiguration zur simultanen Erfassung von drei Gaskomponenten schematisch. Dieses Gerät kann auch mit einer einschiebbaren, gasgefüllten Kalibrierküvette versehen werden, die eine Nachkalibrierung ohne Einsatz von Prüfgasen gestattet.

[1] Hartmann u. Braun
[2] Maihak
[3] Siemens
[4] Rosemount

14.5 Optisch wirkende Sensoren

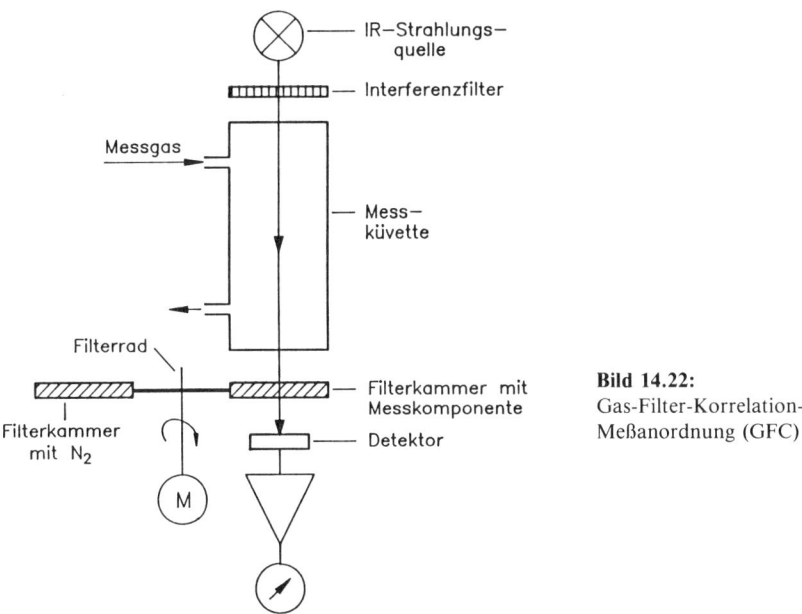

Bild 14.22:
Gas-Filter-Korrelation-
Meßanordnung (GFC)

Bei einem alternativen NDIR-Verfahren (Bild 14.22) wird ein Filterrad mit zwei unterschiedlichen Gasfilterkammern verwendet. Eine Filterkammer ist zur Selektivierung mit der Meßkomponente gefüllt. Schichtdicke und Konzentrationen werden so gewählt, daß alle von der Meßkomponente absorbierbaren Wellenlängen herausgefiltert werden. Übrig bleibt die Referenzstrahlung. Diese Gas-Filter-Korrelation GFC wird z. B. zur HCl-Messung bei den „Spektran"-Geräten der Firma Bodenseewerk Perkin-Elmer angewendet.

14.5.2 Dispersive Verfahren

Bei Verwendung von zwei auf einer Filterradscheibe befestigten Interferenzfiltern (Meß- und Referenzfilter) in einer Meßanordnung identisch mit Bild 14.22 ergibt sich ein besonders einfacher Sensoraufbau. Allerdings ist die Selektivität schlechter als bei den vorher behandelten NDIR-Geräten. Als Detektor werden pyroelektrische Detektoren eingesetzt. Die Fa. Heimann bietet neuerdings solche Detektoren mit bereits eingebauten Interferenzfiltern zur Erfassung der Gase CO, CO_2, NO und C_nH_m an. Der komplette Baustein umfaßt das Filter, den Sensor (Lithium-Tantalat) und einen FET-Vorverstärker. Kombiniert man zwei solcher Detektoren mit einem Strahlteiler und einem gepulsten Glühstrahler, dann läßt sich ein sehr kompakter IR-Gassensor aufbauen (Bild 14.23, Fa. Dräger). Eine Alternative hierzu wurde von der Fa. Sanyo vorgestellt. Hier ist das pyroelektrische Element mit einem miniaturisierten, mechanisch angetriebenen Modulator kombiniert. Eine fotoakustische Zelle, verbunden mit einem Mikrofon, benutzt der fotoakustische CO_2-Gasanalysator der Fa. Aritron (Bild 14.24). Der Sensor besteht aus einem gepulsten Glühstrahler, einem Interferenzfilter, der fotoakustischen

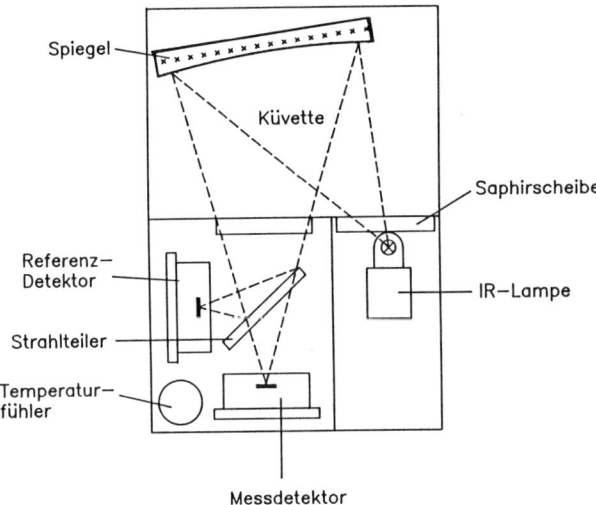

Bild 14.23: Schematische Darstellung des infrarot-optischen Gassensors von Dräger

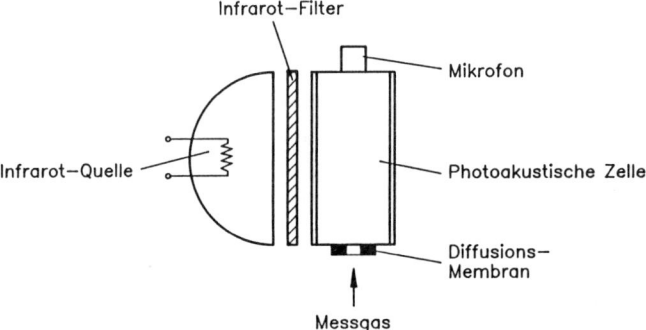

Bild 14.24: Fotoakustischer CO_2-Gasanalysator, (schematisch, Hersteller Aritron)

Absorptionszelle, in die das Meßgas über eine Membran eindiffundieren kann, und einem Elektret-Mikrofon. Die Modulationsfrequenz beträgt 6,25 Hz bei einem Modulationsgrad von 50 %.

Das Mikrophon erhält nur dann ein konzentrationsabhängiges akustisches Signal, wenn die Meßkomponente im Meßgas enthalten ist. Da am Nullpunkt kein Signal vorhanden ist, also auch keine Nullpunktdrift auftreten kann, erübrigt sich ein Referenzstrahl.

Eine bessere spektrale Auflösung und damit eine bessere Selektivität als Interferenzfilter liefern Polychromatoren, die mit holographisch erzeugten Konkavgittern und Detektorzeilen (Diodenarrays) ausgerüstet sind. Die holographische Erzeugung eines Gitters geschieht ohne mechanischen Bearbeitungsvorgang durch die Überlagerung zweier kohärenter Kugelwellen auf dem Gitterträger, der mit einem Fotolack beschichtet wurde. Solche Gitterträger können eben, sphärisch oder asphärisch sein. Detektorzeilen

14.5 Optisch wirkende Sensoren

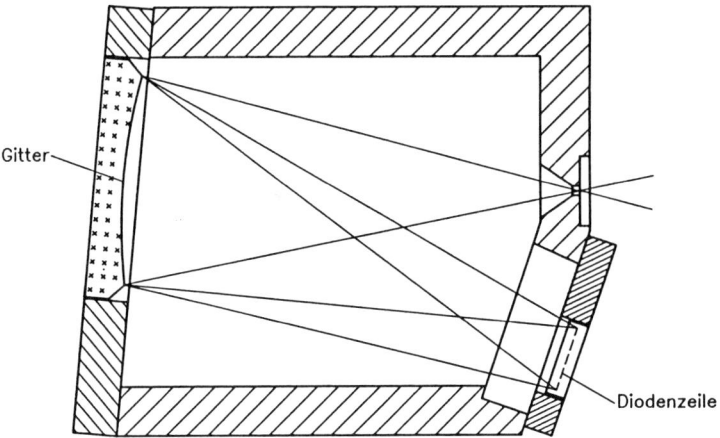

Bild 14.25: Polychromator mit holographischem Gitter und Diodenzeile (Fa. Zeiss), schematisch

(Arrays) werden für den gesamten Spektralbereich von UV bis ins mittlere IR angeboten. Ihrer breiten Anwendung stehen allerdings meist hohe Preise entgegen. Für den UV- und VIS-Bereich gibt es selbstabtastende Diodenzeilen aus Silizium. Im IR-Bereich werden Arrays aus PbS, PbSe, InSb oder HgCdTe und pyroelektrische Arrays aus $LiTaO_3$ angeboten. Bild 14.25 zeigt einen kompakt gebauten Polychromator der Fa. Zeiss mit konkavem holographischen Gitter und Diodenzeile. Die Ankopplung an die Absorptionsmeßeinrichtung geschieht über eine optische Faser.

Eine weitere Möglichkeit zum Aufbau abstimmbarer hochauflösender Filter sind Fabry-Perot-Resonatoren. Burleigh stellt solche Fabry-Perot-Elemente mit Piezoantrieb kommerziell her. In der Zukunft werden auch Fabry-Perots auf Basis von $LiNbO_3$ in Form intergriert optischer Resonatoren eine Rolle spielen. Schließlich sind auch in Silizium-Mikromechanik hergestellte Fabry-Perot-Resonatoren vorgestellt worden (Fa. IC-Sensors).

14.5.3 Laser, Faseroptik

Laser besitzen eine spektrale Bandbreite ($\approx 10^{-5}$ cm^{-1}), die um Größenordnungen geringer als die Linienbreite der Molekülspektren ist, und eignen sich deshalb als selektive Strahlungsquellen für optisch wirkende Sensoren. Diodenlaser bieten gegenüber Gaslasern (z.B. He-Ne-Lasern) Vorteile, wie kleine Abmessungen, geringes Gewicht, niedrige Versorgungsspannung sowie direkte Modulierbarkeit über den Versorgungsstrom. Für den Wellenlängenbereich von 0,8 - 1,5 µm sind inzwischen zahlreiche Diodenlasertypen verfügbar, die häufig einen internen thermoelektrischen Kühler besitzen.

Für den längerwelligen Spektralbereich (3 - 30 µm) kommen abstimmbare Bleisalzdiodenlaser zum Einsatz, die von wenigen Herstellern kommerziell angeboten werden [20]. Infolge ihrer vergleichsweise niedrigen Arbeitstemperatur (15 - 80 K) benötigen sie relativ aufwendige Kryostaten. Neuere Entwicklungen lassen allerdings auch hier für die Zukunft höhere Arbeitstemperaturen und damit den Einsatz thermoelektrischer Kühler erwarten.

Trotz der vorteilhaften Eigenschaften der Diodenlaser haben sich Laserfotometer bisher in der industriellen Meßtechnik wegen ihrer höheren Preise nicht durchgesetzt.

In der Herstellung dämpfungsarmer Glasfasern brachten die letzten Jahre große Fortschritte. So verfügt man heute in der Nachrichtentechnik (0,8 - 1,5 µm) über faseroptische Materialien mit Dämpfungswerten 1 dB/km und weniger. Untersuchungen an IR-Glasfasern für Wellenlängen um 10 µm befinden sich noch im Forschungsstadium; man hat jedoch auch hier schon Dämpfungswerte von < 1 dB/km realisiert.

Lichtleitfasern lassen sich zum Aufbau von optisch wirkenden Sensoren verwenden. Man unterscheidet zwischen extrinsischer und intrinsischer Wirkungsweise, je nachdem ob die Faser lediglich zum Zu- und Abführen des Lichtes dient oder durch Aufbringen von Reagenzien selbst am optischen Effekt beteiligt ist. Ein Beispiel für einen extrinsischen Sensor ist der Fluorosensor der Fa. Ingold [21] (Bild 14.26). Mit ihm wird die Konzentration der aktiven und damit lebenden Biomasse im Fermenter erfaßt. Durch den sterilisierbaren Sondenkopf fällt UV-Strahlung (360 nm) über einen Lichtleiter in den Reaktor. Die Fluoreszenzstrahlung wird von den in allen Zellen enthaltenen NADH-Molekülen emittiert, von der Lichtwellenleiteroptik des Sensors aufgenommen und einem Detektor zugeführt.

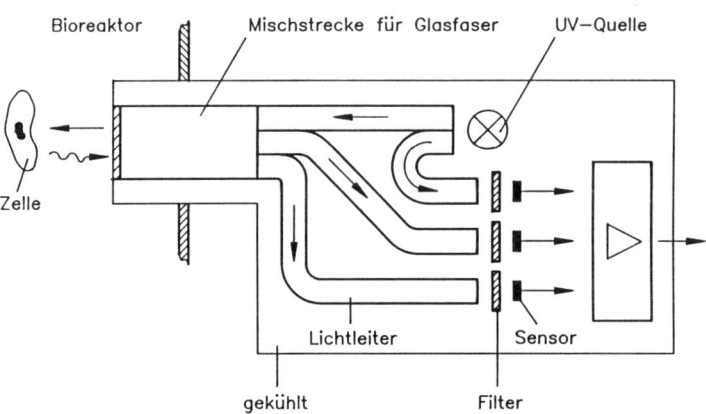

Bild 14.26: Fluoreszenzsensor nach [21]

Die Wirkungsweise von intrinsischen faseroptischen Sensoren ist in Bild 14.27 schematisch dargestellt. Das für den Nachweis einer chemischen Substanz erforderliche Reagenz ist entweder am Ende der Faser (a und b) oder am Umfang der Faser (c) immobilisiert. Der Meßeffekt besteht entweder in einer Absorptionsänderung; dann wird die Anordnung a oder b mit einem Spiegel als Abschluß benutzt. Er kann aber auch in einer Änderung des Reflexionsvermögens oder in einer Fluoreszenz bestehen. In der Anordnung c wird die Beeinflussung der evaneszenten Welle bei der Totalreflexion durch das Reagenz erfaßt.

Es gibt eine große Zahl von wissenschaftlichen Arbeiten über faseroptische Sensoren [22, 23]. In der betrieblichen Praxis haben sie sich bisher kaum durchgesetzt.

14.6 Analysenverfahren

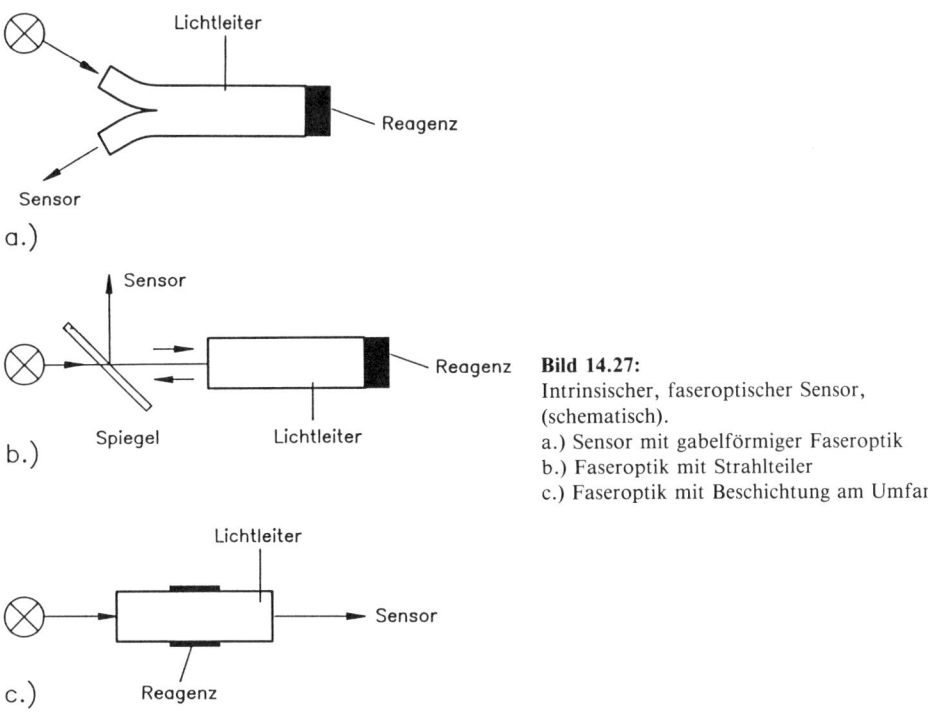

Bild 14.27:
Intrinsischer, faseroptischer Sensor, (schematisch).
a.) Sensor mit gabelförmiger Faseroptik
b.) Faseroptik mit Strahlteiler
c.) Faseroptik mit Beschichtung am Umfang

14.6 Analysenverfahren

Bei der Behandlung der einzelnen Sensorverfahren ist deutlich geworden, daß die Selektivität eines Sensors entscheidenden Einfluß auf seine Einsetzbarkeit für bestimmte Applikationen hat. Nun gibt es auf der anderen Seite aber Analysenverfahren, bei denen die Selektivität auf andere Weise erreicht wird und die demzufolge mit ganz unspezifisch arbeitenden Sensoren auskommen. Der Detektion wird also ein eigener Verfahrensschritt vorausgeschickt. Dieser Verfahrensschritt ist bei den chromatographischen Verfahren eine physikalische Auftrennung des Stoffgemisches in einzelne Komponenten, bei der Fließinjektionsanalyse eine chemische Vorreaktion mit einem Reagenz, bei den Biosensoren eine biochemische Reaktion und bei Multisensorsystemen die mathematische Verarbeitung der Sensorsignale durch Mustererkennungsalgorithmen.

14.6.1 Chromatographie

Kennzeichen der chromatographischen Methode ist das Auftrennen einer Probe in ihre Einzelbestandteile und anschließendes Detektieren der Einzelbestandteile mit einem unspezifischen Detektor. Dazu wird eine genau abgemessene Probe in einen konstant fließenden Trägerstrom kontinuierlich eindosiert und mit dem Träger durch eine Trennsäule geleitet. An der Oberfläche der in der Säule befindlichen stationären festen oder flüssigen Hilfsphase stellt sich ein von der jeweiligen Komponente abhängiges Verteilungs-

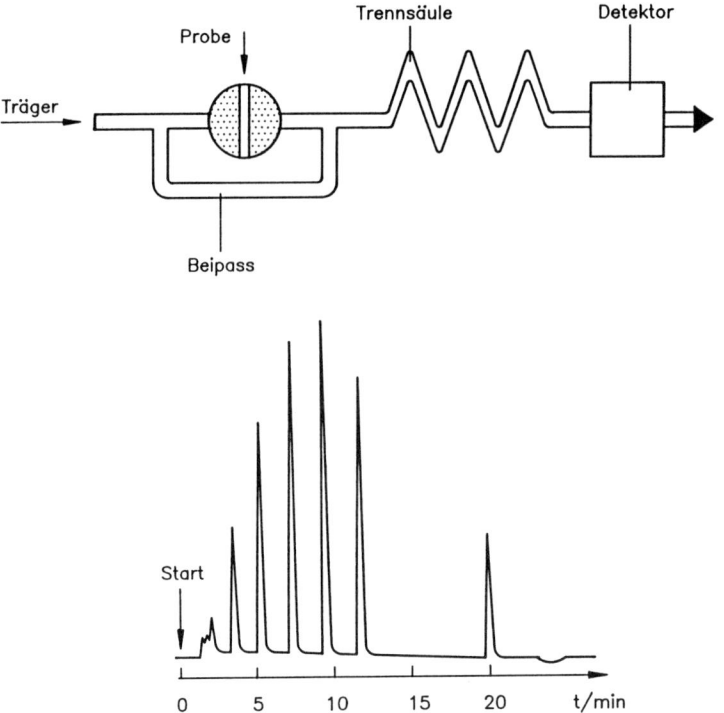

Bild 14.28: Chromatographisches Prinzip (oben) und Chromatogramm (unten)

gleichgewicht zwischen der mobilen Trägerphase und der stationären Phase ein, das im Endeffekt dazu führt, daß am Ausgang der Säule die verschiedenen Komponenten zu verschiedenen „Retentionszeiten" eintreffen. Mobile Phase und Probe sind bei der Gaschromatographie ein Gas, bei der Flüssigkeitschromatographie und als Spezialfall der Ionenchromatographie eine Flüssigkeit. Bild 14.28 zeigt grob schematisch das chromatographische Prinzip und darunter als Beispiel ein Chromatogramm. Das Chromatogramm zeigt einzelne Piks; die Lage der Piks im Chromatogramm ist charakteristisch für eine bestimmte Komponente; die Pikhöhe oder -fläche ist ein Maß für die Konzentration der Komponente. Die Zykluszeit eines Chromatogramms beträgt je nach Anwendung mehrere Minuten bis zu einer Stunde. Die Drücke am Eingang der Säule betragen bei der Gaschromatographie einige bar, bei der Flüssigkeitschromatographie bis zu einigen hundert bar. Die inneren Durchmesser der Trennsäulen betragen bei gepackten Säulen einige Millimeter, bei Kapillarsäulen einige Zehntelmillimeter. Als Detektoren werden verwendet:
- für die Gaschromatographie: Wärmeleitfähigkeitssensoren und Flammenionisationsdetektoren
- für die Flüssigkeitschromatographie: UV-Absorptions- oder Fluoreszensfotometer oder Brechungsindexdetektoren
- für die Ionenchromatographie: elektrolytische Leitfähigkeitsdetektoren oder amperometrische Sensoren.

14.6 Analysenverfahren

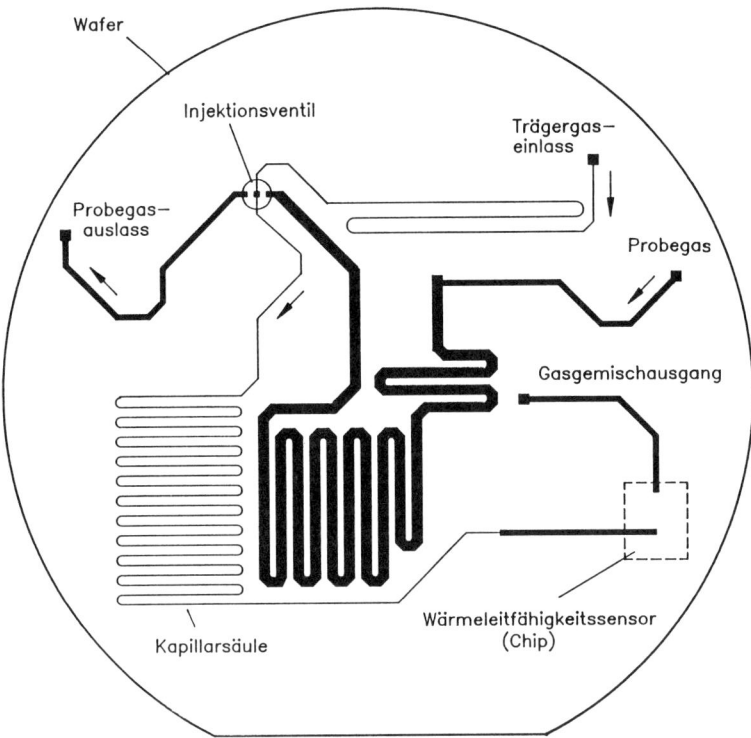

Bild 14.29: Gaschromatograph auf Si-Wafer [25]

Dabei wurden nur die am häufigsten verwendeten Sensoren angesprochen. Es ist auch schon gelungen, einen kompletten Gaschromatographen auf einen Si-Wafer (Bild 14.29) durch mikromechanisches Ätzen herzustellen [25]. Mit dieser Technologie wurden Zykluszeiten unter einer Minute erreicht.

14.6.2 Fließinjektionsanalyse (FIA)

Kennzeichen der Fließinjektionsanalyse [24] ist die chemische Reaktion der Probe mit einem geeigneten Reagenz. Hierzu wird wiederum eine genau dosierte Probe diskontinuierlich (1 - 2/min) in ein konstant gefördertes Reagenz eingegeben und mit dem Reagenz zusammen über eine Reaktionsstrecke einem Detektor zugeführt, der nicht unbedingt selektiv arbeiten muß. Das Reagenz reagiert mit der Probe und verteilt sich durch Diffusion in der Trägerflüssigkeit. Als Ergebnis zeigt der Detektor einen einzelnen Pik (Bild 14.30), dessen Höhe ein Maß für die Konzentration ist. Vorteil der Fließinjektionsanalyse ist, daß sie den Nullwert automatisch mitliefert und bei exakter Einhaltung der Parameter einen genauen Wert auch dann liefert, wenn die Reaktion noch nicht abgeschlossen, das chemische Gleichgewicht also noch nicht eingestellt ist. Man darf erwarten, daß diese Methode wegen ihrer Einfachheit in der Zukunft eine große Bedeu-

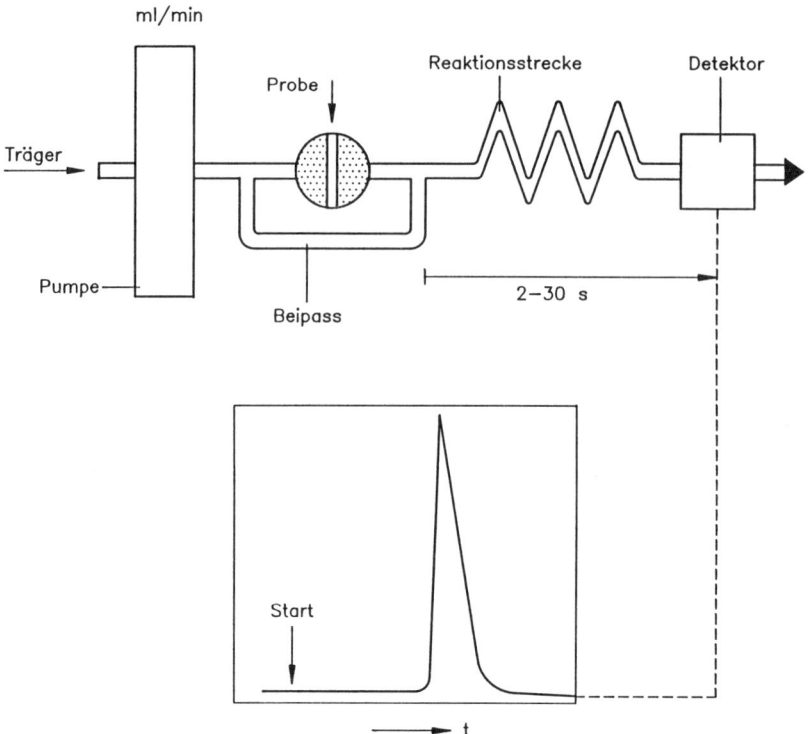

Bild 14.30: Fließ-Injektions-Analysenmeßanordnung, schematisch [24], darunter Ausgangssignal

tung auch für die Prozeßanalytik erreichen wird. Auch hier gibt es Ansätze, Fließinjektionsbausteine mit den Methoden der Mikromechanik in integrierter Bauweise herzustellen.

14.6.3 Biosensoren

Unter Biosensoren versteht man chemische Sensoren, die zur Detektion von biochemischen Reaktionen eingesetzt werden. Sie zeichnen sich dadurch aus, daß sie sehr spezifisch auf biologisch relevante Substanzen, wie bei der Fermentation eingesetzte Substrate oder durch die Fermentation gewonnene Produkte ansprechen. Ihr Einsatzgebiet liegt in der Bioverfahrenstechnik, der Lebensmitteltechnik und der Umweltkontrolle. Die Selektivität wird dadurch erreicht, daß im Biosensor Biokomponenten wie z. B. Enzyme eingesetzt werden [26]. Enzyme sind katalytisch wirkende Eiweißstoffe, die sehr spezifisch die Kinetik biochemischer Reaktionen beeinflussen. Die Enzyme werden in dem Sensorsystem immobilisiert; ihre Wirksamkeit ist zeitlich auf wenige Tage bis wenige Wochen begrenzt. Als Sensoren kommen Clark-Zellen, Fluoreszenzsensoren, ionenspezifische Elektroden und thermometrische Sensoren in Frage. Die Ansprechzeit liegt normalerweise zwischen einer und zehn Minuten. Auf dem Markt befindlich ist zum Beispiel ein Glukoseanalysator der Fa. YSI (Yellow Springs), bei dem das Enzym Glukose-

Oxydase in einer Membran immobilisiert ist. Das Enzym bewirkt eine Oxydation der Glukose, wobei H_2O_2 entsteht, das an einer Platinanode unter Stromabgabe oxydiert wird.

14.6.4 Multisensorsystem

Ein in der Zukunft an Bedeutung zunehmender Trend ist der Einsatz von Multisensorsystemen, auch Sensor-Array genannt. Zur Erfassung von n unterschiedlichen Stoffkomponenten werden hierbei m unterschiedliche Sensoren eingesetzt, wobei m größer oder zumindest gleich n sein muß. Jeder Sensor muß nicht selektiv auf eine der n Komponenten ansprechen, sondern er sollte auf möglichst viele Komponenten mit unterschiedlicher Empfindlichkeit reagieren [27]. Es läßt sich leicht zeigen, daß dann mit Hilfe der mathematischen Methoden der Chemometrie eine Aussage über die Konzentration der einzelnen Komponenten gewonnen werden kann. Voraussetzung ist natürlich, daß das Empfindlichkeitsmuster jedes einzelnen Sensors sich bezogen auf jede einzelne Komponente zeitlich nicht verändert. Ein solches Multisensorsystem arbeitet äquivalent wie ein spektroskopischer Apparat, der Signale für m verschiedene Wellenlängen eines Spektrums ausgibt. Analysiert man mit einem solchen Spektrometer n Komponenten eines Gemisches mit stark überlappenden Spektren, dann läßt sich eine genaue Analyse mit den gleichen mathematischen Methoden durchführen. Eine bekannte Anwendung ist die Analyse von NIR-Spektren von Lebensmitteln. Multisensorsysteme können darüber hinaus adaptiv betrieben werden, d. h., sie können in einer Lernphase durch Anbieten von bekannten Gemischen aus den n Komponenten parametriert werden.

Literaturhinweise

[1] T. Hirschfeld, J. B. Callis, B. R. Kowalski. Science 226 (1984) S. 312 - 318
[2] J. Haggin, C & EN 4 (1984) S. 7 - 13
[3] B. Hulley, Measurement + Control 21 (1988) S. 44 - 47
[4] W. Göpel. Technisches Messen tm 52 (1985) 3, S. 47 - 58, 4, S. 92 - 105, 5, S. 175 - 182
[5] Umweltbundesamt Berichte 1/86 „Luftreinhaltung - Leitfaden zur kontinuierlichen Emissionsüberwachung". Erich Schmidt Verlag, Berlin 1986
[6] A. Venema, M. J. Vellekoop, E. Nieuwkoop, J. C. Haartsen, M. S. Nieuwenhuizen, A. J. Nederlof, A. W. Barendsz. Transducers '87. Institut of Electrical Engineers of Japan, Tokio 1987
[7] D. S. Ballantine, jr., H. Wohltjen. Analyt. Chem. 61 (1989) S. 704 A - 715 A
[8] K. Rommel, AMA-Seminar „Chemische und Biochemische Sensoren", S. 175 - 189, ACS Organisations GmbH, Wunstorf 1987
[9] DIN/IEC 746, Teil 3, Januar 1988, Beuth Verlag, Berlin
[10] H. D. Wiemhöfer, AMA-Seminar „Chemische und Biochemische Sensoren". S. 23 - 42. ACS Organisations GmbH, Wunstorf 1987
[11] J. Watson, R. A. Yates, Electronic Engineering, S. 47 - 57 (May 1985)
[12] K. H. Härdtl, A. Müller, AMA-Seminar „Chemische und Biochemische Sensoren", S. 129 - 143, ACS Organisations GmbH, Wunstorf 1987
[13] F. Oehme, ibid. S. 209 - 230
[14] G. Velasco, D. Pribat. Proc. 2nd. Int. Meeting on Chemical Sensors. Bordeaux (1986) S. 79 - 94
[15] P. Kairies. AMA-Seminar „Chemische und Biochemische Sensoren". S. 191 - 207. ACS Organisations GmbH, Wunstorf 1987
[16] Chemische und Biochemische Sensoren, Marktübersicht Infratest Industria, München
[17] A. Fontijn, A. J. Sabadell, R. J. Ronco. Analyt. Chem. 42, (1970) S. 575 - 580
[18] W. Schaefer, M. Zöchbauer. Technisches Messen tm 52 (1985) S. 233 - 241

[19] H.-P. Hübner, E. Obermeier. Technisches Messen tm 52 (1985) S. 59 - 66
[20] H. Preier. Appl. Phys. 20 (1979), S. 189 - 206
[21] K.-D. Anders, W. Müller, Th. Scheper. g. w. f. Wasser, Abwasser 130 (1989) S. 15 - 20
[22] W. R. Seitz, Analyt. Chem. 56 (1984) S. 16 A - 34 A
[23] A. J. Guthrie, R. Narayanaswamy, D. A. Russel. Trans. Inst. M. C. 9 (1987) S. 71 - 80
(24) J. Ruzicka. Analyt. Chem. 55 (1983) 1040 A
[25] S. C. Terry, J. H. Jerman, J. B. Angell. IEEE Trans. on Electron Devices 26 (1979) S. 1880 - 1886
[26] H.-L. Schmidt, R. Kittsteiner-Eberle. Naturwissenschaften 73 (1986) s. 314 - 321
[27] R. Müller. NTG Fachberichte 93, S. 116 - 121, Bad Nauheim 1986
[28] F. J. Rohr in Elektrochemische Energietechnik, Herausgeber BMFT 1981, S. 299 - 319

15 CCD-Sensoren

15.1 Grundlagen

In Abschnitt 5 wurden die weitreichenden Einsatzmöglichkeiten von singulären Photosensoren bzw. Flächendioden (PSD) dargestellt. Bereits mit diesen einfachen Einheiten können einige komplexere Probleme gelöst werden. Für die meisten weiterreichenden Aufgaben reicht auch eine Mehrfachanordnung solcher Sensoren nicht mehr aus. In diesen Fällen kommen CCD-Zeilen- und Flächensensoren z.B. in Kameras zum Einsatz. Ein einzelnes Sensorelement wird als Pixel (picture element) bezeichnet.

Für den Einsatz in der rauhen Umgebung von Automatisierungsanlagen sind die herkömmlichen Röhrenkameras (Vidikon u.a.) ungeeignet. Wegen der gravierenden Vorteile der Halbleitersensoren (CCD-Sensoren) werden heute ausschließlich diese für Automatisierungszwecke eingesetzt. Die wesentlichen Vorteile gegenüber Röhrenkameras sind:
- Robustheit (Vibration, Temperatur, äußere Magnetfelder, ...)
- Wartungsfreiheit
- hohe Lebensdauer (Röhren: ca. 1000 Stunden)
- geringer Platzbedarf (z.B. Kamerakopf von Elektronik getrennt)
- geringe Leistungsaufnahme
- geringe Trägheit
- kein Einbrennen
- keine geometrischen Verzerrungen
- niedrige Preise (Einzelstückpreis zur Zeit ca. 0,1 DM/Pixel bis 1 DM/Pixel für Zeilensensoren)

CCD-Sensoren wurden 1970 in den Bell Laboratorien in den USA entwickelt. CCD steht für Charge Coupled Devices (Ladungsgekoppelte Einheiten). CCD-Sensoren transformieren eine örtliche Strahlungsintensitätsverteilung in eine zeitlich veränderliche elektrische Spannung. Sie bestehen aus einer Anzahl von Photosensoren und einem analogen CCD-Schieberegister (Bild 15.1). Während der Belichtungszeit werden Photoelektronen gesammelt. Diese werden über ein Transfergatter und das Schieberegister an den Ausgangsverstärker geleitet. Dort werden die Ladungspakete der einzelnen Photosensoren in analoge Spannungen umgewandelt, die am Ausgang des Sensors zur Verfügung stehen. Die Ausgangsspannung ist dabei proportional der Anzahl der generierten

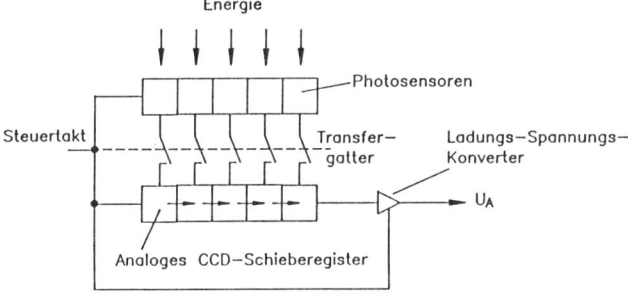

Bild 15.1: Prinzip eines CCD-Zeilensensors.

Photoelektronen, d. h. dem Produkt aus Lichtintensität (Beleuchtungsstärke) und Belichtungszeit.

Der Entwickler hat die Auswahl zwischen verschiedenen Typen von Zeilen- und Flächensensoren, spezifischen Ansteuerschaltkreisen für diese Sensoren, unterschiedlichen Entwicklungsboards bis hin zu kompletten, teilweise auch intelligenten, Zeilen- oder Flächenkameras.

Auf dem Markt sind Zeilen- und Flächensensoren in CCD-Technik erhältlich. Zeilensensoren werden überwiegend für einfachere Meß- und Überwachungsaufgaben eingesetzt. Flächensensoren werden für komplexere Aufgaben der Bildverarbeitung sowie in S/W- und Farb-TV-Kameras eingesetzt.

15.2 Funktion und Aufbau

Die grundlegenden Funktionen werden am Beispiel des Zeilensensors erläutert. Danach werden Flächensensoren als eine parallele Anordnung von Zeilensensoren betrachtet.

15.2.1 Eingangsstufe

Zur Ladungserzeugung werden pn-Photodioden (vgl. Kapitel 5.1.3.1) oder Photo-MOS-Strukturen verwendet. Diese können auch zum Transport von Ladungen verwendet werden und zeigen einen geringeren Image Lag Effekt. Durch eine inverse Vorspannung läßt sich an der pn-Diode eine Verarmungszone erzeugen, in der die durch Energieeinwirkung erzeugten positiven und negativen Ladungen getrennt werden (Bild 15.2).

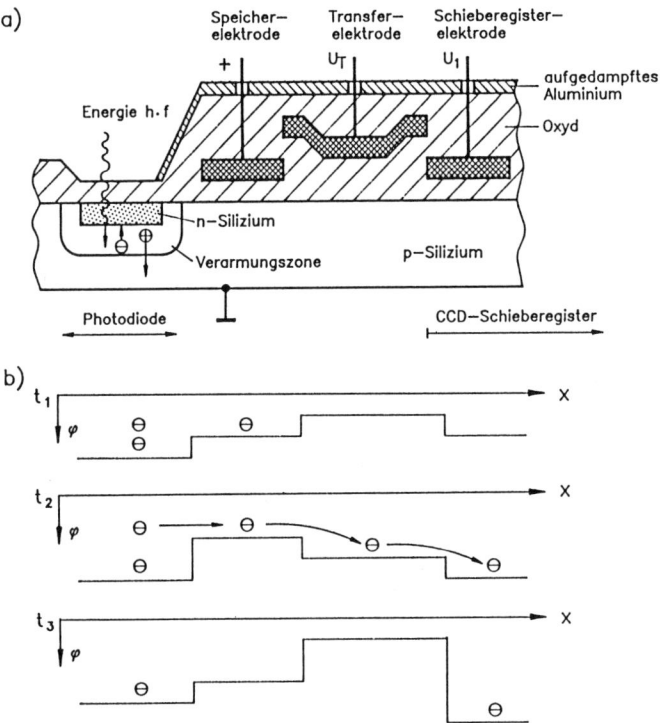

Bild 15.2: Ladungserzeugung in einer Photodiode und Transfer an das CCD-Schieberegister. a.) Struktur, b.) Potentialverteilung zu aufeinanderfolgenden Zeitpunkten.

15.2 Funktion und Aufbau

Die gesammelten Photoelektronen werden in der Elektrodenkapazität gespeichert (Speicherelektrode, Storage Electrode) und über eine Transferelektrode (Shift Electrode, Transfer Gate) an das CCD-Schieberegister übertragen.

15.2.2 Das CCD-Schieberegister

Die Elementarzelle eines CCD-Schieberegisters bildet eine MOS-Kapazität (Bild 15.3a). Die Elektrode ist durch eine dünne Schicht aus Siliziumdioxyd vom p-Substrat isoliert. Wird eine positive Spannung zwischen Elektrode und Substrat angelegt, bildet sich eine Verarmungszone unter der Elektrode, d.h., dort sammeln sich negative Ladungen. Es bildet sich eine Potentialsenke (Bild 15.3b). Obwohl es sich um einen positiven Raumladungszustand handelt, wird das Potential unter der Elektrode in der Literatur als Potentialsenke (Potential Well) bezeichnet, in der sich die Elektronen sammeln. Damit kann in den entsprechenden Bildern das „Fallen" der Elektronen von einer Senke in die folgende besser erläutert werden.

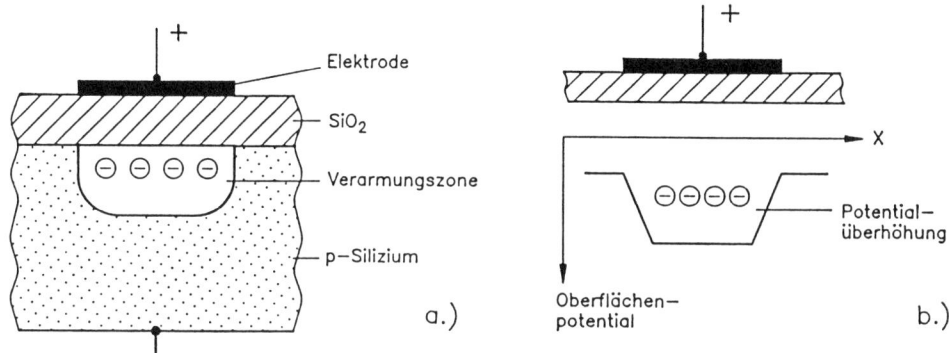

Bild 15.3: Eine MOS-Kapazität als Elementarzelle des CCD-Schieberegisters. a.) Aufbau; b.) Potentialverteilung.

Anhand einer fiktiven 3-Phasen-Technik, die in der Praxis nicht verwendet wird, soll die Funktionsweise eines CCD-Schieberegisters erläutert werden (Bild 15.4). Die Elektroden werden von drei Steuerspannungen u_1, u_2, u_3 mit unterschiedlicher Phasenlage angesteuert (Diese Steuerspannungen werden in der Literatur oft auch mit ϕ bezeichnet). Zum Zeitpunkt t_1 befinde sich eine Ladung unter der Elektrode 1. Eine niedrige Spannung an den Elektroden 2 und 3 verhindert einen Ladungsabfluß dorthin. Zum Zeitpunkt t_2 nimmt Elektrode 2 eine hohe Spannung an, damit fließt ein Teil der Ladungen unter diese Elektrode. Zum Zeitpunkt t_3 nimmt Elektrode 1 eine niedrige Spannung an, damit wird die gesamte Ladung unter die Elektrode 2 geschoben. Zum Zeitpunkt t_3 liegen äquivalente Verhältnisse wie zum Zeitpunkt t_1 vor, die Ladung ist dabei um die Strecke einer Elektrodenbreite nach rechts verschoben worden. Zum Zeitpunkt t_5 ist die Ladung um eine weitere Strecke verschoben worden. Gleiches gilt für die Elektroden 4, 5 und 6. Wird die Phasenlage der Impulse geeignet verändert, so können die Ladungen auch nach links verschoben werden.

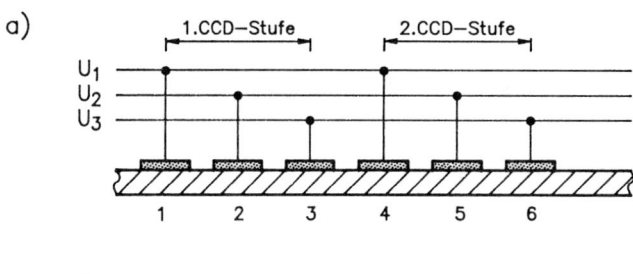
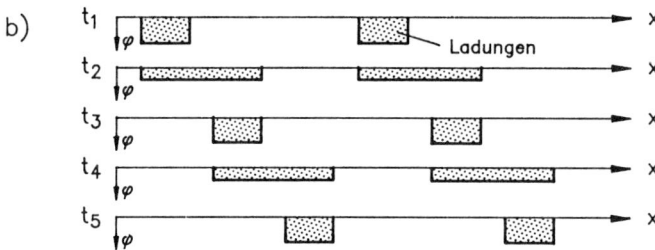
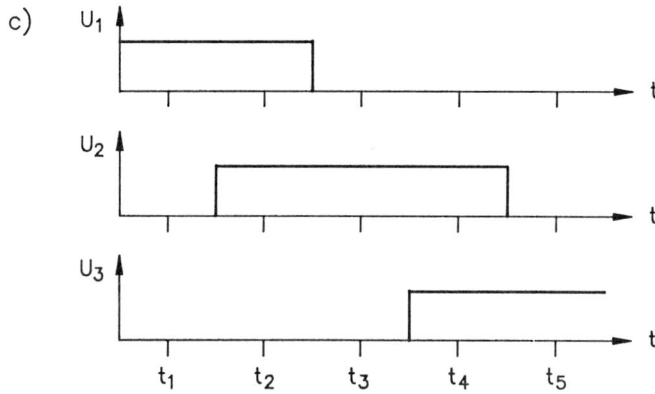

Bild 15.4: Zur Funktionsweise eines CCD-Schieberegisters in einer 3-Phasen-Technik. a.) Elektrodenanordnung; b.) Ladungsverteilungen zu aufeinanderfolgenden Zeitpunkten; c.) Impulsdiagramm der Steuerspannungen zur Ansteuerung der Elektroden.

Um den Ladungstransport in eine vorgegebene Richtung zu verbessern, werden einige Modifikationen gegenüber der obigen Darstellung vorgenommen. Das Niveau einer Potentialsenke wird dabei durch die Höhe der an die Elektrode angelegten Spannung bestimmt. Wird an eine weiter rechts gelegene Elektrode eine höhere Spannung angelegt, so „fallen" die Ladungen in die tiefere Potentialsenke unter dieser Elektrode. Durch eine Ansteuerung der Elektroden mit drei unterschiedlichen Spannungspegeln wird ein nach rechts abfallender treppenförmiger Potentialverlauf erzeugt.

Eine einfachere Möglichkeit zur Erzeugung unterschiedlich tiefer Potentialsenken besteht in der Veränderung des konstruktiven Aufbaus der Elektroden durch Aufbringung dickerer Oxydschichten und gegebenenfalls zusätzlicher Ionenimplantation (Bild

15.2 Funktion und Aufbau

15.5a). Werden die Elektroden mit zwei unterschiedlichen Phasen, die jeweils nur zwei Pegel annehmen können, angesteuert, so erhält man ein vierstufiges Potentialgefälle unter den Elektroden (Bild 15.5b). Die in der Oxydschicht liegenden Elektroden dienen als Speicherelektroden, unter denen die Ladung zu den Zeitpunkten t_1 und t_3 gespeichert wird (Bild 15.5c). Die auf der Oxydschicht liegenden Elektroden dienen als Transferelektroden, die die Ladungen von einer Speicherelektrode zur nächsten transportieren. Bei Bild 15.5c ist zu beachten, daß der Landungstransport in der Übergangsphase (t_2) der Steuerspannungen stattfindet. Aus darstellungstechnischen Gründen ist der Transport zu den Zeitpunkten t_1 und t_3 angedeutet.

Die Erläuterungen zu dem Bild 15.4 wurde für eine fiktive 3-Phasentechnik durchgeführt. Das eben geschilderte Verfahren arbeitet mit der 2-Phasentechnik. In der Praxis werden 2-Phasen- und 4-Phasentechniken angewendet. Die 4-Phasentechnik arbeitet ähnlich wie die fiktive 3-Phasentechnik. Die Vorteile der 2-Phasentechnik liegen in der einfachen Beschaltung und Takterzeugung sowie in einer hohen erreichbaren Taktrate. Die Vorteile der 4-Phasentechnik liegen in einer hohen Ladungstransportkapazität und damit einer hohen Dynamik sowie in der bidirektionalen Transportrichtung. Wegen Ladungsverlusten bei hohen Schiebefrequenzen ist die Taktrate beschränkt.

Bei der Surface-Channel-Technik (SCCD-Technik) ist direkt unter der Oxydschicht der MOS-Elektrode die p-Siliziumschicht angeordnet (vgl. Bild 15.3). Bei Anlegen einer Spannung wird die Verarmungszone direkt unter der Oxydschicht liegen. Von der Oberfläche ausgehende Störungen können sich auf den Ladungstransport auswirken.

Ein störungsfreier Betrieb wird duch die Buried-Channel-Technik (BCCD-Technik) erreicht. Unter der Oxydschicht wird eine zusätzliche n-Siliziumschicht angeordnet. Dadurch verlagert sich die Potentialsenke weg von der Oberfläche mehr in die tieferen Schichten. Die Ladungen werden längs dieser Potentialsenke in einem „vergrabenen" Kanal transportiert. Von der Oberfläche ausgehende Störungen können sich weniger tief auswirken.

Bei der SCCD-Technik können größere Ladungsmengen transportiert werden, die BCCD-Technik zeichnet sich durch eine höhere Transporteffizienz, durch einen niedrigeren Rauschpegel und durch eine höhere Taktrate aus. Die meisten CCD-Sensoren sind in BCCD-Technik aufgebaut.

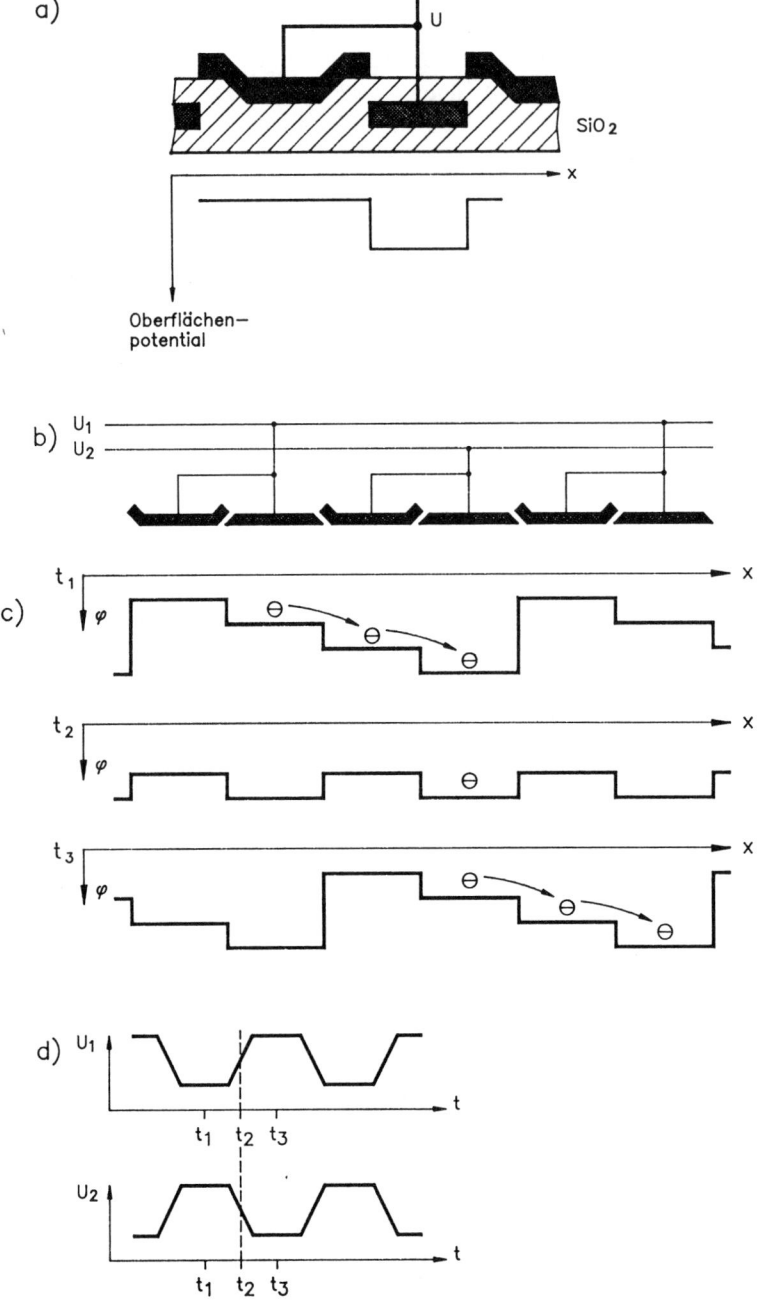

Bild 15.5: Konstruktive Erzeugung unterschiedlich tiefer Potentialsenken. a.) Elektrodenaufbau; b.) Elektrodenanordnung; c.) Potentialverlauf zu aufeinanderfolgenden Zeitpunkten; d.) Zugehörige Steuerspannungen.

15.2.3 Ausgangsstufe

Hinter der letzten CCD-Stufe liegt eine weitere, fest auf U_G gesetzte Elektrode (Bild 15.6a). Die Ladungen befinden sich zum Zeitpunkt t_1 unter der letzten Schieberegisterstufe (Bild 15.6b). Zum Zeitpunkt t_2 nehmen die beiden letzten Schieberegisterelektroden die Spannung $U_1 = 0$ an, damit kann die Ladung unter die Ausgangsdiode abfließen. Dort kann die Ladung Q abgegriffen und über einen Verstärker auf die Ausgangsspannung U_A umgesetzt werden. Diese Ausgangsspannung wird definiert durch

$$U_A = V \cdot Q/C$$

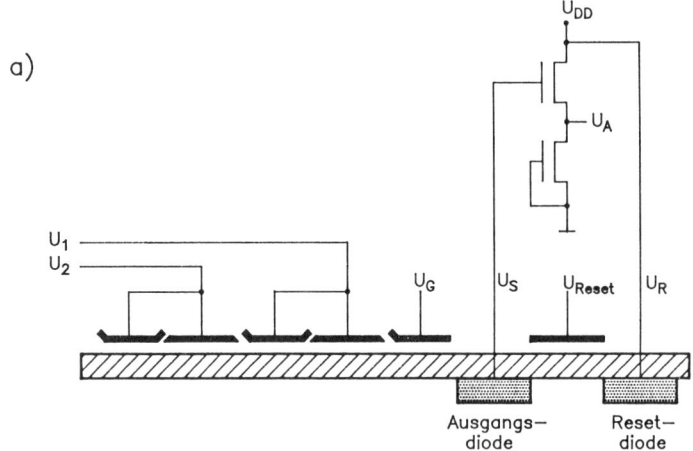

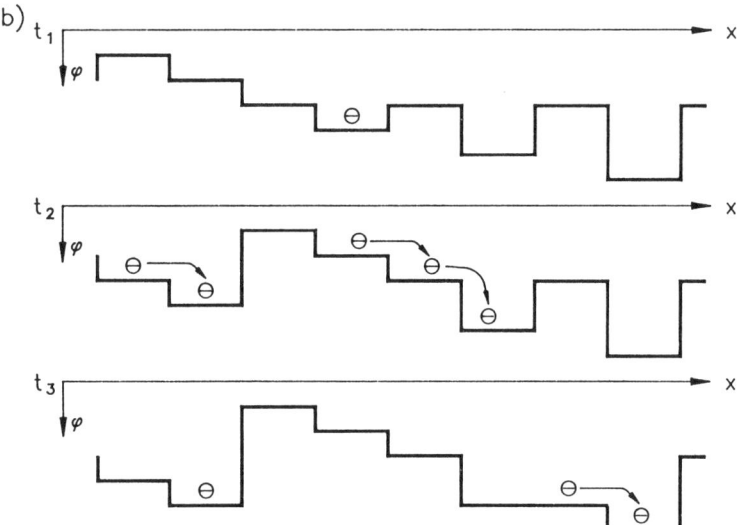

Bild 15.6: Die Ausgangsstufe eines CCD-Sensors. a.) Elektrodenanordnung mit Ausgangsverstärker; b.) Potentialverlauf zu aufeinanderfolgenden Zeitpunkten.

V – Verstärkung,
Q – transportierte Ladungsmenge,
C – Kapazität der Ausgangsdiode.

Damit der Raum unter der Ausgangsdiode vor der nächsten Sequenz von Ladungen geräumt wird, nimmt U_{Reset} zum Zeitpunkt t_3 einen hohen Wert an. Dadurch werden eventuell verbliebene Restladungen über die Resetdiode abgesaugt.

Neben den hier vorgestellten CCD-Strukturen bestehen noch weitere Varianten, z. B. die CCPD-Strukturen (Charge Coupled Photodiode Device) und CID-Strukturen (Charge Injection Device), auf die hier nicht weiter eingegangen werden soll.

15.3 Kennwerte

Die im folgenden vorgestellten Kennwerte definieren die Leistungsfähigkeit eines Sensors. Es werden die Bedeutungen dieser Kennwerte sowie der Einfluß verschiedener Parameter auf diese Kennwerte vorgestellt.

15.3.1 Ansprechempfindlichkeit (Responsivity R)

Die Ansprechempfindlichkeit R ist definiert durch das Verhältnis der Ausgangsspannung zur Energieeinstrahlung. Sie ist abhängig von der Quanteneffizienz der Photosensoren in der Eingangsstufe, der Qualität des Ladungstransportes sowie der Verstärkung der Ausgangsstufe. Die Quanteneffizienz bezeichnet das Verhältnis von der Anzahl der gesammelten Ladungen zur Anzahl der eingefallenen Quanten. Die Quanteneffizienz liegt zwischen 40% und 70%.

Die Ansprechempfindlichkeit R ist oft angegeben in $V/(lx \cdot s)$. Es ist zu beachten, daß sich die Angabe der Beleuchtungsstärke (Illuminance) in Lux an der spektralen Empfindlichkeit des menschlichen Auges ($V(\lambda)$-Kurve) orientiert. Da die Photosensoren eine andere spektrale Empfindlichkeit haben als das Auge, ist die spektral unbewertete energetische Angabe in $V/\mu J/cm^2$ vorzuziehen. Bei Verwendung der energetischen Größen ist die verwendete Beleuchtungsart mit anzugeben. Die Angaben in diesem Abschnitt beziehen sich auf eine Wolframfadenlampe mit einer Farbtemperatur von 2854 K mit einem IR-Filter BG 38 (Schott). Dabei entspricht $1\ mW/cm^2$ 4 lx. Die aktuellen Werte der Ansprechempfindlichkeit liegen zwischen $2\ V/\mu J/cm^2$ und $11\ V/\mu J/cm^2$.

Den prinzipiellen Verlauf der Ausgangsspannung in Abhängigkeit von der Belichtung (Exposure, Beleuchtungsstärke·Belichtungszeit) zeigt Bild 15.7a. Bei Belichtung null wird durch thermische Effekte eine Dunkelspannung U_{DS} erzeugt. Bei zunehmender Belichtung steigt die Ausgangsspannung nahezu proportional zur Belichtung bis zur Sättigungsspannung (Saturation Voltage, U_{SAT}) an. Bei weiterer Erhöhung der Belichtung beharrt die Ausgangsspannung auf diesem Wert. Die Kennlinie verläuft zwischen der Dunkelspannung und der Sättigungsspannung nahezu linear. Die Linearität wird durch die Nichtlinearität der Auslesediode und des Ausgangsverstärkers begrenzt. Die Kennlinien eines konkreten Sensors zeigt Bild 15.7b [15].

15.3 Kennwerte

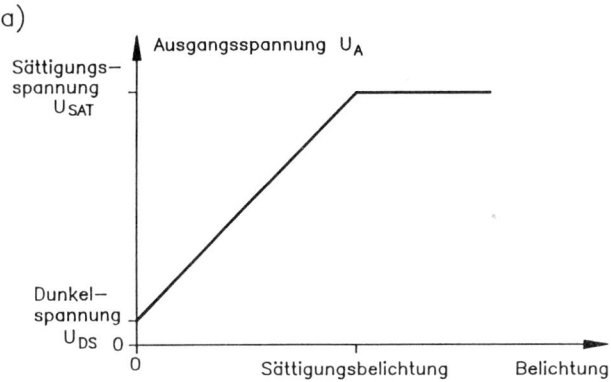

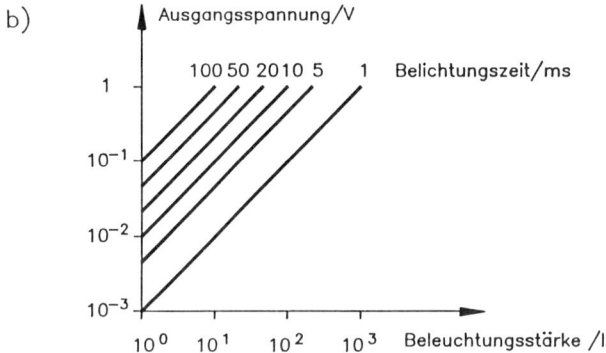

Bild 15.7: Kennlinien von CCD-Sensoren. a.) Prinzipieller Verlauf; b.) Konkretes Beispiel.

In Datenblättern werden oft die minimalen Beleuchtungsstärken für einen bestimmten Sensor angegeben, z. B. 0,5 lx. Für den Anwender ist aber neben der Schwellbeleuchtungsstärke viel mehr das Signal-Rausch-Verhältnis bei gegebener Beleuchtungsstärke zur Aufnahme eines ungestörten Bildes maßgeblich. Bei sehr schwach beleuchteten Szenen ist das Signal-Rausch-Verhältnis sehr klein, die unter solchen Verhältnissen erzeugten Bilder erinnern an die TV-„Schneebilder". Bei Standard-CCD-Kameras und üblichen Szenen liegt die Beleuchtungsstärke zwischen 25 lx und 2000 lx.

15.3.2 Ungleichförmigkeit (Photo Response Non-Uniformity PRNU)

Die Ansprechempfindlichkeit kann von Photosensor zu Photosensor schwanken. Diese Unregelmäßigkeit (PRNU) resultiert aus Änderungen der Quanteneffizienz aufgrund unterschiedlicher Schichtdicken oder unterschiedlicher geometrischer Abmessungen der einzelnen Photosensoren. Auch Kratzer oder Staub auf dem Quarzabdeckglas verursachen diese Ungleichförmigkeit. Die PRNU kann definiert werden als die Abweichung von Pixel zu Pixel im Verhältnis zum Gesamtmittelwert oder als Verhältnis der Differenz zwischen dem maximalen und dem minimalem Pixel zum Gesamtmittelwert, jeweils bei gleichförmiger Beleuchtung. Dieser Effekt nimmt mit zunehmender Wellenlänge ab, da die Photonen dann tiefer eindringen können. Die Werte liegen zwischen $\pm 5\%$ bis $\pm 15\%$ und steigen mit sinkenden Sensorflächen.

15.3.3 Dunkelspannung (Dark Signal U_{DS})

Durch thermische Effekte werden Elektronen im Photosensor und im Schieberegister generiert. Sie überlagern sich als Störung den duch Photoeffekt gewonnenen Elektronen. Als Faustregel gilt, daß sich im Bereich uber $-25\,°C$ die thermischen Störungen je $8\,°C$ bis $10\,°C$ Temperaturanstieg verdoppeln. Sie steigen linear mit der Belichtungszeit und dem Kehrwert der Taktfrequenz. Aus diesem Grund sollte die Taktfrequenz möglichst hoch gewählt werden. Die Werte der Dunkelspannung liegen zwischen $10^{-4} \cdot U_{SAT}$ und $10^{-3} \cdot U_{SAT}$.

Bei einigen Kameras werden die Sensoren zur Begrenzung und Stabilisierung der Dunkelspannung durch ein Peltierelement gekühlt.

15.3.4 Sättigungsspannung und Überbelichtung

Der Wert der Sättigungsspannung U_{SAT} (Saturation Voltage) hängt ab von der maximal möglichen erzeugbaren und transportierbaren Ladungsmenge, der Ausgangsdiodenkapazität sowie von einer eventuellen Begrenzung des Ausgangsverstärkers. Eine hohe Sättigungsspannung bzw. Sättigungsbelichtung wird durch die Wahl einer 4-Phasen-Technik, der SCCD-Technik und hohen Steuerspannungen erreicht. Die typischen Werte liegen zwischen ca. 0,5 V und 3 V. Die entsprechende Sättigungsbelichtung liegt zwischen $0,1\,\mu J/cm^2$ und $5\,\mu J/cm^2$.

In der Praxis sollte die Sättigungsbelichtung deutlich unterschritten werden. Denn sonst entsteht einerseits der nichtlineare Sättigungseffekt, andererseits überfluten dann überschüssige Ladungen die Potentialbarrieren und werden später als Belichtung von benachbarten Sensorelementen interpretiert.

Dieses Verhalten wird mit blooming bezeichnet. So kann bei einem abrupten Übergang von einer überbelichteten Zone zu einer Dunkelzone am Ausgang des Sensors nur ein langsam abfallender, jedoch kein abrupter Signalabfall beobachtet werden. Scharfe Konturen werden dann nur unscharf abgebildet.

Um diesen Überbelichtungseffekt zu vermeiden, werden Sensoren mit Antiblooming-Eigenschaften angeboten. Bei einem Verfahren können die überschüssigen Ladungen in einer tiefen Diffusionsschicht rekombinieren, bei einem anderen sammeln vorgespannte Antiblooming-Dioden, die zwischen jeder Photodiode und dem Transfergatter liegen, die überschüssigen Ladungen. Mit solchen Anordnungen kann bis zur hundertfachen Sättigungsbelichtung störungsfrei gearbeitet werden.

15.3.5 Spektrale Empfindlichkeit (Spectral Response)

Die Ansprechempfindlichkeit ist abhängig von der Wellenlänge der Strahlung (Bild 15.8). Maßgebend für die spektrale Empfindlichkeit sind die Auswahl des Substrates, die Wahl einer Photodiode oder einer Photo-MOS-Struktur sowie die Eigenschaften des Quarzglases, das den Sensor zum Schutz abdeckt. Die nutzbaren Wellenlängen liegen zwischen unter 400 nm (UV) und 1100 nm (IR). Das Maximum liegt je nach Typ zwischen 550 nm (gelbgrün) und 800 nm (rot). Für Röntgenanwendungen in der Materialprüfung oder für die Prüfung des Fluggepäckes werden Sensoren in dem Bereich von 0,008 nm bis 0,1 nm verwendet. Für spezielle Infrarotanwendungen werden Sensoren aus CsJ-Kristallen im Bereich von 1000 nm bis 1700 nm verwendet.

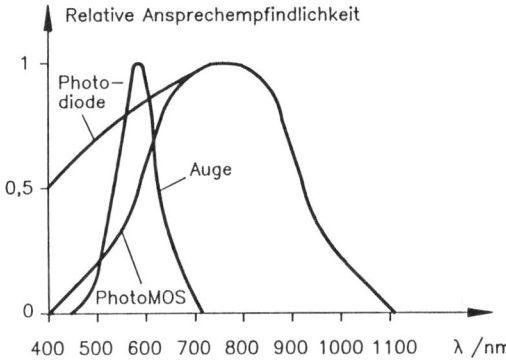

Bild 15.8: Spektrale Empfindlichkeit von CCD-Sensoren im Vergleich zur Empfindlichkeit des menschlichen Auges.

15.3.6 Transporteffizienz (Charge Transfer Efficiency CTE)

Beim Ladungstransport von einer Potentialsenke in die folgende werden nicht alle Ladungen transportiert. Einige Ladungen bleiben zurück. Die Transporteffizienz ist definiert als der Anteil der weitertransportierten Ladung zur ursprünglich vorhandenen Gesamtladung je Stufe. Sie sinkt bei steigender Taktrate. Die typischen Werte liegen zwischen 0,99998 und 0,999999.
Ein CCD-Sensor kann aus bis zu einigen tausend Stufen bestehen. Die Gesamt-Transporteffizienz (Total Transport Efficiency TTE) berechnet sich aus der Beziehung

$$TTE = CTE^n = (1-\varepsilon)^n \approx 1 - n \cdot \varepsilon \quad \text{mit } \varepsilon = 1 - CTE$$

n – Anzahl der Stufen,
ε – Transportineffizienz.

Für $CTE = 0,99998$ erhält man bei einer 4-Phasen-Technik mit 1024 Stufen $TTE = 0,921$. Dies bedeutet, daß von der Ladung der am weitesten vom Ausgang entfernten Stufe nur noch 92% am Ausgang erscheinen. Mit der BCCD-Technik werden höhere Werte der Transporteffizienz erreicht als mit der SCCD-Technik.
Die zurückgebliebenen Ladungen werden beim Auslesen während der nächsten Phase als generierte Photoelektronen des folgenden Photosensors interpretiert.
In die gleiche Richtung wirkt der sogenannte Image Lag Effekt: Das vollständige Auslesen der generierten Photoelektronen aus der Photodiode benötigt eine gewisse Zeit.

Wird diese Zeit durch eine zu hohe Taktrate unterschritten, so können nicht alle Ladungen ausgelesen werden. Die zurückgebliebenen Ladungen verfälschen als Offset die während der folgenden Belichtungsphase gewonnene Ladungsmenge am gleichen Photosensor.

Beide Faktoren beeinflussen die Ortsauflösung eines Sensors. Die Auflösung der zuletzt ausgelesenen Pixel ist geringer als die der ersten. Die Modulationsübertragungsfunktion sinkt exponentiell mit der Größe der Transportineffizienz.

15.3.7 Rauschen

Den größten Anteil steuert bei niedrigen Belichtungen das Quantenrauschen bei. Weitere Anteile entstehen durch das Löschen der Ausgangselektrode und durch den Ausgangsverstärker. Die durch die Transportineffizienz pseudo-generierten Ladungen erzeugen ebenfalls Rauschanteile. Darüber hinaus können Störungen über die Spannungsversorgung importiert oder durch Schaltübergänge erzeugt werden.

Bei einem Verfahren werden die durch Schaltübergänge erzeugten Störungen sowie die temperaturabhängigen Dunkelstromanteile auf einfache Weise beseitigt: Parallel zu der Photodiodenzeile ist eine Dummy-Zeile aufgebaut, die gegen Lichteinfall abgedeckt ist. Dort werden keine Photoelektronen erzeugt, die Schalt- und Offsetstörungen wirken sich jedoch auch dort aus. Durch Subtraktion der entsprechenden Ladungen der Photodiodenzeile und der Dummyzeile in einem Differenzverstärker werden die Störungen stark reduziert.

15.3.8 Dynamik

Die Dynamik ist definiert als das Verhältnis der Sättigungsspannung zum Effektivwert des Rauschsignals. Die Dynamik liegt zwischen 2500:1 bis 15000:1 bei linearer Kennlinie oder bis zu $10^6:1$ bei nichtlinearer Kennlinie.

15.3.9 Ortsauflösung (OTF, MÜF, MTF, CTF)

Die Auflösung beschreibt die Fähigkeit eines Systems, eng aufeinanderfolgende bzw. benachbarte Signale voneinander zu unterscheiden. In der Elektrotechnik wird das (zeitliche) Auflösungsvermögen bei sinusförmigen Signalen durch die i.a. komplexe Übertragungsfunktion oder deren Betrag, den Amplitudengang beschrieben. In der Optik wird bei räumlich sinusförmigen schwarz-weiß-Übergängen die komplexe optische Übertragungsfunktion (Optical Transfer Function, OTF) bzw. deren Betrag, die Modulationsübertragungsfunktion (MÜF) oder auch Modulationstransferfunktion (Modulation Transfer Function, MTF) verwendet. Bei Verwendung von räumlich rechteckförmigen Schwarz-Weiß-Übergängen (Streifen) wird der Begriff CTF (Contrast Transfer Function) verwendet. Diese Streifen sind z.B. aus TV-Testbildern bekannt. CTF und MTF sind ineinander umrechenbar. Da die optische Phasenübertragungsfunktion (Phasengang, Phase Transfer Function PTF) meist vernachlässigt werden kann, beschränken sich die Angaben über die Ortsauflösung auf die Modulationsübertragungsfunktion.

Bei zeitabhängigen Signalen wird die (Zeit-)Frequenz in 1/s angegeben, bei ortsabhängigen Signalen wird die (Orts-)Frequenz in 1/mm angegeben. Die Ortsfrequenz bezeichnet die Anzahl von z.B. sinusförmigen Helligkeitsschwankungen pro Längeneinheit.

15.3 Kennwerte

Die aus dem Zeitbereich bekannten nachrichtentheoretischen Betrachtungen gelten in äquivalenter Weise für den Ortsbereich.

Von der Charakteristik her handelt es sich bei der MÜF eines CCD-Sensors um einen örtlichen Tiefpaß, d.h., die Umsetzung der Dichte von Hell-Dunkelübergängen ist nach oben hin begrenzt. Eine theoretische Grenze ist durch das Abtasttheorem (Nyquist) gegeben. Danach muß die Abtastfrequenz mehr als doppelt so hoch wie die größte vorkommende Signalfrequenz sein. Für CCD-Sensoren gilt

$$f_N = 1/(2 \cdot d),$$
$$f_S < f_N,$$

d – Mittenabstand der Photosensoren,
f_N – den Sensor charakterisierende Nyquistortsfrequenz,
f_S – die maximale, im Ortssignal enthaltene Ortsfrequenz.

Besonders bei kontrastreichen Szenen führt die Nichtbeachtung dieser Vorschrift zu deutlich sichtbaren Störungen, z.B. zu Moiré-Effekten.

Die Ortsauflösung wird durch folgende Faktoren bestimmt:
1. Mittenabstand der Photosensoren (pixel pitch).
2. Pixel Apertur. Diese ist definiert als das Verhältnis der photoempfindlichen Fläche zur Pixelgröße. Liegt ein Photosensor ohne Zwischenraum am anderen, so beträgt die Apertur 100%, ansonsten liegt der Wert darunter.
3. Übersprechen (crosstalk). Wegen ungenügender Isolation der Potentialsenken können Elektronen unter benachbarte Elektroden wandern. Dieser Effekt steigt mit zunehmender Wellenlänge.
4. Transportineffizienz und Image Lag Effekt.
5. Die Wellenlänge bzw. das Spektrum der verwendeten Beleuchtung.
6. Überbelichtung (Blooming).
7. Taktrate.

Die Punkte 3 bis 7 tragen zu dem sogenannten Smear-Effekt bei, durch den die Kontraste in den Bildern „verschmiert" werden, hohe Ortsfrequenzen werden dadurch nicht mehr dargestellt.

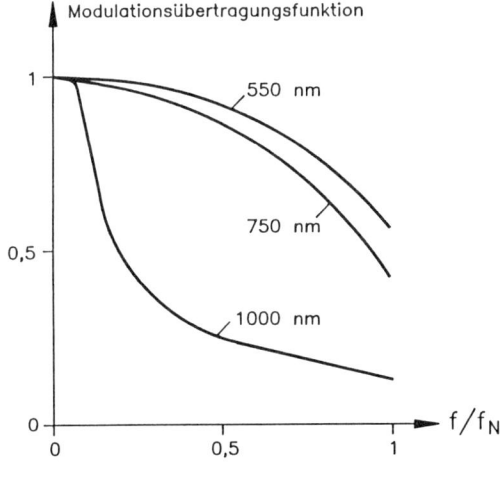

Bild 15.9:
Prinzipieller Verlauf der Modulationsübertragungsfunktion über der normierten Frequenz f/f_N bei unterschiedlichen Wellenlängen.

Ohne Berücksichtigung von Spiegeln oder Linsen liegen die Werte der MÜF bei der Nyquistfrequenz bei einem typischem Beleuchtungsspektrum im sichtbaren Bereich zwischen 35% und 80% (Bild 15.9). Sie sinken mit zunehmender Wellenlänge. Zur Steigerung der Auflösung und auch zur Verringerung der thermischen Störungen sollte daher ein IR-Filter vor dem CCD-Sensor angebracht werden.

In der Praxis hat das begrenzte örtliche Auflösungsvermögen (Tiefpaß) einige Konsequenzen für den Anwender. Unterschreitet die Distanz benachbarter Punkte, die von einem CCD-Sensor unterschieden werden sollen, einen gewissen Wert, so werden beide Punkte als ein Punkt detektiert. Eine Unterscheidung kann nicht stattfinden. Liegt als Muster eine scharfe Hell-Dunkel-Kante vor, so wird am Ausgang des CCD-Sensors kein abrupter Übergang beobachtet werden. Stattdessen wird das Signal auf der Breite einiger Pixel vom Maximum zum Minimum übergehen. Das Auflösungsvermögen der zuerst ausgelesenen Pixel ist wegen der oben beschriebenen Schmutzeffekte größer als die der zuletzt ausgelesenen.

15.4 Aufbauvarianten

15.4.1 Zeilensensoren

Die Anzahl der einzelnen Photosensoren (Pixel) bei Zeilensensoren reicht von 128 bis 6000 auf einem Chip (DIL-Gehäuse). Die Länge der photoempfindlichen Schicht beträgt zwischen 4 mm und 60 mm. Für die Abtastung größerer Vorlagen werden CCD-Sensormodule mit bis zu fünf Sensorchips nebeneinander in einem Gehäuse untergebracht. Mit zusammen bis zu 15000 Pixeln lassen sich z. B. DIN A3-Vorlagen mit einer Auflösung von 16 Linien/mm im Kontaktverfahren scannen.

Die Fläche der einzelnen Photosensoren kann quadratisch oder rechteckig sein. Die Kantenlänge reicht von 7 µm über typisch 10 µm...13 µm bis zu 100 µm. Bei größeren Sensorflächen ist eine geringere Belichtung möglich, die Dynamik steigt, die Ortsauflösung sinkt. In der Regel grenzen die Photodiodenflächen direkt aneinander, nur durch eine schmale Diffusionsstopzone getrennt (100% Apertur). Bei einigen Sensoren liegt eine photounempfindliche Zone in der Größenordnung der Diodenfläche selbst zwischen den Photodioden (50% Apertur).

Zeilensensoren können je nach Phasenlage der Steuertakte bidirektional ausgelesen werden. Die Auslesefrequenz (Taktfrequenz, Datenrate) liegt typisch zwische 2 MHz und 20 MHz, in einigen Fällen bei 120 MHz. Die Datenrate ist dadurch nach oben hin begrenzt, daß dann nicht alle Ladungen transportiert werden können (Transportineffizienz). Die Datenrate ist dadurch nach unten hin begrenzt, daß dann die thermischen Störungen steigen und eventuell die Sättigungsbelichtung erreicht wird.

Zur Erhöhung der Datenrate werden mehrere Kanäle von Schieberegistern aufgebaut (Bild 15.10). Dabei werden die ungeraden Pixel in einem, die geraden in einem anderen Schieberegister transportiert. Die Signale werden am Ausgangsverstärker zusammengefaßt. Die effektive Datenrate verdoppelt sich auf diese Weise. Durch separate Herausführung mehrerer paralleler Ausgänge lassen sich Datenraten von bis zu 240 MHz erreichen (Tapped Architektur). In Bild 15.10 sind zudem abgedeckte Sensoren angedeutet, die ein Referenz-Dunkelsignal liefern. Durch eine geeignete Auswerteschaltung läßt sich dadurch das Nutzsignal von den störenden Effekten befreien. Nicht dargestellt sind abgedeckte Isolationspixel zwischen den Referenz- und den Nutz-Pixeln.

15.4 Aufbauvarianten

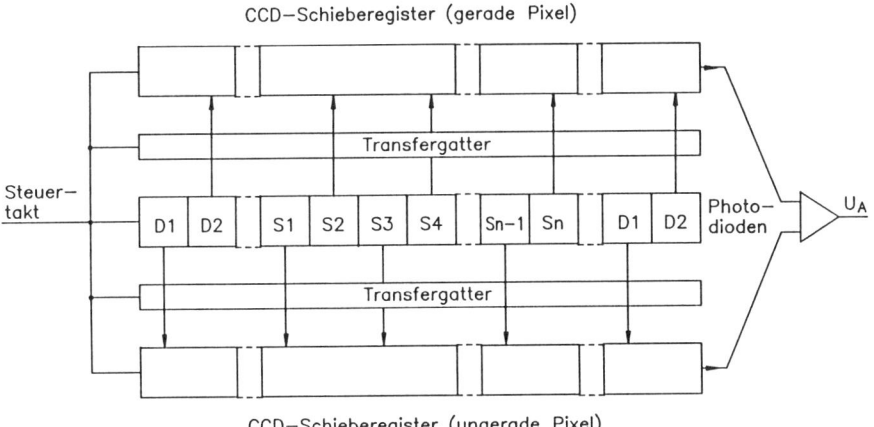

Bild 15.10: Zweikanaliges CCD-Schieberegister in einem Zeilensensor. D1, D2: abgedeckte Referenz-Sensoren; S1...Sn: Verwertbare Photosensoren.

Bei farbtüchtigen Zeilensensoren bilden je drei benachbarte mit je einem Rot-, Grün- und Blaufilter versehene Photosensoren einen „Farbsensor". Dabei beträgt die effektive Sensorbreite eines Farbpixels das dreifache des entsprechenden Schwarz-Weiß-Pixels, die Ortsauflösung sinkt entsprechend.

Für spezielle Anwendunden werden auch anders geformte Sensoranordnungen hergestellt, z.B. kreisförmige.

15.4.2 Flächensensoren

Hier ist eine hohe Anzahl von Photosensoren rasterförmig angeordnet. Flächensensoren sind in drei unterschiedlichen Varianten verfügbar. Sie unterscheiden sich in der Architektur und in der Art des Auslesens.

Bei dem Interline-Konzept (IL-Konzept) liegen mehrere „Zeilensensoren" mit den zugehörigen vertikalen Schieberegistern parallel nebeneinander (Bild 15.11). Die Ausgänge

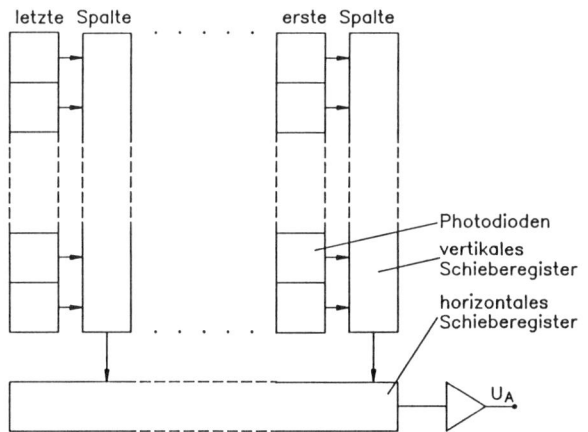

Bild 15.11:
CCD-Flächensensoren nach dem Interline-Konzept.
Die Transfergatter sind zur besseren Übersichtlichkeit weggelassen.

der vertikalen Schieberegister werden in ein horizontales Schieberegister transferiert und dann dem Ausgangsverstärker zugeführt. Damit ist eine Vollbildaufnahme möglich. Bei einem Halbbildverfahren werden jeweils zunächst die ungeraden, dann die geraden Zeilen ausgegeben. Dabei bilden jeweils zwei übereinanderliegende Photosensorpaare die Ladungsquelle für je eine CCD-Schieberegisterzelle. Daher ist die Anzahl der vertikalen Schieberegisterzellen halb so groß wie die Zahl der Pixel im Vollbild bzw. der Photosensorflächen. Dieses Konzept wird von den Herstellern Fairchild, Sony, Thomson, Toshiba und Reticon verwendet.

Bei dem XY-Konzept sind ähnlich wie bei Halbleiterspeichern die Photosensoren matrixförmig adressierbar. Die Meßdaten werden über MOS-Schalter ausgelesen. Auch hier ist die Sensorzahl gleich der Pixelzahl im Vollbild. Dieses Konzept wird von dem Hersteller Hitachi verwendet.

Bei dem Frame-Transfer-Konzept (FT-Konzept) besteht die Chipfläche aus einem photosensitiven Teil (Bildbereich) und einem abgedeckten, etwa gleichgroßen Teil, in dem die Ladungen gespeichert werden (Speicherbereich), (Bild 15.12). Bei diesem Konzept existieren keine singulären Photodioden, vielmehr ist die gesamte Schicht unter den Elektroden photosensitiv. Während der Integrationsphase (Belichtungszeit) werden die Photoelektronen unter den Elektroden mit hohem Potential im Bildbereich gesammelt. In der Vertikalaustastlücke zwischen den Halbbildern wird das gesamte eben aufgenommene Halbbild in den Speicherbereich transferiert. Danach wird das zweite Halbbild im Bildbereich aufgenommen. Gleichzeitig wird während jedes Zeilenrücklaufs eine Zeile aus dem Speicherbereich in das Ausleseschieberegister transferiert und von dort an Ausgangsverstärker ausgegeben. Bei farbtüchtigen Sensoren existiert für jede der drei Grundfarben je ein horizontales Ausleseschieberegister.

Bei der hier verwendeten 4-Phasen-Technik werden die Ladungen des ersten Halbbildes unter den Elektroden 1, 2 und 3 gesammelt, Elektrode 4 bildet die Potentialbarriere zur nächsten Zeile. Die Ladungen des zweiten Halbbildes werden unter den Elektroden 3, 4 und 1 gesammelt, Elektrode 2 bildet die Potentialbarriere zur nächsten Zeile. Der Zeilensprung wird also dadurch erreicht, daß durch geeignete Ansteuerungen die Halbbilder jeweils um einen halben Bildpunkt versetzt integriert werden. Daher ist die Anzahl der Zeilen im Bildbereich nur halb so groß wie deren Anzahl im Vollbild. Dieses Konzept wird von den Herstellern Philips/Valvo, Texas Instruments und Thomson verwendet.

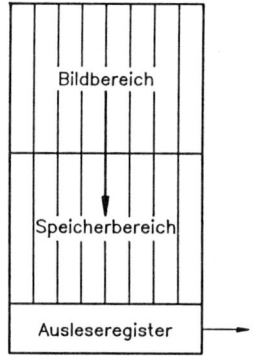

Bild 15.12:
CCD-Flächensensoren nach dem Frame-Transfer-Konzept.

15.4 Aufbauvarianten

Bei dem IL-Konzept und dem XY-Konzept ist ein Teil der Sensorfläche mit Aluminium abgedeckt, unter dem die Schieberegister bzw. die MOS-Schalter liegen. Bei dem FT-Konzept liegen lichtdurchlässige CCD-Elektroden über der photosensitiven Schicht, die gesamte Chipfläche ist daher photosensitiv. Dadurch erzielt man kleinere und einfache Strukturen. Dadurch wird eine größere effektive Sensorfläche und damit eine höhere Empfindlichkeit erreicht.

Bei schnell bewegten Objekten bewirkt die höhere Belichtungszeit bei dem IL-Konzept und dem XY-Konzept eine Verringerung der Ortsauflösung. Der durch Reflektionen an den Aluminiumschichten oberhalb des Substrates bewirkte Smear-Effekt wirkt in die gleiche Richtung. Beim FT-Konzept werden die erzeugten Ladungen während weiterer Belichtung durch die folgenden Bildpunkte hindurchtransportiert. Durch dabei zusätzlich generierte Photoelektronen wird der Smear-Effekt verstärkt. Dies kann durch Erhöhung der Taktrate verringert oder durch eine rotierende Blende vermieden werden.

Generell hängt die Belichtungszeit von der Taktrate der Schieberegister ab. Zur Verringerung der dadurch gegebenen Belichtungszeit dient eine elektronische Belichtungszeiteinstellung (Electronic Shutter). Dabei werden zunächst in normaler Betriebsweise Photoelektronen generiert. Durch einen negativen Impuls auf den Elektroden werden die bis dahin gesammelten Ladungen in das Substrat abgeleitet. In der darauffolgenden restlichen Zeit, der einstellbaren Belichtungszeit, werden die verwertbaren Ladungen erzeugt. Dadurch kann die Belichtungszeit bis auf ein zehntel der üblichen Zeit reduziert werden.

In CCD-Kameras können durch vor den Sensoren angebrachte polarisierbare Flüssigkeitskristalle Belichtungszeiten bis herab zu 50 µs eingestellt werden. Dadurch sinkt zwar auch bei geöffnetem Shutter die Beleuchtungsstärke am Sensor um ca. 20%, schnell bewegte Objekte können aber noch scharf abgebildet werden.

Bei sehr kurzen Belichtungszeiten muß auf die Art der Beleuchtung geachtet werden, da sich beim Aufnahmezeitpunkt die Leuchtdichte einer mit 50 Hz betriebenen Lampe zufällig an beliebiger Stelle zwischen dem Minimum und dem Maximum befinden kann. Es werden mit Gleichstrom betriebene Beleuchtungsanlagen empfohlen, damit die Beleuchtungsstärke während der Belichtungszeit konstant bleibt. Bei Verwendung hochfrequenter Beleuchtungsanlagen (z.B. 15 kHz) sollte deren Periodendauer sehr viel kleiner sein als die Belichtungszeit, damit über möglichst viele Perioden der Beleuchtungsquelle integriert werden kann.

Die Anzahl der Photosensoren reicht von 383×12 bis 2048×2048, für TV-Anwendungen typisch von 480×380 bis 470×790. Die photosensitive Fläche reicht von ca. 6 mm^2 bis ca. 570 mm^2, für TV-Anwendungen liegt sie typisch bei ca. 100 mm^2. Die Pixelzahl richtet sich nach den unterschiedlichen Videonormen (CCIR, RS 170, Halb- oder Vollbildverfahren) oder nach anderen Vorgaben. Die maximalen Taktraten des horizontalen und des vertikalen Schiebregisters sind gewöhnlich unterschiedlich. Die Taktrate des horizontalen Schieberegisters hängt von der Zahl der Pixel/Zeile ab (Punktfrequenz, Dot Clock), die des vertikalen Schieberegisters beträgt z.B. bei der PAL-Norm 15,625 kHz (Zeilenfrequenz). Bei anderen Normen beträgt die Vertikalfrequenz bis 1 MHz, die Horizontalfrequenz bis 20 MHz. Bei Tapped-Architekturen steigt die effektive Datenrate entsprechend der Zahl der parallelen Ausgänge.

15.5 CCD-Kameras

15.5.1 Entwicklungshilfsmittel

Um ein voll funktionsfähiges Aufnahmesystem aufzubauen, werden außer dem Sensorchip selbst noch weitere Baugruppen benötigt. Zur Unterstützung der Entwicklung liefern die Hersteller der Sensoren diese Baugruppen in Form spezieller integrierter Schaltkreise, z. B. Videoverstärker, Sample&Hold-Glieder, A/D-Wandler, Vielfach-Taktgeneratoren und Treiber. So kann mit wenigen speziellen integrierten Schaltungen und einer geringen Anzahl externer Bauteile wie Widerstände und Kondensatoren eine komplette Videokamera aufgebaut werden. Darüberhinaus werden flexible Entwicklungsboards für die verschiedenen Sensortypen angeboten. Für den Einsatz in der rauhen Automatisierungsumgebung werden gekapselte CCD-Module angeboten, die die wesentlichen Zusatzschaltungen beinhalten.

15.5.2 Zeilenkameras

Für den Anwender stehen komplette Zeilenkameras mit unterschiedlichen Ortsauflösungen und Objektiven auch für rauhe Umweltbedingungen zur Verfügung. Das Angebot umfaßt Kameras ohne und mit Signalverarbeitungseinheiten. Die Abmaße ohne Objektiv beginnen bei ca. 60 mm × 50 mm × 50 mm (B × H × T). Der Kamerakopf (Objektiv mit Sensor und Verstärker oder A/D-Wandler) kann für Anwendungen in sehr engen Umgebungen von der oben angeführten restlichen Elektronik getrennt werden, mit der er über Kabel oder Lichtwellenleiter verbunden ist. Diese Elektronik wird als separate Platine oder als komplettes Gerät, jeweils mit Einstellmöglichkeiten für einige Betriebsparameter angeboten.

Von besonderem Interesse für den Einsatz in Automatisierungsanlagen sind intelligente Zeilenkameras. Sie werden bei der Überwachung und Steuerung von technischen Prozessen eingesetzt. Sie enthalten einen A/D-Wandler und einen kleinen Mikrocomputer zur Auswertung der Meßergebnisse. Die Ausgangsdaten (roh oder verarbeitet) stehen in analoger oder digitaler Form zur direkten Steuerung des Prozesses (z. B. Relais) oder zum Transfer zu einem weiterverarbeitenden Rechner z. B. über Standardschnittstellen zur Verfügung.

Die Kameras können sich automatisch an veränderte Beleuchtungsverhältnisse anpassen und das Objektiv auf maximale Schärfe stellen. Auf einfache Weise lassen sich Signale z. B. durch Teach-In für die Über- oder Unterschreitung von einstellbaren Grenzwerten, das Erreichen von Schwellwerten oder das Vorhandensein von Objekten vom Anwender vor Ort einstellen. Die Kamera liefert umfangreiche Ausgangsinformationen wie z. B. „Grenzwert überschritten", „im Toleranzbereich", Zahl und Lage von Kanten, Kantenlänge. Mit anwendungsspezifischer Software können weitere spezielle Meß- und Verarbeitungsfunktionen durchgeführt werden. Je nach Aufgabenstellung lassen sich bis zu 2000 Teile pro Minute prüfen. Je nach verwendetem Sensor und Objektiv ist eine Kantenmeßgenauigkeit bis zu 50 µm erreichbar [9].

15.5.3 Flächenkameras

Auf die Produkte für den Amateur- oder Profi-TV-Bereich soll hier nicht eingegangen werden. Für den kommerziellen Bereich werden S/W-Kameras ab ca. 2000 DM angeboten. Die Abmessungen kleiner Kameras ohne Objektiv liegen mit ca. 40 mm × 30 mm × 100 mm (B × H × T) und einem Gewicht von ca. 200 g weit unter den Größen im Amateurbereich. Für die Leistungsparameter gilt Ähnliches wie für die Zeilenkameras. So lassen sich auch hier separate Kameraköpfe (20 mm × 40 mm × 15 mm) zum Einsatz in schwierigen Bereichen, etwa an Roboterarmen, einsetzen.

Eine besondere Lösung zur Erhöhung der Ortsauflösung besteht in der Anordnung des Sensorchips auf einem Piezokristall, der durch Anlegen von bestimmten Steuerspannungen den Sensor im µm-Bereich bewegen kann (Bild 15.13). Dabei wird der Sensorchip und damit jeder einzelne Photosensor in einstellbaren Schritten beliebig, z. B. mäanderförmig, bewegt und danach wieder zurück zum Ursprung positioniert. Damit tasten die einzelnen Photosensoren je nach Einstellung den größten Teil der einfallenden Lichtenergie sukzessive ab (Mikroscanning). Ohne Verschiebung liefert die Kamera ein normales Bild mit einer Basisauflösung von 499 × 580 Pixeln. Je nach gewählter Stufenzahl läßt sich die Ortsauflösung auf ein ganzzahliges Vielfaches der Basisauflösung bis zu 2994 × 2320 Pixel steigern. Nach Bild 15.13 werden z. B. 16 Teilbilder aus 16 verschiedenen Positionen aufgenommen. Diese Teilbilder werden in einem Rechner zu einem hochaufgelösten Gesamtbild zusammengesetzt. Bei der maximalen Auflösung wird eine Bildeinzugszeit von ca. 8 Minuten benötigt [11].

Bei preiswerteren CCD-Sensoren können einige Pixel defekt sein, d. h., sie liefern ein verfälschtes oder gar kein Signal. Zur Reduzierung dieser Störungen werden durch eine Vergleichsmessung mit homogenem Hintergrund die defekten Pixel ermittelt. Nach jeder normalen Bildaufnahme werden diese Fehlstellen durch Interpolation aus den benachbarten Pixeln rekonstruiert. Mit der neuen Generation werden CCD-Sensoren völlig ohne Fehlstellen angeboten.

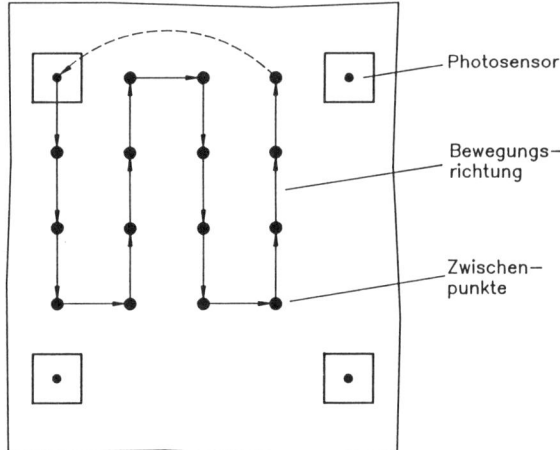

Bild 15.13: Prinzip der Sensorverschiebung auf einem Piezokristall beim Mikroscanning.

15.6 Signalverarbeitung

Für weitergehende Anwendungen, insbesondere bei Flächenkameras, kommen Verfahren der digitalen Bildverarbeitung zum Einsatz. Diese unter Umständen äußerst aufwendigen Operationen können hier nicht dargestellt werden. Es sollen jedoch einige Aspekte zur grundsätzlichen Vereinfachung oder Verbesserung aufgezeigt werden.

Die örtlich diskret generierten Photoelektronen werden am Ausgang des Sensors pixelsynchron als analoger Spannungswert abgegriffen. In der Regel wird dieses Ausgangssignal digitalisiert und in einem Rechner ausgewertet. Zur Erfüllung der Fernsehnormen liegt am Ausgang der meisten Kameras ein über eine gesamte Zeile kontinuierlicher Spannungsverlauf vor (BAS-Signal). Eine Zuordnung eines Spannungswertes zu einem bestimmten Pixel ist dabei nur näherungsweise möglich. Zur Durchführung exakter Meßaufgaben sollten daher Kameras mit einem Pixeltaktausgang verwendet werden. Mit diesem Pixeltakt läßt sich das anolge Ausgangssignal pixelsynchron digitalisieren. Die digitalisierten Daten werden zur weiteren Verarbeitung in einem Speicher abgelegt. Gegebenenfalls kann vor der eigentlichen Auswertung eine Bildvorverarbeitung mit den gespeicherten Daten durchgeführt werden.

Bei der Bildrestauration kann das durch Aufnahmefehler verfälschte Bild wieder rekonstruiert werden. Es können fehlende Bildelemente rekonstruiert und Störungen beseitigt werden. Mit Hilfe inverser Sensorkennlinien lassen sich nichtlineare Kennlinien linearisieren. Inhomogenitäten des Sensorfeldes lassen sich durch Verrechnen eines aufgenommenen Bildes mit einem Korrekturbild beseitigen. Rauschen kann durch verschiedene Filtertechniken verringert werden. Bei der Bildverbesserung kann das Bild zur Hervorhebung interessierender Details, z. B. Kanten, absichtlich verfälscht werden. Die Kanten als wesentliches Merkmal eines Objektes können durch Differenzierung ermittelt werden. Allein dieses Problem ist nicht trivial, da die Kante nicht unbedingt an der Stelle der größten Steigung des Differentials liegen muß.

Wegen der flächenhaften Struktur nimmt bei Bildern die Pixelzahl und damit die Verarbeitungszeit quadratisch mit der Auflösung zu. Der Anwender ist daher bestrebt, Verfahren zur Reduktion der Daten und damit der Verarbeitungszeit einzusetzen. Eine Möglichkeit besteht im bereits genannten Einsatz intelligenter Kameras, die die Datenmenge stark reduzieren können. Ansonsten wird die Datenreduktion im Rechner durchgeführt.

Eine ganz einfache Art der Reduktion besteht darin, daß nicht das gesamte Bild bearbeitet wird, sondern nur die für die spezielle Aufgabe relevanten Bildausschnitte, in denen das zu untersuchende Objekt abgebildet ist.

Durch eine Operation mit fester oder adaptiver Schwelle lassen sich Binärbilder mit nur 1 bit pro Pixel erzeugen. Die Bestimmung der Schwelle bereitet jedoch oft Probleme.

Eine weitere Möglichkeit besteht in der redundanzreduzierenden Codierung. Dabei wird z. B. der Kantenverlauf eines Objektes ermittelt. Die Verarbeitung der somit reduzierten Daten kann wesentlich schneller erfolgen.

Aufwendigere Bildfilterungen werden in einem Rechner entweder durch Faltung im Ortsbereich oder durch Multiplikation im Ortsfrequenzbereich durchgeführt. Obwohl dann für die Fourier-Hin- und Rücktransformation zusätzliche Verarbeitungszeit benötigt wird, benötigen viele Berechnungen im Ortsfrequenzbereich wesentlich weniger Zeit als im Ortsbereich.

Für häufig verwendete und/oder schnell ablaufende Verfahren werden spezielle Hardwarebaugruppen zur Beschleunigung angeboten, zum Teil auch mit speziellen Bildverarbeitungs-Prozessorchips.

15.7 Anwendungen

Bei Zeilen- und Flächenkameras mit angeschlossenem Bildverarbeitungssystem handelt es sich um die intelligentesten Sensorsysteme. Dennoch können heute noch nicht alle Aufgabe damit gelöst werden. Gerade die sehr einfach erscheinenden Aufgaben sind oft nur unter sehr hohem Aufwand oder gar nicht lösbar.
So ist es z.B. noch nicht gelungen, Qualitätsprüfungen bei Kacheln durchzuführen, die kein konkretes Muster, sondern nur unregelmäßige Schattierungen zeigen, die zudem noch von Exemplar zu Exemplar wechseln. Wird dagegen zwischen normalen Kacheln eine fehlerhafte Kachel auf einer Fläche verlegt, fällt diese dem Betrachter sofort ins Auge.
Viele Probleme lassen sich nur unter hohem Aufwand und unter Laborbedingungen lösen. Diese Lösungen sind für den Einsatz in Automatisierungsanlagen nicht geeignet.

15.7.1 Aufgaben in der Automatisierungstechnik

CCD-Kameras mit angeschlossenem Verarbeitungssystem können eine große Anzahl von Aufgaben in der Automatisierungstechnik übernehmen:
1. Berührungslose Vermessung
Mit geeigneten Objektiven und Sensoren kann eine Vermessung von Objekten bis in den µm-Bereich erfolgen (Breite, Länge, Höhe, Position, Orientierung, Füllstand, Durchhang, Kontaktabstand usw.).
2. Positionskontrolle
Bei der Montage mit bewegten Werkzeugen können die korrekten Positionen von Werkstück und Werkzeug sowie mögliche Kollisionen (z.B. im Schwenkbereich von Robotern) erkannt werden (SMD-Bestückung, spanabhebende Arbeiten, Schweißarbeiten usw.).
3. Qualitätskontrolle
Überwachung auf Einhaltung der Qualitätskriterien von Werkstücken (Prüfung auf Maßhaltigkeit von Bauteilen sowie Existenz und Maßhaltigkeit von Bohrungen, Ermittlung von Graten, Ausbrüchen und Einschlüssen, Funktionsprüfung von Leuchtanzeigen (LED, LCD), Formprüfung von Druckzeichen, Ermittlung von Oberflächenfehlern, Ermittlung von Fremdkörpern in Schüttgütern usw.). Überwachung von Werkzeugen (Schärfe von Schneidwerkzeugen, Ausbrüche, Spangröße usw.).
4. Vollständigkeitskontrolle
Prüfung auf Vollständigkcit zusammengesetzter Baugruppen (Platinenbestückung, Kontaktanordnungen in Gehäusen, Schweißverbindungen, Tabletten in Verpackungen usw.).

5. Objekterkennung/Mustererkennung
Bestimmung von Form oder Textur (Oberflächenstruktur), Sortierung unterschiedlich geformter Teile oder Teile mit unterschiedlicher Textur für die Montage per Roboter usw.

Diese Aufgaben werden zum Teil auch kombiniert wahrgenommen. So wird z. B. bei Teilen, die auf einem Förderband transportiert werden, zwischen unterschiedlich großen und unterschiedlich geformten, z. B. kreisförmigen und quadratischen, Teilen unterschieden. Gleichzeitig wird die Maßhaltigkeit sowie die Größe und die Lage von Bohrungen geprüft. Zudem werden Materialfehler wie Ausbrüche und Grate ermittelt. Danach kann die exakte Position des Werkstückes ermittelt werden, um es von einem Greifer eines Handhabungssystems einer weiterverarbeitenden Maschine zuzuführen. Neben diesen Aufgaben der Fertigung werden auch Betriebsdatenerfassungen durchgeführt, z. B. Statistiken über Ausschuß oder Werkzeugstandzeiten.

Darüber hinaus werden CCD-Sensoren auch in anderen Bereichen, z.B. in der Reprotechnik oder beim Scannen von Vorlagen eingesetzt (Fax-Geräte, Scanner).

15.7.2 Geräteauswahl

Bei flächenhaften Meßaufgaben müssen nicht in jedem Falle Flächenkameras eingesetzt werden, zumal diese nicht die Auflösung von Zeilenkameras erreichen. Für hochauflösende Messungen an gleichförmig bewegten Objekten hat sich eine Meßanordnung mit einer Zeilenkamera nach Bild 15.14 durchgesetzt. Das Förderband bewegt sich dabei aus der Bildebene heraus. Die Zeilenkamera nimmt eine Zeile des Objektes auf. Während diese Zeile weiterverarbeitet wird, hat sich das Förderband bewegt, die Zeilenkamera nimmt eine neue Zeile eines anderen Objektabschnittes auf. Durch Zusammensetzung der Zeilen in einem nachgeschalteten Rechner entsteht ein zweidimensionales Bild. Je nach Meßaufgabe sind Bandgeschwindigkeiten bis einige Meter pro Minute erreichbar.

Wie bei vielen ähnlichen Fragen steht der Anwender vor der Entscheidung, eine auf die Aufgabenstellung zugeschnittene preiswerte Anlage zu erwerben oder eine Anlage, die auch noch Änderungen oder Erweiterungen der Aufgabenstellung gewachsen ist.

Auf PC-Basis werden bereits leistungsfähige komplette Bildverarbeitungssysteme für Zeilen- oder Flächenkameras angeboten. Die zugehörigen Einschübe enthalten den A/D-Wandler, einen oder mehrere Bildspeicher sowie ggf. einige fest verdrahtete Bildverarbeitungsoperationen. Zur Unterstützung erhält man einfachste Software für einige

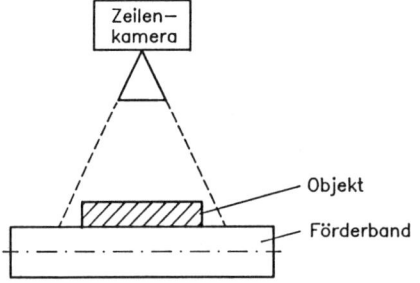

Bild 15.14:
Erzeugung eines zweidimensionalen Bildes durch zeilenweise Abtastung eines bewegten Objektes.

hundert DM oder komplette Bildverarbeitungs-Software typisch von 3000 DM bis 10000 DM und für aufwendige Aufgaben auch weit darüber. Dazu kommt eine Kamera ab ca. 2000 DM. Mit einem vorhandenen PC (AT, OS2 sowie kompatible oder andere) und Standardperipherie läßt sich mit einem zusätzlichen Aufwand von ca. 10000 DM ein einfaches Bildverarbeitungssystem aufbauen. Dabei ist zu prüfen, ob dieses System die durch den Einzelfall gestellten Anforderungen erfüllen kann.

Bei komplexeren Aufgaben ist wegen der beschränkten Anzahl von Einschubplätzen und der begrenzten Leistungsfähigkeit eines PC zu überlegen, ob nicht ein leistungsfähigeres System vorzuziehen wäre.

Solche Systeme, z.B. auf VME-Bus-Basis, bieten ein Echtzeit-Betriebssystem, können sehr viele Einschübe aufnehmen und damit auch zur Prozeßsteuerung selbst eingesetzt werden. Zudem ist die Datenübertragung von der Bildverarbeitungseinheit zur Prozeßsteuerungseinheit wesentlich einfacher. Ein komplettes Bildverarbeitungssystem auf VME-Bus-Basis (Hard- und Software) ist ab ca. 60000 DM erhältlich. Erweiterungen können hier sehr viel kostengünstiger ausfallen als bei einer PC-Version.

15.7.3 Beispiel 1: Messung einer Modulationsübertragungsfunktion

Das vorgestellte Meßsystem wurde auf der Basis eines PC aufgebaut. Damit wird nach der Produktion die Güte eines optischen Abbildungssystems durch Ermittlung der Modulationsübertragungsfunktion bestimmt. Als Meßfühler dient ein CCD-Zeilensensor. Im folgenden wird der dem optischen Begriff äquivalente elektrotechnische Begriff in Klammern gesetzt. Die Modulationsübertragungsfunktion (der Amplitudengang) wird durch Fouriertransformation der Punktbildfunktion (Gewichtsfunktion, Impulsreaktionsfunktion) eines Systems ermittelt. Von der Theorie her ist ein adäquates Signal zur Messung der Punktbildfunktion ein Dirac-Impuls. Mit einem solchen Eingangssignal könnte am Ausgang eines Systems diese direkt gemessen werden. Die physikalische Erzeugung eines solchen unendlich klein ausgedehnten und unendlich hohen Signals ist genausowenig möglich wie eine zweidimensionale Dirac-Linie zur Messung der Linienbildfunktion. Daher wird als Eingangssignal für das Abbildungssystem das Integral der Dirac-Linie, der Einheitssprung (Sprungfunktion) verwendet. Damit wird ein Bild erzeugt, das in der einen Hälfte vollkommen lichtdurchlässig ist, in der anderen vollkommen lichtundurchlässig. Die Steilheit am Übergang ist extrem groß (Bild 15.15a). Der Übergang und die Zeile liegen rechtwinklig zueinander.

Ein solches Muster wird direkt auf ein Zeilenmodul ohne Objektiv projiziert. Mit einem Einheitssprung als Eingangssignal wird die Kantenbildfunktion (Übergangsfunktion) gemessen (Bild 15.15b). Wegen der Linearität des Systems erhält man die Linienbildfunktion durch Differenzieren der Kantenbildfunktion (Bild 15.15c). Durch Fouriertransformation erhält man die OTF und durch Betragsbildung die MÜF (MTF) (Bild 15.15d).

Bei der Auswahl des verwendeten Zeilensensors müssen verschiedene Bedingungen erfüllt werden:
1. Die Abbildung der Kantenbildfunktion muß vollständig vom Sensor erfaßt werden. Damit ergibt sich bei gefordertem Abbildungsmaßstab (Projektionsabstand) die Länge des Sensors.
2. Die Grenzfrequenz des Sensors muß wesentlich größer sein als die des zu vermessenden Systems. Daraus ergibt sich die Pixelzahl des Sensors bei gegebener Länge.

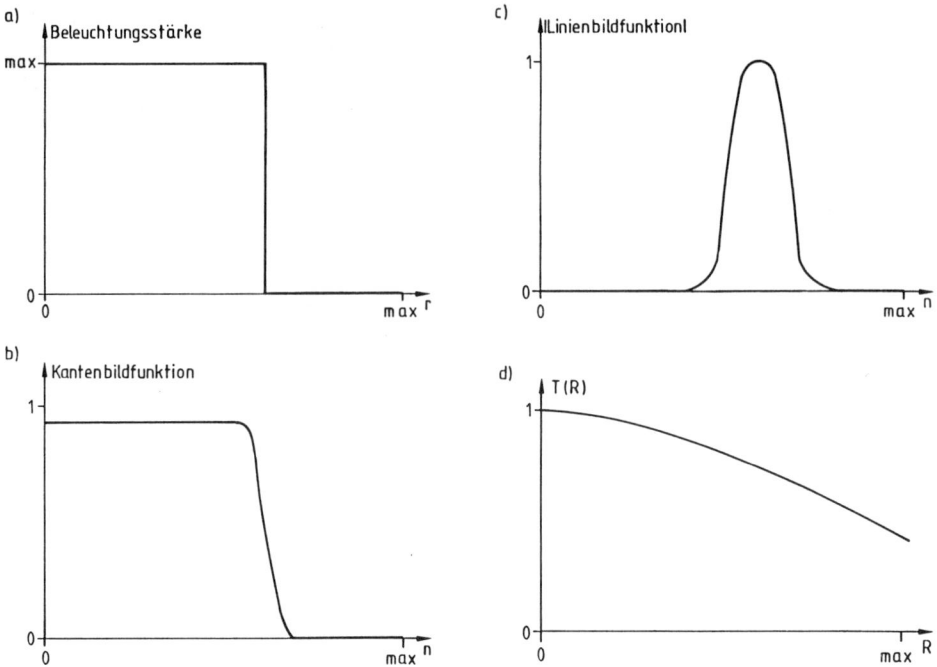

Bild 15.15: Ermittlung der Modulationsübertragungsfunktion in mehreren Schritten. a.) Optisches Eingangssignal; b.) Gemessene Kantenbildfunktion (Übergangsfunktion); c.) Durch Differenzierung gewonnene Linienbildfunktion (Impulsfunktion); d.) Durch Fouriertransformation gewonnene Modulationsübertragungsfunktion T(R) (Frequenzgang). Die Ordinaten sind auf 1 normiert. r - Ortskoordinate, R - Ortsfrequenz, n - Pixelnummer.

3. Bei größeren Sensorflächen werden die optischen Signale über jede einzelne Sensorfläche integriert. Durch diese Mittelung wird der Abfall der MÜF bei hohen Frequenzen verstärkt. Daher ist ein Sensor mit möglichst kleinen Einzelsensoren und 100 % Apertur einzusetzen. Dann wird das Signal ideal an örtlich sehr schmalen Punkten sehr dicht abgetastet. Wegen der durch die kleine Sensorfläche bedingten geringen Empfindlichkeit muß die Beleuchtungsstärke entsprechend erhöht werden.

15.7.4 Beispiel 2: Ein System zur Erkennung, Lokalisation und Bearbeitung von Werkstücken

Werkstückerkennungssysteme arbeiten aus Aufwands- und Geschwindigkeitsgründen meistens mit Binärbildern. Zur Erzeugung von Binärbildern wird nach einem Schwellwertverfahren die Information eines Pixels auf 1 bit reduziert. Probleme können bei der Bestimmung der Schwelle auftreten. Bei veränderten Beleuchtungsverhältnissen (Schattenwurf quer über das Objekt) oder veränderten Oberflächeneigenschaften des Objektes (matte oder glänzende Oberfläche, angelaufener Stahl, Kratzer) können Konturen von Objekten an falschen Orten ermittelt werden. Daher läßt sich dieses Verfahren nur bedingt einsetzen.

15.7 Anwendungen

a)

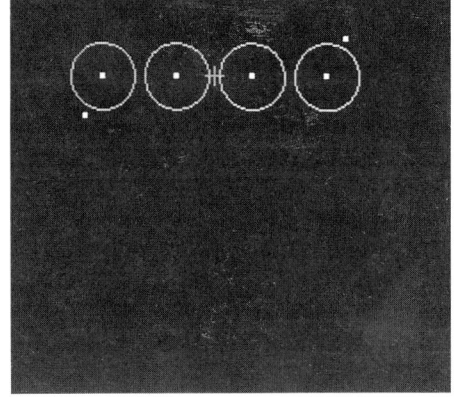

c)

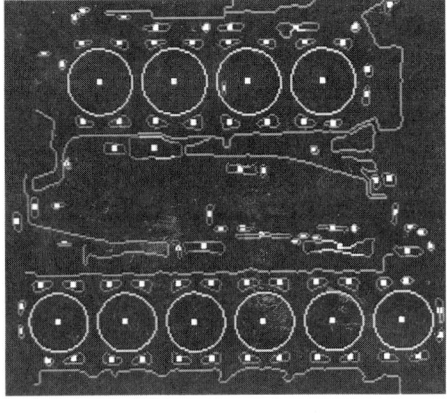

b)

d)

Bild 15.16: Die Verarbeitungsschritte zur Analyse eines Kurbelgehäuses. a) Grauwertdarstellung; b) Aus den Grauwertgradienten ermitteltes Konturbild; c) Das Modell des gesuchten Gehäuses; d) Markierung des akzeptierten Gehäuses. (Fotos: ISRA Systemtechnik GmbH, Darmstadt).

Eine zuverlässigere Objekterkennung basiert auf konturorientierten Verfahren. Dabei müssen die Bilder in der vollen Amplitudenauflösung erhalten bleiben, eine Reduktion ist nicht möglich. Wegen der sehr hohen Rechenzeiten können solche Verfahren nur von speziellen Hardwarekomponenten realisiert werden.

Bei einem realisierten Objekterkennungssystem beruht die Bildinterpretation auf der Analyse von Konturbildern und dem Vergleich mit den zuvor generierten Objektkonturmodellen.

Das mit einer CCD-Flächenkamera aufgenommene Bild wird mit dem in Hardware realisierten Gradientenoperator verarbeitet. Der Operator liefert als Ergebnis für jeden Pixel den Gradienten nach Betrag und Richtung. Durch Verfolgung der Linien der maximalen Gradienten entsteht das Konturbild. Bei geschlossenen Konturen wird der

Schwerpunkt ermittelt. Bei der Klassifikation der Konturen wird jedem Kontursegment ein Konturmerkmal aus Primitiven wie Linie, Kreis, Ecke zugeordnet. Die eigentliche Bilderkennung wird durch den Vergleich der ermittelten Konturmerkmale mit den gespeicherten Objektkonturmodellen. In dieser Bilderkennungsphase können auch zusätzliche Überprüfungen des Objektes, z.B. zur Qualitätskontrolle oder Vollständigkeitsprüfung, durchgeführt werden.

Die Modellgenerierung wird in einem Lernverfahren durchgeführt. Dabei erarbeitet der Anwender mit Unterstützung des Rechners anhand eines normalen Objektbildes eine Erkennungsstrategie, die später bei jeder einzelnen Erkennung angewendet wird.

In einem konkreten Anwendungsbeispiel werden Paletten mit verschiedenen 4-, 5- oder 6-Zylinder-Kurbelgehäusen angeliefert (Bild 15.16a). Ein Portalroboter soll ein gerade benötigtes Gehäuse greifen, von der Palette heben und zur Weiterverarbeitung transportieren. Das vom Gradientenmaximumprozessor gelieferte Bild wird von Störungen bereinigt (Bild 15.16b). Dieses Konturbild bildet die Basis für die Bildanalyse. Das zuvor generierte Modell enthält als relevante Merkmale die vier Zylinderbohrungen und zwei diagonal gegenüberliegende Kühlwasserlöcher (Bild 15.16c). Wird das Konturbild akzeptiert, so wird das gefundene Teil am Kontrollmonitor markiert (Bild 15.16d). Es werden die Lage und die Orientierung des Objektes bestimmt und an den Portalroboter übertragen. Dessen Greifer fährt die Gehäuse an und hebt sie von der Palette.

Zur Erreichung der geforderten Genauigkeit von ±0,7 mm ist eine zweistufige Erkennung nötig. In der ersten Stufe wird die gesamte Palette mit einer Fernbereichskamera betrachtet. Dabei werden die groben Positionen der einzelnen Gehäuse mit einer Genauigkeit von ±4 mm bestimmt. In der zweiten Stufe wird von einer hochauflösenden Nahbereichskamera jedes Gehäuse einzeln aufgenommen und mit der geforderten Genauigkeit analysiert. Mit dem vorgestellten System können bis zu zehn Teile pro Minute analysiert werden.

Literatur

[1] Naumann/Schröder: Bauelemente der Optik. München, 1987
[2] Haferkorn: Bewertung optischer Systeme. Berlin, 1986
[3] Keyes (Editor): Optical and Infrared Detectors. Berlin, 1980
[4] Hecht: Optics. Reading, Mass., USA, 1987
[5] Ersü/Hinkelmann: Robot Vision for Part Recognition, Location and Precise Handling by a Multi Camera Approach. Darmstadt, 1989
[6] Dalsa Inc.: CCD Image Sensors, Datenblatt, 1989
[7] EG&G Reticon: Image Sensing Products Catalog, 1987
[8] Fairchild Weston: CCD Imaging Databook, 1989
[9] Honeywell: Geräte-Information E611, 1986
[10] Hitachi Ltd.: Solid-State Image Devices, 1989
[11] Kontron Bildanalyse: Datenblatt, 1989
[12] Texas Instruments: Optoelectronics and Image Sensor Databook, 1987
[13] Thomson Composants: The CCD Image Sensor, 1988
[14] Thomson Composants: CCD Data Book, 1988
[15] Toshiba Corporation: CCD Image Sensor Data Book, 1988
[16] Valvo: FT-Halbleiterbildaufnehmer der Reihe NXA 1111 bis NXA 1141, 1989
[17] Valvo: Vergleich von Halbleiterbildaufnehmern: Interline, XY- und Frame-Transfer-Konzept, 1988

16 Gasfeuchtesensoren

16.1 Einleitung

Gasfeuchtemessungen für technische und wissenschaftliche Zwecke werden derzeit in einem Intervall von etwa -100 bis $+100\,°C$ Taupunkttemperatur durchgeführt (entspricht etwa 20 µg/m^3 bis 600 g/m^3 absoluter Feuchte). Im Bild 16.1 sind ohne Anspruch auf Vollständigkeit die derzeit wichtigsten Anwendungsbereiche der Gasfeuchtemessung (Hygrometrie) dargestellt.

Gasfeuchtemessungen können im offenen Raum, im begrenzten Volumen, in ruhenden und strömenden Gasen, bei unterschiedlichen Drücken und Temperaturen erforderlich sein. Es können mechanische und chemische Verunreinigungen auftreten. Dieser Komplexität der Meßaufgaben steht eine entsprechende Vielfalt an Meßverfahren gegenüber. Einige physikalische Eigenschaften des Wassers haben für die Feuchtemessung eine besondere Bedeutung:
– die starke Bindung an Oberflächen und in Materialien (Sorption),
– die Phasenumwandlungen Dampf-Wasser-Eis,
– die Absorption elektromagnetischer Strahlung,
– die hohe spezifische Verdampfungsenthalpie.

Die Nutzung dieser Eigenschaften hat zu einer fast unüberschaubaren Zahl von Hygrometerbauarten und hygrometrischen Sensoren geführt, die sich aber zu Gruppen mit gleichem Wirkprinzip und vergleichbaren meßtechnischen Eigenschaften zusammenfassen lassen.

Nicht alle Gasfeuchtemeßgeräte sind Sensoren im engeren Sinne. Im Interesse einer Gesamtübersicht werden sie trotzdem mit aufgeführt.

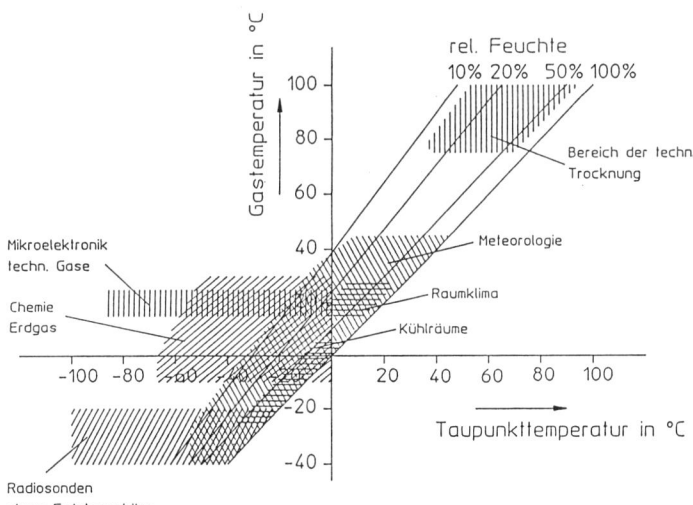

Bild 16.1: Die wichtigsten Anwendungsbereiche der Gasfeuchtemeßtechnik

16.2 Beschreibungsformen der Gasfeuchte

Charakteristisch für die Gasfeuchtemessung ist die zum Teil verwirrende Vielfalt der Kenngrößen und die enge Kopplung an Gastemperatur und Gasdruck. Bezüglich der theoretischen Grundlagen sowie der exakten Definitionen und Umrechnungsbeziehungen der Kenngrößen muß auf weiterführende Literatur verwiesen werden [1, 2, 3, 4, 5, 6].

Vereinfacht, aber für praktische Meßaufgaben ausreichend genau, gelten folgende Definitionen:
- absolute Feuchte $d_v = m_v/V$
  m_v – Masse des Wasserdampfes
  V – Volumen des feuchten Gases
- Dampfdruck e
  Partialdruck des Wasserdampfes im feuchten Gas
- Sättigungsdampfdruck e_w bzw. e_i
  Sättigungswert des Dampfdruckes bezüglich Wasser (Index w) bzw. Eis (Index i) bei gegebener Temperatur
- Taupunkttemperatur t_d, Reifpunkttemperatur t_i
  Temperatur, bei der für einen gegebenen Dampfdruck bei isobarer Abkühlung Sättigung bezüglich Wasser/Eis eintritt.
  $e = e_w(t_d)$ bzw. $e = e_i(t_i)$
- Mischungsverhältnis (Feuchtegrad) $r = m_v/m_g$
  mg – Masse des trockenen Gases
- relative Feuchte $U = (e/e_w) \cdot 100$ %
  Quotient aus Dampfdruck und Sättigungsdampfdruck bei gegebener Temperatur, ausgedrückt in Prozent.

16.3 Verfahren der Gasfeuchtemessungen

16.3.1 Al_2O_3-Sensoren

Auf einer Elektrode aus reinem Aluminium befindet sich eine wenige Mikrometer starke Schicht von Aluminiumoxid. Diese ist ihrerseits mit einer extrem dünnen wasserdampfdurchlässigen Goldschicht als Gegenelektrode bedeckt. Das ganze bildet einen Kondensator, dessen Impedanz feuchteabhängig ist, da das Aluminiumoxid wegen seiner Porenstruktur Wasserdampf absorbiert (Bild 16.2). Die Besonderheit dieses Sensors ist, daß die Impedanz von der *absoluten* Feuchte und nicht, wie bei kapazitiven Sensoren mit nichtmetallischem Dielektrikum, von der *relativen* Feuchte abhängt. Damit steht ein Sensor mit elektrischem Ausgangssignal zur Verfügung, mit dem die absolute Feuchte bzw. die Taupunkttemperatur direkt gemessen werden kann.

Aluminiumoxid-Sensoren haben ihren günstigsten Arbeitsbereich bei Taupunkttemperaturen unter 0 °C bis weit in den Spurenbereich hinein. Dieser Bereich ist typisch für Messungen unter technischen Bedingungen. Die Sensoren sind deshalb von vornherein für den Einbau in Rohrleitungen, Druckbehälter und Anlagenteile ausgelegt. Flansche und Gewinde sind obligate Teile des Sensorkörpers.

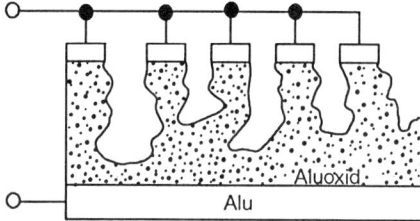

Bild 16.2: Struktur eines Aluminiumoxid-Sensorelements (nach Panametrics)

Wegen der besonderen Forderungen für den Spurenfeuchtebereich bieten die Hersteller meist komplette Meßstrecken oder Bypass-Systeme mit entsprechenden Verbindungselementen als Zubehör an.

Die Abhängigkeit der Impedanz vom Dampfdruck ist an sich nichtlinear. Die Kennlinien werden aber in den Grundgeräten mittels Mikroprozessoren linearisiert und nullpunktfixiert.

Aluminiumoxid-Sensoren sind einsetzbar bei Unter- und Überdrücken; sie sind durch Sinterfilter gegen mechanische Verunreinigungen geschützt. Aggressive Gase und Dämpfe sind bis zu bestimmten feuchteabhängigen Konzentrationen akzeptabel. Ähnliches gilt für polare Gase wie Methanol, Ammoniak u. a., die zu Querempfindlichkeiten führen und entweder vermieden oder, bei konstanter Konzentration, einkalibriert werden müssen.

Die Kennlinien von Al_2O_3-Sensoren sind zeitlich nur begrenzt stabil. Die Hersteller empfehlen meist eine Nachkalibrierfrist von 6 Monaten. Für Fühler mit gültiger Kalibrierung sind Meßunsicherheiten von 2 bis 3 K Taupunkttemperatur zu veranschlagen.

Eine Besonderheit der Aluminiumoxid-Sensoren ist, daß sie direkt eintauchend zur Wassergehaltsmessung in nichtwäßrigen Flüssigkeiten eingesetzt werden können.

16.3.2 Tauspiegelhygrometer

Ein „Spiegel", d. h. eine oberflächenveredelte, sehr blanke Metalloberfläche von wenigen Millimetern Durchmesser, ist mit der Kaltseite eines Peltierelementes thermisch eng gekoppelt. Wird dieser Spiegel mit Hilfe des Peltierelementes abgekühlt, tritt bei Erreichen der Taupunkttemperatur Kondensat auf, das mit geeigneten Nachweisverfahren erkannt werden kann. In der Mehrzahl der Fälle werden zum Nachweis optische Verfahren verwendet, durch die die Änderung der Reflexionsverhältnisse beim Auftreten von Kondensat registriert und zur Steuerung des Peltierstroms genutzt wird, wodurch letztlich der Spiegel auf die Taupunkttemperatur eingeregelt wird. Diese wird mit einem Temperatursensor, der sich direkt am Spiegel befindet, gemessen (Bild 16.3).

Taupunkthygrometer sind prinzipiell im gesamten meßtechnisch interessierenden Taupunktbereich einsetzbar. Allerdings werden durch die einzelnen Modelle nur Teilbereiche davon realisiert. Sie zählen zu den genauesten Hygrometern und sind außer für praktische Messungen auch als Referenzmeßmittel sehr geeignet. Die erreichbare Meßgenauigkeit ist vorrangig durch die Genauigkeit der Messung der Spiegeltemperatur und die Güte der Regelung bestimmt. Drifteffekte sind bis auf die unbedeutende Alterung der Temperatursensoren auszuschließen. Fehlmessungen sind möglich, wenn außer Wasserdampf andere kondensierbare Komponenten im Meßgas vorhanden sind. Glei-

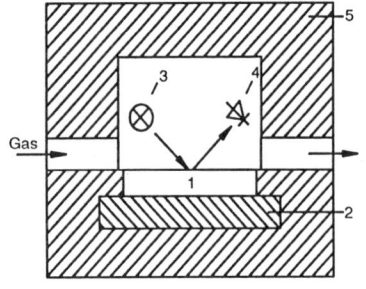

Bild 16.3:
Prinzip einer Tauspiegel-Meßzelle mit optischem Taunachweis
1 Tauspiegel
2 Peltierelement
3 Lampe
4 Strahlungsdetektor
5 Wärmeisolierung

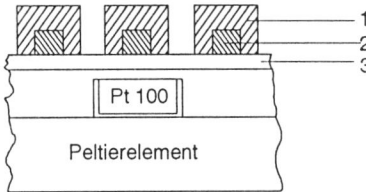

Bild 16.4:
Schnitt durch einen „Tauspiegel" mit kapazitivem Taunachweis (nach Endress u. Hauser)
1 Tantaloxidschicht
2 Leiterbahnen
3 Keramiksubstrat

ches gilt für mechanische Verunreinigungen, gegen die Tauspiegelhygrometer sehr empfindlich sind und die durch Filter abgefangen werden müssen.

Eine weitere Fehlerquelle ist die Schwierigkeit zu unterscheiden, ob bei Taupunkttemperaturen unter 0 °C das Kondensat als Wasser oder Eis vorliegt. Daraus können zwischen 0 °C und etwa −25 °C Meßfehler bis zu einigen Kelvin resultieren.

Tauspiegelhygrometer werden sowohl mit eintauchenden als auch durchströmten Sensoren (Größenordnung 1 l/min) angeboten. Besondere Optionen sind druckfeste und korrosionsbeständige Ausführungen.

Weiterentwicklungen gibt es bei den Tau-Nachweisverfahren. Neben verschiedenen Versionen des optischen Verfahrens (Streulicht, direkte Reflexion in verschiedenen Kombinationen) wird von kapazitiven (Fa. Endress u. Hauser, Bild 16.4) und akustischen (Fa. Vaisala) Verfahren Gebrauch gemacht, um die Empfindlichkeit gegen Verschmutzung des Spiegels zu reduzieren.

16.3.3 Psychrometer

Ein (im allgemeinen mittels eines darüber gezogenen Baumwollstrumpfes) befeuchteter Temperatursensor kühlt sich infolge der Abgabe von Verdunstungswärme ab, wenn er vom Meßgas angeblasen wird. Unter adiabatischen Bedingungen stellt sich eine Grenztemperatur ein, die in definiertem Zusammenhang mit dem Wasserdampfpartialdruck des Meßgases, im allgemeinen Luft, steht (Bild 16.5).

Das psychrometrische Verfahren hat sich bis heute in der Praxis behaupten können, weil es geringen gerätetechnischen Aufwand und damit preisgünstige Herstellung mit guter Meßgenauigkeit und hoher Zuverlässigkeit verbindet. Psychrometer sind frei von Driftverhalten. Ihre Empfindlichkeit gegen mechanische und chemische Verunreinigungen ist gering. Nachteilig sind die Notwendigkeit der ständigen Nachbefeuchtung des feuchten Thermometers und die unbequeme Handhabung.

16.3 Verfahren der Gasfeuchtemessungen

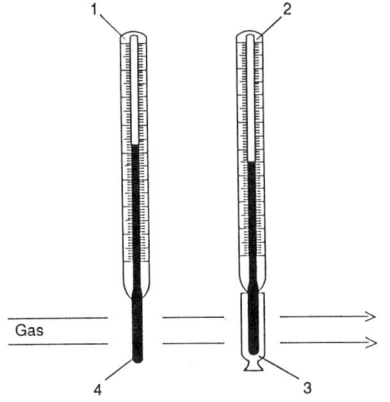

Bild 16.5:
Prinzip des Psychrometers
1 Trockenthermometer
2 Feuchtethermometer
3 befeuchteter Baumwollstrumpf
4 trockene Thermometerspitze

Psychrometrische Feuchtesensoren erfassen, da zum Anblasen des feuchten Thermometers ein relativ großer Gasstrom benötigt wird (z.B. ca. 60 l/min beim Assmann-Psychrometer), ein großes Meßgasvolumen. Das gewährleistet, daß ein repräsentativer Mittelwert über einen großen Raumbereich erfaßt wird, es schließt aber psychrometrische Messungen in kleinen Volumina aus. Auch macht sich bei kleinem Volumen des Meßraums die verfahrensbedingte Verdunstung am feuchten Thermometer störend bemerkbar. Für die Auswertung der Messungen, d.h. die Umrechnung der Feuchttemperatur in die benötigten Feuchtekenngrößen, werden Tabellen, Nomogramme oder andere Hilfsmittel verwendet. Bei Psychrometern mit elektrischen Temperatursensoren kann diese Umrechnung elektronisch erfolgen (Fa. Ultrakust, Fa. Ahlborn u.a.).

Als Referenzmeßmittel hat das Aspirationspsychrometer nach Assmann nach wie vor eine besondere Bedeutung. Es erlaubt Messungen mit einer Unsicherheit von 1 bis 1,5 % rel. Feuchte und wird auch heute noch vielfach als Referenzmeßgerät verwendet. Der Fehler f der absoluten Feuchte nimmt zu tieferen Temperaturen stark zu (vgl. Tabelle).

relative Feuchte	40 %	60 %	80 %
T = −10 °C	f = 8 %	5,5 %	4,3 %
T = 0 °C	4 %	3 %	2,2 %
T = +10 °C	2,8 %	1,7 %	1,3 %

Weiterentwicklungen gehen dahin, mittels elektrischer Temperatursensoren zu elektrischen Ausgangssignalen zu kommen sowie durch Vorrichtungen zur Dauerbefeuchtung eine kontinuierliche Messung zu gewährleisten. Eine moderne Version des Psychrometers ist das Prallstrahlverfahren (Fa. Ultrakust), bei dem ein Strahl des Meßgases auf eine Wasserfläche trifft. Dieses Verfahren ist für Höchstfeuchtemessungen in staub- und schmutzbelasteter Luft geeignet, da die Wasserfläche durch den Prallstrahl selbst schmutzfrei gehalten wird.

16.3.4 Kapazitive Hygrometer

Ein Kondensator, dessen Dielektrikum aus hygroskopischem Material gebildet wird, ändert seine Kapazität infolge des sorptiven Feuchteaustausches mit der Umgebung. Die Kapazität ist eine Funktion der relativen Feuchte (Bild 16.6). Auf dieser Basis wurde in den letzten Jahren eine Vielzahl von Sensoren entwickelt, wobei als Dielektrikum in der Mehrzahl der Fälle Polymere eingesetzt werden, aber auch keramische u. a. Substanzen finden Verwendung (außer Metalloxiden, die ein anderes Feuchteverhalten zeigen; vgl. Abschnitt 16.3.1).

Vor allem durch die Weiterentwicklung der Dünnschichttechnologie wurden hier große Fortschritte erzielt. Es gelang, Hysterese, Drifterscheinungen und Temperaturkoeffizienten deutlich zu verringern. Der den kapazitiven Sensoren lange anhaftende Mangel der geringen Zuverlässigkeit, der Kennlinieninstabilität und kurzen Lebensdauer konnte abgebaut werden. Damit kommen ihre Vorzüge, kleine geometrische Abmessungen, hohe Empfindlichkeit und Meßwertauflösung, elektrisches Ausgangssignal und vertretbarer Preis zum Tragen.

Kapazitive Sensoren müssen individuell kalibriert und periodisch nachkalibriert werden. Die Fristen für die Nachkalibrierung hängen naturgemäß stark von den Einsatzbedingungen ab. Chemische Einflüsse und mechanische Verunreinigungen haben grundsätzlich einen Einfluß auf kapazitive Sensoren. Sie beeinträchtigen das meßtechnische Verhalten und führen zu Veränderungen der Kennlinie. Nachkalibrierfristen moderner kapazitiver Sensoren liegen für normal belastete Luft und mittleren Feuchtebereich bei etwa 1 Jahr. Je nach Belastung kann sich diese Frist auf wenige Monate oder sogar Wochen verkürzen. Hierüber muß für die jeweils gegebenen Bedingungen auf der Grundlage von Erfahrungswerten entschieden werden. Die erreichbaren Genauigkeiten sind also sehr von den Einsatzbedingungen abhängig. Herstellerangaben zur Meßgenauigkeit betreffen, auch wenn dies nicht immer klar zum Ausdruck kommt, die Genauigkeit, bei der die Kalibrierung bei einer festen Temperatur durchgeführt wurde. Korrekterweise sollte sie als Kalibrierunsicherheit bezeichnet werden. Die Werte liegen meist bei 2 % rel. Feuchte, teils noch darunter. Sie sind ein Maß für die Qualität des Sensors, aber auch für den Aufwand für die Kalibrierung, die Zahl der Prüfpunkte und die elektronische Kennlinienauswertung. Kapazitive Sensoren haben prinzipiell einen Temperaturkoeffizienten. Die diesbezüglich angegebenen Werte sind unterschiedlich: 0,5 % rel. Feuchte/70 K bei Fa. Rotronic, 0,15 bis 0,3 % bei Fa. Vaisala, nach [7] im Durchschnitt 0,15 %/K.

Ein spezielles Problem ist das Verhalten gegenüber Betauung bei Unterschreiten der Taupunkttemperatur oder gegenüber Spritzwasser. Die einzelnen Sensortypen reagieren

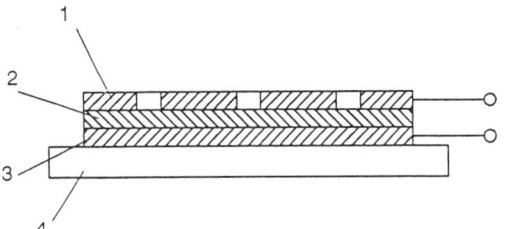

Bild 16.6:
Kapazitives Hygrometer
1 obere Elektrode
2 Dielektrikum
3 untere Elektrode
4 Glasträger

darauf sehr unterschiedlich. Die Spanne reicht von völliger Unempfindlichkeit bis zur bleibenden Beschädigung oder zumindest einer irreversiblen Kennlinienänderung.
Das Marktangebot an kapazitiven Sensoren ist sehr groß, es reicht von einfachen Handgeräten bis zu Wandlern und Reglern zur Anlagensteuerung in den verschiedensten Bereichen.

16.3.5 Elektrolytische Sensoren

Elektrolytische Sensoren sind in ihrem Verhalten, in ihrer Geometrie und in den Einsatzmöglichkeiten den kapazitiven Sensoren sehr ähnlich. Bezüglich des Meßprinzips besteht ein grundsätzlicher Unterschied darin, daß nicht die Kapazität eines Kondensators mit einem festen Dielektrikum, sondern die Impedanz eines winzigen Tropfens eines Elektrolyten gemessen wird, die sich ebenfalls mit der relativen Feuchte der Umgebung ändert. Da der Elektrolyt in einem physikalisch definierten Sorptionsgleichgewicht mit seiner Umgebung steht, ergeben sich Vorteile bezüglich der Kennlinienkonstanz, der Reproduzierbarkeit und der Meßgenauigkeit insgesamt. Die Empfindlichkeit gegenüber chemischen Einflüssen ist deutlich geringer als bei kapazitiven Sensoren. Nachteilig ist die große Empfindlichkeit gegen eine Betauung bzw. gegen direkte Benetzung durch Wasser, die zu einer Zerstörung des Sensors führen können.

16.3.6 LiCl-Sensoren

Ein mit LiCl-Salz imprägniertes Gewebe, das einen Temperatursensor umhüllt, wird über zwei bifilar gewickelte Elektroden an eine Spannungsquelle angeschlossen (Wechselspannung, um Elektrolysevorgänge auszuschalten). Die hygroskopische LiCl-Schicht nimmt Wasser aus der Umgebung auf, wodurch ihre elektrische Leitfähigkeit zunimmt. Sie erwärmt sich durch den Stromfluß so weit, bis infolge der steigenden Temperatur der Dampfdruck der LiCl-Lösung dem Umgebungsdampfdruck gleich ist. Auf diesen Gleichgewichtszustand regelt sich der Sensor ein. Die charakteristische Temperatur wird mit dem Temperatursensor (meist Pt-100) gemessen (Bild 16.7). Die Umrechnung in die Taupunkttemperatur oder andere Feuchtekenngrößen setzt die Kenntnis der Dampfdruckkurve von gesättigter LiCl-Lösung voraus. Die Meßunsicherheit kann unter normalen Bedingungen mit 1 K Taupunkttemperatur angenommen werden (konstante thermische Belastung vorausgesetzt). LiCl-Sensoren müssen periodisch regeneriert, d.h. gereinigt und frisch mit Lösung getränkt werden, da Verunreinigungen und elektrochemi-

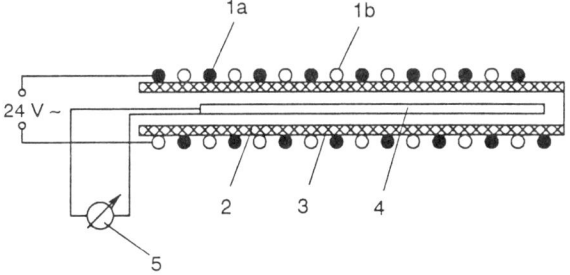

Bild 16.7:
Aufbau eines konventionellen LiCl-Feuchtesensors
1 Heizelektrode
2 LiCl-getränkte Gewebeschicht
3 Metallhülse
4 Widerstandsthermometer
5 Temperaturmessung, aus der die absolute Feuchte folgt

sche Vorgänge am Sensor zu Drifteffekten führen (Frist ist einsatzabhängig, einige Monate bis 1 Jahr). Elektrisch nichtleitende Verschmutzungen stören die Messung nicht. Aggressive Gase oder Dämpfe greifen das Elektrodenmaterial an und sind als Dauerbelastung nicht verträglich (SO_4, NH_4, Cl_2 u. a.).

LiCl-Sensoren müssen im Dauerbetrieb laufen, da ein Ausfall der Heizspannung zum Abtropfen der Lösung führt. Bemühungen, den LiCl-Sensor weiterzuentwickeln, führten zum indirekt beheizten Sensor. Die Heizung erfolgt nicht mehr über die Salzlösung, sondern von außen durch eine separate Heizung. Damit fallen die elektrochemischen Einflüssen auf das Meßverhalten weg, und es lassen sich eine verbesserte Meßgenauigkeit und größere Langzeitstabilität erreichen.

16.3.7 Faserhygrometer

Faserhygrometer sind in der Form des Haarhygrometers die wohl bekannteste und älteste Hygrometerart. Die Längenänderung menschlichen Haares infolge hygroskopischer Feuchteangleichung an die Umgebung wird über eine geeignete Mechanik in einen Zeigerausschlag umgewandelt. Dieses Meßprinzip ist in unzähligen Versionen realisiert worden. Durch Verbesserung der Bearbeitung des Haares und Einsatz von synthetischen Fasern wurden größere Genauigkeiten erreicht. Durch seine Einfachheit, Robustheit, kostengünstige Herstellung und für viele Zwecke ausreichende Genauigkeit hat sich das Faserhygrometer bis heute einen Marktanteil erhalten können. Zu erwähnen sind hierbei auch die Feuchteschreiber mit mechanischem Trommelantrieb.

Die Meßunsicherheit von Faserhygrometern liegt allgemein bei 3 bis 5 % rel. Feuchte. Sie ist vor allem durch Hystereseverhalten des Sensorelementes, des Haares bzw. der Faser, bedingt und setzt regelmäßige Wartung (Regenerierung) voraus. Anderenfalls können die Meßfehler auf ein Vielfaches anwachsen. Ungeachtet der Fortschritte kapazitiver Sensoren und anderer Hygrometer gibt es Bemühungen, das Prinzip des Faserhygrometers weiterzuentwickeln und die Längenänderung direkt in elektrische Signale umzuwandeln:

- Ein Kunststoffband, bestehend aus einer Vielzahl von Einzelfasern, dient als empfindliches Element. Seine Längenänderung wird über einen Potentiometerabgriff oder ein elektronisches Abgriffsystem in ein normiertes elektrisches Signal umgewandelt (Fa. Galltec).

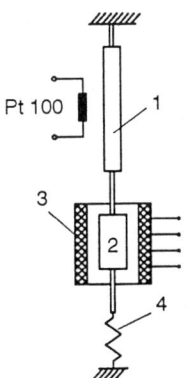

Bild 16.8:
Feuchtesensor mit Feuchtefaser
1 Band aus feuchteempfindliche Faser
2 Ferritkern
3 Differentialtrafo
4 Zugfeder

- Die Längenänderung wird über die Verschiebung eines Ferritkernes in einem Differential-Transformator in ein normiertes elektronisches Ausgangssignal umgewandelt (Fa. Grillo, Bild 16.8).
- Die Längenänderung wird in die Verbiegung eines Siliziumstabes umgewandelt, an dessen Seiten sich elektrische Flächenwiderstände befinden, deren Änderung zur Verstimmung einer elektrischen Brücke führt (Fa. Aanderaa).

Faserhygrometer sind sehr robust gegenüber Verunreinigungen, mit Ausnahme solcher Stoffe, die auf der Faser zu bleibenden Ablagerungen führen und damit die Sorptionsfähigkeit beeinträchtigen (Fette, Wachse und ähnliches).

16.3.8 Sonstige Verfahren

Neben den bisher behandelten Verfahren gibt es weitere, die zur Entwicklung kommerzieller Hygrometer genutzt wurden und die vor allem für spezielle Anwendungen in Betracht kommen:
- Hygrometer, bei denen die Absorption der Lyman-α-Linie des Wasserstoffspektrums zur Feuchtemessung genutzt wird, erreichen Meßgenauigkeiten, die denen anderer Verfahren vergleichbar sind. Ihr großer Vorzug ist die praktisch verzögerungsfreie Messung (Zeitkonstante im Millisekundenbereich).
- Für die Hochfeuchtemessung interessant ist ein akustisches Hygrometer, das die Feuchteabhängigkeit der Gasdichte zur Feuchtemessung nutzt (fluidischer Oszillator) [8].
- Ein offener Kondensator wird zur Messung zur Hochfeuchte genutzt (Fa. Dewcon [5]).
- Seit langem bekannt und kommerziell angeboten, aber in den letzten Jahren größtenteils durch Tauspiegel-Hygrometer und Aluminiumoxid-Sensoren verdrängt, sind coulometrische Hygrometer. In einer vom Meßgas durchströmten Zelle oder Kapillare ist ein bifilares Elektodenpaar auf der Wand oder einem Grundkörper aufgewickelt. Eine darauf aufgetragene dünne Schicht von P_2O_5 wird durch die Absorption des Wasserdampfes aus dem Meßgas elektrisch leitend. Die Stromstärke ist, konstanten Gasfluß vorausgesetzt, ein Maß für die absolute Feuchte des Meßgases. Coulometrische Hygrometer sind im Spurenbereich bis etwa 1 ppm Volumenanteil einsetzbar. Sie sind aber nur in Meßgasen einsetzbar, in denen außer Wasser keine mit P_2O_5 reagierenden Komponenten (z.B. Alkohole, Ammoniak, Olefine u.a.) enthalten sind. Die Meßzellen sind nach längerem Einsatz zu regenerieren. Diese Prozedur ist jedoch aufwendig und erweist sich unter industriellen Einsatzbedingungen als deutlicher Nachteil des Verfahrens.

16.4 Marktkategorien

Die Preise für Hygrometer und hygrometrische Sensoren hängen neben marktbedingten Faktoren natürlich sehr vom Umfang an Zubehör und Optionen ab. Man kann aber bezüglich der Größenordnung der Preise drei Gruppen unterscheiden:

- Unter 100 bis etwa 2000 DM kosten Haar- bzw. Faserhygrometer, Psychrometer, mechanische Hygrographen, LiCl-Hygrometer sowie einfache Handgeräte mit kapazitiven oder elektrolytischen Sensoren.
- Kapazitive und elektrolytische Hygrometer, Aluminiumoxid-Hygrometer und einfache Tauspiegelhygrometer kosten je nach Umfang an Peripherie (wie Drucker, Wandler, Armaturen u.a.) etwa 1000 bis 10000 DM.
- Die teuersten Hygrometer sind Tauspiegel-Hygrometer mit höchstem Genauigkeitsanspruch, deren Preise sich zwischen 15000 und 30000 DM bewegen.

Literatur:

[1] Kohlrausch, F.: Praktische Physik. B. G. Teubner, Stuttgart 1985
[2] Wexler, A.: Humidity and Moisture, Vol. 1-3, Reinhold Publ. Corp., New York 1965
[3] Berliner, M. A.: Feuchtemessung, Verlag Technik, Berlin 1980
[4] Lück, W.: Feuchtigkeit; Grundlagen, Messen, Regeln, R. Oldenbourg, München-Wien 1964
[5] Fischer, H., Heber, K. u.a.: Industrielle Feuchtemeßtechnik, Expert-Verlag, Ehningen 1990
[6] Lück, W. in: Handbuch der industriellen Meßtechnik, Vulkan-Verlag, Essen 1984
[7] Demisch, U.: Dünnschicht-Feuchtesensoren, in: „messen-prüfen-automatisieren", Sept. 1989
[8] Zipser, L., Labude, J.: Planarer akustischer Abluftfeuchtesensor, in: „messen-steuern-regeln (msr)" 32. Jahrg. 1989, H. 6

17 Serielle Sensor/Aktor-Schnittstellen

17.1 Punkt-zu-Punkt-Verbindungen

Wenn bei komplexen Sensoren der volle Funktionsumfang ausgenutzt werden soll, reicht die übliche digitale oder analoge Ausgangsstufe, mit der lediglich ein einfaches Signal ausgegeben werden kann, nicht mehr aus. So läßt sich ein moderner Ultraschallsensor über eine serielle Schnittstelle vielfältig programmieren, während ein Identifikationssystem so viele Daten liefert, daß eine parallele Ankopplung wegen der benötigten großen Zahl von Signalleitungen kaum noch sinnvoll ist.

Im einfachsten Fall wird der komplexe Sensor über eine Zweipunktschnittstelle mit einem übergeordneten System, einer SPS oder einem Programmiergerät verbunden. Dabei befinden sich genau zwei Geräte an der Schnittstelle. In der Regel arbeitet die Schnittstelle im Vollduplexbetrieb, d.h. es existiert für jede Datenrichtung ein Übertragungsweg. Die Daten werden im Sender durch ein Startbit („0"-Pegel) und ein oder zwei Stoppbit („1"-Pegel) ergänzt, die es dem Empfänger erlauben, sich zu synchronisieren. Der Ruhezustand der Leitung ist ein „1"-Pegel. Das so entstandene Bitmuster wird in einem Schieberegister parallel-seriell gewandelt und im NRZ-Format übertragen (Bild 17.1) (siehe auch 13.3.1.2). Im Empfänger findet der umgekehrte Vorgang statt.

Für die elektrische Darstellung der seriellen Bit auf der Leitung existieren einige Standards, die im folgenden kurz beschrieben werden.

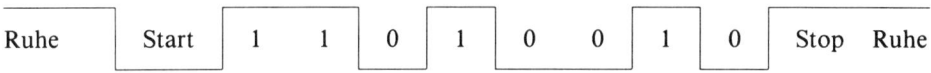

Bild 17.1: Serielle Übertragung eines Byte

17.1.1 RS232

Die RS232-Schnittstelle arbeitet mit einem unsymmetrischen (auf Masse bezogenen) Spannungssignal.

- Pegel gegen Masse: „1" = −12 V (typisch)
  „0" = +12 V (typisch)
- Übliche Baudraten: 1200..19200 Bit/Sekunde
- Leitungslängen: bis 50 m bei 19200 Bit/s
  bis 900 m bei 1200 Bit/s

17.1.2 RS422

Die RS422-Schnittstelle arbeitet mit einem symmetrischen (nicht auf Masse bezogenen) Spannungssignal. Der Wert eines Bit wird durch die Differenz der Spannung zwischen den zwei Datenleitungen dargestellt.

- Spannung zwischen den Leitungen: „1" = −5 V (typisch)
  „0" = +5 V (typisch)
- Übliche Baudraten: 19200–500 kBit/Sekunde
- Leitungslängen: bis 200 m bei 500 kBit/s
  bis 1,2 km bei 19,2 kBit/s

17.1.3 Stromschleife

Die Stromschleife (auch TTY Schnittstelle genannt) stellt den Wert eines Bit durch das Ein- oder Ausschalten eines konstanten Stromes dar. Der Bit-Pegel am Empfänger wird dadurch unabhängig vom elektrischen Widerstand der Übertragungsleitung.

- Pegel: „1" = i < 4 mA
  „0" = i > 12 mA
- Übliche Baudraten: 600–9600 Bit/Sekunde
- Leitungslängen: bis 1000 m

17.2 Kommunikation in der Automatisierungstechnik

In der Automatisierungstechnik sind immer komplexere Aufgaben zu erfüllen, die mehr und mehr durch dezentralisierte Systeme gelöst werden. Diese Strukturen erfordern Datenkommunikation zwischen allen Ebenen eines Unternehmens. Es existieren bereits bis hinunter in die Feldebene, in der Steuerungen miteinander kommunizieren, leistungsfähige Bussysteme. Sensoren und Aktoren auf der untersten Ebene werden dagegen üblicherweise noch über einzelne Adern mit einem Automatisierungssystem verbunden.

Ein bitserielles Bussystem ermöglicht es, über nur eine Leitung die Signale von mehreren Sensoren und Aktoren zu übertragen. Die Einsparung bei den Materialkosten für die Leitung allein rechtfertigt nicht den Einsatz eines Bussystems, da busfähige Komponenten in der Regel teurer sind als konventionelle. Die wesentlichen Vorteile entstehen durch Einsparungen bei den Installations- und Folgekosten, im wesentlichen Lohnkosten:

- Es müssen weniger Leitungen verlegt und rangiert werden.
- Es können zusätzliche Informationen mit den Sensoren und Aktoren ausgetauscht werden, z.B.:
  - Parametrierdaten
  - Vorausfallmeldungen
  - Fehler- und Statusmeldungen
  - Daten zur Stördiagnose

  Damit wird es einfacher, Fehler schnell zu erkennen und zu beheben.
- Ein Automatisierungssystem wird übersichtlicher und ist damit einfacher zu warten.
- Es ergibt sich eine größere Flexibilität der Anlage, z.B.:
  - Einfache Erweiterung der Anlage,
  - Sensoren und Aktoren können am Bus parametriert werden, um eine Anpassung an veränderte Aufgaben vorzunehmen.

17.3 Das ISO-Schichtenmodell für verteilte Systeme

Um die starke Entwicklung auf dem Gebiet der lokalen Netze überschaubar zu halten, hat der internationale Normenausschuß ISO ein sogenanntes Siebenschichtenmodell entwickelt, das OSI- (Open System Interconnect) Modell (Bild 17.2). Dieses Modell ist eine Sprachregelung für Experten, die eine saubere Strukturierung und Trennung der einzelnen Kommunikationsaufgaben ermöglicht. Für eine offene Kommunikation ist es notwendig, daß alle Teilnehmer an einem Bus in allen OSI-Ebenen die gleiche Norm bzw. den gleichen Standard einhalten.

Für den Bereich der Sensor/Aktor-Bussysteme und Feldbusse sind nur die Schichten 1, 2 und 7 Gegenstand der Betrachtung.

Schicht	Bezeichnung	Beispiel	Aufgabe im Sensor/ Aktuator Bereich
7	Anwendung	Dienste	Anwenderschnittstelle
6	Darstellung	Datenstrukturen	leer
5	Sitzung	Interfaces	
4	Transport	Fehlerbehandlung	
3	Netzwerk	Netzverwaltung	
2	Daten-verbindung	Verknüpfungs-steuerung Medienzugriffs-steuerung	Datensicherung Buszugriffsverfahren Zyklische Abfrage von Daten
1	Physik	Elektronik	Bitübertragung

Bild 17.2: OSI-Schichtenmodell

17.3.1 Physikalische Ebene

17.3.1.1 Übertragung von Hilfsenergie

Jeder Teilnehmer an einem Bussystem muß für seinen Betrieb mit Energie versorgt werden. Im Sensor/Aktor-Bereich werden dazu verschiedene Verfahren angewendet:

- Versorgung über getrennte Leitungen:
  Bei getrennter Übertragung von Hilfsenergie muß die Spannungsversorgung weiterhin konventionell verdrahtet werden.

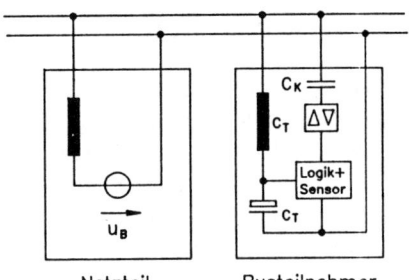

Bild 17.3:
Gemeinsame Übertragung von Daten und Hilfsenergie

- Versorgung über Speziallleitung:
  Es werden für einige Bussysteme Leitungen angeboten, die neben den geschirmten Adern für die Datenübertragung auch noch Adern mit hohem Querschnitt für die Versorgung der Busteilnehmer enthalten (Hybridleitung).
- Übertragung von Hilfsenergie auf der Datenleitung:
  In der Regel wird für die Übertragung von Hilfsenergie auf Datenleitungen Gleichspannung verwendet. Die Trennung von Daten und Hilfsenergie erfolgt im Frequenzbereich. Das erfordert eine gleichspannungsfreie Bitübertragung. Induktivitäten im Netzteil und in den Versorgungsleitungen der Teilnehmer verhindern, daß die Datensignale durch die Energieversorgung belastet werden und daß Lastwechsel im Teilnehmer die Daten verfälschen (Bild 17.3).

Werden Daten und Hilfsenergie auf getrennten Adern übertragen, ist es in vielen Fällen notwendig, die Versorgung eines Busteilnehmers galvanisch von der Busleitung zu trennen. Dies kann über Optokoppler oder bei gleichspannungsfreier Bitübertragung auch über Transformatoren geschehen. Die galvanische Trennung gleicht Potentialunterschiede zwischen den einzelnen Busteilnehmern aus. Solche Potentialunterschiede entstehen zum Beispiel beim Einschalten von Maschinen und können zu Fehlern bei der Datenübertragung oder sogar zur Zerstörung des Busteilnehmers führen.

17.3.1.2 Bitübertragung

In der Regel werden die Daten bei einem Bussystem im Sensor/Aktorbereich im Basisband übertragen, d.h. es findet keine Modulation auf einen hochfrequenten Träger statt. Basis für die Bitübertragung ist ein serieller Datenstrom mit einer Bitdauer T_{Bit}. Wird während eines Signalschrittes mit der Bitdauer T_{Bit} genau ein Bit übertragen (es gibt auch Verfahren die zwei oder mehr Bit pro Schritt übertragen), ist die Schrittgeschwindigkeit (in Baud) gleich der Bitrate (in Bit/s):

$$r_{Bit} = v = \frac{1\,\text{Bit}}{T_{Bit}}, \quad [r_{Bit}] = \frac{\text{Bit}}{s}, \quad [v] = \text{Baud}.$$

Die Bittaktfrequenz F_{Bit} ist vom Wert her identisch mit der Bitrate und hat die Einheit Hz (Bild 17.4a).
Je nach den Anforderungen an die Bitübertragung werden verschiedene Verfahren zur Formatierung der Daten auf dem Übertragungsweg angewendet.

NRZ

Zur Darstellung eines Bit wird ein Rechteckimpuls mit einer Breite gleich der Bitdauer benutzt (Bild 17.4b). Der Signalpegel bleibt konstant, wenn mehrere Bit mit gleichem Wert direkt hintereinander übertragen werden. Folgen mehrere Bit mit dem Wert „1" aufeinander, kehrt das Signal nicht zum Pegel Null zurück (daher die Bezeichnung NRZ = Non-Return-to-Zero). Das NRZ Signal ist nicht gleichspannungsfrei, da nur dann ein Pegelwechsel stattfindet, wenn sich der Wert des zu übertragenden Bit ändert.

Das NRZ-Signal entsteht direkt am Ausgang des Schieberegisters für die Parallel-Seriell-Wandlung und erfordert keinen weiteren Aufwand für die Signalformatierung. Der Empfänger muß regelmäßig mit dem Sendetakt synchronisiert werden, da das NRZ-Signal keine Information über den Bittakt enthält. Normalerweise werden jeweils 8 Bit mit einem Startbit an die Phase des Sendetaktes angepaßt (asynchrone Datenübertragung).

Manchester II

Im Manchester-II-Format wird das zu übertragende Bit durch die Richtung eines Pegelwechsels in Bitmitte dargestellt (Bild 17.4c). Ein Pegelwechsel von negativ nach positiv bedeutet eine „0", ein Wechsel von positiv nach negativ eine „1". Da bei der Manchester-II-Formatierung in jedem Bit mindestens ein Pegelwechsel vorkommt, kann der Sendetakt im Empfänger einfach zurückgewonnen werden (synchrone Übertragung). Das Manchester-II-Format ist gleichspannungsfrei und kann damit über einen Transformator galvanisch getrennt werden.

FSK (Frequency Shift Keying)

Das Verfahren der Frequenzumtastung ordnet den zu übertragenden Bit zwei verschiedene Frequenzen zu. Im Basisband ist das einmal die Frequenz des Bittaktes für den Wert „1" und das doppelte des Bittaktes für eine „0" (Bild 17.4d). Damit enthält eine „1" genau eine und eine „0" genau zwei Signalperioden. Auch bei FSK entsteht ein gleichspannungsfreies Signal, in dem die Taktinformation enthalten ist.

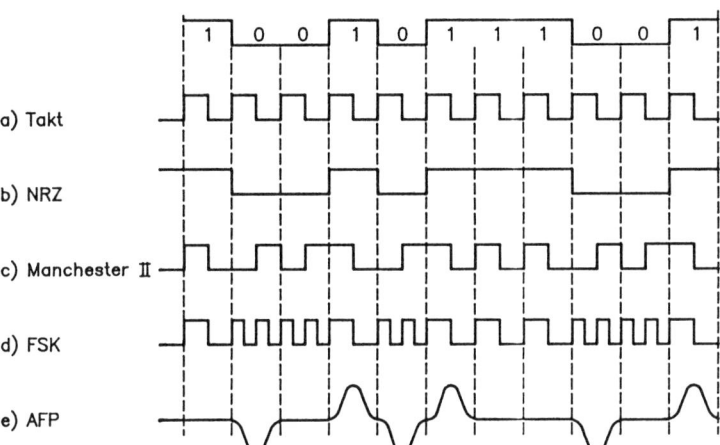

Bild 17.4: Serielle Übertragungsformate

AFP (Alternierendes Flanken-Puls-Verfahren)
Bei AFP werden nur die Bitwechsel im seriellen Datenstrom übertragen. Ein Wechsel von „0" nach „1" wird durch einen positiven Impuls, ein Wechsel von „1" nach „0" durch einen negativen Impuls dargestellt (Bild 17.4e). Durch den Wechsel von positiven und negativen Impulsen ist das AFP-Signal gleichspannungsfrei und eignet sich damit für Systeme, bei denen auf der Datenleitung gleichzeitig Hilfsenergie übertragen wird. Der Sendetakt kann aus einem AFP-Signal nicht zurückgewonnen werden. Im Gegensatz zu den anderen beschriebenen Signalformaten, die eine Bitfolge mit Rechteckimpulsen darstellen, verwendet AFP $\sin^2$-Impulse. Der Vorteil bei dieser Impulsform ist die wesentlich kleinere Bandbreite des Datensignals und die damit verbundene kleinere Störabstrahlung der Übertragungsleitung.

17.3.1.3 Bustopologie

Die Topologie eines Bussystems beschreibt die physikalische Anordnung der Busteilnehmer. Im Sensor/Aktor- und Feldbereich werden die folgenden Varianten unterschieden:

Linie
Die Linie stellt den Bus im engeren Sinne dar. Alle Teilnehmer sind parallel mit der Leitung verbunden. In der Regel sind an der Linie kurze Stichleitungen zu den einzelnen Teilnehmern zulässig (Bild 17.5a).

Stern
Bei der Sternstruktur wird der Bus auf einzelne Punkt-zu-Punkt-Verbindungen mit einem zentralen Knoten abgebildet. Diese Struktur wird häufig verwendet, wenn Glasfaser als Übertragungsmedium eingesetzt wird (Bild 17.5b).

Baum
Die Baumstruktur erlaubt eine beliebige Verdrahtung aller Busteilnehmer. Es ist nicht ohne weiteres möglich, eine Linie in eine Baumstruktur umzuwandeln, da an jeder Verzweigung Reflexionen des Datensignals auftreten (Bild 17.5c).

Ring
In einer Ringstruktur sind alle Teilnehmer in Reihe geschaltet. Jeder Teilnehmer hat einen Sender und einen Empfänger, mit dem er, wenn er nicht selbst Daten überträgt, die Signale an den nächsten Teilnehmer weiterreicht. Ein Vorteil der Ringtopologie ist die Adressierung der Teilnehmer aufgrund ihrer physikalischen Lage im Ring. Nachteilig ist die Tatsache, daß der Ausfall eines einzelnen Teilnehmers zum Ausfall des gesamten Rings führen kann. Auch die Ringtopologie ist für den Einsatz von Glasfaser als Übertragungsmedium geeignet (Bild 17.5d).
Als Übertragungsleitungen für Sensor/Aktor-Bussysteme werden meistens verdrillte Adernpaare, bei einigen Systemen aber auch Koaxialkabel eingesetzt.
Das verdrillte Adernpaar stellt eine symmetrische Leitung dar, bei der keine der beiden Adern mit Masse verbunden ist. Das Verdrillen der Adern bewirkt, daß in der Leitung viele kleine gegensinnige Leiterschleifen entstehen, in denen sich induktiv eingekoppelte Störungen kompensieren. Häufig sind diese Leitungen zusätzlich noch abgeschirmt.

17.3 Das ISO-Schichtenmodell für verteilte Systeme

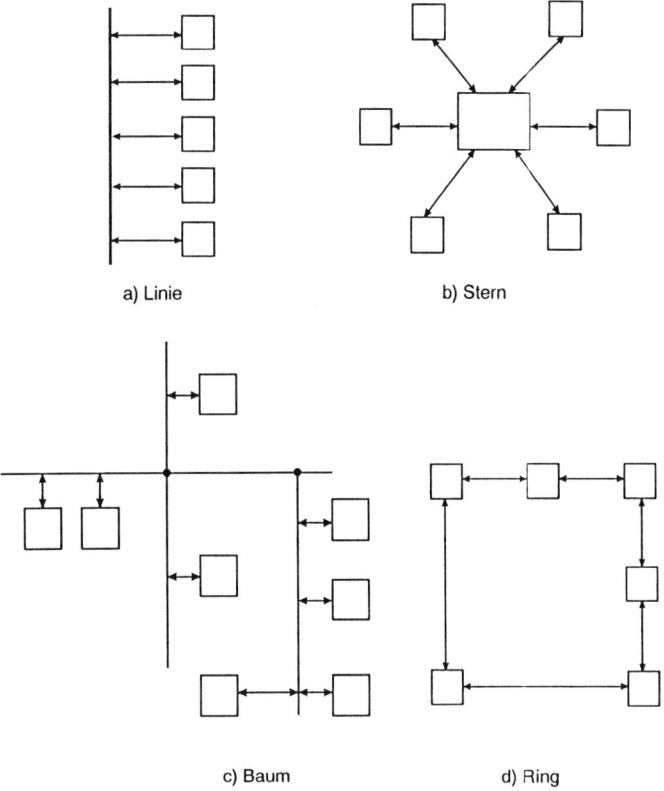

Bild 17.5: Bustopologien

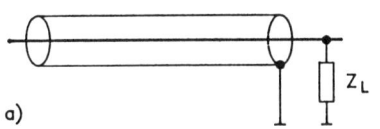
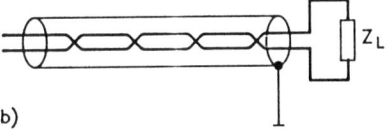

Bild 17.6: Abschluß von Busleitungen

In einem Koaxialkabel wird der einzelne Signalleiter von einem konzentrischen Massegeflecht abgeschirmt, es handelt sich also um eine unsymmetrische Leitung. Das Koaxialkabel erlaubt höhere Übertragungsraten als die verdrillte Zweidrahtleitung, ist jedoch teurer in der Anschaffung und bei der Installation.

Jedes elektrische Signal breitet sich in einer Leitung als Welle aus. Sobald die Länge der Busleitung in den Bereich der Wellenlänge der Datensignale kommt (ab ca. $l = 0,1 \cdot \lambda$), wird es notwendig, die Busleitung mit ihrem Wellenwiderstand (typisch 50 Ω oder 120 Ω) abzuschließen (Bild 17.6). Bei großen Leitungslängen ohne Abschluß verzerren die Reflexionen am offenen Leitungsende die Signale so stark, daß es zu Übertragungsfehlern kommen kann. Die Wellenlänge λ in einem Kabel hängt von der Dielektrizitätskonstanten des verwendeten Isolationsmaterials und der Freifeldwellenlänge λ_0 ab:

$$\lambda = \frac{\lambda_0}{\varepsilon_r} = \frac{c}{f} \cdot \frac{1}{\sqrt{\varepsilon_r}}.$$

Bei einer Frequenz von 500 kHz und Polyethylen als Isolator beträgt die Wellenlänge z. B.:

$$\lambda = \frac{300\,000 \text{ km/s}}{500 \text{ kHz}} \cdot \frac{1}{\sqrt{2{,}3}} = 395 \text{ m}.$$

Weil die Leitung das Datensignal über ihre Länge dämpft und es trotz Leitungsabschluß z. B. an Anschlußstellen zu störenden Reflexionen kommt, ist es notwendig, bei Überschreiten einer bestimmten Leitungslänge Zwischenverstärker, sogenannte Repeater, in den Übertragungsweg einzubringen. Repeater werden auch dann notwendig, wenn die maximale Anzahl der an ein Segment anschließbaren Teilnehmer überschritten wird. Jeder Teilnehmer am Bus belastet durch seine Eigenimpedanz den Bus und bewirkt so eine Abschwächung des Datensignals.

17.3.2 Verbindungsebene

17.3.2.1 Datensicherung

Bei jeder Übertragung von Daten über eine Leitung kommt es vor, daß Bit durch Störungen in ihrem Wert verändert werden. Um solche Übertragungsfehler zu erkennen, werden die seriellen Daten durch Prüfinformationen ergänzt. Ein Maß für die Anzahl der mit einem Sicherungsverfahren erkennbaren Fehler ist die Hamming-Distanz. Die Hamming-Distanz ist die Anzahl der Bit, die verändert werden muß, um eine andere gültige Information zu erzeugen:

Anzahl erkennbarer Fehler = HD − 1.

Bei einer Hamming-Distanz von HD = 4 führen also vier fehlerhafte Bit zu einem nicht erkennbaren Übertragungsfehler, während bis zu 3 Bitfehler erkannt und durch Wiederholung der Datenübertragung auch korrigiert werden können. Bei den Sensor/Aktor Bussystemen werden die folgenden Verfahren zur Bildung der Prüfbit verwendet:

Paritätsbit
Das besonders bei Zweipunktverbindungen am häufigsten eingesetzte Verfahren ist die Längsparität. Hierbei wird jedem Datenwort (meist 8 Bit) ein Paritätsbit so hinzugefügt, daß die Anzahl der Einsen im gesamten Zeichen (einschließlich Paritätsbit) ungerade bzw. gerade wird (ungerade (odd) bzw. gerade (even) Parität). Die so erreichte Hamming-Distanz ist HD = 2.

Blocksicherung
Die Blocksicherung ergänzt die Längsparität noch um eine Querparität, die durch Bilden der Quersumme aller Zeichen erzeugt wird (Bild 17.7). Die Querparität (auch Prüfsumme) hat die gleiche Breite wie ein Zeichen selbst und wird am Ende eines Datentelegrammes übertragen. Es ergibt sich eine Hamming-Distanz von HD = 4.

17.3 Das ISO-Schichtenmodell für verteilte Systeme

0	1	1	0	1	0	0	0	0
1	1	0	0	0	1	1	0	1
1	0	1	1	0	1	0	1	0
0	1	1	0	1	1	0	0	1
1	1	0	1	1	1	0	0	0
0	1	0	1	0	1	0	0	1

Bild 17.7:
Datensicherung durch Längs- und Querparität

CRC (Cyclic Redundancy Check)
Ein CRC-Prüfzeichen ist der Rest, der sich nach der Division eines kompletten Datenblockes durch ein sogenanntes Generatorpolynom ergibt. Der Empfänger dividiert seinerseits die empfangenen Daten (einschließlich Prüfzeichen) durch das Generatorpolynom. Immer wenn bei dieser Division kein Rest bleibt, war die Datenübertragung fehlerfrei. Diese Division kann sehr einfach durch ein über Exclusiv-Oder-Gatter rückgekoppeltes Schieberegister erfolgen (Bild 17.8). Während der Datenübertragung werden die seriellen Daten in das Schieberegister (den CRC-Generator) getaktet. Am Ende der Datenübertragung steht im Schieberegister der Divisionsrest, der im Anschluß an die Daten übertragen wird bzw. der Überprüfung des empfangenen Telegramms dient.
Generatorpolynome sind unter anderem in der DIN 19244 Teil 10 genormt. Mit den dort beschriebenen Polynomen wird eine Hamming-Distanz von $HD = 4$ bzw. $HD = 6$ erreicht.
Für die Beurteilung der Übertragungssicherheit eines Bussystems reicht es nicht aus, das Verfahren für die Datensicherung allein zu betrachten. Einen wesentlichen Einfluß hat die Ausprägung der physikalischen Ebene. Wenn der Übertragungsweg von sich aus

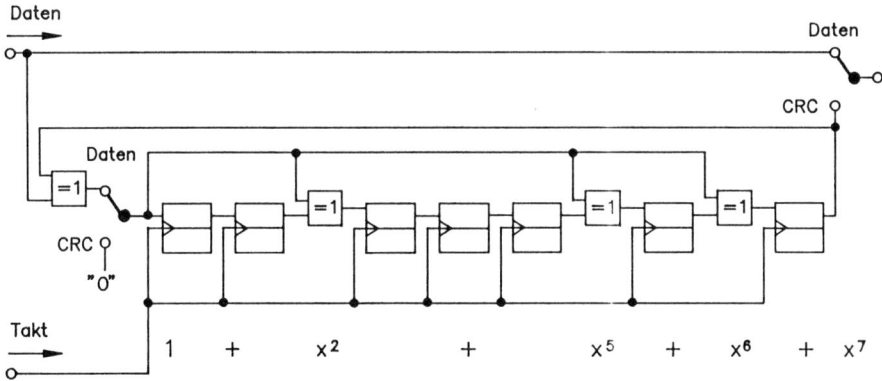

Bild 17.8: Rückgekoppeltes Schieberegister als CRC-Generator

störfest ausgelegt ist und im Leitungsempfänger schon eine Beurteilung der Signalqualität vorgenommen wird, kann in der Regel auf ein aufwendiges Verfahren zur Datensicherung verzichtet werden.

17.3.2.2 Buszugriffsverfahren

Bei einem Bussystem sind mehrere Teilnehmer über dieselbe Leitung miteinander verbunden. Bei einer Übertragung im Basisband kann daher zu einer Zeit nur ein Teilnehmer Daten senden. Durch das Buszugriffsverfahren wird festgelegt, welcher Teilnehmer wann seine Daten über den Bus übertragen kann.

17.3.2.2.1 Master-Slave-Verfahren

In einem Master-Slave-System existiert am Bus genau eine Steuereinheit (Master), die alle anderen Teilnehmer (Slaves) am Bus anspricht (Bild 17.9). In der Regel werden die Slaves zyklisch abgefragt (Polling), damit im Master zu jeder Zeit ein aktuelles Prozeßabbild zur Verfügung steht. Bei diesem Verfahren läßt sich ein festes Zeitraster angeben, in dem die Geräte am Bus abgefragt werden. Das Master-Slave-Verfahren wird z. B. bei ASI und VariNet-2 eingesetzt.

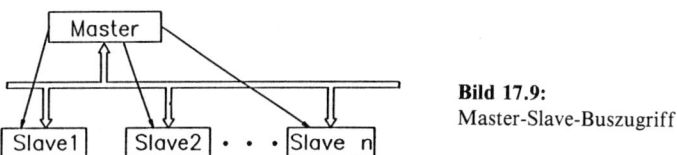

Bild 17.9:
Master-Slave-Buszugriff

17.3.2.2.2 Multimaster-Systeme

In einem Multimaster-System können mehrere Stationen am Bus abwechselnd Master werden und den Bus steuern. Es wird dadurch eine höhere Intelligenz der einzelnen Geräte notwendig. Bei Ausfall eines Masters kann ein anderer Busteilnehmer dessen Aufgaben übernehmen. Die Anforderungen für einen Sensor/Aktorbus werden zur Zeit vollständig mit einem Master-Slave-System erfüllt.

Token Passing

Die Master am Bus werden in einem logischen (nicht physikalischen) Ring geordnet (Bild 17.10). Ein aktiver Master gibt die Buszugriffsberechtigung, den Token, jeweils nach einer bestimmten Zeit in Form eines speziellen Telegramms an den nächsten Master im Ring weiter. Damit kann eine feste Zeit, die Token-Umlaufzeit, garantiert werden, nach der jeder Master wieder Zugriff auf den Bus erhält. Während ein Master in Besitz des Token ist, kann er auch mit reinen Slaves, die selbst nicht aktiv über den Bus kommunizieren, Daten austauschen. Die so entstandene Kombination aus Token Passing und Master-Slave-Verfahren wird auch als hybrides Buszugriffsverfahren bezeichnet. Im Feldbus-Bereich, z. B. beim PROFIBUS, wird in der Regel dieses hybride Buszugriffsverfahren eingesetzt.

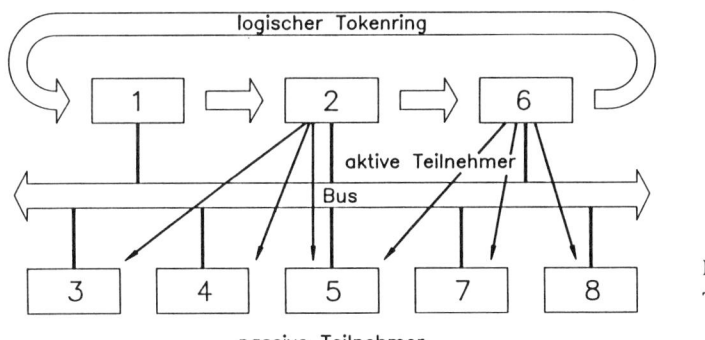

Bild 17.10:
Token-Passing-Buszugriff

CSMA/CD
Bei einem CSMA/CD-Buszugriffsverfahren (Carrier Sense Multiple Access/Collision Detection) hat jeder Master die gleiche Zugriffsberechtigung und belegt bei Bedarf den Bus. Wenn zwei Teilnehmer gleichzeitig zugreifen, kommt es zu einer Kollision auf dem Bus und beide Teilnehmer versuchen nach verschiedenen Zeiten einen erneuten Zugriff. Die Zeit, nach der ein Master Buszugriff erhält, läßt sich aufgrund der jederzeit möglichen Kollision nur statistisch ermitteln und kann somit nicht garantiert werden. Das hauptsächlich in der Bürokommunikation eingesetzte Ethernet arbeitet nach dem CSMA/CD-Verfahren.

CSMA/CA
Auch beim CSMA/CA- (Carrier Sense Multiple Access/Collision Avoidance) Verfahren belegt jeder Teilnehmer bei Bedarf den Bus. Im Gegensatz zu CSMA/CD werden aber hier über die Adresse klare Prioritäten vergeben. Hierzu wird ein dominanter und ein rezessiver Zustand auf dem Bus definiert. Wird zum Beispiel von einem Teilnehmer ein rezessiver Zustand „1" auf dem Bus erzeugt und ein anderer Teilnehmer legt eine dominante „0" auf den Bus, so wird die „1" von der „0" überschrieben. Der erste Teilnehmer, der sein eigenes Signal nicht mehr auf dem Bus findet, wird sich dann vom Bus zurückziehen. Daraus ergibt sich, daß niedrige Adressen die höchste Priorität besitzen. Dieses Verfahren wird hauptsächlich für Bussysteme im Kraftfahrzeug eingesetzt (z. B. CAN), wo die Schaffung klarer Prioritäten unbedingt notwendig ist.

17.3.3 Anwendungsebene

Die Anwendungsebene ist die Schnittstelle zwischen dem Anwender des Bussystems, im Sensor/Aktor-Bereich in der Regel eine Speicherprogrammierbare Steuerung, und der Verbindungsebene des Bussystems. Es gibt zwei Prinzipien, nach denen diese Schnittstelle ausgeführt werden kann, die in der Praxis häufig miteinander kombiniert werden.

Abbildorientierte Schnittstelle
Die Daten, die mit Sensoren und Aktoren ausgetauscht werden, legt der Master in einem sogenannten Prozeßabbild ab. Mit dieser Schnittstelle kann eine Speicherprogram-

mierbare Steuerung (SPS) über die Signale der angeschlossenen Sensoren und Aktoren fast so verfügen, als wären sie an konventionelle Ein- und Ausgangskarten angeschlossen. Der Busmaster sorgt automatisch für ein zyklisches Auffrischen der Daten (Polling). Problematisch wird die Abbildschnittstelle, wenn in seltenen Fällen umfangreiche Daten (z. B. Parameter) zu übertragen sind. Es ist nicht sinnvoll, für jeden einzelnen Parameter eigenen Speicher zu reservieren und über den Bus zyklisch Daten zu übertragen, die eigentlich nur einmal benötigt werden.

Dienstorientierte Schnittstelle
Die SPS kann bei einer dienstorientierten Schnittstelle zum Bus nicht mehr parallel auf alle Daten zugreifen, sondern muß jede Datenübertragung über einen Auftrag an die Anwendungsschicht auslösen. Sobald dieser Auftrag ausgeführt ist, erfolgt eine Quittung. Für Fabrikbusse hat sich eine solche Schnittstelle, die in der Manufacturing Message Specification (MMS) beschrieben ist, durchgesetzt. Die Syntax und die Darstellung der Daten lehnt sich bei Sensor/Aktor- und Feldbussystemen häufig an MMS an, wenn es um die Übertragung von Daten geht, die nicht zyklisch aufgefrischt werden müssen (z. B. Parameter).

17.4 Anforderungen an Sensor/Aktor-Bussysteme

Eine Anwenderumfrage des Verbandes Deutscher Maschinen- und Anlagenbau hat 1991 die wichtigsten Einsatzgebiete und Anforderungen für Bussysteme im Sensor/Aktorbereich ermittelt. Der Sensor/Aktorbus soll die Kommunikation mit einer SPS bzw. einem PC und einfachen Sensoren und Aktoren verschiedenster Art ermöglichen (Bild 17.11). Hierbei überwiegen mit ca. 80% die binären Sensoren und Aktoren.

- Binäre Sensoren und Aktoren:
  - Mechanische Schalter
  - Näherungsschalter
  - Ventile
  - Schütze...
- Komplexe digitale Sensoren und Aktoren:
  - Drehwinkelgeber
  - Identifikationssysteme
  - Bedienterminals...
- Analoge Sensoren und Aktoren:
  - Einheitssignale
  - Druckmessung
  - Temperaturmessung
  - Wegmessung
  - Motorsteuerung...

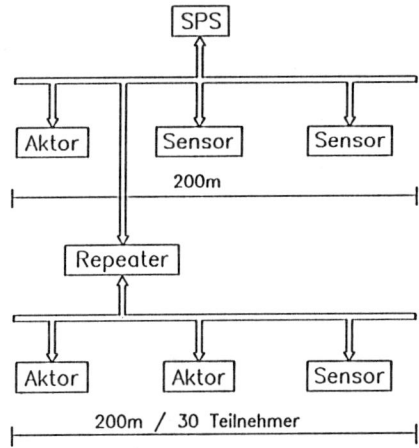

Bild 17.11:
Die Verbindung Sensoren/Aktoren mit dem Automatisierungssystem

Aus der Art der am Bus angeschlossenen Geräte läßt sich schließen, daß der Umfang der zu übertragenden Daten verhältnismäßig klein ist. Binäre Sensoren übertragen 1 bis 3 Bit, analoge Sensoren und Multiplexer zur Anschaltung mehrerer binärer Sensoren bis zu 32 Bit. Bei komplexen Geräten fallen unter Umständen Datenmengen im Kilobyte-Bereich an. Schon hier ist erkennbar, daß es kaum möglich sein wird, alle Anforderungen mit einem Bussystem unter einen Hut zu bringen.

Mit Sensoren und Aktoren werden Fertigungsabläufe in Echtzeit überwacht und gesteuert. Daraus ergibt sich für binäre Sensoren in 70 % aller Fälle eine Forderung nach einer Zykluszeit von höchstens 10 ms. Mit einer Zykluszeit von 1 ms lassen sich schon 90 % aller Anwendungen abdecken. Analoge Signale ändern sich naturgemäß langsamer als binäre, daher reichen hier Zykluszeiten von 100 ms häufig schon aus. Für die Bemessung der Zykluszeit wird normalerweise von einem Bussystem mit ca. 30 Teilnehmern ausgegangen.

Mit Sensor/Aktorbussystemen werden in der Regel Signale einer einzelnen Maschine oder Anlage zusammengefaßt. Dementsprechend benötigen 65 % aller Anwendungen eine Gesamtleitungslänge von unter 100 m. Der Rest bewegt sich im wesentlichen im Bereich von unter 1000 m.

Eine besonders wichtige Anforderung ist der Preis für die Busankopplung. Die im Vergleich zu Steuerungssystemen niedrigen Kosten der Geräte in der Sensor/Aktor-Ebene dürfen nicht wesentlich durch die Busschnittstelle belastet werden.

17.5 Aktor-Sensor-Interface (ASI)

ASI ist eine serielle Mehrpunktschnittstelle für binäre Sensoren und Aktoren (Initiatoren, Lichtschranken, Schalter, Ventile, Anzeigeelemente etc.), die im Rahmen eines Verbundprojektes entwickelt wird. Ziel ist es, ein offenes, standardisiertes System für einfachste Teilnehmer aufzubauen, bei dem die Schnittstelle direkt in das jeweilige Gerät integriert werden kann. Die direkte Integration der Schnittstelle macht es jetzt möglich, neue Funktionen, wie z. B. Selbsttest, Funktionsreserve oder Rückmeldungen, auch in einfache Geräte zu integrieren, was bisher am Verdrahtungsaufwand scheiterte. Für den Einsatz in der Fertigungstechnik muß ein solches System binäre Signale schnell übertragen. Da jeder Sensor oder Aktor mit einer eigenen Schnittstelle ausgestattet werden soll, müssen die Kosten für die ASI-Anschaltung möglichst niedrig gehalten werden.

Das ASI-Konzept wird von einem Verein unterstützt, der sich mit der Standardisierung von ASI-Sensoren und -Aktoren beschäftigt, um eine herstellerübergreifende Austauschbarkeit zu ermöglichen.

17.5.1 Systemstruktur

Ein ASI-System besteht aus einem Master, bis zu 31 Slaves (Sensoren/Aktoren) und einem Netzteil (Bild 17.12). Die Slaves sind über eine einfache, ungeschirmte Zweidrahtleitung, die auch zur Versorgung der Teilnehmer dient, mit dem Master verbunden.

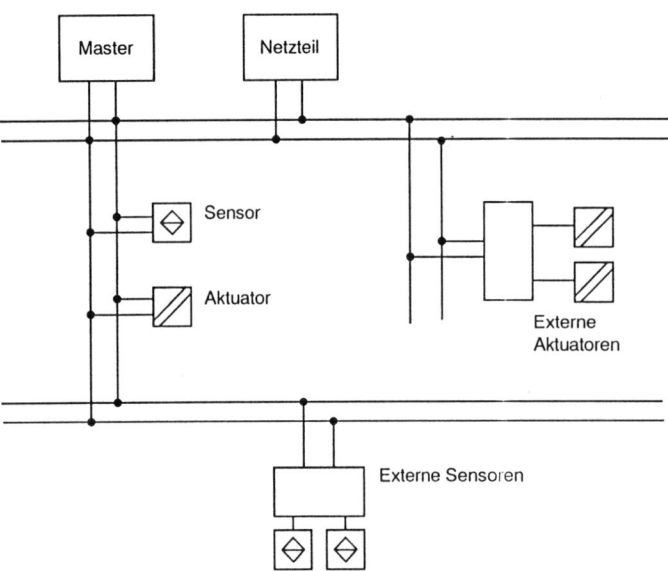

Bild 17.12: ASI Systemstruktur

Der ASI-Slave ist ein integrierter Schaltkreis, der mit dem eigentlichen Sensor oder Aktor über vier bidirektionale binäre Signalleitungen und vier Parameterausgänge verbunden ist.

17.5.2 Übertragungstechnik

Das Übertragungsmedium für ASI ist eine einfache flexible zweiadrige Leitung, die unverdrillt und ungeschirmt ist. Damit wird sichergestellt, daß die Verdrahtung nicht aufwendiger wird als der konventionelle Anschluß an die Steuerung. Im Rahmen des ASI-Verbundprojektes wird zusätzlich an einer industriegerechten Schneidklemmtechnik in Verbindung mit einem speziellen Flachkabel gearbeitet. Diese Technik wird im Vergleich zur konventionellen Schraubklemmtechnik wesentliche Einsparungen bei der Installation ermöglichen.

ASI erlaubt eine Baumtopologie, d.h. alle 31 Slaves können im Rahmen der maximalen Leitungslänge von 100 m beliebig verdrahtet werden. Die zulässige Leitungslänge ist durch die Forderungen nach ungeschirmter Übertragungsleitung ohne Abschlußwiderstand und die Baumstruktur eingeschränkt.

Ein spezieller ASI-Chip im Slave sorgt für die Verbindung des Gerätes mit dem ASI-System und stellt bei Sensoren mit kleiner Stromaufnahme auch die Trennung von Daten und Hilfsenergie sicher. Um den direkten Einbau in Sensoren und Aktoren überhaupt zu ermöglichen, ist der Platzbedarf der gesamten ASI-Slaveanschaltung auf 2 cm^3 begrenzt.

17.5 Aktor-Sensor-Interface (ASI)

17.5.2.1 Hilfsenergie

An ASI sollen sowohl Sensoren als auch Aktoren angeschlossen werden, ohne daß eine externe Versorgung am Slave notwendig wird. ASI ist für Teilnehmer ausgelegt, die bei 24 V ± 15 % eine Stromaufnahme von bis zu 100 mA haben (z. B. Ventile). Der zulässige Gesamtstrom für alle 31 Slaves beträgt 2 A.
Die Trennung von Daten und Hilfsenergie erfolgt im Frequenzbereich. Hierzu enthalten das Netzteil und die Slaves Induktivitäten, die für die Frequenzen des Datensignals eine hohe Impedanz darstellen. In Slaves mit niedriger Stromaufnahme ist die Induktivität aus Platzgründen als aktive Spule ausgeführt. Die Sender und Empfänger in Master und Slaves sind so aufgebaut, daß in ihnen kein Gleichstrom fließt.
Der Querschnitt der ASI-Leitung muß so ausgelegt sein, daß auch noch dann, wenn alle Teilnehmer am Ende einer 100 m langen Leitung einen Strom von insgesamt 2 A aufnehmen, für die ASI-Slaves eine Spannung von 24 V − 15 % = 20,4 V zur Verfügung steht. Im Leerlauf dürfen 24 V + 15 % = 27,6 V nicht überschritten werden. Zusätzlich muß noch ein Spannungsabfall von 4 Volt in der aktiven Spule des Slaves berücksichtigt werden. Bei einer Leitung mit einem Querschnitt von 1,5 mm^2 und einem Widerstandsbelag von jeweils r = 13,3 Ω/km jeweils in Hin- und Rückleitung ergibt sich ein maximaler Spannungsabfall von:

$$\Delta U = 2 \cdot r \cdot l \cdot I = 2 \cdot 13{,}3 \: \Omega/\text{km} \cdot 0{,}1 \: \text{km} \cdot 2 \: \text{A} = 5{,}28 \: \text{V}.$$

Für die Nennspannung des Netzteils gilt damit:

$$U_{min} = 4 \: \text{V} + 5{,}28 \: \text{V} + 20{,}4 \: \text{V} = 29{,}68 \: \text{V}$$
$$U_{max} = 4 \: \text{V} + 27{,}6 \: \text{V} \qquad\quad = 31{,}60 \: \text{V}.$$

Wird ein Leitungsquerschnitt von 2,5 mm^2 eingesetzt, ist es möglich, das Netzteil mit einer größeren Toleranz auszulegen.

17.5.2.2 Bitcodierung

Die Bitrate wird so festgelegt, daß die geforderte Zykluszeit von 5 ms bei 31 Slaves sicher eingehalten werden kann. Die Bitcodierung darf einerseits keine Gleichspannungskomponente enthalten und muß auf der anderen Seite hohe Frequenzen vermeiden, um bei der geforderten Topologie die Störabstrahlung und die Leitungsreflexionen auf ein Minimum zu begrenzen.

17.5.3 ASI-Nachrichten

Die ASI Telegrammstruktur ist auf das für die Übertragung von binären Signalen Notwendigste gekürzt. Aus diesem Grund beschränkt sich die Datensicherung auch auf ein Paritätsbit (HD = 2). Damit die Datensicherheit trotzdem industriellen Ansprüchen genügt, werden Fehler schon auf der physikalischen Ebene durch eine Überwachung der Signalqualität erkannt.
Der Masteraufruf besteht aus einem Steuerbit (SB), einer 5 Bit-Adresse und einem 5 Bit-Informationsteil (Bild 17.13). Auf jeden Masteraufruf folgt die Antwort des adressierten Slaves mit 4 Bit Daten (Bild 17.14). Ein normaler Datenaufruf des Masters (SB = 0, I4 = 0) überträgt immer 4 Bit zum Slave, der dann ebenfalls mit 4 Bit Daten antwortet.

ST	SB	A4	A3	A2	A1	A0	I4	I3	I2	I1	I0	PB	EB

ST	Startbit:	Start des Masteraufrufs (immer "0")
SB	Steuerbit "0":	Daten oder Parameterübertragung
	"1":	Konfigurationsaufruf
A0...A4		Adresse 00H: Nulladresse für Slaves ohne Betriebsadresse
		01H..1FH: ASI-Slaveadresse 1 bis 31
I0...I4		Informationsteil: 5 Bit Information
		SB = "0", I4 = "0": 4 Bit Daten
		SB = "0", I4 = "1": 4 Bit Parameter
		SB = "1" : 5 Bit Konfigurationsaufruf
PB	Prüfbit:	Gerade Parität aller Bit ohne Startbit
EB	Endebit:	Ende der Slaveantwort (immer "1")

Bild 17.13: ASI-Masteraufruf

ST	I3	I2	I1	I0	PB	EB

ST	Startbit:	Start der Slaveantwort
I0...I4	Informationsteil:	4 Bit Information (4 Bit Daten, 4 Bit Parameter oder 4 Bit Konfigurationselement)
PB	Prüfbit:	Gerade Parität aller Bit ohne Startbit
EB	Endebit:	Ende der Slaveantwort (immer "1")

Bild 17.14: ASI-Slaveantwort

Diese Daten werden abhängig von der E/A-Konfiguration an die 4 E/A-Pins des ASI-Chip angelegt bzw. von diesen eingelesen. Insgesamt sind also maximal 4 Bit Daten pro ASI-Slave möglich.

Ein Parameteraufruf (SB = 0, I4 = 1) setzt die Parameterausgänge am Slave und ermöglicht es so, Betriebsarten (z.B. Schaltabstand) in einem Slave umzuschalten. Die Slaveantwort auf einen Parameteraufruf enthält als Quittung den Zustand der Parameterausgänge am ASI-Chip. Der ASI-Konfigurationsaufruf ermöglicht es dem Master, beim Slave Informationen über Konfiguration und Betriebszustand abzurufen und so in gewissen Grenzen die Art des Slaves zu identifizieren.

Die ASI-Adresse „00H" hat am ASI eine besondere Bedeutung. Die Forderung nach einer direkten Integration der ASI-Schnittstelle auch in kleine Sensoren erlaubt es nicht, einen Schalter für die Einstellung der Betriebsadresse vorzusehen. Daher wird die ASI-

17.5 Aktor-Sensor-Interface (ASI)

Slaveadresse über die serielle Schnittstelle programmiert und im ASI-Chip nichtflüchtig gespeichert. Ein Slave mit der Adresse „0" kann über einen Datenaufruf (SB = 0) mit einer neuen Adresse versehen werden, die im Informationsteil übertragen wird. Bei einem Slave, bei dem bereits eine Adresse programmiert wurde, kann die Adresse über einen Konfigurationsaufruf gelöscht werden. Durch diese Art der Adreßvergabe kann der Master bei Austausch eines defekten Slaves dem Ersatz-Slave automatisch die notwendige Adresse programmieren.

17.5.4 ASI-Master

Der ASI-Master tauscht die Daten der ASI-Slaves zyklisch mit einem Prozeßabbild aus. Die Bit der Slaves werden in einem Ausgangs- und in einem Eingangsabbild so abgelegt, daß die Bit mit gleicher Nummer aus den verschiedenen Slaves (und damit häufig auch gleicher Bedeutung) in zusammenhängenden Byte dargestellt werden (Bild 17.15). Damit ist sichergestellt, daß Signale, die in der Anwendung zusammengehören, auch in einem SPS-Programm gemeinsam bearbeitet werden können. Ein einfacher ASI-Master kommt mit dieser Schnittstelle aus.

Darüber hinaus kann der ASI-Master azyklisch Parameter zu den Slaves übertragen und umfangreiche Diagnoseinformationen liefern. Diese Fähigkeiten werden über eine Dienstschnittstelle vom übergeordneten System gesteuert.

Die automatische Adreßvergabe bei Ersatz von defekten Slaves ist nur möglich, wenn auch der einfachste ASI-Master eine Soll-Konfiguration gespeichert hat. Die Projektierung dafür erfolgt durch einen einfachen Tastendruck nach der ersten Inbetriebnahme, mit dem der Master „lernt", welche Slaves unter welcher Adresse am ASI angeschlossen sind.

Information im ASI-Slave 1:	1.0	1.1	1.2	1.3				
Information im ASI-Slave 2:	2.0	2.1	2.2	2.3	...			
Eingangsabbild im Master:								
Feld 0:	1.0	2.0	3.0	...	...	...	...	n.0
Feld 1:	1.1	2.1	3.1	...	...	...	...	n.1
Feld 2:	1.2	2.2	3.2	...	...	...	...	n.2
Feld 3:	1.3	2.3	3.3	...	...	...	...	n.3

Bild 17.15: Datenstruktur im ASI-Master

Da ASI verhältnismäßig kleine Datenmengen liefert (124 Bit Ausgänge, 124 Bit Eingänge), ist es sinnvoll, ASI als Subsystem von Feldbussystemen einzusetzen, um auch bis zum einzelnen Sensor oder Aktor die Vorteile einer seriellen Bitübertragung zu nutzen. Im Rahmen des ASI-Verbundprojektes wird unter anderem auch an einer Verbindung (Gateway) von ASI mit PROFIBUS gearbeitet.

17.6 Ein einfacher Sensor/Aktorbus (VariNet-2)

Hier soll ein Sensor/Aktorbus beschrieben werden, der einfache Teilnehmer, die jedoch auch eine Parametrierung erlauben, mit einem übergeordneten System verbinden kann. Das System kommt mit Standardbauteilen aus und ist dadurch mit verhältnismäßig kleinem Aufwand realisierbar.

17.6.1 Übertragungstechnik

Das Übertragungsmedium für den VariNet-2-Sensor/Aktorbus ist ein verdrilltes, geschirmtes Adernpaar (Twisted Pair), auf dem Daten vom Master zum Slave und vom Slave zum Master übertragen werden. Die Leitung wird über eine symmetrische RS-485-Schnittstelle angesteuert, die je nach Übertragungsrichtung als Sender oder Empfänger dient (Halbduplex-Betrieb). Das Busprotokoll wird von einem Kommunikationsprozessor, basierend auf dem Single-Chip-Mikroprozessor 8051, abgewickelt. Der maskenprogrammierte Prozessor kann entweder direkt an einfache Sensoren und Akto-

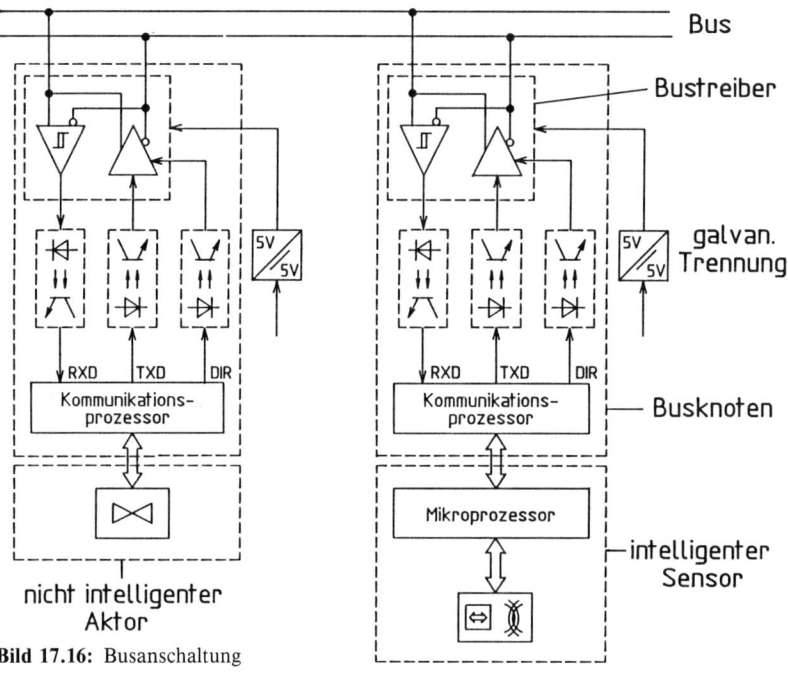

Bild 17.16: Busanschaltung

17.6 Ein einfacher Sensor/Aktorbus (VariNet-2)

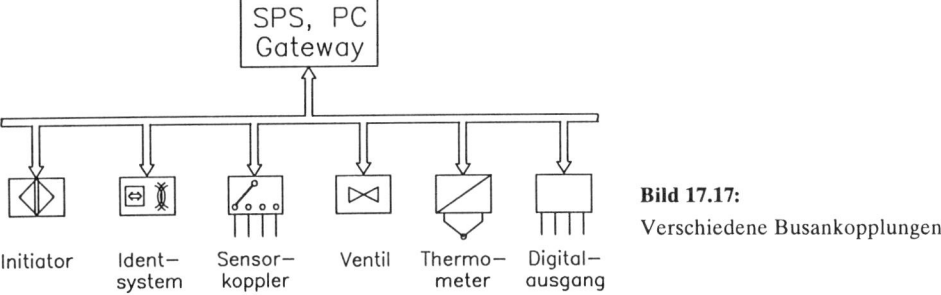

Bild 17.17:
Verschiedene Busankopplungen

ren angekoppelt werden oder aber mit dem Prozessor eines intelligenten Sensors verbunden werden. Eine galvanische Trennung zwischen Bus und Versorgungsspannung gewährleistet eine hohe Störsicherheit gegen Spannungen, die durch Potentialausgleichsströme entstehen (Bild 17.16).
Um eine Abfrage von 32 Sensoren innerhalb von 10 ms zu erreichen, ist es notwendig, mit einer Übertragungsgeschwindigkeit von 500 KBaud zu arbeiten. Eine Reduzierung der Zykluszeit auf 1 ms würde eine wesentliche Erhöhung der Baudrate erfordern und ist nur mit einer reinen Hardwarelösung sinnvoll realisierbar.
Der Sensor/Aktorbus ist so konzipiert, daß die Busankopplung direkt in komplexe Sensoren oder Aktoren integriert werden kann. Es wird aber auch Teilnehmer geben, die aus Kosten- oder Platzgründen über Multiplexer mit dem Bus verbunden werden (Bild 17.17).

17.6.2 VariNet-2-Sensor/Aktorbus-Protokoll

Bei der Konzeption des Sensor/Aktorbus-Protokolls wurde auf eine extrem kompakte Gestaltung geachtet. Es wurden nur die wirklich für die Kommunikation eines Sensors/Aktors notwendigen Funktionen vorgesehen, um ausreichend kleine Zykluszeiten bei der Abfrage der Teilnehmer zu erreichen.

17.6.2.1 Adressierung

Am Sensor/Aktorbus sind bis zu 120 Teilnehmer zulässig und adressierbar. Da im Busprotokoll 128 verschiedene Adressen übertragen werden können, sind auch Adressen für Sonderfunktionen, wie z. B. einen Rundruf (Broadcast), verfügbar. Innerhalb jedes Teilnehmers sind 16 Register durch eine 4 Bit breite Unteradresse ansprechbar. Es können dadurch direkt verschiedene Funktionen im Sensor oder Aktor angesprochen werden:

Nutzdaten: Meßwerte, Schaltzustände, Ausgangszustände.
(4 Register)
Status: Fehlermeldungen, Diagnoseinformation.
(4 Register)
Identifikation: Art des Busteilnehmers, Art der Daten, Hersteller, Softwarestand.
(4 Register)
Parametrierung: Grenzwerte, Meßbereiche, Funktionsumschaltung.
(4 Register)

17.6.2.2 Übertragungsdienste

Ein Bus stellt auf der Übertragungsebene verschiedene Dienste zur Verfügung. Der Master bei unserem Beispiel VariNet-2 verwendet zur Übertragung von Telegrammen vier Dienste (Services), um mit den Slaves zu kommunizieren:

SDN: Send Data with No acknowledge (Daten senden ohne Quittung)
Dieser Dienst ermöglicht es, Nachrichten unquittiert an alle Teilnehmer am Bus gleichzeitig zu übertragen (Broadcast). Eine Quittung, die ja von allen Teilnehmern gleichzeitig käme, würde zu Kollisionen auf dem Bus führen.

SDA: Send Data with Acknowledge (Daten senden mit Quittung)
Hier quittiert der Slave den Empfang der Daten vom Master und ermöglicht diesem damit, deren fehlerfreie Übermittlung zu überwachen. Der SDA-Dienst dient zur Steuerung von Aktoren und zur Parametrierung von Slaves.

RDR: Request Data with Response (Daten anfordern mit Antwort)
Der am häufigsten verwendete Dienst des Sensor/Aktorbus ermöglicht es dem Master, Daten von Sensoren abzufragen.

SRDR: Send and Request Data with Response (Daten senden und anfordern mit Antwort)
SRDR stellt eine Kombination aus dem RDR- und dem SDA-Dienst dar. Wenn Daten in beide Richtungen zu übertragen sind (z.B. bei Ein/Ausgabebausteinen), wird durch diesen Dienst eine kompakte Übermittlung möglich.

17.6.2.3 Telegramme

Die über den Bus bitseriell übertragenen Informationsblöcke werden als Telegramme bezeichnet. Das verwendete Telegrammformat lehnt sich an die Formatklasse 2 nach DIN 19244 T10 an. Es wird ein 9-Bit-Format verwendet, bei dem mit dem 9. Bit in einem Busteilnehmer ein Interrupt ausgelöst werden kann. Dieser Interrupt unterbricht im Busteilnehmer das Anwendungsprogramm (das z.B. den Sensor steuert) und sorgt für die Bearbeitung des Busprotokolls.

Bild 17.18 zeigt die Telegrammelemente für den als Beispiel gewählten Sensor/Aktorbus. Die Daten auf dem Bus haben eine wählbare Länge von 16 oder 32 Bit. Die damit erreichbare Genauigkeit reicht für alle Anwendungen im Sensor/Aktor-Bereich aus, wenn die Daten roh, d.h. ohne Skalierung und Einheit übertragen werden. Diese Zuordnung kann im Master erfolgen und ermöglicht somit eine Entlastung des Busses von unnötigen Informationen.

Die Sicherung der übertragenen Daten erfolgt mit einer Blocksicherung nach dem CRC-Verfahren (Cyclic Redundancy Check). Durch Hinzufügen von 8 Prüfbit wird eine Hamming-Distanz von 4 erreicht.

Eine Besonderheit des hier vorgestellten Sensor/Aktor-Busprotokolls ist, daß der Datenverkehr zwischen Master und Slave aus einem einzigen Telegramm besteht, dessen Blöcke sowohl vom Master als auch vom Slave stammen können. Jedes Telegramm beginnt mit einer Startsequenz fester Länge, die vom Master erzeugt wird und ein eigenes Sicherungsfeld enthält. Die Startsequenz besteht aus einem Startzeichen, der Adresse des angesprochenen Slaves, der Unteradresse und einer Kodierung für den gewünschten Dienst. Der Anfang der Startsequenz wird zusätzlich durch das gesetzte 9. Bit in den ersten beiden Byte gekennzeichnet. Der Slave antwortet, ohne eine neue Startsequenz zu

17.6 Ein einfacher Sensor/Aktorbus (VariNet-2)

				Bit 9............1
8 Bit	Startzeichen	(START)		1 ‖ 0 0 1 0 0 1 1 1
1 Bit 7 Bit	Reserviert Zieladresse	(X) (ADDR)		1 ‖ X A D D R

8 Bit
– 2 Bit
– 1 Bit
– 1 Bit
– 4 Bit
	Steuerzeichen
	  Service
	  Fehler
	  Datenfeldlänge
	  Unteradresse
		(HEAD)
		(SS)
		(E)
		(D)
		(SUADDR)
				0 ‖ S S E D SUADDR

8 Bit	Daten	(DATA)		0 ‖ D A T A
8 Bit	Prüfsumme	(CHCK)		0 ‖ C H C K
1 Bit 7 Bit	Reserviert Slaveadresse bei Fehler im Slave	(T) (SLADDR)		1 ‖ T S L A D D R
8 Bit	Status vom Slave im Fehlerfall	(ALARM)		0 ‖ A L A R M

Bild 17.18: Telegrammelemente (Beispiel Pepperl + Fuchs VariNet2)

erzeugen. Am Beispiel des RDR-Dienstes sei der Dialog zwischen SPS und Sensor demonstriert (Bild 17.19).

17.6.3 Anwendungsschnittstelle

17.6.3.1 Master

Der Master für den Sensor/Aktor-Bus stellt die Verbindung zum übergeordneten System über eine Kombination aus Abbild- und Kommandoschnittstelle her. Praktisch werden diese Schnittstellen meistens mit einem Dual Port Memory (DPM) realisiert (Bild 17.20). Ein DPM ist ein Speicher, auf den zwei Prozessoren, z.B. eine SPS und der Prozessor des Busmasters, gleichzeitig zugreifen können. Die Nutzdaten werden vom Busmaster parallel so im DPM abgelegt, daß das übergeordnete System wahlfrei auf alle Signale zugreifen kann. Dabei stehen die Daten so zur Verfügung, als wären die

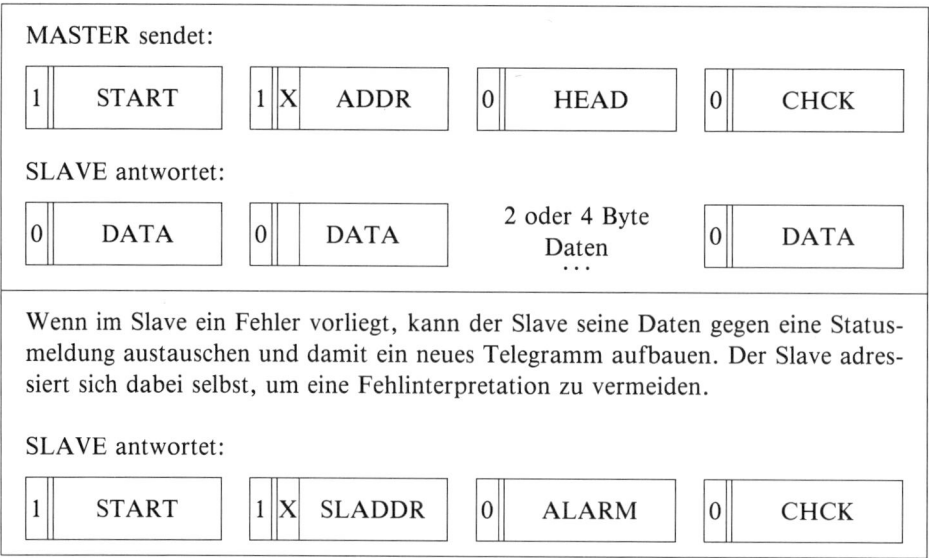

Bild 17.19: Dialogbeispiel RDR-Dienst

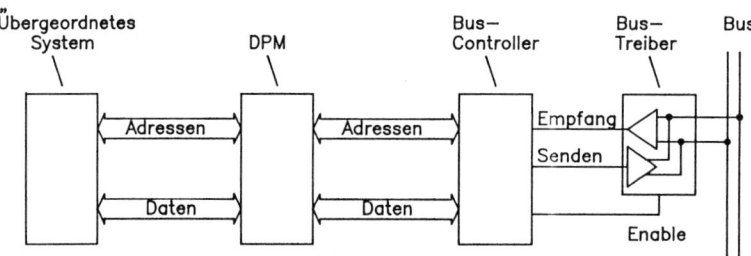

Bild 17.20: Master mit DPM-Schnittstelle

Sensoren und Aktoren direkt angeschlossen. Da in den meisten Steuerungen Speicherplatz auch heute noch sehr beschränkt ist, wird von jedem Teilnehmer nur soviel Platz im DPM belegt, wie er auch tatsächlich für seine Nutzdaten benötigt.
Die Daten für Status, Parametrierung und Projektierung werden über eine Kommandoschnittstelle (Dienst-Schnittstelle) ausgetauscht. Ein Auftrag wird vom übergeordneten System über das DPM an den Busmaster übertragen. Dieser führt den Auftrag durch und quittiert die Ausführung, wenn die geforderte Aktion durchgeführt ist und die angeforderten Daten im DPM für das übergeordnete System zur Verfügung stehen.

17.6.3.2 Bus-Projektierung

Die Projektierung des Sensor/Aktor-Bussystems legt fest, welche Adressen am Bus mit welchen Teilnehmern belegt sind und mit welcher Baudrate der Bus arbeitet. Die Projektierungsdaten werden im Master gespeichert, der nach dem Einschalten die Soll- und die Istbelegung am Bus miteinander vergleicht. Bei Fehlbelegungen erfolgt eine Meldung an das übergeordnete System. Anhand der projektierten Buskonfiguration werden auch die Datenfelder festgelegt, in denen die Signale der einzelnen Sensoren und Aktoren abgebildet werden. Der Aufbau der Datenfelder darf sich natürlich nicht ändern, wenn ein Teilnehmer ausfällt oder zuviel angeschlossen wird.

Die Projektierungsdaten werden mit einem Konfigurationsprogramm zusammengestellt. Mit dem Konfigurator werden alle angeschlossenen Geräte eingegeben und den gewünschten Adressen zugeordnet. Die codierten Informationen über die Art der Geräte erhält das Programm aus einer in einer Datei gespeicherten Geräteliste. Ergebnis des Programms ist eine Soll-Konfiguration, die in den Master übertragen wird, und eine Dokumentation der Buskonfiguration.

17.7 PROFIBUS

Ein Feldbussystem, das eine breite Akzeptanz in der Automatisierungstechnik erlangen will, muß offen und herstellerübergreifend sein. Geleitet von dieser Erkenntnis gründeten 1987 13 Herstellerfirmen und 5 Hochschulinstitute das durch BMFT-Mittel geförderte Verbundprojekt Feldbus. Innerhalb dieses Projektes und der sich daran anschließenden Arbeiten in der Nutzerorganisation entstand der Feldbusstandard PROFIBUS (Process Field Bus), der im April 1991 unter der Bezeichnung DIN 19245 Teil 1 und Teil 2 als Deutsche Norm verabschiedet wurde. Seither arbeiten zahlreiche Firmen an der Umsetzung des Standards in konkrete Produkte.

17.7.1 Das PROFIBUS-Konzept

Ziel bei der Entwicklung des Standards war ein Feldbussystem, das die Vernetzung von Automatisierungsgeräten der unteren Feldebene von Sensoren und Aktoren bis hin zu Prozeßsteuerungen ermöglicht und eine Anbindung an bestehende Netze der darüberliegenden Leitebene erlaubt.

Aus diesen Vorgaben lassen sich eine Reihe von Anforderungen ableiten, welche die Eckpfeiler bei der Definition des PROFIBUS Standards bilden:

- Verwendung eines Zugriffsverfahrens mit deterministischem Zeitverhalten sowie kurze Reaktionszeiten.
  Speziell im Bereich der Sensoren und Antriebe fallen Daten in sehr kurzen zeitlichen Abständen an. Dabei muß zum einen dafür gesorgt werden, daß durch die Übertragung keine Daten durch Überschreiben verloren gehen, d.h. die Buszykluszeit darf nicht über der Erneuerungsrate der zu erfassenden Daten liegen. Zum anderen muß für Echtzeitsteuerungen eine maximale Reaktionszeit garantiert werden können, jeder Teilnehmer muß also innerhalb eines vorgegebenen Zeitrasters mindestens einmal angesprochen werden.
  Bei PROFIBUS wurde diese Forderung durch Verwendung eines hybriden Zugriffsverfahrens erfüllt.
- Einsatz einer kostengünstigen, standardisierten Übertragungstechnik.
  Das Übertragungsverfahren muß den Anforderungen der rauhen Industrieumgebung gewachsen und kostengünstig zu realisieren sein. Einen guten Kompromiß stellt hier die Verwendung einer Schnittstelle nach dem RS 485-Standard dar.

Schicht	Bezeichnung	Aufgabe bei PROFIBUS
7	Anwendung	Objekte Kommunikationsbeziehungen Dienste
3...6		leer
2	Datenverbindung	Datensicherung Dienste hybrides Buszugriffsverfahren
1	Physik	RS 485

Bild 17.21: PROFIBUS-Schichtenmodell

- Offenes System nach dem ISO/OSI-7-Schichten Kommunikationsmodell (Bild 17.21).
- Anlehnung an bereits bestehende Standards.
  Speziell unter dem Hintergrund der bereits bestehenden Standards im Feldbusbereich ist es sinnvoll, soweit wie möglich bestehende Normen aufzugreifen und einzuarbeiten. Hier ist vor allem das Anfang der 80er Jahre von General Motors entwickelte Übertragungsprotokoll für die Fertigungsautomatisierung MAP – Manufacturing Automation Protocol zu nennen.

Aufgrund der Anforderungen im Feldbereich sind beim PROFIBUS-Kommunikationsmodell nur die Schichten 1, 2 und 7 ausgeprägt. Funktionen der fehlenden Schichten werden in der Anwendungsschicht behandelt. Diese Eingrenzung des OSI-Referenzmodells ist aus Effizienzgründen auch bei anderen Feldbussystemen üblich.

17.7.2 Schicht 1 – Übertragungstechnik

Der Einsatzbereich eines Feldbus-Systems wird zunächst wesentlich durch die Wahl des Übertragungsmediums und die physikalische Bus-Schnittstelle bestimmt. Neben den Anforderungen an die Übertragungssicherheit der Physik sind die erforderlichen Aufwendungen für Beschaffung und Installation des Buskabels für den Anwender von besonderem Interesse. Die DIN 19245 Teil 1 sieht daher grundsätzlich die Möglichkeit vor, verschiedene physikalische Schnittstellen zu spezifizieren.

Von besonderer Bedeutung ist die in der industriellen Kommunikation weit verbreitete Schnittstelle nach dem US-Standard EIA RS-485, für die in der PROFIBUS-Norm eine Beschreibung der elektrischen und mechanischen Eigenschaften gegeben wird.

Elektrische Eigenschaften:
- Übertragungsgeschwindigkeit:
  9,6/19,2/93,75/187,5/500 kBit/s
- max. Leitungslänge: zwischen 1200 m und 200 m abhängig von der Übertragungsgeschwindigkeit und den Parametern der verwendeten Busleitung (EIA RS 422).

17.7 PROFIBUS

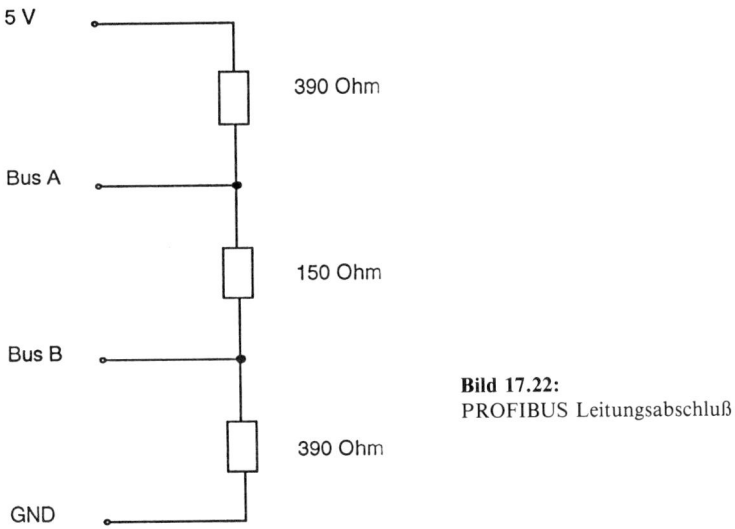

Bild 17.22:
PROFIBUS Leitungsabschluß

- Busleitung: geschirmte, verdrillte Zweidrahtleitung
- Leitungsabschluß (Bild 17.22)

Mechanische Eigenschaften:
- Steckverbinder: 9-polige Sub-D-Buchse am Anschaltgerät.
- Festlegung der Kontaktbelegung

Weitere Eigenschaften:
- Übertragungsverfahren:
  Halbduplex, asynchron
- Bitcodierung:
  NRZ-Code (Non-Return-to-Zero)

In Ergänzung zur Norm entstehen Profile, die weitere Übertragungstechniken in spezifischen Anwendungsbereichen beschreiben. So ist z. B. für den Einsatz von PROFIBUS im explosionsgefährdeten Bereich die Verwendung der FSK-Modulation zur Bitcodierung sowie eine verminderte maximale Teilnehmerzahl aufgrund der eingeschränkten Verlustleistung vorgesehen. Dabei finden die Datenübertragung und die Versorgung der Teilnehmer auf derselben Leitung statt.

Speziell für den Einsatz in extrem gestörter Umgebung, wie z. B. im Bereich der elektrischen Antriebe, sowie für den Aufbau von Netzen in Sternstruktur ist die Verwendung von Lichtwellenleitern aus Kunststoff oder Glasfaser spezifiziert.

17.7.3 Schicht 2 – Datenübertragungsschicht

Die zweite Schicht des ISO/OSI Kommunikationsmodells beinhaltet die Steuerung des Buszugriffs, sowie die Abwicklung der Schicht-2-Dienste für Datenübertragung („<u>F</u>ieldbus <u>D</u>ata_<u>L</u>ink" (FDL)) und -verwaltung („<u>F</u>ieldbus <u>Ma</u>nagement" (FMA)).

PROFIBUS verwendet ein hybrides Buszugriffsverfahren. Die aktiven Teilnehmer erhalten die Buszugriffsberechtigung über Token Passing. Der Teilnehmer in Tokenbesitz kann dann im Master/Slave-Verfahren auf alle anderen am Netz vorhandenen Stationen zugreifen. Die maximale Tokenumlaufzeit, d. h. die Zeit, innerhalb derer jeder aktive Teilnehmer einmal im Besitz des Tokens sein muß, ist parametrierbar, so daß die Systemzykluszeit bestimmbar ist.

Neben der Steuerung des Buszugriffs und der Kontrolle der Token-Umlaufzeit gehört es zum Aufgabenspektrum der FDL, Datenübertragungsdienste mit entsprechenden Übertragungsprotokollen für den Benutzer der FDL, z. B. die Anwendungsschicht (Schicht 7), bereitzustellen.

In Anlehnung an bereits bestehende Normen bietet PROFIBUS vier Datenübertragungsdienste an, wovon drei für die azyklische und einer für die zyklische Datenübertragung verwendet werden.

SDN: Send Data with No Acknowledge
(Daten-Sendung ohne Quittungsantwort)
SDA: Send Data with Acknowledge
(Daten-Sendung mit Quittungsantwort)
SRD: Send and Request Data
(Daten-Sendung mit Daten-Anforderung und Daten-Rückantwort)
CSRD: Cyclic Send and Request Data
(Zyklischer SRD-Dienst)

Der SDN-Dienst wird größtenteils für Broadcast- und Multicast-Nachrichten verwendet. Dabei handelt es sich um Telegramme, die gleichzeitig von einem aktiven Teilnehmer an alle oder mehrere Teilnehmer gesendet werden. Diese Telegramme bleiben unquittiert, da es sonst zu Kollisionen auf dem Übertragungsmedium kommt. Ihre Anwendung finden die Broadcast- und Multicast-Nachrichten z. B. bei der Parametrierung oder dem gleichzeitigen Starten von Anwendungsprogrammen auf mehreren Teilnehmern.

Alle anderen Übertragungsdienste finden zwischen genau zwei Teilnehmern statt. Dabei unterscheidet man zwischen dem Anforderer (Requester), das ist der aktive Teilnehmer, der sich im Besitz des Token befindet, und dem Diensterbringer (Responder), einem beliebigen aktiven oder passiven Teilnehmer.

Die Dienste SDA und SRD sind Elementardienste, mit denen ein aktiver Teilnehmer Nachrichten an einen anderen Teilnehmer versendet und von diesem eine Rückantwort erhält. Während beim SDA-Dienst nur Daten vom Requester zum Responder übertragen werden und die Rückantwort aus einem Quittungstelegramm besteht, handelt es sich beim SRD-Dienst um eine zweiseitige Datenübertragung, d. h. sowohl Aufruf als auch Rückantwort enthalten einen Datenteil, wodurch eine sehr effiziente Kommunikation ermöglicht wird. Eine Sonderform stellt die Datenanforderung des Requesters ohne Datenübertragung an den Responder dar. Dabei wird ebenfalls der SRD-Dienst verwendet, jedoch mit leerem Datenteil von Requester zu Responder.

Bei SDA und SRD handelt es sich um azyklische Dienste, d. h. jeder Datentransfer und damit jedes Leitungstelegramm muß durch eine Anforderung an Schicht 2 von der darüberliegenden Schicht angestoßen werden. Diese Art der Übertragung wird vor allem bei zeitunkritischen Daten sowie bei Daten mit geringer Wiederholungsrate, wie z. B.

Parameterdaten, angewendet. Der Vorteil liegt darin, daß das Übertragungsmedium nur bei expliziten Anforderungen durch die Applikation belastet wird.

Speziell im Bereich der Sensorik/Aktorik ist jedoch häufig ein schneller, zyklischer Datenaustausch erwünscht. Dem wird bei PROFIBUS durch den CSRD-Dienst Rechnung getragen. Dieser Dienst bewirkt auf Schicht 2, daß nach einmaliger Anforderung durch den Anwender zyklisch Aufrufe auf dieselben Daten gestartet werden. Dies hat zur Folge, daß der jeweils aktuellste Wert ständig auf Schicht 2 für den Anwender zur Verfügung steht. Auf diese Daten kann sehr schnell zugegriffen werden, da die Übertragung bereits im Vorfeld, sozusagen prophylaktisch stattgefunden hat. Die Datenanforderung durch den Anwender und die Datenübertragung über das Busmedium sind somit nicht synchronisiert.

Dieser Vorgang der zyklischen Datenerneuerung wird in der Kommunikation mit Polling bezeichnet. Dabei muß man zwischen einem kommunikationsseitigen Pollen, wie es bei dem CSRD-Dienst beschrieben wurde, und einem applikationsseitigen Pollen unterscheiden. Bei letzterem wird durch das Anwendungsprogramm zyklisch ein Datenaufruf generiert, der jedoch auf Seiten der Kommunikation einen azyklischen Datentransfer bewirkt.

Alle Übertragungsdienste außer SDN müssen vom Kommunikationspartner unmittelbar beantwortet werden. Diese auch mit „immediate response" bezeichnete Reaktion ist eine unabdingbare Forderung für das Echtzeitverhalten eines Netzwerkes.

Die logischen Punkt-zu-Punkt Verbindungen zwischen zwei Teilnehmern werden über Dienstzugangspunkte (Service Access Point (SAP)) abgewickelt, von denen jeder Teilnehmer einen oder mehrere besitzt. Dabei unterscheidet man zwischen dem Dienstzugangspunkt der eigenen Station (Local SAP) und dem Dienstzugangspunkt der Partnerstation (Remote SAP). Die Verwaltung der SAPs geschieht ebenfalls innerhalb der Schicht 2.

Wie bereits erwähnt, stellt die Schicht 2 neben den reinen Datenübertragungsdiensten auch noch sogenannte Management-Funktionen zur Verfügung. Diese dienen vor allem der Einstellung und Ermittlung von Betriebsparametern, der Aktivierung von Dienstzugangspunkten sowie zur Meldung von Ereignissen.

17.7.3.1 Telegrammaufbau

Für die Übertragung von Nachrichten sind standardisierte Telegrammformate erforderlich. Bei der Festlegung dieser Telegrammformate stehen zunächst die beiden Forderungen nach einer effizienten Kodierung und hoher Datensicherheit im Vordergrund. Für die Zeichendarstellung werden 11-Bit-UART-Zeichen mit 1 Startbit, 1 Stopbit, 8 Informationsbits sowie 1 Paritätsbit (gerade Parität) verwendet. Dieses Format ist in DIN 19244 festgelegt.

Der Adreßumfang für Teilnehmer am PROFIBUS beträgt 0–127 (Adresse 127 ist Globaladresse für Broadcast-Telegramme), wahlweise für aktive und passive Teilnehmer. Bild 17.23 beschreibt den prinzipiellen Aufbau der verschiedenen durch PROFIBUS spezifizierten Telegrammrahmen.

Format mit fester Informationsfeldlänge ohne Datenfeld

| SD1 | DA | SA | FC | FCS | ED |

Format mit fester Informationslänge mit Datenfeld

| SD3 | DA | SA | FC | Data-unit | FCS | ED |

Die Länge des Datenfeldes ist 8 Byte

Format mit variabler Informationsfeldlänge

| SD2 | LE | LEr | SD2 | DA | SA | FC | Data-unit | FCS | ED |

Die Länge des Datenfeldes beträgt maximal 246 Byte

SD1 bis SD3   Startbyte (start delimiter)
              Zur Unterscheidung der verschiedenen Telegrammformate

LE   Längenbyte (Length)
              Anzahl der Bytes im Informationsfeld bei Telegrammen mit variabler Länge.

LEr   Wiederholung des Längenbyte zur Erhöhung der Datensicherheit

DA   Zieladreßbyte (Destination Address)
              Adresse der Station, an die das Telegramm gerichtet ist.

SA   Quelladreßbyte (Source Address)
              Adresse der Station, die das Telegramm generiert.

FC   Kontrollbyte (Frame Control)
              Enthält die Kennzeichnung des Telegrammtyps wie Aufruf-, Quittungs- oder Antworttelegramm sowie weitere Steuerinformation

FCS   Prüfbyte (Frame Check Sequence)
              Prüfinformation zur Sicherung der Daten bei der Übertragung (Blocksicherung)

ED   Endebyte (end delimiter)
              Endebegrenzung des Telegrammrahmens

Bild 17.23: Telegrammformate

17.7.4 Schicht 7 – Die Anwendungsschicht

Wie bereits erwähnt, sind bei PROFIBUS die Schichten 3–6 des ISO/OSI-Kommunikationsmodells nicht explizit ausgeprägt. Die Anwendungsschicht setzt somit direkt auf Schicht 2 auf. Die Anpassung wird durch das zur Schicht 7 gehörende Lower Layer Interface (LLI) vorgenommen, das Teilfunktionen der nicht vorhandenen Schichten, wie Verbindungsaufbau, -abbau und -überwachung, ausführt.

Bei der Festlegung des PROFIBUS-Kommunikationsmodells wurde neben dem begrenzten Funktionsumfang von Feldgeräten die Anbindung an hierarchisch übergeordnete Systeme berücksichtigt. Beide Anforderungen wurden durch die Bildung einer Teilmenge aus dem MAP-Kommunikationsmodell (Manufacturing Message Specification (MMS)) erfüllt.

Das resultierende Modell wird als Fieldbus Message Specification (FMS) bezeichnet. Ziel des Kommunikationsmodells ist es, verteilte Anwendungsprozesse über Kommunikationsverbindungen zu einem Gesamtprozeß zu verbinden. Die FMS bedient sich dabei einer objektorientierten Darstellungsweise. Reale Prozeßobjekte, wie z. B. der Temperaturwert eines Thermofühlers oder der Schaltzustand eines Näherungsschalters, werden auf Kommunikationsobjekte abgebildet. Die FMS beschreibt den Aufbau und die Darstellungsweise dieser Kommunikationsobjekte sowie die darauf anwendbaren Dienste.

17.7.4.1 Kommunikationsobjekte

Der Austausch von Informationen erfolgt über im PROFIBUS-Standard definierte Objekte. Sinn dieser objektorientierten Arbeitsweise ist eine einheitliche Behandlung der Daten aus Sicht der Kommunikation, unabhängig von den hersteller- oder anwendungsspezifischen Gegebenheiten. Jedes Kommunikationsobjekt wird durch eine Reihe von Attributen beschrieben. Man unterscheidet zwischen impliziten und expliziten Objekten.

Implizite Objekte sind durch die PROFIBUS-Norm in ihrem Aufbau und ihrer Funktionsweise fest vorgegeben und können vom Anwender nicht erzeugt, geändert oder gelöscht werden. Die expliziten Objekte, über die der Austausch der Applikationsdaten erfolgt, werden vom Anwender bestimmt. Dafür steht eine Reihe von Objekttypen zur Verfügung, die den unterschiedlichen Anforderungen der Anwendung gerecht werden. Der Zugriff auf Kommunikationsobjekte kann auf verschiedene Weise erfolgen. Die wohl effektivste, da mit dem kürzesten Telegramm mögliche, ist der Zugriff über den Objektindex, der in der Norm als logischer Zugriff bezeichnet wird. Der Index ist die Adresse eines Objekts in Form einer Zählnummer (16 Bit). Eine zweite Möglichkeit des Objektzugriffs stellt der symbolische Zugriff dar. In diesem Fall wird ein Objekt über einen Namen angesprochen, der diesem eindeutig zugeordnet ist.

17.7.4.1.1 Objektbeschreibung

Jedes Kommunikationsobjekt ist durch eine Anzahl von Attributen eindeutig beschrieben, die entweder durch die Norm vorgegeben sind oder durch den Erzeuger der Objekte, z. B. Gerätehersteller oder Anwender, vergeben werden.

Die Strukturen der Objektbeschreibungen sind selbst implizite Objekte, d.h. sie sind für jeden Objekttyp in der Norm definiert. Es ist an dieser Stelle nicht möglich, auf den exakten Aufbau aller Objektbeschreibungen einzugehen. Es werden im Folgenden die möglichen Objekttypen vorgestellt und dann exemplarisch am Beispiel der Einfachvariable der Aufbau einer Objektbeschreibung dargestellt (Bild 17.24).

Objekttypen:
- Variable
  · Simple Variable
  · Array
  · Record

Bei den Variablen unterscheidet, man die „Simple Variable" (Einfachvariable), die im wesentlichen durch den Datentyp und die Länge bestimmt wird, sowie das Array, bei dem es sich um eine Aneinanderreihung von Einfachvariablen desselben Typs handelt. Eine weitere Variante der Variablen stellt das Record dar, mit dem Einfachvariablen unterschiedlichen Datentyps und verschiedener Länge zusammengefaßt werden. Eine praktische Bedeutung haben die Arrays z. B. bei der kompakten Datenübertragung eines mehrkanaligen Gerätes, während das Record zur Übermittlung von kompletten, logisch zusammengehörenden Datensätzen, wie z. B. Initialisierungsdaten eingesetzt wird.

- Variable List
  Die Variablenliste ist eine dynamisch, während der Laufzeit erzeugbare Aneinanderreihung von statisch definierten Variablen.
- Event
  Mit einem Eventobjekt und den darauf anwendbaren Diensten können wichtige Meldungen, wie z.B. Alarme übertragen werden.
- Domain
  Das Domain-Objekt stellt einen logisch zusammenhängenden Speicherbereich dar, der sowohl Daten als auch Programme enthalten kann.
- Program Invocation
  Das Program Invocation-Objekt faßt mehrere Domains, bestehend aus Programmteilen, Daten und Parametern, zu einem ablauffähigen Programm zusammen.

Ein wichtiges Attribut in der Objektbeschreibung ist der bereits erwähnte Datentyp. Die PROFIBUS-Norm stellt einige Standard-Datentypen zur Verfügung, ermöglicht aber darüber hinaus die Definition eigener Datentypen bzw. Datentypstrukturbeschreibungen, wie sie bei Records benötigt werden.

Standard-Datentypen:
- Boolean
  Der Datentyp Boolean stellt einen binären Wert, 0 oder 1, dar.
- Integer
  Die Integer-Variable enthält eine vorzeichenbehaftete Zahl. Die PROFIBUS-Norm stellt drei Integer-Variablen zur Verfügung, die sich durch die Länge des Datenfeldes (8, 16 und 32 Bit) unterscheiden.
- Unsigned
  Die Unsigned-Variable entspricht dem Datentyp Integer mit der Ausnahme, daß es sich bei der dargestellten Zahl um einen vorzeichenlosen Wert handelt.

- Floating Point
  Gleitkommazahl nach IEEE-Standard.
- Visible String
  Dieser Datentyp dient zur Darstellung von ASCII-Zeichenketten.
- Octet String
  Der Octet String besteht aus einer variablen Anzahl von Bytes mit beliebiger Bedeutung.
- Date, Time of Day, Time Difference
  Für die Darstellung von Zeit und Datum stellt PROFIBUS spezielle Datentypen zur Verfügung.
- Bitstring
  Beim Bitstring handelt es sich um eine Aneinanderreihung von Bitwerten, wobei die Länge immer in Vielfachen von 8 Bit angegeben wird.

Die Auswahl des Datentyps erfolgt in der Objektbeschreibung durch den Datentypenindex. Der Datentypenindex für „Octet String" ist z.B. 10.
Die Objektlänge, ein weiterer Parameter der Objektbeschreibung, ist bei einigen Datentypen bereits implizit vorgegeben, z.B. „Integer8" (Länge 8 Bit) oder „Date" (7 Byte), bei anderen kann sie frei vergeben werden, z.B. bei „Octet String" und allen benutzerdefinierten Typen.
Weitere Attribute beschreiben den Objektzugriff. Neben den bereits dargestellten Möglichkeiten der logischen und symbolischen Adressierung, für die in der Objektbeschreibung Index und Name anzugeben sind, bietet PROFIBUS die Möglichkeit, Zugriffsrechte für bestimmte Zugriffsgruppen oder über ein Password zu vergeben. Der Zugriffsschutz soll einen unbefugten oder unbeabsichtigten Zugriff auf brisante Daten durch fehlerhafte Projektierung oder Programmierung verhindern.
Die lokale Adresse dient der geräteinternen Adressierung, die Erweiterung bezieht sich auf profilspezifische Angaben. Die Zugriffsrechte „Ra" (Read All) und „Wa" (Write All) geben den Zugriff für Lesen und Schreiben auf das Objekt für alle Kommunikationspartner frei (Bild 17.24).

17.7.4.1.2 Objektverzeichnis

Das Objektverzeichnis enthält die Objektbeschreibungen sämtlicher in einem Gerät vorhandenen Objekte. Die Definition der Objektbeschreibungen erfolgt in dem Gerät, in dem die Objekte real existieren. Das daraus resultierende Objektverzeichnis (OV) wird als Source-OV bezeichnet. Jeder Kommunikationspartner, der eine Kommunikationsbeziehung zu diesem Gerät unterhält, muß zur Überprüfung der Plausibilität eine Kopie des Source-OV, das sogenannte Remote-OV, halten.

17.7.4.2 Kommunikationsbeziehungen

Der Austausch von Informationen findet bis auf wenige Ausnahmen (Broadcast- und Multicast-Nachrichten) immer zwischen zwei Kommunikationspartnern statt. Dabei ist stets ein Partner der Dienstanforderer, der Client, der andere der Diensterbringer, auch Server genannt. Zwischen Client und Server besteht eine Kommunikationsbeziehung, die man abstrakt als einen logischen Kanal bezeichnen kann. Jeder Teilnehmer kann gleichzeitig mehrere Kommunikationsbeziehungen zum gleichen oder verschiedenen

Objektindex	40
Objektcode	Var
Datentyp-Index	10
Länge	2
Password	55
Zugriffsgruppe	Ra, Wa
Lokale Adresse	8035
Variablenname	Öldruck
Erweiterung	

Bild 17.24:
Objektschreibung der Einfachvariablen (Simple Variable)

Teilnehmern unterhalten. Jede Kommunikationsbeziehung wird durch eine Anzahl von Parametern in der Kommunikationsreferenz (KR) beschrieben, die vor Inbetriebnahme des Netzwerkes vom Anwender projektiert wird. Bevor über eine solche Verbindung Informationen ausgetauscht werden können, muß diese erst aufgebaut werden. Dazu findet bei den Teilnehmern eine Überprüfung der Verträglichkeit der in der KR eingetragenen Verbindungsattribute statt.
Zu den Parametern einer KR gehören, neben der Adresse der Partnerstation (Remote Adress) und den Dienstzugangspunkten, über welche die Verbindung laufen soll, noch die Angabe der unterstützten Dienste sowie die Länge des Sende- und Empfangspuffers.
In der Kommunikationsbeziehungsliste (KBL) sind alle Kommunikationsbeziehungen eines Teilnehmers, die in den Kommunikationsreferenzen definiert sind, eingetragen.

17.7.4.2.1 Verbindungstypen

Der Verbindungstyp beschreibt die Art der an der Kommunikationsbeziehung beteiligten Teilnehmer (Master oder Slave) sowie die Art der Übertragung auf Schicht 2 (zyklisch oder azyklisch). Der Slave ist ein passives Gerät mit normalerweise reinem Server-Verhalten, d.h. er reagiert nur auf Anforderungen einer Masterstation. In bestimmten Situationen, wie Fehlerfall oder Alarm, ist es jedoch erwünscht, daß die Slaveanschaltung diesen Zustand möglichst schnell an die verarbeitende Station melden kann. Hierzu stellt PROFIBUS den Verbindungstyp mit Slaveinitiative zur Verfügung. Ein so konfigurierter Slave kann für die Meldung von Ereignissen den Aufruf einer Masterstation mit dem Absetzen einer Alarmmeldung beantworten, statt auf die empfangene Dienstanforderung zu reagieren. Für diesen Sonderfall geht das Clientverhalten auf den Slave über.
Die typische Konfiguration im Bereich der unteren Feldebene zeichnet sich durch die zyklische Master-Slave Beziehung aus.

17.7.4.3 Dienste

Die Dienste stellen die Funktionalität des Kommunikationssystems an der Schnittstelle zum Anwender bereit. Die vielfältigen Anforderungen an das Kommunikationssystem drücken sich in der Vielzahl der vorhandenen Dienste aus, von denen jedoch nur ein geringer Teil zu den sogenannten Pflichtdiensten zählt. Die Pflichtdienste sind der Minimalumfang an Funktionalität, den ein Gerät besitzen muß, um an der Kommunikation teilzunehmen. Aufgrund ihrer Aufgabenstellung lassen sich die Kommunikationsdienste grob in zwei Gruppen, die Produktiv- und die Managementdienste, einteilen.

17.7.4.3.1 Produktivdienste

Zu den Produktivdiensten zählen alle Dienste, mit denen die Objekte eines Anwendungsprozesses bearbeitet werden können. Für den größten Teil der im Bereich Sensorik/Aktorik eingesetzten Geräte sind dies im wesentlichen die Dienste für den Zugriff auf Variablen READ und WRITE sowie für die Alarmbehandlung (Event Management Dienste) EVENT NOTIFICATION, ALTER EVENT CONDITION MONITORING und ACKNOWLEDGE EVENT NOTIFICATION.

17.7.4.3.2 Managementdienste

Neben den Produktivdiensten gibt es, ähnlich der Schicht 2, eine Reihe von Funktionen, die sich auf die Verwaltung des Kommunikationssystems beziehen. Hierzu zählen der Verbindungsaufbau und -abbau mit den Diensten INITIATE und ABORT, der Zugriff auf Gerätestatus und Identifikation des Kommunikationspartners - STATUS und IDENTIFY sowie das Auslesen der Objektbeschreibung von anderen Teilnehmern GET-OV.

17.7.5 Profile

Eine wesentliche Zielsetzung bei der Entwicklung des PROFIBUS-Standards war die Schaffung eines herstellerübergreifenden Kommunikationssystems, das durch die Schlagworte Interoperability und Interchangeability (Geräteaustauschbarkeit) charakterisiert wird. Interoperability stellt sicher, daß sich Geräte verschiedener Hersteller bezüglich ihrer Kommunikationsfunktionalität gleich verhalten.
Durch die sehr unterschiedlichen Anforderungen der in der Feldebene eingesetzten Geräte an die Leitungsfähigkeit des Kommunikationssystems mußten bei der Festlegung des Standards gewisse Freiheitsgrade offen gelassen werden. Ziel der Profilbildung ist es nun, anwendungs- und gerätespezifische Abgrenzungen zu bilden und dabei die in der Norm optionalen Parameter eindeutig zu beschreiben.
Typische Festlegungen innerhalb der Profile sind der Umfang der verwendeten Dienste, die Darstellungsweise bei der Abbildung der Prozeßdaten auf die Kommunikationsobjekte und die Auswahl der Betriebsparameter.
Weitaus weitreichendere Einschränkungen bringt die Interchangeability, also die direkte Austauschbarkeit von Geräten verschiedener Hersteller, mit sich. Dabei müssen sowohl kommunikations- als auch applikationsspezifische Absprachen getroffen werden.

17.7.6 Projektierung

Die vorangegangenen Abschnitte haben einen kurzen Einblick in den Aufbau des PROFIBUS-Kommunikationsmodells gegeben. Wie stellt sich nun für den Anwender dieses Kommunikationssystems die Schnittstelle und damit der notwendige Implementierungsaufwand dar?

Die Akzeptanz neuer Systeme wird wesentlich durch deren Benutzerfreundlichkeit geprägt. Aus diesem Grund werden dem PROFIBUS-Anwender Projektierungswerkzeuge angeboten, die es ermöglichen, auch ohne genaue Kenntnis der zugrundeliegenden Kommunikationsabläufe ein Netzwerk zu planen und in Betrieb zu nehmen. Ein wichtiges Hilfsmittel ist der Konfigurator, mit dessen Hilfe die Kommunikationsbeziehungen und deren Parameter festgelegt werden. Die Programmierung, z. B. auf Seite der Steuerungen, unterscheidet sich nicht oder nur unwesentlich von der bisherigen. Oftmals ist es für den Programmierer nicht ersichtlich, ob sich hinter einer Anlage eine „herkömmliche Verdrahtung" oder ein Feldbussystem zur Datenübertragung verbirgt.

17.7.7 Die PROFIBUS-Nutzerorganisation

Für die Fortführung der Arbeiten aus dem Verbundprojekt wurde die PROFIBUS Nutzerorganisation (PNO) gegründet, die inzwischen weit über hundert Mitgliedsfirmen und Institute aufweist. Die PNO gliedert sich in mehrere Fachausschüsse mit unterschiedlichen Aufgabenstellungen wie z. B. die Erarbeitung der oben genannten Profile, Öffentlichkeitsarbeit sowie die Arbeit an technischen Erweiterungen des PROFIBUS.

Literatur:

[1] Electronic Industries Association, EIA-232-D, 1986
[2] Electronic Industries Association, EIA-422-A, 1978
[3] Mäusl, Rudolf: Digitale Modulationsverfahren, Heidelberg 1988
[4] Walke, Bernhard: Datenkommunikation I, Heidelberg 1987
[5] VDE-Seminar 89/08: Datenübertragung in der Leittechnik, Mannheim 1989
[6] Demmelmeier, F: Physikalische Realisierung Serieller Bussysteme, VDI Bildungswerk 1988
[7] Deutsche Norm: Entwurf DIN 19244 Teil 10 Fernwirkeinrichtungen und Fernwirksysteme – Telegrammformate, Berlin 1988
[8] Verband Deutscher Maschinen und Anlagenbau: Feldbusse im Maschinen- und Anlagenbau, Frankfurt 1991
[9] Verein zur Förderung busfähiger Interfaces für binäre Sensoren und Aktoren e.V.: BMFT fördert das neue Buskonzept ASI, Odenthal 1992
[10] Deutsche Norm: DIN 19245 Teil 1 PROFIBUS, Berlin 1991
[11] Deutsche Norm: DIN 19245 Teil 2 PROFIBUS, Berlin 1991
[12] Bender, Katz: Die PROFIBUS-Anwendungsschicht, in: atp 12/89
[13] PROFIBUS Nutzerorganisation: Profil Sensorik/Aktorik, Alfter 1992
[14] Göddertz u.a.: Sensor/Aktor- und Feldbussysteme, in: Schnell (Hrsg): Sensoren in der Automatisierungstechnik, 1. Auflage, Braunschweig 1991

Sachwortverzeichnis

A
Abschirmung 10, 18, 28, 30, 33
Absolutwertaufnehmer 172
Absolutwertgeber 173
Absorption, akustisch 38
–, Füllhöhe über 234
–, optisch 62, 66
Abstandsdetektion 105
Abstandsmessung 105, 106
Abstrahlcharakteristik 42, 45, 47
AFP 312
aktive Fläche 15, 32, 33, 53
aktives Element 5, 28
Al_2O_3-Sensoren 298
Allspannungsschalter 21, 23
Amorphes Metall 114, 115, 116
Analoggeber 20
Ansprechempfindlichkeit
  (Responsivity) 30, 278
Antivalente Funktion 21, 33
Arbeitsschaltabstand 17
ASI 319
atmosphärisches Fenster 146
Ausführungsformen optischer Schalter
  96 ff.
Ausgleichsleitungen 143
Auskoppelschicht 44
Ausschwingzeit 48
Austrittsspalt, Halbleiter-Laser 68
Auswerteeinheit 123, 128, 129
Automatisierungstechnik 99

B
Bandpaß, optischer Empfangsverstärker
  91 ff.
Barcode 119
–, Streifencode 119
–, Balkencode 119
–, Strichcode 119
Bauelemente 63, 68, 70 ff., 75
Bauform optischer Bauelemente 64, 68,
  71, 73, 75
BCCD-Technik 275
bedämpfter Oszillator 22
bedämpfter Zustand 13
Bedämpfungselement 7

Bedämpfungsfahne 5, 7, 11 ff., 17, 20
Belichtungszeit 287
berührungslose Wegmessung 20
Beschleunigung 153
Betriebsbereitschaftszeit 25
Betriebssicherheit 23
Beugung, Ultraschallwellen 41
–, Licht 68
Biegebalken 161
Biegeschwinger 43
Bildrestauration 290
Biosensoren 268
bistabiler Initiator 18 ff.
bistabiler Schalter 18
Blindbereich, optisch 84, 86
Blockschaltbild 10, 29
Brennweite 81
Broadcast 325
Brückenschaltung 110
Brückenspannung 110
bündiger Einbau 10, 11
Bus-Ankopplung 26
Bus-Schnittstelle 26, 27
Bus-System 26, 27
Busanschaltung 324
Busanschluß, optischer Schalter 97
Buszugriff 316
Buszugriffs-Steuerung 316

C
CCD-Kameras 288
CCD-Schieberegister 273, 285
CCD-Sensoren 271 ff.
Chemilumineszenzverfahren 257
Chromatogramm 266
Chromatographie 265
Clark-Sensor 255
Code 121
–, 2-aus-5-Code 121
–, 2-aus-5-Interleaved 121
Codescheibe 173
Codeträger 122, 124, 125, 126
Codierscheibe 169
Codierung, mechanische 132
Contrast Transfer Function 282
Coriolis-Prinzip 204

CRC 326
CSMA/CD 317

D
Dämpfung von Schallwellen 38
Datenträger 123
Dauermagnet 99, 105
Dauerstrichbetrieb, Halbleiter-Laser 67
Dehnung 35, 153, 154
Dehnungsmeßstreifen 153
Detektionsgrenze 84
Diaphragma 252
Dielektrikum 30
Dienste, Services 326
Differentialtransformator 164
Differenzdrucksensoren 218
Differenzdruckverfahren 200
Diffusionsstrom, Fotodiode 69
DIN 19234 21, 23, 33
Diodenlaser 263
Distanzmessung 178, 180
Divergenzwinkel 68, 80, 84 ff.
Dotierung 61
DPM 327
Drehimpulsgeber 170, 174
Drehmoment 153
Drehzahl- und Drehwinkelsensoren 117
Dreidraht-Schalter 21, 22, 23
Dreileiterschaltung 136
Driftstrom, Fotodiode 69
Druck 147
Druckmessung 209
Drucksensoren 209 ff.
Dunkelspannung 280
Dunkelstrom, Fotodiode 70
Dünnfilm-DMS 158
Durchflußmessung mit Ultraschall 207
Durchflußsensoren 197
Durchlichtschranke 77

E
EAN-Code 119
EAN-Symbol 119, 120
Echo-Laufzeit-Messung 47
Eigensicher 23
Einkopfsystem 48, 49
Einperlrohr 230
Eintauchtiefe 17
Eisen/Konstantan-Thermopaar 144
Elastizitätsmodul 35, 155
elektrostatischer Ultraschallwandler 44
Emission, spontan, induziert 66
Emissionsvermögen 148

Empfangsleistung, Reflexlichtschranke 80 ff.
–, Reflexlichttaster 84 ff.
Empfangsverstärker, optisch 91
Empfindlichkeit 13, 30, 115, 116
–, Fotodiode 70, 86
Empfindlichkeitseinstellung 89, 97
Endstufe 20, 21, 23 ff., 29
Entscheidungsschwelle 89, 95
Enzyme 268
Erdmagnetfeld 112, 114
erhöhter Schaltabstand 10
Ersatzschaltbild 10
explosionsgefährdeter Bereich 23
Explosionsschutz 257

F
Fahne 5, 7, 10, 11, 17, 30 32
Farbpyrometer 150
Farbsensor 285
Faserhygrometer 304
Fehlsignal 23
Feldebene 26, 27
Feldlinie 5, 6, 9, 30, 101
Feldplatte 107, 109, 112, 113, 116
Ferrit 19
Ferritkern 5, 15
Ferritring 18
ferromagnetisches Objekt 9, 112
Ferromagnetsensor 109, 110, 111
Feuchteanalysator 242
Filterung, digital, optischer Schalter 93, 96
Flächenkamera 289
Flächensensor 285
Flammenionisationsdetektor 256
Fließinjektionsanalyse 267
Fluorosensor 264
Flux gate magnetometer 112
FMA Field-Bus Management 331
FMS 335
FMWC-Verfahren 182, 236
Förster-Sonde 112
Fotodiode (PN-, PIN-) 68 ff., 73, 86
Fotoelement 71
Fotoionisationsdetektor 257
Fotostrom 69, 72
Frame-Transfer-Konzept 286
Fraunhoferzone 41
Fresnelzone 41
Funktionsreserve 95, 97

Sachwortverzeichnis

G
Gasanalyse 256
Gaschromatographie 256
Gasentladung 89
Gasfeuchte 298
Gasfeuchtesensoren 297 ff.
Gasmessung 255
Gassensoren 252
Gaswarnanlagen 255
Gaswarngeräte 257
Gegeninduktivität M12 7
Gesamtstrahlungspyrometer 149
Gleichspannungsschalter 21, 22, 23
Gray-Code 172
Grundlast 25
Güte 10 ff., 20, 115, 116

H
Halbbrücke 110, 160
Halbduplex-Betrieb 324
Halbleiter-DMS 158
Halbleitersensoren, oxydische 249
Halleffekt 102
Hallelement 105
Hallkonstante 102, 103, 104
Hallsensor 102 ff., 116
Hallspannung 102, 104, 106
Hamming-Distanz 314
Heißleiter 139
Heterostruktur 67
Hilfsmagnet 111
Hintergrundausblendung, optisch 78
Hintergrundreflexion, optisch 78, 89
hochpermeabler weichmagnetischer
  Werkstoff 112, 114
Hookesche Gerade 156
Hybrid-Design 27
hybrides Buszugriffsverfahren 330
Hybridtechnik 27
Hygrometer 299 f.
Hysterese 31
Hystereseschleife 115
Hystereseverlust 13

I
IC-Design 27
Identifikationssensor 118
Identifikationssystem, induktives 122
Image Lag Effekt 281
immediate response 333
Impedanz 5, 7, 25
Impedanzanpassung 44

Impulsbelastbarkeit, LED 63
Impulsvervielfachung 171
IMS-Band 238
induktive Kopplung 7, 17
– Last 25
induktiver Analoggeber 20
– Näherungsschalter 5, 8, 10, 12 ff., 17,
  19, 21, 23, 27, 30, 32, 33
– Sensor 5, 7, 9, 10, 20, 28, 116
Induktivität 13, 25, 26, 115
induzierte Spannung 25, 113, 115
Initiate 339
Initiator 5, 10, 11, 13, 15 ff., 30, 31
Instrumentenverstärker 214
Intensitätsverlauf, optisch 89, 90
Interferenz von Ultraschallwellen 41
Interline-Konzept 285
Intrinsic-Grundmaterial 70
Ionenleitfähigkeit 247
Ionisationsverfahren 256
ISFET 252

K
Kaltleiter 137
kapazitive Füllstandsmessung 232
– Last 24, 26
kapazitiver Hygrometer 302
– Initiator 30, 33
– Näherungsschalter 29 ff.
– Sensor 29, 31, 32, 33, 83
Karmansche Wirbelstraße 206
KBL 338
Kettenspannung 251
Klassifizierung der Sensoren 2
Kohärenz 66
Kollimatoroptik 68
Kommunikations-Beziehungs-Liste 210
Komparator, optischer Schalter 92
Kompensationselektrode 33
Kompensationsschaltung 145
konduktive Füllstandsmessung 231
Konduktometrie 247
Konstantan 143, 157
Konzentrationskette 251
Korrekturfaktor 7
Korrekturfunktion 83, 85
Kreismembran 211
Kupfer-Abschirmring 9, 10
Kurzschluß 24, 26 ff.
kurzschlußfest 26
Kurzschlußschutz 24
Kurzschlußstrom 26

L

Ladungsverstärker 220
Lageerkennung 57
Lambda-Sonde 253
Lambert-Beersches Absorptionsgesetz 258
Lambertstrahler 64, 81, 84
Längenänderung, relative 154
Laserdiode 65 ff.
Laserfotometer 264
Lateraleffektdiode, PSD 73 ff.
Laufzeitdifferenz 207
Leerlaufempfindlichkeit KH 103
leitende Schaltfahne 30
Leitfähigkeitsänderung 250
Leitfähigkeitsmeßtechnik 248
Leitungsband 61, 69
Lesekopf 123 ff.
Lesestift 121
Licht, polarisiert 79
Lichtleiter, Adaption 65, 71, 76, 78
LiCe-Sensoren 303
Linearisierung 140
Linearität 165 ff.
–, absolute 165
–, unabhängige 165
– optischer Bauelemente 71, 73, 75
Lorentz-Feldstärke 102
Lumineszenzdiode (LED, IRED) 66 ff.

M

Magnetfeld 5, 8, 9, 18, 19, 107, 108, 113, 115
Magnetfeld-Positionssensor 114
magnetfeldabhängiger Widerstand 107
magnetfeldresistenter Näherungsschalter 19
Magnetfeldsensor 116, 117
magnetisches Wechselfeld 5, 19
Magnetisierungskurve 112, 113, 115
magnetoresistiver Sensor 102, 107, 110
magnetoresistives Element 116
Magnetostriktion 188
Magnetsensor 107
Massendurchsatz 197, 198
Massesensoren 242
Master-Slave-System 316
Membranschwinger 43
Meßfahne 16
Meßfühler 1
Meßlineal 169

Meßzelle 251
Metallfahne 7, 17, 30
MID 193
Mikroscanning 289
Mikrowärmeleitfähigkeitssensor 244
Mikrowellensensor 236
Millereffekt 72
minusschaltend 22
Mischoxidkeramik 139
Modulation, optisch 63, 67, 90 ff.
Modulationstransferfunktion 282
Modulationsübertragungsfunktion 282, 293
Molybdän 135
Monitordiode, Halbleiter-Laser 68
Multisensorsystem 269
MULTITURN 173
Mustererkennung 292

N

Nahbereich 48
Näherungsschalter 5, 7, 9, 10, 11, 15, 16, 19, 20, 27, 107
–, zylindrischer 15, 17, 18, 20, 33
Namur 21, 23, 33
Navigation und Erdfeldmessung 117
NDIR-Verfahren 259
NE-Fahne 20
Nennschaltabstand 8, 11, 13, 16, 30
Nennstrom 25, 26
Nernst-Gleichung 251
nichtleitende Schaltfahne 30
nichtselektives Verfahren 113
Nickel-Chrom/Konstantan-Thermopaar 144
Nickel-Chrom/Nickel-Thermopaar 144
Niveaufühler 138
Norm-Meßfahne 7, 20
Normalspannung 155
Normschaltabstand 8, 9
NTC-Widerstände 139
Nutzschaltabstand 16, 17
Nyquistortsfrequenz 283

O

Oberflächenwellensensoren 242
Objekte, optische Eigenschaften 7 ff.
Objekterkennung 292
Objektidentifikation 118
Öffner 22
Öffner-Funktion 33
Öffnungswinkel 64

Ohmsche Last 25
Optical Transfer Function 282
Ortsauflösung 282
OSI 309
Oszillator 9 ff., 17 ff., 23, 31 ff.
Ovalräder 201

P
Pellistoren 257
Permalloy 107, 109
Permalloy-Sensor 111
Permeabilität 7, 8, 19, 101, 113 ff., 160
Permittivität 30 ff.
pH-Meßkette 252
pH-Wert 251
Phasenmessung 184
Phasentechnik 275
-, 2-Phasentechnik 275
-, 3-Phasentechnik 275
-, 4-Phasentechnik 275
Phonon 61
Photoelektron 272
Photon 61
Piezoeffekt 215
piezoelektrischer Sensor 219
Piezokeramik 43
Piezokristall 189
piezoresistiver Sensor 215
Piezosensor 219
Pixel 271
Pixel Apertur 283
Plancksches Strahlungsgesetz 150
Platin/Rhodium-Platin-Thermopaar 144
plusschaltend 22
PN-Übergang 60, 65 f.
Polarisation, optisch 79
Polling 316
Polychromatoren 262
Positionsbestimmung, PSD 73 ff.
Positionskontrolle 291
Positionssensor 107, 111
Potentialsenke 273
Potentiometer 165
Psychrometer 300
PSD 73 ff.
PTC-Widerstände 137
Pulsbetrieb 63, 67, 90
Punktbildfunktion 293
Pyrometer 146

Q
quaderförmiger Näherungsschalter 15, 33

Qualitätskontrolle 291
Quantenwirkungsgrad 61, 70
Querempfindlichkeit 240
Querwiderstand, PSD 73

R
Radargleichung 238
Raumladungszone, Fotodiode 69 ff.
Raumwinkel 63
Rauschen 71, 86, 91
RC-Generator 29, 31, 32
RDR 326
Read-Only-System 126
Read/Write-System 126
Realschaltabstand 16
Rechnersimulation 5
Reduktionsfaktor 7, 8, 18, 30, 31
Reflexion 36
-, Füllhöhe über 235
-, optisch 76 ff., 84
-, Ultraschall 36
Reflexionsfaktor, optisch 84
Reflexionsgrad 37
Reflexionsverluste, optisch 62
Reflexlichtschranke 64, 76, 79, 80
Reflexlichttaster 65, 76, 78, 84, 89
Regelspannung 49, 51
Reichweite, optisch 76 ff., 81 ff.
Rekombination 61, 65
Relais 25, 26
Reproduzierbarkeit 17
Resonator, optisch 66
Reststrom 21
Retroreflektor 77, 79 ff., 89
Richtcharakteristik optischer Bauelemente 65, 71
Richtungserkennung 19
Ringinitiator 18, 19
RS232 307
RS422 307
RS485 Standard 330
RS485-Schnittstelle 324
Rückkopplung, optisch 66

S
Sättigung 19, 112 ff.
Sättigungsbelichtung 280
Sättigungskernsonde 102, 112 ff.
Sättigungsspannung 280
Saturationskernsonde 112
Sauerstoffkonzentration 246
Sauerstoffmesser 247

Sauerstoffmessung 245, 252
Sauerstoffsensor 250
Scanner 121
SCCD-Technik 275
Schalenkern 5, 18, 19
Schallgeschwindigkeit 36, 38
-, Druckabhängigkeit 38
-, Kompensation 55
-, Temperaturabhängigkeit 38
Schallkennimpedanz 37, 44
Schallschnelle 37
Schaltabstand 7 ff., 10 ff., 30 ff.
Schaltausgang 22
Schaltfahne 29, 31 ff.
Schaltfrequenz 5, 33
-, optischer Schalter 94, 96
Schaltfunktion, optischer Schalter 96
Schalthysterese 17, 30
Schaltpunkt 13, 17, 23, 30 ff.
Schaltsignal 27, 29
Schaltzeitfunktion 97
Schaltzustand 16, 18, 19
Schauglas 224
Scherspannung 155
Schließer 22
Schließer-Funktion 33
Schlitzinitiator 17
Schnittstelle 21, 23, 33
Schutzschaltung 23
Schwebekörper 202
Schweißanlage 19
Schwellenstrom, Halbleiter-Laser 66
Schwerpunktbildung, optisch 75
Schwimmschalter 226
Schwingung 153
SDA 326
SDN 326
Sendeleistung, optisch 81 ff., 91
Sensor/Aktorbus 318
Sensoren für Verkehrs- und Fahrzeugzählung 117
Sensoren, optisch 60 ff.
Sensorkern 115
Sensormarkt 4
Sensorspule 7, 19
Sicherheitsschaltung 23, 25
Sicherungsfeld 199
Siebenschichtmodell 194
Signal/Rauschverhältnis 84, 86, 91
Signalverarbeitung, optische Schalter 87 ff.
Siliziummembran 215

SMD-Technik 27
Snell'sches Gesetz 37
Spanne 213
Spannungsreihe 143
spektrale Empfindlichkeit 281
Spektrum, optisch 60, 62, 66, 87
Sperrschichtkapazität, Fotodiode 70
Spezifikation von induktiven Näherungsschaltern 16
Spulengüte 15, 19, 20
Spulenimpedanz 116
Spuleninduktivität 10
SRD 332
SRDR 326
Stabilisierungsfeld 109
Staudruckschalter 230
Stefan-Boltzmannsches Gesetz 148
Störaustastung 91, 92 ff.
Störeinflüsse 32, 87 ff., 96
Störfestigkeit optischer Schalter 93
Störimpulsausblendung 29, 32, 33
Strahlungsabsorption 258
Stromschleife 308
Stromsensoren 117
Strömungsmessung, thermische 198
Substrahierverstärker 160, 162

T
Tauchanker 163
Tauspiegelhygrometer 299
Teilstrahlungspyrometer 149
Temperatur 13 ff.
Temperaturfehler 213
Temperaturkoeffizient 105, 109
Temperaturkoeffizienten 134
Temperaturkompensation 26, 104, 105
Temperaturstabilität 11
Temperaturstrahlung 148
Thermoelement 14, 142
Thermopaar 143, 144
Thermoschenkel 143
Thermosensoren 152
Titanatkeramik 137
Tödt-Sauerstoffmeßzelle 254
Token Passing 316, 332
Totzeit 48
Transfergatter 272
Transformator 7, 17
Transmission von Ultraschallwellen 36
Transmissionsgrad 37, 44
Transporteffizienz 281
Triangulation 175

Turbinendurchflußmesser 202
Twisted Pair 324

U
Überlast-Taktbetrieb 26
Überlastschutz 24
-, getakteter 24
Überlastung 23, 24
Überspannungsschutz 23, 24, 25
Ultraschall 35
-, Beugung 41
-, Dämpfung 39
-, Eigenschaften 35
-, Erzeugung 42
-, Interferenz 41
-, Reflexion 36
-, Schallgeschwindigkeit 38
-, Transmission 36, 44
Ultraschallempfangselektronik 50
Ultraschallsendeelektronik 50
Ultraschallsensoren 47
-, busfähige 57
-, elektrischer Aufbau 49, 50
-, gegenseitige Beeinflussung 55
-, mechanischer Aufbau 51
-, Schrankenbetrieb 52
-, Tastbetrieb 48, 49
Ultraschallwandler 43
-, Biegeschwinger 43
-, elektrostatischer Wandler 44
-, Ein-/Ausschwingen 46
-, λ/4-Schwinger 44
-, Membranschwinger 43
unbedämpfter Zustand 13
Ungleichförmigkeit (Photo Response Non-Uniformity) 279

V
VariNetz 324
Verdrängungsverfahren 201
Vergleichsstelle 143
Vergleichstemperatur 142
Verknüpfungsgleichungen 3
Verlustwiderstand 7, 10, 17
Vermessung, berührungslose 291
Verpolungsschutz 23

Verschmutzungskompensation 32, 33
Vierdraht-Schalter 21, 22
Vierleiterschaltung 137
Viertelbrücke 160
Vollbrücke 109, 110, 160
Volumendurchsatz 194
Vorbedämpfung 9, 10
Vormagnetisierung 111

W
Wärmeleitfähigkeit 242
Wärmeleitfähigkeitssensor 244
Wärmetönung 258
Wasserstoffionenaktivität 251
Wechselspannungsschalter 21, 23, 25
Weg- und Positionssensoren 117
Wegsensoren 163
-, induktive 167 ff.
Wellengleichung für Schallwellen 36
Werkstückerkennungssysteme 294
Wheatstone-Brücke 109, 136
Wiederbereitschaftszeit 24, 25
Wiegevorrichtung 161
Winkelcodierer 169
Winkelsensoren 163
Wirbelfrequenz-Durchflußmesser 206
Wirbelstrom 5, 9, 10

X
XY-Konzept 287

Z
Zeilenkameras 288
Zeilensensoren 272, 285
Zellkonstante K 249
Zugkraft 153
Zugriffsberechtigung 316
Zugspannung 210
Zuverlässigkeit 5
Zwei-, Drei- und Vierdraht 33
Zweidraht-Schalter 21, 22, 23
Zweidrahttechnik 21, 23
Zweikopfsystem 48
Zweileiterschaltung 136
Zweistrahlfotometer 259
Zykluszeit 319

Steuerungstechnik mit SPS

Bitverarbeitung und Wortverarbeitung, Regeln mit SPS,
von der Steuerungsaufgabe zum Steuerprogramm

von Günther Wellenreuther und Dieter Zastrow

*2., überarbeitete und erweiterte Auflage 1993. XII, 528 Seiten mit
101 Abbildungen, 71 Beispielen, 108 Übungsaufgaben und einem
kommentierten Programmverzeichnis. (Viewegs Fachbücher der Technik)
Kartoniert.*
ISBN 3-528-14580-3

Das Lehrbuch behandelt die Themen aus der Steuerungs- und Regelungstechnik, wie sie für den Einsatz von speicherprogrammierbaren Steuerungen notwendig sind.
Im ersten Teil des Buches werden die Grundlagen der Steuerungstechnik, der Aufbau und die Funktionsweise einer SPS erläutert.
Im zweiten Teil werden die Verknüpfungs- und Ablaufsteuerungen behandelt.
Der dritte Teil führt in die Erarbeitung von digitalen Signalen ein, um die Grundoperationen für digitale Steuerungen, die Wortverarbeitung, die Beschreibungsmittel und Entwurfsmethoden von digitalen Steuerungsprogrammen vorzustellen.
Der abschließende vierte Teil thematisiert die Grundbegriffe der Regelungstechnik. Es wird gezeigt, wie die regelungstechnischen Grundelemente in eine SPS umgesetzt werden.

Lösungsbuch Steuerungstechnik mit SPS

Lösungen der Aufgaben

von Günther Wellenreuther und Dieter Zastrow

1993. X, 178 Seiten (Viewegs Fachbücher der Technik) Kartoniert.
ISBN 3-528-04637-6

Das Lösungsbuch enthält die Lösungen aller Übungen des Lehrbuches.

Verlag Vieweg · Postfach 58 29 · D-6200 Wiesbaden 1